普通高等教育系列教材

理 论 力 学

第 2 版

顾晓勤　谭朝阳　编著

机 械 工 业 出 版 社

本书考虑到当前应用型本科学生的数学、物理基础，在保证理论力学基本理论教学内容的同时，突出应用性，适当简化推导过程，书中附有较多图片以增强直观性。

全书内容包括静力学、运动学和动力学三篇。静力学篇包括静力学基础、平面力系、摩擦、空间力系；运动学篇包括点的运动学、刚体的基本运动、点的合成运动、刚体的平面运动；动力学篇包括质点动力学、动量定理、动量矩定理、动能定理、达朗伯原理、虚位移原理、振动基础。各章附有小结和习题，书末附有习题简答。

本书配有免费电子课件，欢迎选用本书作教材的教师登录 www.cmpedu.com 注册下载。

本书可作为应用型本科院校机械、交通、动力、土建等专业以及研究型高校近机类、非机类专业的教材，也可作为自学、函授教材。本书推荐学时数为 48 ~ 64。考虑到不同院校、不同专业的需要，书中带 * 的章节为选学内容，带 * 的习题为选做题目。

图书在版编目（CIP）数据

理论力学/顾晓勤，谭朝阳编著 . —2 版 . —北京：机械工业出版社，2020.8（2021.6 重印）

普通高等教育系列教材

ISBN 978-7-111-65499-5

Ⅰ. ①理… Ⅱ. ①顾…②谭… Ⅲ. ①理论力学 – 高等学校 – 教材 Ⅳ. ①O31

中国版本图书馆 CIP 数据核字（2020）第 071057 号

机械工业出版社（北京市百万庄大街 22 号　邮政编码 100037）

策划编辑：张金奎　责任编辑：张金奎

责任校对：王　欣　封面设计：张　静

责任印制：常天培

固安县铭成印刷有限公司印刷

2021 年 6 月第 2 版第 2 次印刷

169mm × 239mm · 24.25 印张 · 464 千字

标准书号：ISBN 978-7-111-65499-5

定价：59.80 元

电话服务　　　　　　　　　　网络服务

客服电话：010 – 88361066　机 工 官 网：www.cmpbook.com

　　　　　010 – 88379833　机 工 官 博：weibo.com/cmp1952

　　　　　010 – 68326294　金 书 网：www.golden – book.com

封底无防伪标均为盗版　机工教育服务网：www.cmpedu.com

第2版前言

本书第 1 版于 2010 年出版，经过多年的使用，深感有必要修订。

考虑到近年来学生作业的实际情况，第 2 版增加了习题简答，以提高学生的学习效率。其他内容有少量修改。

本书第 1 版为单色印刷，第 2 版采用双色印刷，以突出重点。

本书可作为高校应用型本科"理论力学"课程的教材，推荐学时数为 48～64。

本书的编写由顾晓勤、谭朝阳完成，电子课件由谭朝阳完成。联系电子邮箱：872932911@ qq. com。

限于编者水平，书中难免会有缺点和不足之处，恳请读者批评指正。

编　者

2020 年 3 月

第1版前言

随着高等教育大众化的推进，应用型本科专业学生越来越多，"理论力学"和"材料力学"课程对他们的要求，与对研究型大学学生的要求有所不同。针对这种情况，编者结合多年的教学实践，编写了本书及《材料力学》。

本书充分考虑当前应用型本科学生的生源特点和实际情况，在保证理论力学基本理论、基本概念教学内容的同时，突出应用性，借鉴国内外同类教材的优点，注意理论联系工程实际，附有较多图片以增强直观性。通过本书的学习，学生有望在有限的时间内掌握基本的静力学、运动学和动力学内容，为"材料力学"课程以及后续专业课程的学习打好基础。

本书可作为应用型本科院校机械、交通、动力、土建等专业以及研究型高校近机类、非机类专业"理论力学"课程的教材，对于学时数在 48～56 的专业，可以不讲授带"＊"号的内容；对于学时数在 56～64 的专业，可将全书（含带"＊"号内容）作为课程教材。习题前面加"＊"号的表示多学时讲授时要求掌握的题目，或者难度较大的题目。

本书的编写由顾晓勤教授和谭朝阳副教授共同完成。谭朝阳副教授为本书编写了电子课件，欢迎选用本书作教材的教师登录 www.cmpedu.com 注册下载。

应用型本科教材建设目前仍处于探索阶段，由于作者水平有限，书中难免会有缺点和不足，恳请读者批评指正。

作者的电子邮箱：872932911@qq.com。

编　者
2010 年 3 月

目 录

绪　　论

　　固体的移动、旋转和变形，气体和液体的流动等都属于机械运动。力学是研究物体机械运动的学科。机械运动是最简单的一种运动形式，此外，物质还有发热、发光、发生电磁现象和化学过程，以及更高级的人类思维活动等各种不同的运动形式。

　　对各种不同形态的机械运动的研究产生了不同的力学分支学科。理论力学研究机械运动的最普遍和最基本的规律，它是各门力学学科的基础。近代工程技术，如机械工程、土木工程、交通运输工程等都是在力学理论指导下发展起来的，因此，理论力学也是这些与机械运动密切相关的工程技术学科的基础。

　　自工业革命以来，由于科学发展和工程技术的需要，逐步形成了现代的力学学科；计算机技术的日益普及更是推动了工程力学数值计算的发展。许多工程实例，如三峡大坝（图0-1）、桥梁（图0-2）、建筑物（图0-3）、海洋工程（图0-4）、航空航天领域（图0-5）、工程机械（图0-6）等研究和设计过程中都离不开工程力学知识。

图 0-1　三峡大坝

a)　　　　　　　　　　　　b)

图 0-2　桥梁

a）江阴长江大桥　　b）港珠澳大桥

a)　　　　　　　　　　　　b)

图 0-3　建筑物

a）北京奥运会主会场　　b）上海东方明珠

图 0-4　海洋工程

a)　　　　　　　　　　　　　　　　　b)

图 0-5　航空航天领域
a）大型客机　b）国际空间站

图 0-6　工程机械

理论力学不具有某些工程学科的经验基础，即不依赖于经验和独立观测；理论力学推理严谨，强调演绎，看上去更像是数学。但是，理论力学并不是抽象的纯理论学科。理论力学研究物理现象，其目的是解释和预测物理现象，并以此作为工程应用的基础。理论力学的研究方法是从实践出发，经过抽象、综合与归纳，建立公理；然后，以公理为基础，通过数学演绎和逻辑推理，获得定理和推论，形成理论体系；最后，再将理论用于实践，使之在实践过程中不断地完善和发展。

实际工程中涉及机械运动的物体有时十分复杂，在研究这些物体的机械运动时，必须忽略一些次要因素的影响，对其进行合理地简化，抽象出力学模型。力学模型是对自然界和工程技术中复杂的实际研究对象的合理简化。当所研究物体的运动范围远远超过其本身的几何尺度时，物体的形状和大小对运动的影响很小，这时，可将其抽象为只有质量而没有体积的**质点**。由若干质点组成的系统，称为**质点系**。质点系中质点之间的联系如果是刚性的，这样的质点系称为**刚体**；如果质点间的联系是弹性的，质点系就是**弹性体**或**变形体**；如果质点系中的质点都是自由的，质点系便是**自由质点系**。

实际物体在力的作用下都将发生变形。但对于那些受力后变形极小的物体，或者物体虽有变形但对整体运动的影响微乎其微，则可以忽略变形，将物体简化为刚体。同时需要强调，当研究作用在物体上的力所产生的变形，以及由变形而使物体内部产生相互作用力时，即使变形很小，也不能将物体简化为刚体，而应是变形体。

质点、刚体与变形体都是实际物体的抽象力学模型，不是绝对的。例如，对于一个航天器，当讨论轨道运动时，视航天器为质点；当讨论姿态运动时，视航天器本体为刚体，附加天线等为弹性体。又如，当讨论地球绕太阳运动时，视地球为质点；当讨论地球自转时，视地球为刚体；当讨论地震时，必须将地球看作变形体。

虽然理论力学是起源于物理学的一个独立分支，但它的内容已大大超过了物理学的内容。理论力学不仅要求建立与力学有关的各种基本概念和理论，而且要对抽象出来的力学模型进行分析和计算。

理论力学的内容由三部分组成：静力学、运动学和动力学。

静力学——主要研究物体受力分析方法和力系简化方法。研究物体在力系作用下平衡的规律及其应用。

运动学——从几何的角度研究物体运动的描述方法（如运动轨迹、速度和加速度等），而不考虑作用于物体上的力。

动力学——研究物体运动与作用在物体上的力之间的关系。

静力学中所讨论的静止和平衡是运动的一种特殊形态。因此，也可以认为静力学是动力学的一种特殊情形。不过，由于工程技术的需要，静力学已积累了丰富的内容而成为一个相对独立的组成部分。

力学研究的起源可以追溯到古希腊亚里士多德和阿基米德所处的时代，我国古代也有关于力学研究的文献记载。到了17世纪，牛顿提出三定律和万有引力定律，后来达朗伯、拉格朗日和哈密顿给出了这些原理的其他形式。20世纪初，爱因斯坦建立了相对论，对牛顿经典力学提出了挑战。本书所研究的运动是速度远小于光速的宏观物体的机械运动，属于经典力学的范畴。经典力学以牛顿定律为基础，采用了与物质运动无关的所谓"绝对"空间、时间和质量的概念，应用范围有一定的局限性。对于速度接近光速的物体和基本粒子的运动，则必须用相对论和量子力学的方法加以研究。但是，经过长期的实践证明，用经典力学来解决现代一般工程中所遇到的大量力学问题，不仅方便简捷，而且能够保持足够的精确度，所以，经典力学至今仍有很大的实用意义，并且还在不断地发展。

从20世纪50年代开始，计算机技术飞速发展，应用不断普及，这对于工程力学的发展起到了巨大的推动作用。在力学理论分析中，人们可以借助计算机推导复杂公式，从而求得复杂的解析解；在实验研究中，计算机不仅可以采集和整理数据、绘制实验曲线、显示图形，还可以帮助人们选用最优参数。

理论力学所研究的是力学中最一般、最基本的规律，理论力学是近代工程技术的重要理论基础之一，是机械、土木、交通、能源等众多工科专业的主干专业基础课。许多工科专业的后续课程，例如"材料力学""机械原理""机械零件""结构力学"和"振动理论"等，都要以理论力学为基础。学习理论力学的目的之一，就是为这些后续课程打下必要的理论基础。

有些日常生活中的现象和工程技术问题，可以直接运用理论力学的知识去解释和解决。另外一些问题，则需用理论力学知识和其他学科知识结合来解决。

在学习理论力学过程中，要注意观察工程实际情况，以及日常生活中的力学现象，对力学理论要勤于思考、多做练习题，做到熟能生巧。通过掌握领会本课程的内容，为学习后续课程打好基础，并能初步运用力学理论和方法解决工程实际中的技术问题。

第一篇 静 力 学

静力学研究物体在力系作用下平衡的普遍规律，即研究物体平衡时作用在物体上的力应该满足的条件。静力学主要研究三方面的问题：①物体的受力分析；②力系的等效与简化；③力系的平衡条件及应用。

所谓力系，是指作用于物体上的一群力。

所谓平衡，是指物体相对于惯性参考系（如地面）处于静止或匀速直线运动。例如，在地面上静止的建筑物、做匀速直线运动的车辆等，都处于平衡状态。

静力学是动力学的特例，因此力系的简化理论和物体受力分析的方法也是研究动力学的基础。

静力学的理论和方法在工程中有着广泛的应用：土木工程中房屋、桥梁、水坝、闸门；许多机器零件和结构件，如机器的机架、传动轴、起重机的起重臂、车间桥式起重机的横梁等，正常工作时处于平衡状态或可以近似地看作平衡状态。为了合理地设计这些零件或构件的形状、尺寸，选用合理的材料，往往需要首先进行静力学分析计算，然后对它们进行强度、刚度和稳定性计算。因此，静力学的理论和计算方法是土木工程、机械零件和结构件静力设计的基础。

第一章

静力学基础

第一节 静力学的基本概念

一、力的概念

物体间的作用形式是多种多样的，大致可分为两类：一类是通过场起作用，包括重力、万有引力、电磁力等；另一类是由物体间的接触而产生的，如物体间的压力、摩擦力等。

人用手拉悬挂着的静止弹簧，人手和弹簧之间有了相互作用，这种作用引起弹簧运动和变形。运动员踢球，脚对足球的力使足球的运动状态和形状都发生变化。太阳对地球的引力使地球不断改变运动方向而绕着太阳运转。锻锤对工件的冲击力使工件改变形状。人们在长期的生产实践中，通过观察分析，逐步形成和建立了力的科学概念：力是物体之间的相互作用，这种作用使物体的运动状态发生变化或使物体形状发生改变。

在力学中，我们抛开力的物理本质，只研究其表现，即力对物体的效应。力对物体的效应表现为两个方面：一是使物体的运动状态发生改变，叫作力的外效应；二是使物体的形状发生改变，叫作力的变形效应或内效应。在本篇静力学中采用刚体模型，因而只研究力对物体的运动效应。

实践证明，力对物体的内外效应取决于三个要素：①力的大小；②力的方向；③力的作用点。

力的作用点表示力对物体作用的位置。力的作用位置在实际中一般不是一个点，而往往是物体的某一部分面积或体积。例如人脚踩地，脚与地之间的相互压力分布在接触面上；物体的重力则分布在整个物体的体积上。这种分布作用的力称为**分布力**。但有时力的作用面积不大，例如钢索吊起机器设备，当忽略钢索的粗细时，可以认为二者连接处是一个点，这时钢索拉力可以简化为集中作用在这个点上的一个力。这样的力称为**集中力**。由此可见，力的作用点是力的作用位置的抽象化。

为了量度力的大小，必须首先确定力的单位，本书采用国际单位制，力的大小以牛［顿］（N）或千牛［顿］（kN）为单位。

在力学中要区分两类量：标量和矢量。在确定某种量时，只需一个数就可以确定的量称为标量。例如长度、时间、质量等都是标量。在确定某种量时，不但要考虑它的大小，还要考虑它的方向，这类量称为矢量，也称向量。力、速度和加速度等都是矢量。矢量可用一具有方向的线段来表示。如图 1-1 所示，线段的起点 A（或终点 B）表示力的作用点，沿力矢顺着箭头的指向表示力的方向；线段的长度（按一定的比例尺）表示力的大小。本书中用黑体字母表示矢量，而以普通字母表示该矢量的模（即大小）。图 1-1 中 F 表示力矢量，F 表示该力的大小（$F = 600N$）。

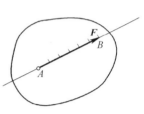

图 1-1　力的表示

力系是指作用在物体上的一群力。作用在物体上的一个力系如果可以用另一个力系来代替而效应相同，那么这两个力系互为**等效力系**。若一个力与一个力系等效，则这个力称为该力系的合力。

二、质点和刚体的概念

如果仔细地考虑物体的机械运动，则运动情况总是比较复杂的。例如物体的落体运动，一方面物体受到重力作用，另一方面它还受到空气的阻力，而空气阻力又与落体的几何形状、大小及下降速度有关。但是在许多情况下，阻力所起的作用很小，运动的情况主要取决于重力，因而可以忽略空气阻力，这样，物体的运动就可看作与几何形状、大小等无关。类似的例子很多，概括这些事实可以看到，在某些问题中，物体的形状和大小与研究的问题无关或者起的作用很小，是次要因素。为了首先抓住主要的因素和掌握它的基本运动规律，有必要忽略物体的形状和大小。这样在研究问题中，不计物体形状、大小，只考虑质量并将物体视为一个点，即质点。质点在空间占有确定的位置，常用直角坐标系中的 x、y、z 值表示。

力对物体的外效应是使物体的运动状态发生变化，力对物体的内效应是使物体发生变形。物体受力后总会发生变形，有些元件的变形还相当显著，例如弹簧受力后的平衡位置（图 1-2b）与初始位置（图 1-2a）相比，弹簧的长度及方位都有了不可忽视的改变。在撑竿跳运动员起跳后的过程中，撑竿也会呈现明显的弯曲变形。力学中把这类情况归结为大变形（或有限变形）问题。

但是在通常情况下，机械零件、工程中的结构件在工作时，受力产生的变形是很微小的，往往要用专门的仪器才能测量出来。例如，一根受拉的钢杆，当载荷控制在允许范围内时，杆长的变化不超过原长的千分之几；一般的公路桥梁，在自重及外载荷作用下铅垂方向的位移仅为桥梁跨度的 1/500～1/700。力学中把这

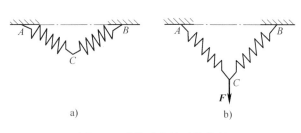

图 1-2　弹簧受力前后的情况
a）初始位置　b）平衡位置

类情况归入小变形（或无限小变形）问题。在很多工程问题中，这种微小的变形对于研究物体的平衡问题影响极小，可以忽略不计。这样忽略了物体微小的变形后便可把物体看作刚体。我们把刚体定义为由无穷多个点组成的不变形的几何形体，它在力的作用下保持其形状和大小不变。刚体是对物体加以抽象后得到的一种理想模型，在研究平衡问题时，将物体看成刚体会大大简化问题的研究。

同一个物体在不同的问题中，有时可看作质点，有时要看作刚体，有时则必须看作变形体。例如当研究月球运行轨道时，月球可看作质点；当研究月球自转时，月球要看作刚体。同样，当研究车辆离出发点距离时，车辆可看作质点；当研究车辆转弯时，车辆可看作刚体；当研究车辆振动时，车辆的一些部件则要看作变形体。

三、平衡的概念

物体相对于地面保持静止或匀速直线运动的状态称为物体处于平衡状态。例如桥梁、机床的床身、高速公路上匀速直线行驶的汽车等，都处于平衡状态。物体的平衡是物体机械运动的特殊形式。平衡规律远比一般的运动规律简单。

如果刚体在某一个力系作用下处于平衡，则此力系称为平衡力系。力系平衡时所满足的条件称为力系的平衡条件。力系的平衡条件在工程中有着十分重要的意义。在设计工程结构的构件或做匀速直线运动的机械零件时，需要先分析物体的受力情况，再运用平衡条件计算所受的未知力，最后按照材料的力学性能确定几何尺寸或选择适当的材料品种。有时对低速转动或直线运动加速度较小的机械零件，也可近似地应用平衡条件进行计算。人们在设计各种机械零件或结构物时，常常需要进行静力分析和计算。平衡规律在工程中有着广泛的应用。

第二节 静力学公理

人们在长期的生活和生产活动中，经过实践、认识、再实践、再认识的过程，不仅建立了力的概念，而且总结出力所遵循的许多规律，其中最基本的规律可归纳为以下五条。

一、二力平衡原理

受两个力作用的刚体，其平衡的充分必要条件是：这两个力大小相等，方向相反，并且作用在同一条直线上（图1-3）。简称此两力等值、反向、共线，即

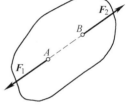

$$F_1 = -F_2$$

上述条件对于刚体来说，既是必要又是充分的，但是对于变形体来说，仅仅是必要条件。例如，绳索受两个等值反向的拉力作用时可以平衡，而两端受一对等值反向的压力作用时就不能平衡。

图1-3 二力平衡

在两个力作用下处于平衡的刚体称为**二力体**。如果物体是某种杆件或构件，有时也称为**二力杆**或**二力构件**。

二、加减平衡力系原理

在作用于刚体上的任何一个力系上，加上或减去任意的平衡力系，并不改变原力系对刚体的作用效果。

由二力平衡原理和加减平衡力系原理这两条力的基本规律，可以得到下面的推论：作用在刚体上的一个力，可沿其作用线任意移动作用点而不改变此力对刚体的效应。这个性质称为**力的可传性**，说明力是滑移矢量。在图1-4中，作用在物体 A 点的力 F，将它的作用点移到其作用线上的任意一点 B，而力对刚体的作用效果不变。特别需要强调的是，当必须考虑物体的变形时，这个性质不再适用。例如图1-5所示的拉伸弹簧，力 F 作用于 A 处与作用于 B 处的效果完全不同。

根据力的可传性，作用在刚体上的力的三要素为大小、方向和作用线的位置。这样，力矢就可以从它作用线上的任一点画出。

本篇研究刚体静力学，故在本篇以后的叙述中，"物体"也代表"刚体"。

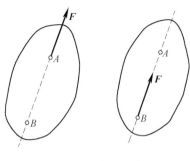

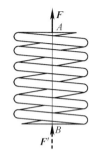

图1-4　力的滑移　　　　　　　　　　　　　图1-5　拉伸弹簧

三、力的平行四边形法则

作用在物体上同一点的两个力可以合成为一个合力，合力也作用于该点，其大小和方向由两分力为邻边所构成的平行四边形的对角线表示。图1-6中 $\boldsymbol{F}$ 表示合力，$\boldsymbol{F}_1$、$\boldsymbol{F}_2$ 表示分力。这种求合力的方法，称为矢量加法，用公式表示为

$$\boldsymbol{F} = \boldsymbol{F}_1 + \boldsymbol{F}_2$$

上述求合力的方法，称为**力的平行四边形法则**。

为了方便起见，在用矢量加法求合力时，可不必画出整个平行四边形，而是从 A 点作一个与力 $\boldsymbol{F}_1$ 大小相等、方向相同的矢量 $\overrightarrow{AB}$，如图1-7所示，过 B 点作一个与力 $\boldsymbol{F}_2$ 大小相等、方向相同的矢量 $\overrightarrow{BC}$，则 $\overrightarrow{AC}$ 就是力 $\boldsymbol{F}_1$ 和 $\boldsymbol{F}_2$ 的合力 $\boldsymbol{F}$。这种求合力的方法，称为**力的三角形法则**。

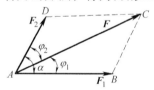

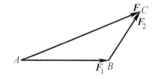

图1-6　力的平行四边形法则　　　　　　　　图1-7　力的三角形法则

推论（三力平衡汇交定理）：当刚体受三个力作用（其中两个力的作用线相交于一点）而处于平衡时，则此三力必在同一平面内，并且它们的作用线汇交于一点。

证明：图1-8中，刚体上 A、B、C 三点，分别作用着互成平衡的三个力 $\boldsymbol{F}_1$、$\boldsymbol{F}_2$、$\boldsymbol{F}_3$，它们的作用线都在平面 ABC 内但不平行。$\boldsymbol{F}_1$ 与 $\boldsymbol{F}_2$ 的作用线交于 O 点，根据力的可传性原理，将此两个力分别移至 O 点，则此两个力的合力 $\boldsymbol{F}$ 必定在此平面内且通过 O 点。而 $\boldsymbol{F}$ 必须和 $\boldsymbol{F}_3$ 平衡。由力的平衡条件可知 $\boldsymbol{F}_3$ 与 $\boldsymbol{F}$

必共线，所以 F_3 的作用线亦必通过力 F_1、F_2 的交点 O，即三个力的作用线汇交于一点。

四、作用和反作用定律

两个物体间相互作用的一对力，总是同时存在并且大小相等、方向相反、作用线相同，分别作用在这两个物体上。这就是作用和反作用定律。

例如车刀在加工工件时（图1-9），车刀作用于工件上的切削力为 F，同时工件必有反作用力 F' 加到车刀上。F 和 F' 总是等值、反向、共线。

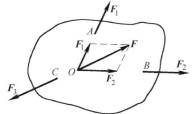

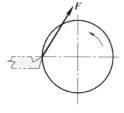

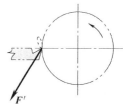

图1-8　三力作用于刚体　　　　图1-9　车刀加工工件时的作用力和反作用力

机械中力的传递都是通过机器零件之间的作用与反作用的关系来实现的。借助这个定律，我们能够从机器一个零件的受力分析过渡到另一个零件的受力分析。

特别要注意的是，必须把作用和反作用定律与二力平衡原理严格地区分开来。作用和反作用定律是表明两个物体相互作用的力学性质，而二力平衡原理则说明一个物体在两个力作用下处于平衡时这两个力应满足的条件。

又如图1-10a 所示的绳索悬挂一小球，小球所受重力为 mg，绳索的重量略去不计，分别考察小球和绳索所受的力。小球受重力 mg 和绳索向上的拉力 F_{TA} 的作用，如图1-10b所示。绳索在 A 端受小球施加的向下的拉力 F'_{TA} 和顶棚施加的向上的拉力 F'_{TB}，如图1-10c 所示。图1-10b、c 中，mg 和 F_{TA}、F'_{TA} 和 F'_{TB} 都分别是作用于一个物体上的一对平衡力。而 F_{TA} 和 F'_{TA} 是分别作用于两个物体上的作用力和反作用力。切不可将二力平衡中的一对力与作用力和反作用力的一对力混淆。

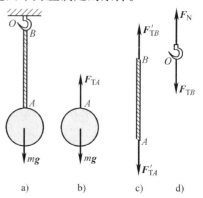

图1-10　绳索吊起小球

五、刚化原理

变形体在某一力系作用下处于平衡，如将此变形体刚化为刚体，其平衡状态保持不变。

此公理提供了把变形体视为刚体模型的条件。如图 1-11 所示，绳索在等值、反向、共线的两个力作用下处于平衡，如果将绳索刚化为刚体，其平衡状态保持不变。反之不一定成立。例如刚体在两个等值、反向的压力作用下平衡，如果将它用绳索代替就不能保持平衡了。

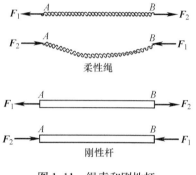

图 1-11　绳索和刚性杆

由此可见，刚体的平衡条件是变形体平衡的必要条件，而非充分条件。在刚体静力学的基础上，考虑变形体的特性，可以进一步研究变形体的平衡问题。

以上最基本的五条规律也称为**静力学公理**，这些公理不可能用更简单的原理去代替，也无须证明而被大家所公认。静力学公理概括了力的基本性质，是建立静力学理论的基础。

第三节　约束和约束力

在空间自由运动、其位移不受限制的物体称为**自由体**。例如飞行中的飞机、热气球、火箭等。而某些物体的位移受到事先给定的限制，不可能在空间自由运动，这种物体称为**非自由体**。例如，高速铁路上列车受铁轨的限制只能沿轨道方向运动；数控机床工作台受到床身导轨的限制只能沿导轨移动；电动机转动轴受到轴承的限制只能绕轴线转动。事先给定的限制物体运动的条件称为**约束**。对非自由体的某些位移起限制作用的周围物体也可称为约束。例如铁轨对列车、导轨对工作台、轴承对转动轴等都是约束。

既然约束能够限制物体沿某些方向的位移，因而当物体沿着约束所限制的方向有运动趋势时，约束就与物体之间互相存在着作用力。约束作用于物体以限制物体沿某些方向发生位移的力称为**约束力**。约束力以外的其他力统称为**主动力**。例如电磁力、切削力、流体的压力、万有引力等，它们往往是给定的或可测定的。约束力的方向必与该约束所能阻碍的运动方向相反。应用这个准则，可以确定约束力的方向或作用线的位置。例如地面对人的约束是阻碍人向地下运动，其约束力只能向上。约束力的大小往往是未知的，在静力学问题中，约束力与主动力组成平衡力系，因此可根据平衡条件求出约束力。

机械中大量平衡问题是非自由体的平衡问题。任何非自由体都受到约束力的作用，因此研究约束及其约束力的特征对于解决静力平衡问题具有十分重要的意义。下面介绍在工程实际中常遇到的几种基本约束类型和确定约束力的方法。

一、柔索约束

工程中的钢丝绳、带、链条、尼龙绳等都可以简化为柔软的绳索，简称柔索。讨论非常简单的绳索吊挂物体情况，如图 1-12a 所示。由于柔软的绳索本身只能承受拉力（图 1-12b），所以它给物体的约束力也只能是拉力（图 1-12c）。因此，柔索对物体的约束力作用在接触点，其方向沿着柔索背离物体（即柔索承受拉力）。通常约束力用 F_T

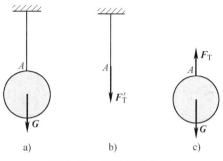

图 1-12 绳索吊挂物体

或 F_S 表示。图 1-13 所示为钢丝绳起吊重物。再讨论铁链吊起减速箱盖（图 1-13′a）。箱盖所受重力为 G，将铁链视为柔索，只能承受拉力，根据约束力的性质，铁链作用于箱盖的力为 F_{SB}、F_{SC}，铁链作用于圆环 A 的力为 F_{TB}、F_{TC}、F_T，其方向如图 1-13′b 所示。

图 1-13 钢丝绳起吊重物

传送带同样只能承受拉力。当绕过带轮时，约束力沿轮缘的切线方向，如图 1-14 所示。

二、具有光滑接触表面的约束

在所研究的问题中，如果两个物体接触面之间的摩擦力很小，以致可以忽略不计，则认为接触面是光滑的，例如支撑物体的固定平面

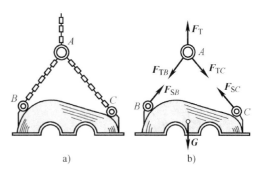

图 1-13′　铁链吊起减速箱盖

（图 1-15）、啮合齿轮的齿面（图 1-16）、直杆搁置在凹槽中（图 1-17）、重为 G 的光滑圆轴搁在 V 形铁上（图 1-18）。讨论图 1-15、图 1-16 所示情况，支承面不能限制物体沿约束表面切线的位移，只能阻碍物体沿接触表面法线方向的位移。因此，光滑接触面对物体的约束力，作用在接触点处，作用线方向沿接触表面的公法线，并指向物体（即物体受压力）。这种约束力称为**法向约束力**，用 F_N 表示，如图 1-15 和图 1-16 所示。图 1-17 中直杆在 A、B、C 三点受到约束，按照光滑接触面的性质，约束力 F_{NA}、F_{NB} 和 F_{NC} 的方向分别沿相应接触面的公法线方向。图 1-18 中，圆轴受到 V 形铁的约束力为 F_{NA}、F_{NB}，它们的方向垂直于相应的接触面。

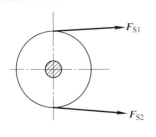
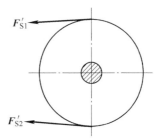

图 1-14　带轮受力

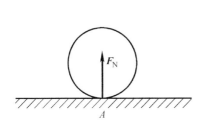

图 1-15　圆球法向受力

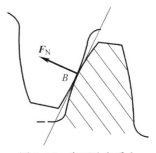

图 1-16　齿面法向受力

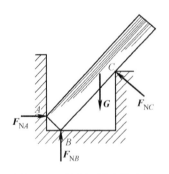

图1-17 处在凹槽中的直杆

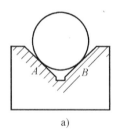

a) b)

图1-18 V形铁上的光滑圆轴

三、光滑圆柱铰链约束

光滑圆柱铰链约束是由两个带有圆孔的构件并由圆柱销钉联接构成。它在机械工程中有许多具体应用形式。

1. 光滑圆柱销钉联接

这类铰链用圆柱形销钉 C 将两个物体 A、B 联接在一起，如图1-19a 所示，并且假定销钉和钉孔是光滑的。这样被约束的两个构件只能绕销钉的轴线做相对转动，这种约束常采用图1-19b、c 所示的简图表示。

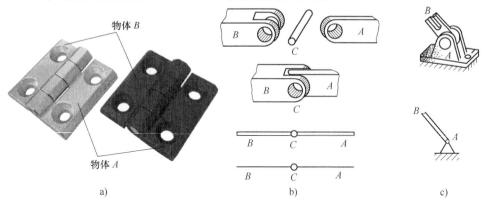

图1-19 圆柱形销钉

在图1-20 中，如果忽略不计微小的摩擦，销钉与物体实际上是以两个光滑圆柱面相接触的。当物体受主动力作用时，柱面间形成线接触，若把 K 点视为接触点，按照光滑面约束力的特点，可知销钉给物体的约束力应沿接触点 K 的

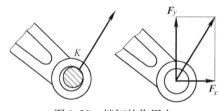

图1-20 销钉的作用力

公法线方向，必通过销钉中心（即铰链中心），但因主动力的方向不能预先确定，所以约束力的方向也不能预先确定。由此可得如下结论：圆柱形销钉联接的约束力必通过铰链中心，方向不定。约束力用两个正交分力 F_x、F_y 来表示。

机械工程中采用圆柱销钉联接的实例很多，图 1-21 所示为曲柄滑块机构的简图。曲柄 OA 与连杆 AB、连杆 AB 与滑块 B 是分别用光滑圆柱销钉联接起来的。

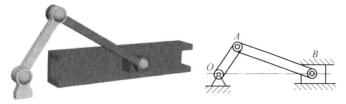

图 1-21 曲柄滑块机构

需要指出，在对光滑圆柱销钉联接的两个构件进行受力分析时，通常把光滑圆柱销钉看作固定在其中一个构件上，一般不画销钉受力图，只有在需要分析圆柱销钉的受力时才把销钉分离出来进行单独研究。

2. 向心轴承

轴承是机器中常见的一种约束，它的性质与铰链约束相同，只是在这里轴承本身是被约束的物体，向心轴承包括**向心滑动轴承**（图 1-22）和**向心滚动轴承**（图 1-23）。向心轴承在受力分析上与光滑圆柱销钉联接相同。对于向心滑动轴承，转轴的轴颈受到约束力 F 的作用，约束力 F 的作用线在垂直于轴线的对称平面内，其方向不能预先确定，故采用两个正交分力 F_x、F_y 表示。同样，对于向心滚动轴承，在垂直于轴线的平面内，轴承只限制轴的移动而不限制轴的转动，所受约束性质与光滑圆柱销钉联接相同，约束力可用两个正交分力 F_x、F_y 表示。

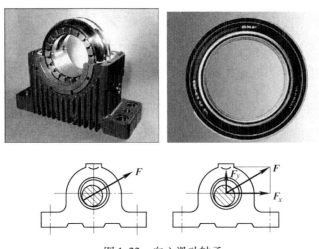

图 1-22 向心滑动轴承

图 1-23 向心滚动轴承

3. 固定铰链支座

工程中常用铰链将相邻构件连接起来，桥梁、起重机的起重臂等构件同支座或机架之间也采用铰链连接。当转轴轴线在空间固定不动时，构成**固定铰链支座**。图 1-24a 表示桥梁 A 端用固定铰链支座支承，其构造如图 1-24b 所示。固定铰链支座的约束力往往不能预先确定，因此采用两个正交分力 F_{Ax}、F_{Ay} 表示（图 1-24c）。

4. 可动铰链支座

图 1-24a 所示的桥梁的 B 端为辊轴支座支承。如果在支座和支承面之间有辊轴，就称为**可动铰链支座**或**辊轴支座**，其构造如图 1-24d 所示。因为有了辊轴，且支承面视为光滑，支座对结构沿支承面的运动没有限制，所以可动铰链支座的约束力 F_{NB} 垂直于支承面。图 1-24e 所示为可动铰链支座的简化图。当桥梁长度因热胀冷缩而发生变化时，可动铰链支座相应地沿支承面移动，从而避免了桥梁产生温度应力。

四、光滑球铰链约束

球铰链结构如图 1-25a 所示，杆端为球形，它被约束在一个固定的球窝中，球和球窝半径近似相等，球转动时球心是固定不动的，杆可以绕球心在空间任意转动。球铰链应用于空间问题，例如电视机室内天线与基座的连接，机床上照明灯具的固定，汽车上变速操纵杆的固定以及照相机与三脚架之间的接头等，图 1-25b 所示为汽车球铰链。对于光滑球铰链约束，由于不计摩擦，并且球只能绕球心相对转动，所以约束力必通过球心并且垂直于球

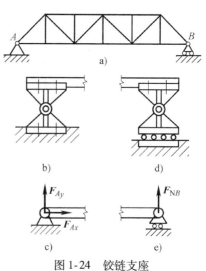

图 1-24 铰链支座

面，即沿半径方向。因为预先不能确定球与球窝接触点的位置，所以约束力在空间的方位不能确定。图 1-25c 所示为球铰链简图的表示方法，约束力以三个正交分量 F_x、F_y、F_z 表示。

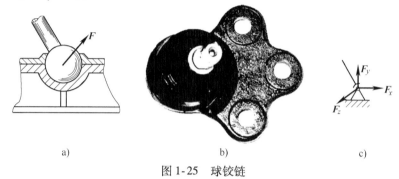

a)   b)   c)

图 1-25 球铰链

五、链杆约束

两端用光滑铰链与其他物体相连接且不计自重的刚性直杆称为链杆，如图 1-26 所示国产大飞机起落架中的 BC 杆。只受两个力作用并且平衡的构件称为二力杆。因链杆只是在两端各受到铰链作用于它的一个力而处于平衡，故属于二力杆，这两个力必定沿转轴中心的连线。故链杆对物体的约束力也必沿着链杆轴线，指向不能预先确定。链杆 BC 所产生的约束力 F_B、F_C 如图 1-26c 所示。

a)

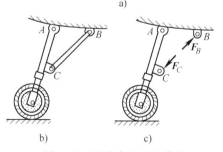

b)   c)

图 1-26 国产大飞机起落架

以上介绍的几种约束是比较常见的类型，在实际机械工程中应用的约束有时不完全是上述各种典型的约束形式，这时应该对实际约束的构造及其性质进行全面考虑，抓住主要矛盾，忽略次要因素，将其近似地简化为相应的典型约束形式，以便计算分析。

第四节　物体的受力分析和受力图

在工程实际中，为了求出未知的约束力，需要根据已知力，应用平衡条件求解。为此先要确定构件受到几个力，各个力的作用点和力的作用方向，这个分析过程称为**物体的受力分析**。

作用在物体上的力可分为**主动力**和**被动力**两类。物体的约束力是未知的被动力。约束力以外的其他力称为主动力。

静力学中要研究力系的简化和力系的平衡条件，就必须分析物体的受力情况。为此把所研究的非自由体解除全部约束，将它所受的全部主动力和约束力画在其上，这种表示物体受力的简明图形，称为**受力图**。正确地画出受力图的步骤如下。

1. 明确研究对象

所谓研究对象就是所要研究的受力体，它往往是非自由体。求解静力学平衡问题，首先要明确研究对象是哪一个物体。然后要分析它所受的力。在研究对象不明、受力情况不清的情况下，不要忙于画受力图。

2. 取分离体，画受力图

明确研究对象后，把研究对象从它周围物体的联系中分离出来，把其他物体对它的作用以相应的力表示，这就是取分离体、画受力图的过程。分离体是解除了约束的自由体，它受到主动力和约束力的作用。画出主动力相对容易一些，分析受力的关键在于确定约束力的方向，因此要特别注意判断约束力的作用点、作用线方向和力的指向。建议根据以下三条原则来判断约束力：

1）将约束按照性质归入某类典型约束，例如光滑接触面、光滑圆柱铰链、链杆等，根据典型约束的约束力特征，可以确定约束力的作用点、作用线方向和力的指向。这是分析约束力的基本出发点。

2）运用二力平衡条件或三力平衡汇交定理确定某些约束力。例如构件受三个不平行的力作用而处于平衡，已知两个力的作用线相交于一点，第三个力为未知的约束力，则此约束力的作用线必通过此交点。

3）按照作用和反作用定律，分析两个物体之间的相互作用力。讨论作用力和反作用力时，要特别注意明确每一个力的受力体和施力体。研究对象是受力体，要把其他物体对它的作用力画在它的受力图上。当研究对象改变时，受力体也随着改变。

下面举例说明受力图的画法。

例1-1 质量为 m 的球，用绳挂在光滑的铅直墙上，如图 1-27a 所示。试画出此球的受力图。

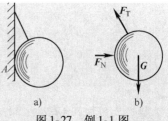

解：1）以球为研究对象，画出图 1-27b 所示的分离体。解除绳和墙的约束。

2）画出主动力 G。

3）画出绳的约束力 F_T 和光滑面约束力 F_N。

图 1-27 例 1-1 图

例1-2 两个圆柱放在图 1-28a 所示的槽中，圆柱的重量分别为 G_1、G_2，已知接触处均光滑。试分析每个圆柱的受力情况。

解：（1）分析圆柱 I 的受力情况 取圆柱 I 为研究对象，画出分离体；圆柱 I 的主动力为 G_1，在 A 和 B 两处都受到光滑面约束，其约束力 F_{NA}、F_{NB} 都通过圆柱 I 的中心 O_1。圆柱 I 的受力如图 1-28b 所示。

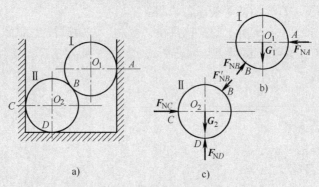

图 1-28 例 1-2 图

（2）分析圆柱 II 的受力情况 取圆柱 II 为研究对象，画出分离体。圆柱 II 的主动力除了自重 G_2 外，还有上面圆柱 I 传来的压力 F'_{NB}，注意到 F'_{NB} 与 F_{NB} 为作用力和反作用力，B、C、D 三处都受到光滑面约束，其约束力 F'_{NB}、F_{NC}、F_{ND} 都通过圆柱 II 的中心 O_2，并且 $F'_{NB} = -F_{NB}$。圆柱 II 的受力如图 1-28c 所示。

例1-3 如图 1-29a 所示，梁 AB 的 B 端受到载荷 F 的作用，A 端以光滑圆柱铰链固定于墙上，C 处受直杆支承，C、D 均为光滑圆柱铰链，不计梁 AB 和直杆 CD 的自身重量，试画出杆 CD 和梁 AB 的受力图。

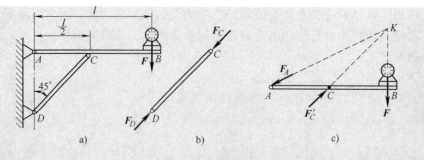

图 1-29 例 1-3 图

解：先分析杆 CD，已知杆 CD 处于平衡状态，由于杆上只受到两端铰链 C、D 的约束力作用，且杆的重量不计，即直杆 CD 在 $\boldsymbol{F}_C$ 和 $\boldsymbol{F}_D$ 作用下处于平衡，是二力构件中的链杆。所以 $\boldsymbol{F}_C$ 和 $\boldsymbol{F}_D$ 作用线沿 CD 连线，并假设它们的指向如图 1-29b 所示。

再分析梁 AB 受力情况，力 $\boldsymbol{F}$ 铅垂向下，杆 CD 通过铰链 C 对梁 AB 的作用力 $\boldsymbol{F}_C'$ 为 $\boldsymbol{F}_C$ 的反作用力，方向为从 D 指向 C，$\boldsymbol{F}_C'$ 与力 $\boldsymbol{F}$ 的作用线相交于 K 点，由三力平衡汇交定理得到 $\boldsymbol{F}_A$ 必沿 AK 方向，如图 1-29c 所示。至于约束力的大小和指向，需要下一章介绍的平衡条件求得。

例 1-4 如图 1-30a 所示的三铰拱桥，由左、右两拱铰接而成。设各拱自重不计，在拱 AC 上作用有载荷 $\boldsymbol{F}$。试分别画出拱 AC 和 CB 的受力图。

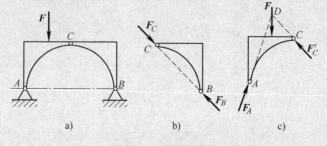

图 1-30 例 1-4 图

解：（1）先分析受力比较简单的拱 BC　因为不考虑拱 BC 的自重，并且只有 B、C 两处受到铰链约束，因此拱 BC 为二力构件。在铰链中心 B、C 处分别受 $\boldsymbol{F}_B$、$\boldsymbol{F}_C$ 两力的作用，方向如图 1-30b 所示，且 $\boldsymbol{F}_B = -\boldsymbol{F}_C$。

（2）取拱 AC 为研究对象　由于不考虑自重，因此主动力只有载荷 $\boldsymbol{F}$。拱在铰链 C 处受有拱 BC 给它的约束力 $\boldsymbol{F}_C'$ 的作用，根据作用和反作用定律，$\boldsymbol{F}_C' = -\boldsymbol{F}_C$。拱在 A 处受到固定铰链支座给它的约束力 $\boldsymbol{F}_A$ 的作用，由于拱 AC 在 $\boldsymbol{F}$、$\boldsymbol{F}_C'$ 和 $\boldsymbol{F}_A$ 三个力作用下保持平衡，根据三力平衡汇交定理，确定铰链 A 处约束力 $\boldsymbol{F}_A$

的方向。点 D 为力 F 和 F'_C 作用线的交点，当拱 AC 平衡时，约束力 F_A 的作用线必通过点 D，至于 F_A 的指向，需要用下一章的平衡条件确定。拱 AC 的受力如图 1-30c 所示。

　　例 1-5　液压夹具如图 1-31a 所示。已知液压油缸中油压合力为 F，沿活塞杆轴线作用于活塞，缸壁对活塞的作用力忽略不计。四杆 AB、BC、AD、DE 均为光滑铰链连接，B、D 两个滚轮压紧工件。杆和轮的重量均略去不计，接触均为光滑。试画出销钉 A、杆 AB、滚轮 B 的受力图。

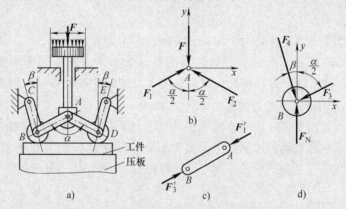

图 1-31　例 1-5 图

　　解： 作用在活塞上的压力通过复合铰链 A 推动连杆 AB 和 AD，使滚轮 B 和 D 压紧压板和工件。由于杆 AB 和杆 AD 两端均为圆柱铰链并且不计杆自重，所以 AB 和 AD 都是二力杆。选择销钉 A 为研究对象，二力杆 AB 对其作用力 F_1 沿 BA 方向，二力杆 AD 对其作用力 F_2 沿 DA 方向，其受力如图 1-31b 所示。

　　由作用与反作用定律可知，二力杆 AB 受到销钉 A 的作用力 F'_1，F'_1 与 F_1 等值、反向、共线（作用在不同物体上）；滚轮 B 对 AB 作用力 F'_3，F'_3 应与 F'_1 等值、反向、共线（作用在同一物体上）。二力杆 AB 受力如图 1-31c 所示。

　　最后选择滚轮 B 为研究对象，设滚轮 B 与压板之间为光滑接触，故压板对滚轮的约束力 F_N 沿接触面的公法线。由于 AB 和 BC 均为二力杆，它们对滚轮 B 的约束力 F_3、F_4 分别沿 AB、CB 方向。滚轮 B 的受力如图 1-31d 所示。

　　例 1-6　图 1-32a 所示一个不计自重的托架，B 处是铰链支座，A 处是光滑接触，托架在重物向下的力 F 的作用下平衡，试画出托架的受力图。

　　解： 1）以托架为研究对象（取分离体），单独画出其简图。

　　2）画主动力。只有重物对托架向下的作用力 F。

　　3）画约束力。因为 A 处为光滑接触，故在 A 处受法向约束力 F_{RA} 作用，且

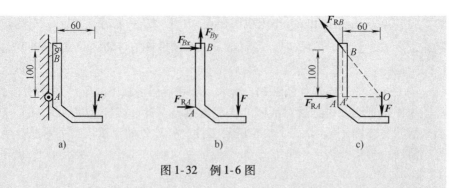

图 1-32　例 1-6 图

指向托架，水平向右；B 处为固定铰链支座，约束力方向未定，可用正交分力表示，如图 1-32b 所示。进一步分析，因托架只受 3 个力的作用而平衡，且力 F 与 F_{RA} 相交，故可由三力平衡汇交定理确定 B 处力作用线的方位，但指向不能确定，可先假定。托架的受力如图 1-32c 所示。

例 1-7　如图 1-33a 所示，梯子的两部分 AB、AC 由绳 DE 连接，A 处为光滑铰链。梯子放在光滑的水平面上，自重不计。重量为 G 的人站在 AB 的中点 H 处。试画出整个系统受力图以及绳子 DE 和梯子的 AB、AC 部分的受力图。

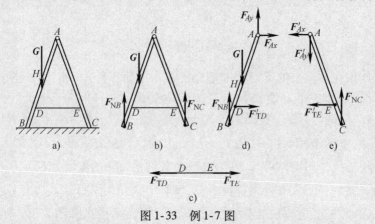

图 1-33　例 1-7 图

解：1）讨论整个系统受力情况，主动力为 G，按照光滑接触面性质，B、C 处受到沿法线方向的约束力 F_{NB}、F_{NC}，受力如图 1-33b 所示。

2）绳子 DE 的受力分析。绳子两端 D、E 分别受到梯子对它的拉力 F_{TD}、F_{TE} 的作用，如图 1-33c 所示。

3）梯子 AB 部分在 H 处受到人对它的作用力 G，在铰链 A 处受到梯子 AC 部分给它的约束力 F_{Ax} 和 F_{Ay} 的作用，在点 D 处受到绳子对它的拉力 F'_{TD} 的作用，在点 B 处受到光滑地面对它的法向约束力 F_{NB} 的作用。梯子 AB 部分的受力如图 1-33d 所示。

4）梯子 AC 部分在铰链 A 处受到梯子 AB 部分给它的约束力 F'_{Ax} 和 F'_{Ay} 的作用，在点 E 处受到绳子对它的拉力 F'_{TE} 的作用，在点 C 处受到光滑地面对它的法向约束力 F_{NC} 的作用。梯子 AC 部分的受力如图 1-33e 所示。

例 1-7 中存在着这样一些成对出现的作用力与反作用力：$F'_{Ax} = -F_{Ax}$、$F'_{Ay} = -F_{Ay}$、$F'_{TD} = -F_{TD}$、$F'_{TE} = -F_{TE}$，在讨论整个系统受力情况时，这些系统内部物体之间的相互作用力称为**内力**。内力总是成对出现且等值、反向、共线，对整个系统的作用效果相互抵消。系统以外的物体对系统的作用力称为**外力**。选择不同的研究对象，内力与外力之间可以相互转化，例如在整个系统受力分析时，F'_{Ax}、F'_{Ay} 和 F'_{TE} 是内力；在对梯子 AC 部分进行受力分析时，F'_{Ax}、F'_{Ay} 和 F'_{TE} 便是外力。可见，内力与外力的区分，只有相对于某一确定的研究对象才有意义。

正确地画出物体的受力图，是分析解决力学问题的基础。在本节开头已经介绍了画受力图的步骤，通过上面几个例题，读者对画受力图已有了一些认识，下面总结一下正确进行受力分析、画好受力图的关键点：

1）选好研究对象。根据解题的需要，可以取单个物体或整个系统为研究对象，也可以取由几个物体组成的子系统为研究对象。

2）正确确定研究对象受力的数目。既不能少画一个力，也不能多画一个力。力是物体之间相互的作用，因此受力图上每个力都要明确它是哪一个施力物体作用的，不能凭空想象。物体之间的相互作用力可分为两类：第一类为场力，例如万有引力、电磁力等；第二类为物体之间相互的接触作用力，例如压力、摩擦力等。因此分析第二种力时，必须注意研究对象与周围物体在何处接触。

3）一定要按照约束的性质画约束力。当一个物体同时受到几个约束的作用时，应分别根据每个约束单独作用情况，由该约束本身的性质来确定约束力的方向，绝不能按照自己的想象画约束力。

4）当几个物体相互接触时，它们之间的相互作用关系要按照作用和反作用定律来分析。

5）在分析系统受力情况时，只画外力，不画内力。

小　结

- 力是物体之间的相互作用，这种作用使物体的运动状态发生变化或使物体形状发生改变。物体运动状态的改变是力的外效应，物体形状的改变是力的内效应。
- 力对物体的内外效应取决于三个要素：①力的大小；②力的方向；③力的作用点。
- 力的作用位置如果是物体的某一部分面积或体积，则这种分布作用的力称为分布力。
- 可以简化为集中作用在一个点上的力称为集中力。

● 力系是指作用在物体上的一群力。作用在物体上的一个力系如果可以用另一个力系来代替而效应相同，那么这两个力系互为等效力系。若一个力与一个力系等效，则这个力称为该力系的合力。

● 为了简化研究中的问题，有时不计物体的形状、大小，只考虑其质量并将其视为一个点，称为质点。

● 刚体定义为由无穷多个点组成的不变形的几何形体，它在力的作用下保持其形状和大小不变。

● 如果刚体在某一个力系作用下处于平衡，则此力系称为平衡力系。力系平衡时所满足的条件称为力系的平衡条件。

● 二力平衡原理：受两个力作用的刚体，其平衡的充分必要条件是，这两个力大小相等，方向相反，并且作用在同一直线上。

● 加减平衡力系原理：在作用于刚体上的任何一个力系上，加上或减去任意的平衡力系，并不改变原力系对刚体的作用效果。

● 在两个力作用下处于平衡的刚体称为二力体。如果物体是某种杆件或构件，这时也可称其为二力杆或二力构件。

● 作用在刚体上的一个力，可沿其作用线任意移动作用点而不改变此力对刚体的作用效应。这个性质称为力的可传性。

● 三力平衡汇交定理：当刚体受三个力作用（其中两个力的作用线相交于一点）而处于平衡时，此三力必在同一平面内，并且它们的作用线汇交于一点。

● 力的平行四边形法则。

● 力的三角形法则。

● 在空间自由运动，其位移不受限制的物体称为自由体；而某些物体的位移受到事先给定的限制，不可能在空间自由运动，这种物体称为非自由体。

● 事先给定的限制物体运动的条件称为约束。约束作用于物体以限制物体沿某些方向发生位移的力称为约束力。约束力以外的其他力统称为主动力。

● 两端用光滑铰链与其他物体相连且不计自重的刚性直杆称为链杆。

● 约束主要包括：柔索（钢丝绳、带、链条、尼龙绳等）、具有光滑接触表面的约束、光滑圆柱铰链约束、光滑球铰链约束、链杆约束。

● 为了正确地画出受力图，应当注意下列问题：

1）明确研究对象。

2）取分离体，画受力图。分析受力的关键在于确定约束力的方向，因此要特别注意判断约束力的作用点、作用线方向和力的指向。建议根据以下三条原则来判断约束力：

1）将约束按照性质归入某类典型约束。

2）运用二力平衡条件或三力平衡汇交定理确定某些约束力。

3）按照作用和反作用定律分析两个物体之间的相互作用力。

习　　题

1-1　合力一定比分力大，对吗？

1-2　平衡状态一定是静止吗？什么是平衡力系？

1-3　二力平衡条件与作用和反作用定律都说二力等值、反向、共线，二者有什么区别？

1-4　什么是二力杆？二力杆一定是直杆吗？

1-5　凡是两端用铰链连接的直杆都是二力杆，对吗？

1-6　什么是作用在刚体上的力的三要素？什么是三力平衡汇交定理？

1-7　刚体上作用有三个力，这三个力共面，并且力的作用线汇交于一点，刚体一定平衡吗？

1-8　当作用在刚体上的三个力相交于一点且平衡时，这三个力的作用线是否在同一个平面？

1-9　解释下列名词：力的内效应、力的外效应、等效力系、质点、刚体。

1-10　如图 1-34 所示，已知力 $F_1 = 6kN$，$\alpha_1 = 30°$；力 $F_2 = 8kN$，$\alpha_2 = 45°$。试用力的平行四边形法则、力的三角形法则分别求合力 F 的大小以及与 F_1 的夹角 β。

1-11　已知 F_1、F_2、F_3 三个力同时作用在一个刚体上，它们的作用线位于同一平面，作用点分别为 A、B、C，如图 1-35 所示。已知力 F_1、F_2 的作用线方向，试求力 F_3 的作用线方向。

图 1-34　习题 1-10 图　　　　　　　　图 1-35　习题 1-11 图

1-12　已知接触面为光滑表面，试画出图 1-36 所示圆球的受力图。

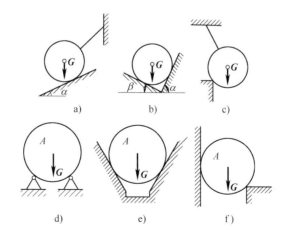

图 1-36　习题 1-12 图

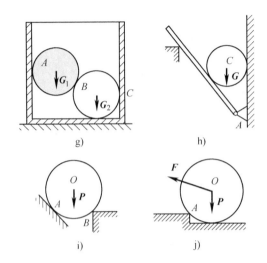

g)　h)

i)　j)

图 1-36　习题 1-12 图（续）

1-13　不计绳子、杆的质量，试画出图 1-37 中指定物体的受力图。

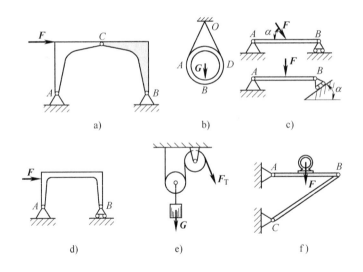

a)　b)　c)

d)　e)　f)

图 1-37　习题 1-13 图

a）左半拱 AC、右半拱 BC；b）被钢缆吊起的钢管；c）梁 AB；d）钢架 AB；e）动滑轮、定滑轮；f）梁 AB。

1-14　如图 1-38 所示各个系统，试分别画出每个物体以及整体的受力图。物体的重力除图上注明外，均略去不计，所有接触处均为光滑。

1-15　图 1-39 所示各物体的受力图是否有错误？如何改正？

1-16　画出图 1-40 所示 AB 杆的受力图。

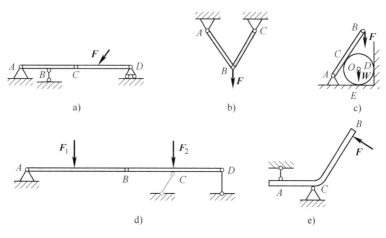

图 1-38　习题 1-14 图

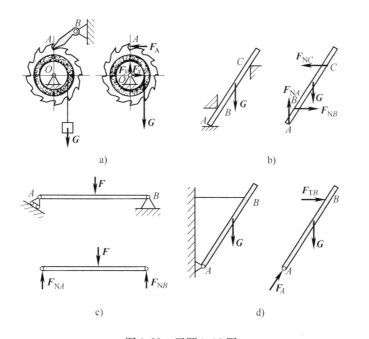

图 1-39　习题 1-15 图

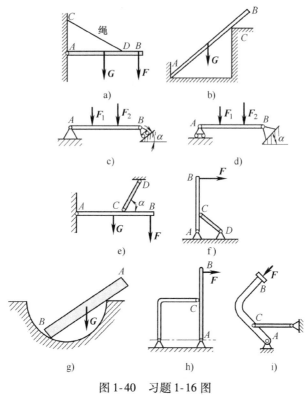

图 1-40 习题 1-16 图

第二章

平面力系

为了研究方便，可将力系按其作用线的分布情况进行分类。各力的作用线处在同一平面内的一群力称为**平面力系**，力系中各力的作用线不处在同一平面的一群力称为**空间力系**。本章研究平面力系的简化合成问题，以及处于平衡时力系应满足的条件。

第一节　平面汇交力系

在平面力系中，各力作用线相交于一点的力系称为**平面汇交力系**，作用线相互平行的力系称为**平面平行力系**，作用线既不平行又不相交于一点的力系称为**平面任意力系**。图 2-1a 中钢架的角撑板承受 F_1、F_2、F_3、F_4 四个力的作用，这些力的作用线位于同一平面内并且汇交于点 O，构成一个平面汇交力系；图 2-1b 中吊环上拴着的绳子承受 F_1、F_2、F_3 三个力的作用，这些力的作用线位于同一平面内并且汇交于点 O，构成一个平面汇交力系。

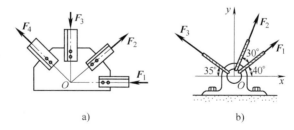

图 2-1　平面汇交力系

a）钢架角撑板　b）吊环上拴有三条绳

按照由简单到复杂，由特殊到一般的认识规律和学习规律，本章首先讨论平面汇交力系。讨论力系的合成和平衡条件可以用几何法或解析法。几何法直观明了，物理意义明确；解析法计算规范、程式化，适合于计算机编程。

一、几何法

设作用于刚体上的四个力 F_1、F_2、F_3、F_4 构成平面汇交力系，如图 2-2a

所示。根据力的可传性原理，首先将各力沿其作用线移到 O 点（图2-2b），然后从任意点 a 出发连续应用力三角形法则，将各力依次合成，如图2-2c所示，即先将力 F_1 与 F_2 合成，求出合力 F_{R2}，然后将力 F_{R2} 与 F_3 合成得到合力 F_{R3}，最后将力 F_{R3} 和 F_4 合成，求出力系的合力 F_R，即

$$F_R = F_1 + F_2 + F_3 + F_4$$

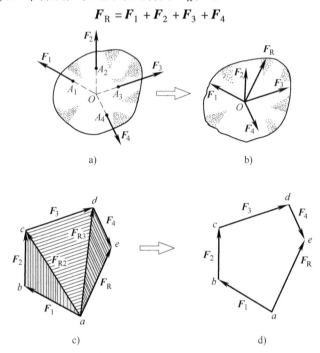

图2-2 力的合成

由于需要求出的是整个力系的合力 F_R，所以对作图过程中表示的矢量线 F_{R2}、F_{R3} 可以省去不画，只要把力系中各力矢首尾相接，连接最先画的力矢 F_1 的始端 a 与最后画的力矢 F_4 的末端 e 的矢量 $\overrightarrow{ae}$，就是合力矢量 F_R，如图2-2d所示。各力矢 F_1、F_2、F_3、F_4 和合力矢 F_R 构成的多边形 $abcde$ 称为**力多边形**。代表合力矢 $\overrightarrow{ae}$ 的边称为力多边形的封闭边。这种用力多边形求合力矢的作图规则称为**力多边形法则**。

用力多边形法则求汇交力系合力的方法称为汇交力系合成的几何法。合成中需要注意以下两点：

1）合力 F_R 的作用线必通过汇交点。

2）改变力系合成的顺序，只改变力多边形的形状，并不影响最后的结果。即不论如何合成，合力 F_R 是唯一确定的。

如果平面汇交力系中有 n 个力组成，可以采用与上述同样的力多边形法则，将各力 F_i（$i=1$，2，…，n）相加，得到合力 F_R。于是得到如下结论：平面汇

交力系合成的结果是一个合力，其大小和方向由力多边形的封闭边代表，作用线通过力系中各力作用线的汇交点。合力 $\boldsymbol{F}_R$ 的表达式为

$$\boldsymbol{F}_R = \boldsymbol{F}_1 + \boldsymbol{F}_2 + \cdots + \boldsymbol{F}_n = \sum_{i=1}^{n} \boldsymbol{F}_i$$

或简写为

$$\boldsymbol{F}_R = \sum_{i=1}^{n} \boldsymbol{F}_i \qquad (2\text{-}1)$$

由上述分析可以知道，平面汇交力系可以用一个合力来代替，所以该力系平衡的充分必要条件是力系的合力等于零，即

$$\sum_{i=1}^{n} \boldsymbol{F}_i = \boldsymbol{0} \qquad (2\text{-}2)$$

式（2-2）表明，当平面汇交力系平衡时，画出的力多边形其封闭边长度必为零。由此可得，平面汇交力系平衡的几何条件为：各分力 $\boldsymbol{F}_1$，$\boldsymbol{F}_2$，$\cdots$，$\boldsymbol{F}_n$ 所构成的力多边形自行封闭。

应用平面汇交力系平衡的几何条件可以求解平衡力系中力的未知元素。力是矢量，包括大小和方向两个元素。在作力多边形求解平面汇交力系平衡问题时，由于合力为零，这个平面矢量方程本质上可以化为两个标量方程，所以用封闭力多边形可以求出两个未知元素，即可以有一个力大小和方向都未知，或者两个力各有一个未知元素（大小或方向）。

例 2-1 在物体圆环上作用有三个力 $F_1 = 300\text{N}$，$F_2 = 600\text{N}$，$F_3 = 1500\text{N}$，其作用线相交于 O 点，如图 2-3 所示。试用几何作图法求力系的合力。

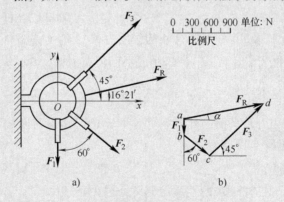

图 2-3 例 2-1 图

解： 1）选比例尺，如图 2-3 所示。

2）将 F_1、F_2、F_3 首尾相接得到力多边形 $abcd$，其封闭边矢量 $\overrightarrow{ad}$ 就是合力矢 F_R。量得 ad 的长度，得到合力 $F=1650\text{N}$，F_R 与 x 轴夹角 $\alpha=16°21'$。

例 2-2 在曲柄压力机的铰链 A 上作用一水平力 $F=300\text{N}$，如图 2-4 所示。已知杆 $OA=0.2\text{m}$，$AB=0.4\text{m}$。试求当杆 OA 与铅垂线 OB 的夹角 $\alpha=30°$ 时，锤头作用于物体 m 的压力。

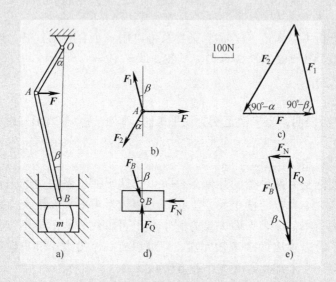

图 2-4 例 2-2 图

解：（1）以销钉 A 为研究对象进行受力分析 OA 和 AB 杆均为链杆，按照约束的性质，OA 杆及 AB 杆对销钉 A 的作用力 F_1、F_2 必沿各杆两端销钉中心的连线，但方向不能肯定。F、F_1、F_2 构成平面汇交力系，其受力如图 2-4b 所示。

由正弦定理得到　　　$\beta=\arcsin\left(\dfrac{OA}{AB}\sin\alpha\right)=\arcsin 0.25=14.48°$

按照平面汇交力系平衡的几何条件，取比例尺作出封闭的力三角形，如图 2-4c 所示。量得 $F_1=370\text{N}$。

（2）其次取锤头 B 为研究对象 锤头 B 受到连杆 AB 对其作用力 F_B 作用，如图 2-4d 所示。由链杆 AB 的性质得到 $F_B=F_1=370\text{N}$，F_B 与 F_1 方向相反。锤头还受到壁的约束力 F_N 以及压榨物 m 对锤头的反作用力 F_Q。

按照平面汇交力系平衡的几何条件，取比例尺作出封闭的力三角形，如图 2-4e 所示。量得 $F_Q=360\text{N}$。

二、解析法

对于平面汇交力系 F_k ($k = 1$, 2, $\cdots$, n)，各力在平面直角坐标系情形下，如图 2-5 所示，可写成

$$F_k = F_{kx}\boldsymbol{i} + F_{ky}\boldsymbol{j} \qquad (2\text{-}3)$$

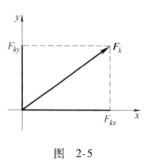

图　2-5

按照定义，平面汇交力系的合力 F 等于各分力 F_k 的矢量和，即 $F = F_1 + F_2 + \cdots + F_n = \displaystyle\sum_{k=1}^{n} F_k$。将合力写成解析式 $F = F_x\boldsymbol{i} + F_y\boldsymbol{j}$，得到

$$\begin{cases} F_x = F_{1x} + F_{2x} + \cdots + F_{nx} = \displaystyle\sum_{i=1}^{n} F_{ix} \\[2mm] F_y = F_{1y} + F_{2y} + \cdots + F_{ny} = \displaystyle\sum_{i=1}^{n} F_{iy} \end{cases} \qquad (2\text{-}4)$$

式 (2-4) 表明，平面汇交力系的合力在任一坐标轴上的投影，等于各分力在同一坐标轴上投影的代数和。这个结论称为合力投影定理。这个结论还可以推广到其他矢量的合成上，统称为合矢量投影定理。

合力的模和方向可用式 (2-5) 表示：

$$\begin{cases} F = \sqrt{F_x^2 + F_y^2} = \sqrt{\left(\displaystyle\sum_{i=1}^{n} F_{ix}\right)^2 + \left(\displaystyle\sum_{i=1}^{n} F_{iy}\right)^2} \\[3mm] \cos\ <F, i> = F_x/F \\[2mm] \cos\ <F, j> = F_y/F \end{cases} \qquad (2\text{-}5)$$

由于平面汇交力系平衡的充分必要条件是力系的合力等于零，由式 (2-4) 可知，要满足合力 $F = 0$，其充分必要条件是

$$\begin{cases} \displaystyle\sum_{i=1}^{n} F_{ix} = 0 \\[3mm] \displaystyle\sum_{i=1}^{n} F_{iy} = 0 \end{cases} \qquad (2\text{-}6)$$

即平面汇交力系平衡的充分必要（解析）条件是：力系中各力在 x、y 坐标轴上的投影的代数和都等于零。式 (2-6) 称为平面汇交力系的平衡方程，可以用来求解两个未知量。当用解析法求未知力时，约束力的指向要事先假定。在平衡方程中解出的未知力若为正值，说明预先假定的指向是正确的；若为负值，说明实际指向与假定的方向相反。

例2-3 图2-6a所示为三铰拱，不计拱重。已知结构尺寸 a 和作用在 D 点的水平作用力 $F = 141.4\text{N}$，求支座 A、C 的约束力。

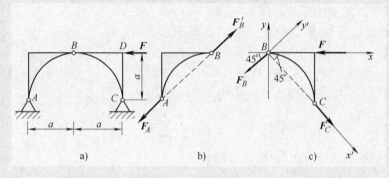

图2-6 例2-3图

解：（1）取左半拱 AB（包括销钉 B）为研究对象 AB 只受到右半拱 BC 的作用力 $\boldsymbol{F}'_B$ 和铰链支座 A 的约束力 $\boldsymbol{F}_A$ 的作用，属于二力构件（图2-6b）。所以 $\boldsymbol{F}'_B$ 和 $\boldsymbol{F}_A$ 两个力的作用线必沿 AB 连线，并且有 $\boldsymbol{F}_A = -\boldsymbol{F}'_B$。

（2）取右半拱 BC 为研究对象 作用在 BC 上有三个力，分别为：水平力 $\boldsymbol{F}$、铰链支座 C 的约束力 $\boldsymbol{F}_C$ 和 AB 拱对 BC 拱的约束力 $\boldsymbol{F}_B$。$\boldsymbol{F}_B$ 和 $\boldsymbol{F}'_B$ 为一对作用力与反作用力，即 $\boldsymbol{F}_B = -\boldsymbol{F}'_B$。应用三力平衡汇交定理可确定 $\boldsymbol{F}_C$ 作用线的方位，即沿 B、C 点的连线，假定从 B 指向 C，如图2-6c所示。

根据右半拱 BC 的受力图并取坐标系 Bxy，列出平面汇交力系的平衡方程为

$$\sum_{i=1}^{n} F_{ix} = 0, \quad -F - F_B\cos 45° + F_C\cos 45° = 0 \tag{1}$$

$$\sum_{i=1}^{n} F_{iy} = 0, \quad -F_B\sin 45° - F_C\sin 45° = 0 \tag{2}$$

由式（2）得

$$F_C = -F_B \tag{3}$$

将式（3）代入式（1）得

$$F_B = -\frac{\sqrt{2}}{2}F = -100\text{N} \tag{4}$$

求得的 F_B 为负值，表示力矢量 $\boldsymbol{F}_B$ 的指向与受力图中假定的指向相反，把式（4）代入式（3），注意要把负号一起代入，得到

$$F_C = -\left(-\frac{\sqrt{2}}{2}F\right) = 100\text{N}$$

求得的 F_C 为正值，表示所假定的指向符合实际。

因为 $F_A = F'_B = F_B$，所以 $F_A = -\dfrac{\sqrt{2}}{2}F = -100\text{N}$。求得的 F_A 为负值，表示 F_A 的指向与受力图中假定的指向相反。

为简便起见，在求解本题时，可以取投影轴 x'、y' 分别垂直于未知力 F_B、F_C，则

$$\sum_{i=1}^{n} F_{ix'} = 0, \quad F_C - F\cos 45° = 0, \quad F_C = \frac{\sqrt{2}}{2}F = 100\text{N}$$

$$\sum_{i=1}^{n} F_{iy'} = 0, \quad -F_B - F\sin 45° = 0, \quad F_B = -\frac{\sqrt{2}}{2}F = -100\text{N}$$

这样可以使所列的每一个平衡方程中只包含一个未知数，避免求解联立方程的麻烦。

例2-4　图2-7a 所示的均质细长杆 AB 重 $G = 10\text{N}$，长 $L = 1\text{m}$。杆一端 A 靠在光滑的铅垂墙上，另一端 B 用长 $a = 1.5\text{m}$ 的绳 BD 拉住。求平衡时 A、D 两点之间的距离 x，墙对杆的约束力 F_N 和绳的拉力 F_T。

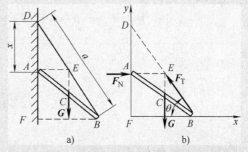

图2-7　例2-4图

解：以杆 AB 为研究对象。作用在杆上的力有三个，分别是作用在杆中点上的重力 G、绳索对杆的拉力 F_T、墙的反作用力 F_N。按照约束的性质，拉力 F_T 沿绳索轴线 BD 方向，F_N 垂直于墙即水平向右。杆在这三个力作用下处于平衡状态，根据三力平衡汇交定理可知这三个力必汇交于一点。由于 G 与 F_T 相交于 BD 的中心点 E，故只有当通过 A 点的水平力也通过 E 点时杆 AB 才能平衡，即 F_N 必须沿 AE。杆 AB 的受力如图2-7b所示。

过 B 点作水平线交墙于 F 点，因为 F_N 垂直于墙，所以 AE 线水平，与 BF 平行。由于 $DE = EB$，所以 $DA = AF = x$，对于直角三角形 BFD，有 $BF^2 = BD^2 - DF^2 = a^2 - (2x)^2$；对于直角三角形 BFA，有 $BF^2 = BA^2 - AF^2 = L^2 - x^2$。于是可得

$$a^2 - 4x^2 = L^2 - x^2$$

解得

$$x = \sqrt{\frac{a^2 - L^2}{3}} = 0.646\text{m}$$

由此得到绳索与 BF 夹角 $\theta = \arcsin \dfrac{DF}{DB} = \arcsin \dfrac{2x}{a} = \arcsin 0.8607 = 59.4°$。

下面应用平面汇交力系的平衡方程，求解绳索拉力 $\boldsymbol{F}_{\mathrm{T}}$ 和墙约束力 $\boldsymbol{F}_{\mathrm{N}}$。取直角坐标系如图 2-7b 所示，列平衡方程

$$\sum_{i=1}^{n} F_{ix} = 0, \qquad F_{\mathrm{N}} - F_{\mathrm{T}}\cos\theta = 0 \tag{1}$$

$$\sum_{i=1}^{n} F_{iy} = 0, \qquad F_{\mathrm{T}}\sin\theta - G = 0 \tag{2}$$

由式（2）得到

$$F_{\mathrm{T}} = \frac{G}{\sin\theta} = \frac{10}{0.8607}\mathrm{N} = 11.62\mathrm{N}$$

代入式（1）得到

$$F_{\mathrm{N}} = F_{\mathrm{T}}\cos\theta = 11.62\mathrm{N} \times \cos 59.4° = 5.92\mathrm{N}$$

第二节　力偶和力偶系

一、力偶的概念及等效

当物体受到大小相等、方向相反的两个共线力作用时，物体保持平衡状态。但是，当物体受到大小相等、方向相反、平行而不共线的两个力作用时，物体将发生转动或出现转动的趋势。用手指旋转钥匙或自来水龙头、拧螺钉，驾驶员开汽车用双手转动转向盘（图 2-8a），钳工师傅用双手转动铰杠（图 2-8b），都是上述受力情况的实例。在力学上，把大小相等、方向相反并且不共线的两个平行力称为力偶，记作（$\boldsymbol{F}$，$\boldsymbol{F}'$）。力偶中两个力所在的平面称为力偶作用面，

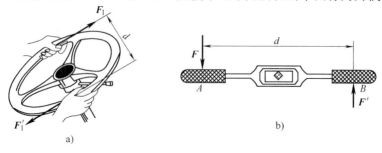

图 2-8　力偶实例

a）双手转动转向盘　b）双手转动铰杠

两个力作用线之间的垂直距离称为力偶臂，常以 d 表示，如图2-9 所示。力偶是个特殊的力系，这个力系具有它自己的特性。它是研究复杂力系的基础。

由于力偶中的两个力大小相等、方向相反、作用线平行，所以这两个力在任何坐标轴上投影之和均为零，如图 2-10 所示。可见，力偶对物体不产生移动效应，即力偶的合力矢为零。这说明力偶不能等效为一个力，因此也不能用一个力来平衡。力偶只能与力偶等效，也只能用力偶来平衡，因而它是一个基本的力学量。

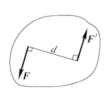

图 2-9 力偶作用面

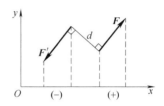

图 2-10 力偶坐标轴上的投影

力偶对物体的运动效应和一个力对物体的运动效应不同。一个力能使静止的物体产生移动，也能使它既产生移动又产生转动。但是一个力偶只能使静止的物体产生转动。为量度力偶对物体的转动效应，需要引入力偶矩的概念，即在平面问题中，力偶中一个力的大小和力偶臂的乘积称为力偶矩。因此在同一个平面内，力偶的力偶矩是一个代数量，用 $M(\boldsymbol{F}, \boldsymbol{F}')$ 表示，也可以简写成 M，即

$$M = \pm Fd \tag{2-7}$$

式（2-7）中正负号的表示方法一般以逆时针转向为正，顺时针转向为负。力偶矩的单位在国际单位制中用牛·米（N·m）表示。

力偶只能使刚体产生转动，其转动效应应该用力偶矩来量度。由于一个力偶对物体的作用效应完全取决于其力偶矩，所以由力学证明得到下面结论：

1）两个在同一平面内的力偶，如果力偶矩相等，则两个力偶彼此等效。如图 2-11 所示。

2）力偶可在其作用面内任意移动和转动，而不会改变它对物体的作用效果。

3）在保持力偶矩大小和转向不变的条件下，可以同时改变力和力偶臂的大小，而不会改变力偶对物体的作用效果。

按照上述结论，可以把力偶直接用力偶矩 M 来表示，如图 2-12 所示。就其本质而言，力偶是自由矢量。

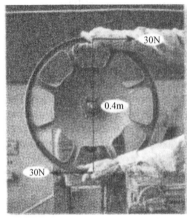 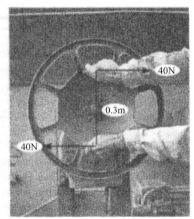

图 2-11 等效力偶

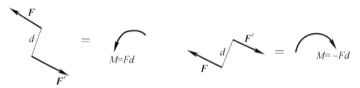

图 2-12 力偶矩的表示

二、平面力偶系的合成与平衡

作用在同一个物体上的 n 个力偶组成一个力偶系。作用在同一平面内的力偶系叫平面力偶系。

设 (F_1, F_1') 和 (F_2, F_2') 为作用在某物体同一平面内的两个力偶, 如图 2-12′a 所示, 其力偶臂分别为 d_1、d_2, 于是有

$$M_1 = F_1 d_1, \qquad M_2 = F_2 d_2$$

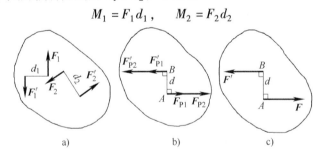

图 2-12′ 两个力偶的合成

在力偶作用平面内任取线段 $AB = d$, 于是可将原来的两个力偶分别等效为力偶 (F_{P1}, F_{P1}') 和 (F_{P2}, F_{P2}'), 如图 2-12′b 所示, 其中 F_{P1} 和 F_{P2} 的大小分别为

$$F_{P1} = \frac{M_1}{d}, \qquad F_{P2} = \frac{M_2}{d}$$

将 F_{P1}、F_{P2} 和 F'_{P1}、F'_{P2} 分别合成，有

$$F = F_{P1} + F_{P2}, \qquad F' = F'_{P1} + F'_{P2}$$

其中 F 与 F' 为等值、反向的一对平行力，组成一新的力偶，如图 2-12′c 所示，此力偶（F，F'）即为原来两个力偶（F_1，F'_1）和（F_2，F'_2）的合力偶。其力偶矩为

$$M = Fd = (F_{P1} + F_{P2})d = \left(\frac{M_1}{d} + \frac{M_2}{d}\right)d = M_1 + M_2$$

上面讨论的是两个力偶的合成情形，推广到一般情况，设作用在同一平面内有 n 个力偶，则该平面力偶系的合力偶矩为

$$M = M_1 + M_2 + \cdots + M_n$$

或
$$M = \sum_{i=1}^{n} M_i \tag{2-8}$$

即平面力偶系的合成结果为一合力偶，合力偶矩等于各分力偶矩的代数和。

欲使平面力偶系平衡，充分必要条件是合力偶矩等于零，即力偶系中各力偶矩的代数和等于零，即

$$\sum_{i=1}^{n} M_i = 0 \tag{2-9}$$

例 2-5 如图 2-13 所示的工件上作用有两个力偶，力偶矩分别为 $M_1 = 250\text{N} \cdot \text{m}$，$M_2 = 350\text{N} \cdot \text{m}$；固定螺栓 A 和 B 的距离为 $l = 0.25\text{m}$。求两个光滑螺柱所受的水平力。

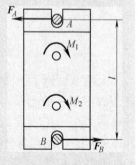

图 2-13　例 2-5 图

解：选工件为研究对象。工件在水平面内受两个力偶 M_1、M_2 和两个螺柱的水平约束力 F_A、F_B 的作用。

根据力偶系的合成定理，两个力偶合成后仍为一个力偶。F_A 和 F_B 必组成一力偶，才能使工件平衡，它们的方向假设如图 2-13 所示。

由力偶系的平衡条件知

$$\sum_{i=1}^{n} M_i = 0, \quad F_A \cdot l - M_1 - M_2 = 0$$

代入数据得
$$F_A = \frac{M_1 + M_2}{l} = \frac{250 + 350}{0.25}\text{N} = 2.4\text{kN}$$

因为 F_A 是正值，故所假设的方向是正确的，而螺柱 A、B 所受的力则应与

F_A、F_B大小相等，方向相反。

例2-6 在箱盖上要钻五个孔，如图2-14所示。现估计各孔的切削力偶 $M_1 = M_2 = -20\text{N}\cdot\text{m}$，$M_3 = M_4 = -25\text{N}\cdot\text{m}$，$M_5 = -100\text{N}\cdot\text{m}$。当用多轴钻床同时加工这5个孔时，问工件受到的总切削力偶矩是多少？

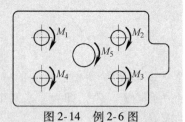

图2-14 例2-6图

解：多轴钻床作用在箱盖上的力偶系由5个力偶组成，切削力偶矩的值为负号，表示力矩为顺时针转向，由于这5个力偶处于同一个平面，所以它们的合力偶矩等于各力偶矩的代数和，即

$$M = \sum_{i=1}^{5} M_i = (-20 - 20 - 25 - 25 - 100)\text{N}\cdot\text{m} = -190\text{N}\cdot\text{m}$$

负号表示合力偶矩为顺时针转向。

另外，如果机械加工工艺允许，可将钻第5个孔的轴改为逆时针方向转动，钻其他4个孔的轴转向不变，这时总切削力偶矩为

$$M = \sum_{i=1}^{5} M_i = (-20 - 20 - 25 - 25 + 100)\text{N}\cdot\text{m} = 10\text{N}\cdot\text{m}$$

经过上述变动，固定箱盖的夹具在加工时受力状态大为改善。

第三节　平面一般力系

上两节讨论了平面汇交力系和平面力偶系这两种特殊力系，现在研究比较复杂的平面一般力系。所谓平面一般力系是指各力的作用线在同一平面内任意分布的力系。工程实际中很多构件所受的力都可以看成平面一般力系。如图2-15所示，作用在悬臂起重机横梁 AB 上的力有自重 G、载荷 F、拉力 F_T 和铰链 A 的约束力 F_{Ax}、F_{Ay}，这些力的作用线任意分布在同一平面内，所以是平面一般力系。有些机械构件或结构物，虽然形式上不是受到平面力系的作用，但是其结构、支承和所受载荷具有一个共同的对称面，因此作用在这些机械构件或结构物上的力系，可以简化为对称平面内的平面一般力系。例如，图2-16a、b所示的单梁桥式起重机，具有对称平面，虽然作用在横梁上的重力 G_1、电动葫芦的重力 G_2、被吊起重物的重力 G_3 以及导轨对轮子的约束力 F_{N1}、F_{N2}、F_{N3}、F_{N4} 不在同一平面内，但是由于作用在对称平面两侧的力是对称的，所以可以简化成为在对称平面内的平面力系来分析，即系统受到 G_1、G_2、G_3、F_{R1}、F_{R2} 五个力的作用。其中 F_{R1} 为导轨对轮子的约束力 F_{N1} 和 F_{N2} 的合力，F_{R2} 为导轨对轮子的约束力 F_{N3} 和 F_{N4} 的合力。对于图 2-16c 所示的双梁桥式起重机，请读者自行分析。

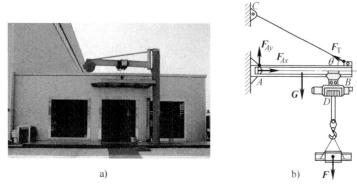

a)   b)

图 2-15 悬臂起重机

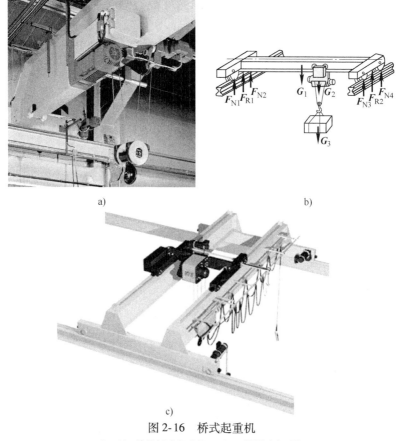

a)   b)

c)

图 2-16 桥式起重机

a)、b) 单梁桥式起重机 c) 双梁桥式起重机

各力的作用线位于同一平面内，并且互相平行的力系，称为**平面平行力系**。平面平行力系是平面一般力系的一种特殊情况。图 2-16b 中 G_1、G_2、G_3、F_{R1}、F_{R2} 这 5 个力便构成了平面平行力系。

一、力的平移定理

第一章第二节中曾经指出，作用在刚体上的力沿其作用线可以传到任意点，而不改变力对刚体的作用效应。显然，如果力离开其作用线，平行移动到任意一点上，就会改变它对刚体的作用效应。

设力 F 作用在刚体的 A 点，如图 2-17 所示，现在要把它平行移动到刚体上的另一点 B。为此在 B 点加两个互相平衡的力 F' 和 F''，令 $F = F' = -F''$。显然增加一对平衡力系（F'，F''）并不改变原力系对刚体的作用效应，即三个力 F、F' 和 F'' 对刚体的作用与原力 F 的作用等效。由于 F 和 F'' 大小相等、方向相反且不共线，故可以将 F 和 F'' 视为一个力偶。因此，可以认为作用于 A 点的力 F，平行移动到 B 点后成为力 F' 和一个附加力偶（F，F''），此力偶矩为

$$M = M_B(F) = Fd \tag{2-10}$$

式中，d 是力 F 对 B 点的力臂，也是力偶（F，F''）的力偶臂。

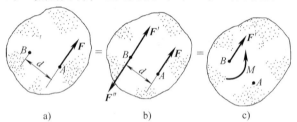

a)　　　　　　　b)　　　　　　　c)

图 2-17　力的平移

推广到一般情况，得到**力的平移定理**：作用在刚体上的力可以向任意点平移，平移后附加一个力偶，附加力偶的力偶矩等于原力对平移点的力矩。也就是说，平移前的一个力，与平移后的一个力和一个附加力偶等效。

力的平移定理可以用于分析实际机械加工问题。例如用扳手和丝锥攻螺纹，要求双手同时在扳手的两端均匀用力，一推一拉，形成力偶作用。如果只用一个手在扳手的一端 B 加力 F，如图 2-18 所示，由力的平移定理可知，对丝锥来说，其效应相当于在 O 点加上一个力 F' 和一个附加力偶（F，F''），此附加力偶矩大小为 Fd，顺时针转向。力偶（F，F''）可以

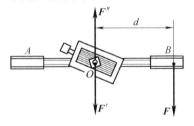

图 2-18　扳手攻螺纹

使丝锥转动起到攻螺纹的作用，但是作用在 O 点的力 F' 将引起丝锥弯曲，影响加工精度甚至折断丝锥。

二、平面一般力系向一点简化及主矢和主矩

设在刚体上作用一平面一般力系 F_1，F_2，$\cdots$，F_n，如图 2-19a 所示。各力的作用点分别为 A_1，A_2，$\cdots$，A_n。在平面内任意选一点 O，称为**简化中心**。运用力的平移定理，将力系中各力分别向 O 点平移，这样原平面一般力系（F_1，F_2，$\cdots$，F_n）转化为一个平面汇交力系（F_1'，F_2'，$\cdots$，F_n'）和一个附加力偶系（M_1，M_2，$\cdots$，M_n），如图 2-19b 所示。所得的平面汇交力系中，各力的大小和方向分别与原力系中对应的各力相同，即

$$F_1' = F_1，\quad F_2' = F_2，\quad \cdots，\quad F_n' = F_n$$

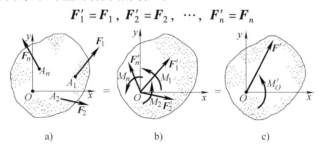

图 2-19　平面一般力系向一点简化

而所得附加力偶系中各附加力偶的力偶矩，分别等于原力系中各力对 O 点的矩，即

$$M_1 = M_O(F_1)，\quad M_2 = M_O(F_2)，\cdots，M_n = M_O(F_n)$$

平面汇交力系（F_1'，F_2'，$\cdots$，F_n'）可以合成为一个合力 F'，作用点为 O。合力 F' 等于 F_1'，F_2'，$\cdots$，F_n' 的矢量和，即

$$F' = F_1' + F_2' + \cdots + F_n' = F_1 + F_2 + \cdots + F_n = \sum_{i=1}^{n} F_i$$

式中，F' 的大小和方向可根据力多边形法则采用几何法求出，也可以采用解析法求得。在采用解析法时，选取如图 2-19 所示坐标系 Oxy，F' 在 x、y 轴上的投影分别为

$$\begin{cases} F_x' = F_{1x} + F_{2x} + \cdots + F_{nx} = \sum\limits_{i=1}^{n} F_{ix} \\[2mm] F_y' = F_{1y} + F_{2y} + \cdots + F_{ny} = \sum\limits_{i=1}^{n} F_{iy} \end{cases} \tag{2-11}$$

式中，F_{1x}，F_{2x}，$\cdots$，F_{nx} 和 F_{1y}，F_{2y}，$\cdots$，F_{ny} 分别表示 F_1，F_2，$\cdots$，F_n 在 x 轴、y 轴上的投影。

于是可求得 F' 的大小和方向余弦为

$$
\begin{cases}
F' = \sqrt{(F'_x)^2 + (F'_y)^2} = \sqrt{\left(\sum_{i=1}^{n} F_{ix}\right)^2 + \left(\sum_{i=1}^{n} F_{iy}\right)^2} \\
\cos <F',i> = \dfrac{\sum_{i=1}^{n} F_{ix}}{F'} \\
\cos <F',j> = \dfrac{\sum_{i=1}^{n} F_{iy}}{F'}
\end{cases}
\tag{2-12}
$$

附加力偶系可以合成为一个力偶，合力偶矩 M'_O 等于各附加力偶的力偶矩 M_1，M_2，$\cdots$，M_n 的代数和，因而有

$$
M'_O = M_1 + M_2 + \cdots + M_n = M_O(F_1) + M_O(F_2) + \cdots + M_O(F_n) = \sum_{i=1}^{n} M_O(F_i)
$$

从上面的分析可知，平面一般力系向其作用面内任意一点 O 简化，可得一个作用在 O 点的力和一个作用在力系平面内的力偶。这个力的矢量 F' 称为力系的**主矢**，等于力系中各力的矢量和；这个力偶的力偶矩 M'_O 称为力系对简化中心 O 的**主矩**，等于力系中各力对简化中心之矩的代数和。

值得注意的是，选取不同的简化中心，主矢不会改变，因为主矢总是等于平面一般力系中各力的矢量和，也就是说主矢与简化中心的位置无关。但是主矩一般来说与简化中心的位置有关，因为一般情况下力系中的各力对不同的简化中心的力矩是不同的，所以力系中各力对不同的简化中心之矩的代数和一般也是不相同的，在提到主矩时一定要指明是对哪一点的主矩。

下面将应用平面一般力系向一点简化的结论，分析工程中常见的固定端约束和约束力。既能限制物体移动，又能限制物体转动的约束，称为固定端约束或称为插入端约束。固定端或插入端是常见的一种约束形式，例如，图2-20a、b所示的支柱对悬臂梁，图2-20c所示的刀架对车刀，图2-20d所示的卡盘对工件等都构成固定端约束。这类约束的特点是连接处有很大的刚性，不允许构件与约束之间发生任何相对运动。虽然这类约束的具体形式各式各样，但是其约束力具有共同的特点。

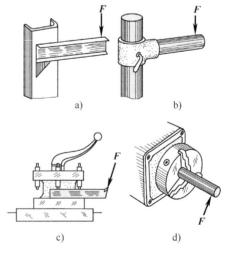

图2-20 固定端约束

现在讨论图2-21a所示的一端插入墙内的约束，在主动力 **F** 的作用下，梁的插入部分受到墙的约束，与墙接触的点均受到约束力的作用，但是各点受到的力大小和方向都未知，即这些约束力所组成的平面一般力系的分布情况是不清楚的，如图2-21b所示。我们将约束力所组成的平面一般力系向梁上的指定点 A 简化，得到一个主矢和一个主矩，主矢即约束力 **F′**（水平分力 F_{Ax}、铅垂分力 F_{Ay}），主矩即约束力偶 M_A。这样在讨论平面力系的情况下，固定端约束共有三个未知量：约束力 F_{Ax}、F_{Ay} 和约束力偶 M_A，如图 2-21c 所示。

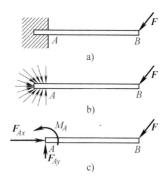

图 2-21 固定端约束力

三、平面一般力系的平衡方程

由上一节的讨论可知，平面一般力系向任意一点简化时，得到两个基本力系——平面汇交力系和平面力偶系。这两个力系是不能相互平衡的，故要使平面一般力系平衡，就要两个基本力系分别平衡。平面汇交力系平衡的充分必要条件是合力为零，相当于平面一般力系的主矢 **F′** 为零；平面力偶系平衡的充分必要条件是合力偶矩 M_O' 为零，相当于平面一般力系对任一点 O 的主矩为零。因此平面一般力系平衡的充分必要条件是：力系的主矢和力系对任一点 O 的主矩分别等于零，即

$$\begin{cases} \boldsymbol{F'} = \boldsymbol{0} \\ M_O' = 0 \end{cases} \tag{2-13}$$

将上述平衡条件用解析式表达，由式（2-4）、式（2-8）可得到下列平面一般力系的平衡方程（**基本式**）

$$\begin{cases} \displaystyle\sum_{i=1}^{n} F_{ix} = 0 \\[2mm] \displaystyle\sum_{i=1}^{n} F_{iy} = 0 \\[2mm] \displaystyle\sum_{i=1}^{n} M_O(\boldsymbol{F}_i) = 0 \end{cases} \tag{2-14}$$

于是平面一般力系平衡的充分必要条件可以叙述为：**力系中各力在两个任意选择的直角坐标轴上的投影的代数和分别为零，并且各力对任一点的矩的代数和也等于零。**式（2-14）包含三个独立方程，可以求解三个未知量。

式（2-14）称为平面一般力系平衡方程的基本形式，它有两个投影式和一个力矩式。另外，平衡方程还可以用如下方式表示。

1）一个投影式和两个力矩式，即**二力矩式**。平衡方程表示为

$$\begin{cases} \sum_{i=1}^{n} F_{ix} = 0 \\ \sum_{i=1}^{n} M_A(\boldsymbol{F}_i) = 0 \\ \sum_{i=1}^{n} M_B(\boldsymbol{F}_i) = 0 \end{cases} \tag{2-15}$$

式中，A、B 两点的连线 AB 不能与 x 轴垂直。

2）三个方程都是力矩式，即**三力矩式**。平衡方程表示为

$$\begin{cases} \sum_{i=1}^{n} M_A(\boldsymbol{F}_i) = 0 \\ \sum_{i=1}^{n} M_B(\boldsymbol{F}_i) = 0 \\ \sum_{i=1}^{n} M_C(\boldsymbol{F}_i) = 0 \end{cases} \tag{2-16}$$

式中，A、B、C 三点不能共线。

这样，平面一般力系共有基本式、二力矩式、三力矩式三种不同形式的平衡方程，但是必须注意无论何种形式，独立的平衡方程只有三个。在三个独立的方程之外列出的任何方程，都是这三个独立方程的组合，而不是独立的。平面一般力系平衡方程只能求解三个未知量。

在实际应用时，是选用基本式、二力矩式还是三力矩式，完全取决于计算是否方便。为简化计算，在建立投影方程时，坐标轴的选取应该与尽可能多的未知力垂直，以便这些未知力在此坐标轴上的投影为零，避免一个方程中含有多个未知量而需要解联立方程。在建立力矩方程时，尽量选取两个未知力的交点作为矩心，这样通过矩心的未知力就不会在此力矩方程中出现，达到减少方程中未知量数的目的。

四、平面平行力系的平衡方程

各力作用线在同一平面内并且相互平行的力系称为平面平行力系。平面平行力系是平面一般力系的一种特殊情况。设物体受平面平行力系 $\boldsymbol{F}_1$，$\boldsymbol{F}_2$，…，$\boldsymbol{F}_n$ 的作用，如图 2-22 所示。过任一点 O 取直角坐标系 Oxy，并且使 Oy 轴与已知各力平行，则力系中各力

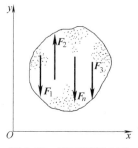

图 2-22　平面平行力系

在 x 轴上的投影分别为零，式（2-14）中的第一个方程 $\sum\limits_{i=1}^{n} F_{ix} = 0$ 就成为恒等式

而自然满足，于是平面平行力系的独立平衡方程只有两个，即

$$
\begin{cases}
\sum\limits_{i=1}^{n} F_{iy} = 0 \\
\sum\limits_{i=1}^{n} M_O(\boldsymbol{F}_i) = 0
\end{cases}
\tag{2-17}
$$

其中各力在 y 轴上的投影的和即各力的代数和，所以平面平行力系平衡的充分
必要条件是：力系中各力的代数和等于零，以及各力对任一点的矩的代数和等
于零。

平面平行力系的平衡方程也可以表示为两力矩形式，即

$$
\begin{cases}
\sum\limits_{i=1}^{n} M_A(\boldsymbol{F}_i) = 0 \\
\sum\limits_{i=1}^{n} M_B(\boldsymbol{F}_i) = 0
\end{cases}
\tag{2-18}
$$

需要注意的是 AB 连线不能与力系各力的作用线平行。

例 2-7　数控车床一齿轮转动轴自重 $G = 900\text{N}$，水平安装在深沟球轴承 A
和推力轴承 B 之间，如图 2-23a 所示。齿轮受一水平推力 $\boldsymbol{F}$ 作用。已知 $a =
0.4\text{m}$，$b = 0.6\text{m}$，$c = 0.25\text{m}$，$F = 160\text{N}$。当不计轴承的宽度和摩擦时，试求轴上
A、B 处所受的约束力。

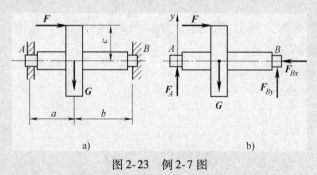

图 2-23　例 2-7 图

解：以齿轮转动轴为研究对象进行受力分析。轴受到主动力 $\boldsymbol{G}$、$\boldsymbol{F}$ 作用以及
A、B 两处约束力的作用。深沟球轴承只阻止 A 处的铅垂移动，推力轴承既阻止
B 处铅垂移动，又阻止 B 处水平移动。按照深沟球轴承和推力轴承约束的性质，
A 处受到铅垂约束力 $\boldsymbol{F}_A$ 作用，B 处约束力为 $\boldsymbol{F}_{Bx}$、$\boldsymbol{F}_{By}$，其受力及坐标系如图
2-23b 所示，其中各约束力的指向是假定的。

列平衡方程

$$\sum_{i=1}^{n} F_{ix} = 0, \qquad F - F_{Bx} = 0$$

$$\sum_{i=1}^{n} F_{iy} = 0, \qquad F_A - G + F_{By} = 0$$

$$\sum_{i=1}^{n} M_A(F_i) = 0, \qquad (a+b)F_{By} - aG - cF = 0$$

解出各个约束力

$$F_{Bx} = F = 160\text{N}$$

$$F_{By} = \frac{aG + cF}{a+b} = \frac{0.4 \times 900 + 0.25 \times 160}{0.4 + 0.6}\text{N} = 400\text{N}$$

$$F_A = G - F_{By} = (900 - 400)\text{N} = 500\text{N}$$

所得为正值，说明各约束力的实际指向与假定的一致。

例2-8 如图2-24所示，外伸梁 AB 上作用有 F_1、F_2 及力偶 M，已知 $F_1 = 10\text{kN}$，$F_2 = 14.14\text{kN}$，$M = 40\text{kN·m}$。试求支座 A、B 的约束力。

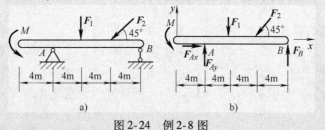

图2-24 例2-8图

解：选 AB 梁为分析对象，其受力如图2-24b所示。其中，约束力 F_{Ax}、F_{Ay}、F_B 的指向是假设的。

列平衡方程

$$\sum_{i=1}^{n} M_A(F_i) = 0, \qquad M - F_1 \times 4\text{m} - F_2 \sin 45° \times 8\text{m} + F_B \times 12\text{m} = 0$$

$$\sum_{i=1}^{n} F_{ix} = 0, \qquad F_{Ax} - F_2 \cos 45° = 0$$

$$\sum_{i=1}^{n} F_{iy} = 0, \qquad F_{Ay} - F_1 - F_2 \sin 45° + F_B = 0$$

解出各个约束力

$$F_B = -\frac{M - F_1 \times 4\text{m} - F_2 \sin 45° \times 8\text{m}}{12\text{m}}$$

$$= -\frac{40 - 10 \times 4 - 14.14 \times \sin 45° \times 8}{12}\text{kN} = 6.67\text{kN}$$

$$F_{Ax} = F_2 \cos 45° = 10\text{kN}$$

$$F_{Ay} = F_1 + F_2 \sin 45° - F_B = (10 + 14.14 \times \sin 45° - 6.67)\text{kN} = 13.33\text{kN}$$

所得值为正，说明各约束力的实际指向与假定的一致。

例 2-9 如图 2-25a 所示的水平梁 AB，受到一个均布载荷和一个力偶的作用。已知均布载荷的集度 $q = 0.2\text{kN/m}$，力偶矩的大小 $M = 1\text{kN} \cdot \text{m}$，长度 $l = 5\text{m}$。不计梁本身的质量，求支座 A、B 的约束力。

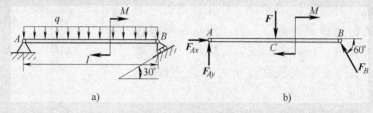

图 2-25　例 2-9 图

解：以梁 AB 为研究对象进行受力分析。将均布载荷等效为集中力 F，其大小为 $F = ql = (0.2 \times 5)\text{kN} = 1\text{kN}$，方向铅垂向下，作用点在 AB 梁的中点 C。按照 A、B 两处约束的性质，得到 A 处支座约束力为 F_{Ax}、F_{Ay}，B 处约束力 F_B 垂直于支承面，梁的受力如图 2-25b 所示。

作用在梁上的力组成一个平面一般力系，其中有三个未知数，即 F_{Ax}、F_{Ay}、F_B。应用平面一般力系的平衡方程，可以求出这三个未知数。取

$$\begin{cases} \sum_{i=1}^{n} F_{ix} = 0, & F_{Ax} - F_B \cos 60° = 0 & (1) \\[2mm] \sum_{i=1}^{n} F_{iy} = 0, & F_{Ay} - F + F_B \sin 60° = 0 & (2) \\[2mm] \sum_{i=1}^{n} M_A(\boldsymbol{F}_i) = 0, & -F \times AC - M + F_B \sin 60° \times AB = 0 & (3) \end{cases}$$

由式（3）得到

$$F_B = \frac{F \times AC + M}{AB \sin 60°} = \frac{1 \times 2.5 + 1}{5 \times \sin 60°}\text{kN} = 0.81\text{kN}$$

将 F_B 之值代入式（1）、式（2），得到

$$F_{Ax} = F_B \cos 60° = 0.4\text{kN}$$

$$F_{Ay} = F - F_B \sin 60° = (1 - 0.81 \times \sin 60°)\text{kN} = 0.3\text{kN}$$

F_{Ax}、F_{Ay}、F_B 均为正值，表明它们的实际指向与假设的方向一致。

需要强调的是，在求解此类问题时应注意下列三点：

1）在列平衡方程时，因为组成力偶的两个力在任一轴上的投影的代数和等于零，所以力偶 M 在 x、y 轴上力的投影方程中不出现。

2）力偶 M 对平面上任意一点的矩为常量。

3）应尽量选择各未知力作用线的交点为力矩方程的矩心，使力矩方程中未知量的个数尽量少。

例 2-10　如图 2-26 所示为可沿轨道移动的塔式起重机，机身重 $G = 200\text{kN}$，作用线通过塔架中心。最大起重量 $P = 80\text{kN}$。为了防止起重机在满载时向右倾倒，在离中心线 x 处附加一平衡重 **W**，但又必须防止起重机在空载时向左边倾倒。试确定平衡重 W 及其离中心线的距离 x 的值。

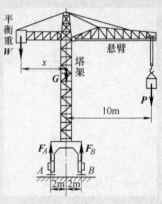

图 2-26　例 2-10 图

解： 以整个起重机为研究对象进行受力分析，对满载和空载情况分别进行考虑。

1）满载时作用在起重机上的力有五个，即最大起重量 P、起重机机身自重 G、平衡重 W 和轨道支承力 F_A、F_B。这些力构成平面平行力系，由平衡方程可得

$$\sum_{i=1}^{n} M_A(\boldsymbol{F}_i) = 0, \quad W \times (x - 2\text{m}) - G \times 2\text{m} - P \times (10 + 2)\text{m} + F_B \times 4\text{m} = 0$$

$$\sum_{i=1}^{n} M_B(\boldsymbol{F}_i) = 0, \quad W \times (x + 2\text{m}) + G \times 2\text{m} - P \times (10 - 2)\text{m} - F_A \times 4\text{m} = 0$$

解得

$$F_A = \frac{W \times (2\text{m} + x) - 240\text{kN} \cdot \text{m}}{4\text{m}} \tag{1}$$

$$F_B = \frac{-W \times (x - 2\text{m}) + 1360\text{kN} \cdot \text{m}}{4\text{m}} \tag{2}$$

由对 A、B 点力矩平衡方程可见，当 P 增大或 W 减小时，F_B 增大而 F_A 减小，但是 F_A 不能无限制减小，也就是说轨道不能对起重机轮子产生拉力，所以当 $F_A = 0$ 时，说明左轮即将与轨道脱离，也即起重机处于将翻未翻的临界状态，可见欲使起重机满载时不致向右倾倒的条件为 $F_A \geq 0$，由式（1）得

$$W \times (2\text{m} + x) \geq 240\text{kN} \cdot \text{m} \tag{3}$$

2）再考虑空载时的情况。这时作用在起重机上的力有 4 个，即起重机机身自重 **G**、平衡重 **W** 和轨道支承力 F_A、F_B。这些力构成平面平行力系，由平衡方程可得

$$\sum_{i=1}^{n} M_A(\boldsymbol{F}_i) = 0, \quad W \times (x - 2\text{m}) - G \times 2\text{m} + F_B \times 4\text{m} = 0$$

$$\sum_{i=1}^{n} M_B(\boldsymbol{F}_i) = 0, \quad W \times (x + 2\text{m}) + G \times 2\text{m} - F_A \times 4\text{m} = 0$$

解得

$$F_A = \frac{W \times (2\text{m} + x) + 400\text{kN} \cdot \text{m}}{4\text{m}} \tag{4}$$

$$F_B = \frac{-W \times (x - 2\text{m}) + 400\text{kN} \cdot \text{m}}{4\text{m}} \tag{5}$$

起重机空载时不致向左倾倒的条件为 $F_B \geqslant 0$，由式（5）得

$$W \times (x - 2\text{m}) \leqslant 400\text{kN} \cdot \text{m} \tag{6}$$

由式（3）、式（6）可得

$$\frac{240\text{kN} \cdot \text{m}}{x + 2\text{m}} \leqslant W \leqslant \frac{400\text{kN} \cdot \text{m}}{x - 2\text{m}} \tag{7}$$

$$\frac{240\text{kN} \cdot \text{m}}{W} - 2\text{m} \leqslant x \leqslant \frac{400\text{kN} \cdot \text{m}}{W} + 2\text{m} \tag{8}$$

即

$$W_{\min} = \frac{240\text{kN} \cdot \text{m}}{x + 2\text{m}}, \quad W_{\max} = \frac{400\text{kN} \cdot \text{m}}{x - 2\text{m}}$$

$$x_{\min} = \frac{240\text{kN} \cdot \text{m}}{W} - 2\text{m}, \quad x_{\max} = \frac{400\text{kN} \cdot \text{m}}{W} + 2\text{m}$$

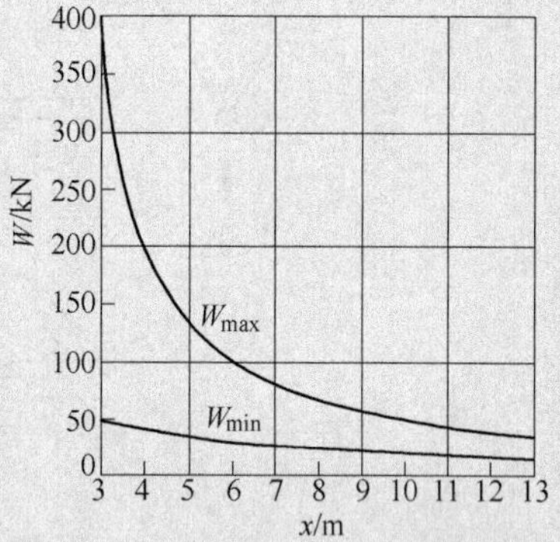

图 2-27　平衡重与离中心线距离的关系

例如当 $x = 3\text{m}$ 时，$48\text{kN} \leqslant W \leqslant 400\text{kN}$；当 $x = 4\text{m}$ 时，$40\text{kN} \leqslant W \leqslant 200\text{kN}$。平衡重 W 与离中心线的距离 x 应满足的关系如图 2-27 所示。

第四节　静定问题与物体系统的平衡

一、静定与超静定问题

在刚体静力学中，当研究单个物体或物体系统的平衡问题时，由于对应于每一种力系的独立平衡方程的数目是一定的（表 2-1），所以，若所研究的问题的未知量的数目等于或少于独立平衡方程的数目，则所有未知量都能由平衡方程求出，这样的问题称为静定问题。若未知量的数目多于独立平衡方程的数目，

则未知量不能全部由平衡方程求出，这样的问题称为**超静定问题**，而总未知量数与总独立平衡方程数两者之差称为**超静定次数**。图 2-28 所示的平衡问题都是静定问题；但是工程中为了提高可靠度，有时采用图 2-29 所示的系统，即在图 2-28a、b 中增加 1 根杆，在图 2-28c、d 中增加 1 个滚轴支座，这样未知力数目均增加了 1 个，而系统独立的方程数不变，这样这些问题就变成了一次超静定问题。

表 2-1　各种力系的独立方程数

力系名称	平面任意力系	平面汇交力系	平面平行力系	平面力偶系	空间任意力系
独立方程数	3	2	2	1	6

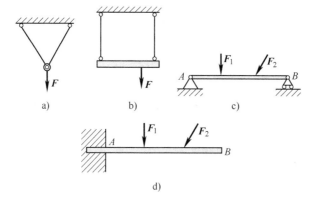

图 2-28　静定问题

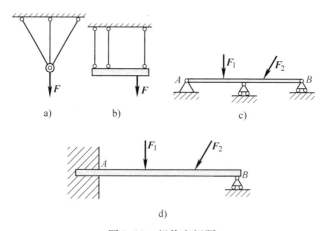

图 2-29　超静定问题

超静定问题仅用刚体静力平衡方程是不能完全解决的，需要把物体作为变形体，考虑作用于物体上的力与变形的关系，再列出补充方程来解决。关于超静定问题的求解，已超出了本书所研究的范围。

二、刚体系统的平衡问题

由若干个物体通过约束联系起来所组成的系统称为**物体系统**，简称为**物系**。讨论刚体静力学时，将物体视为刚体，所以物体系统也称为**刚体系统**。当整个系统平衡时，则组成该系统的每一个刚体也都平衡，因此研究这类问题时，既可取系统中的某一个物体为分离体，也可以取几个物体的组合或取整个系统为分离体，这要根据问题的具体情况，以便于求解为原则。

系统内各物体间相互作用的力称为**内力**，在研究物系的平衡问题时，不仅要分析外界物体对于这个系统作用的外力，同时还应分析系统内各物体间相互作用的内力。由于内力总是成对出现的，因此，当取整个系统为研究对象时，可不考虑其内力。内力和外力的概念是相对的，当研究物体系统中某一物体或某一部分的平衡时，物体系统中的其他物体或其他部分对所研究物体或部分的作用力就成为外力，必须予以考虑。

对于 n 个物体组成的系统，在平面任意力系作用下，可以列出 $3n$ 个独立平衡方程。若系统中的物体受到平面汇交力系或平面平行力系作用，则独立平衡方程的总数目应相应地减少。在选择分离体列平衡方程时，应尽可能避免解联立方程。

对于 n 个刚体组成的系统，在平面任意力系作用下，可以列出 $3n$ 个独立平衡方程。若系统中的刚体受到平面汇交力系或平面平行力系作用，则独立平衡方程的总数目将相应地减少（表2-1）。

下面通过实例来说明各类物体系统平衡问题的解法。

例2-11 多跨静定梁由 AB 梁和 BC 梁用中间铰 B 连接而成，支承和荷载情况如图 2-30a 所示，已知 $F = 10kN$，$q = 2.5kN/m$，$\alpha = 45°$。求支座 A、C 的约束力和中间铰 B 处的内力。

解：一般静定多跨梁由几个部分梁所组成，组成的次序是先固定基本部分，后加上附属部分，单靠本身能承受荷载并保持平衡的部分梁称为基本部分，单靠本身不能承受荷载并保持平衡的部分梁称为附属部分。本题 AB 梁是基本部分，而 BC 梁是附属部分。这类问题的求解，通常是先研究附属部分，再计算基本部分。因此，对这类问题首先要会区分基本部分与附属部分。

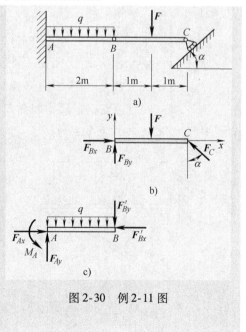

图2-30 例2-11图

先取 BC 梁（附属部分）为研究对象，其受力如图2-30b所示，由平衡方程 $\sum_{i=1}^{n} M_B(\boldsymbol{F}_i) = 0$ ，得到

$$-F \times 1\text{m} + F_C \cos \alpha \times 2\text{m} = 0, \quad F_C = \frac{F}{2\cos \alpha} = \frac{10}{2\cos 45°}\text{kN} = 7.07\text{kN}$$

由 $\sum_{i=1}^{n} F_{ix} = 0$ 得到

$$F_{Bx} - F_C \sin \alpha = 0, \quad F_{Bx} = F_C \sin \alpha = 7.07\text{kN} \times \sin 45° = 5\text{kN}$$

由 $\sum_{i=1}^{n} F_{iy} = 0$ 得到

$$F_{By} - F + F_C \cos \alpha = 0, F_{By} = F - F_C \cos \alpha = (10 - 7.07 \times \cos 45°)\text{kN} = 5\text{kN}$$

再取 AB 梁为研究对象，其受力如图2-30c所示，列平衡方程

$$\sum_{i=1}^{n} M_A(\boldsymbol{F}_i) = 0, \quad M_A - \frac{1}{2} \times q \times (2\text{m})^2 - F'_{By} \times 2\text{m} = 0 \tag{1}$$

$$\sum_{i=1}^{n} F_{ix} = 0, \quad F_{Ax} - F'_{Bx} = 0 \tag{2}$$

$$\sum_{i=1}^{n} F_{iy} = 0, \quad F_{Ay} - 2\text{m} \times q - F'_{By} = 0 \tag{3}$$

由作用和反作用定律得 $F'_{Bx} = F_{Bx} = 5\text{kN}$，$F'_{By} = F_{By} = 5\text{kN}$，代入式（1）~式（3）解得

$$M_A = \frac{1}{2} \times q \times (2\text{m})^2 + F'_{By} \times 2\text{m} = \left(\frac{1}{2} \times 2.5 \times 2^2 + 5 \times 2\right)\text{kN} \cdot \text{m} = 15\text{kN} \cdot \text{m}$$

$$F_{Ax} = F'_{Bx} = 5\text{kN}$$

$$F_{Ay} = 2\text{m} \times q + F'_{By} = (2 \times 2.5 + 5)\text{kN} = 10\text{kN}$$

例2-12 一管道支架，尺寸如图2-31a所示，设大管道重 $F_1 = 12\text{kN}$，小管道重 $F_2 = 7\text{kN}$，不计支架自重，求支座 A、C 处的约束力。

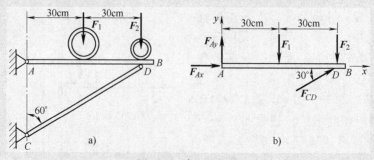

图2-31 例2-12图

解：如果仅考察整个系统的平衡，则按照约束性质，A、C 处各有 2 个未知力，而独立的平衡方程只有 3 个，所以为求解需要取部分为研究对象。

考察 AB 杆：由于不计各杆的重量，所以杆 CD 为二力杆，CD 杆对 AB 杆的作用力为 $\boldsymbol{F}_{CD}$（图 2-31b），作用在 AB 杆上的还有主动力 $\boldsymbol{F}_1$、$\boldsymbol{F}_2$，支座 A 的约束力 $\boldsymbol{F}_{Ax}$、$\boldsymbol{F}_{Ay}$，共 5 个力。

选择 Axy 坐标系，由平衡方程式（2-14）得

$$\sum_{i=1}^{n} M_A(\boldsymbol{F}_i) = 0, \quad 0.6\text{m} \times F_{CD}\sin 30° - 0.3\text{m} \times F_1 - 0.6\text{m} \times F_2 = 0$$

$$\sum_{i=1}^{n} F_{ix} = 0, \quad F_{Ax} + F_{CD}\cos 30° = 0$$

$$\sum_{i=1}^{n} F_{iy} = 0, \quad F_{Ay} - F_1 - F_2 + F_{CD}\sin 30° = 0$$

解上述方程，得

$$F_{CD} = F_1 + 2F_2 = 26\text{kN}$$

$$F_{Ax} = -F_{CD}\cos 30° = -22.5\text{kN}（负号说明 F_{Ax} 实际指向与假设相反）$$

$$F_{Ay} = F_1 + F_2 - F_{CD}\sin 30° = 6\text{kN}$$

根据作用和反作用定律，CD 杆在 D 点所受的力 $\boldsymbol{F}'_{CD}$ 与 $\boldsymbol{F}_{CD}$ 等值、反向，由 CD 杆的平衡条件可知，支座 C 处的约束力 $F_C = F'_{CD} = F_{CD} = 26\text{kN}$，指向 D 点。

例 2-13 图 2-32a 所示曲柄连杆机构由活塞、连杆、曲柄和飞轮组成。已知飞轮重 $\boldsymbol{G}$，曲柄 OA 长 r，连杆 AB 长 l，当曲柄 OA 在铅垂位置时系统平衡，作用于活塞 B 上的总压力为 $\boldsymbol{F}$，不计活塞、连杆和曲柄的重量，求阻力偶矩 M、轴承 O 的约束力。

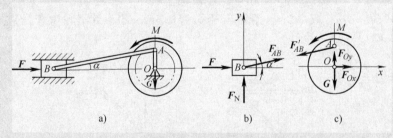

图 2-32 例 2-13 图

解：本题的刚体系统由曲柄（连同飞轮）、连杆和活塞组成，特点是系统的构件是可动的，主动力与阻力之间要满足一定关系才能平衡。通常解这类问题是从受已知力作用的构件开始，依传动顺序选取研究对象，逐个求解。

（1）以活塞 B 为研究对象 其受力如图 2-32b 所示，由平衡方程 $\sum\limits_{i=1}^{n} F_{ix} = 0$，得

$$F + F_{AB}\cos\alpha = 0, \quad F_{AB} = -\frac{F}{\cos\alpha} = -\frac{Fl}{\sqrt{l^2 - r^2}}$$

计算结果 F_{AB} 为负值，说明 F_{AB} 的实际指向与所设相反，即连杆 AB 受压力。

由平衡方程 $\sum\limits_{i=1}^{n} F_{iy} = 0$，得

$$F_{N} + F_{AB}\sin\alpha = 0, \quad F_{N} = -F_{AB}\sin\alpha = -\left(-\frac{Fl}{\sqrt{l^2 - r^2}}\right)\frac{r}{l} = \frac{Fr}{\sqrt{l^2 - r^2}}$$

（2）取飞轮为研究对象 其受力如图 2-32c 所示，列平衡方程

$$\sum\limits_{i=1}^{n} F_{ix} = 0, \ -F'_{AB}\cos\alpha + F_{Ox} = 0$$

$$\sum\limits_{i=1}^{n} F_{iy} = 0, \ -F'_{AB}\sin\alpha + F_{Oy} - G = 0$$

$$\sum\limits_{i=1}^{n} M_O(F_i) = 0, \ rF'_{AB}\cos\alpha + M = 0$$

由于 $F'_{AB} = F_{AB}$，解上面 3 个方程，得

$$F_{Ox} = F'_{AB}\cos\alpha = -F$$

$$F_{Oy} = G + F'_{AB}\sin\alpha = G - \frac{Fr}{\sqrt{l^2 - r^2}}$$

$$M = -rF'_{AB}\cos\alpha = Fr$$

例 2-14 一构架由杆 AB 和 BC 所组成，载荷 $F = 20\text{kN}$，如图 2-33 所示。已知 $AD = DB = 1\text{m}$，$AC = 2\text{m}$，滑轮半径均为 0.3m，如不计滑轮重和杆重，求 A 和 C 处的约束力。

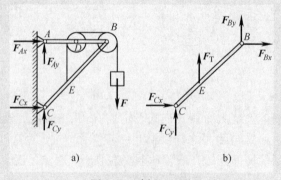

a)   b)

图 2-33 例 2-14 图

解：由于此构架不能分为基本部分和附属部分，通常是先取整体研究，列平衡方程求得部分未知量，或建立未知量之间的关系式，再取分体研究（一般其上含有剩余未知量的分体），以求出全部未知量。

本题先取整体为研究对象，其受力如图 2-33a 所示，由平衡方程式 (2-14) 得

$$\sum_{i=1}^{n} M_C(\boldsymbol{F}_i) = 0, \quad -F_{Ax} \times 2\mathrm{m} - F \times 2.3\mathrm{m} = 0, \quad F_{Ax} = -23\mathrm{kN}$$

$$\sum_{i=1}^{n} F_{ix} = 0, \quad F_{Ax} + F_{Cx} = 0, \quad F_{Cx} = -F_{Ax} = 23\mathrm{kN}$$

$$\sum_{i=1}^{n} F_{iy} = 0, \quad F_{Ay} + F_{Cy} - F = 0 \tag{$*$}$$

再取 BC 杆研究，其受力如图 2-33b 所示，由定滑轮的性质可知 $F_\mathrm{T} = F$，列平衡方程 $\sum_{i=1}^{n} M_B(\boldsymbol{F}_i) = 0$，得

$$-F_\mathrm{T} \times 1.3\mathrm{m} - F_{Cy} \times 2\mathrm{m} + F_{Cx} \times 2\mathrm{m} = 0$$

解得 $F_{Cy} = 10\mathrm{kN}$，代入式（$*$）得

$$F_{Ay} = F - F_{Cy} = 10\mathrm{kN}$$

第五节　平面静定桁架的内力计算

作为应用平面一般力系和平面汇交力系平衡方程解决实际问题的具体例子，本节介绍桁架的一些最基本的概念及计算桁架内力的方法。

桁架是指由若干直杆在其两端用铰链连接而成的几何形状不变的结构（图 2-34）。由于桁架结构受力合理，使用材料比较经济，因而在工程实际中被广泛采用，如屋架、桥梁、高压输电塔、电视塔等。

桁架包括简单桁架、联合桁架、复杂桁架等（图 2-35）。

如果桁架所有的杆件都在同一平面内，这种桁架称为平面桁架，如屋架（图2-36）、桥梁桁架等；否则称为空间桁架，如输电铁塔（图 2-37）、电视发射塔等。桁架中各杆件的连接处称为节点（图 2-38）。本节只讨论平面桁架，在平面桁架计算中，通常引用如下假定：

1）组成桁架的各杆都是直杆。

2）所有外力都作用在桁架所处的平面内，且都作用于节点处。

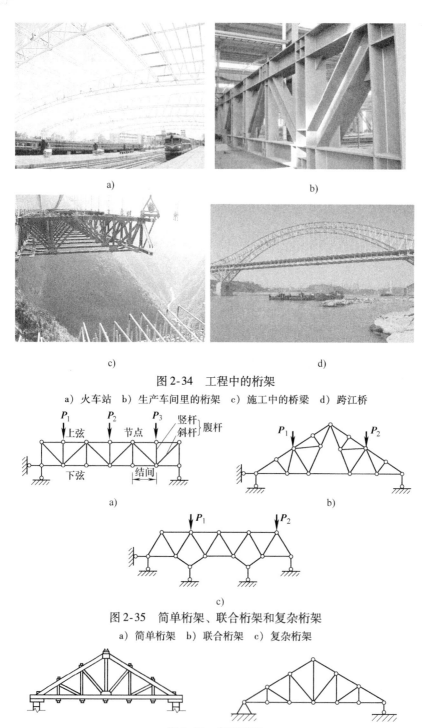

图 2-34　工程中的桁架

a）火车站　b）生产车间里的桁架　c）施工中的桥梁　d）跨江桥

图 2-35　简单桁架、联合桁架和复杂桁架

a）简单桁架　b）联合桁架　c）复杂桁架

图 2-36　房屋屋架

图 2-37 输电铁塔

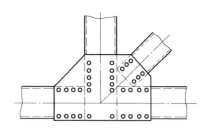

图 2-38 钢桁架结构的节点

3）组成桁架的各杆件彼此都用光滑铰链连接，杆件自重略去不计（或平均分配在杆件两端的节点上），故桁架的每根杆件都是二力杆。

满足上述假定的桁架称为**理想桁架**，实际的桁架与上述假定是有差别的，如钢筋混凝土桁架结构的节点是有一定刚性的整体节点，钢桁架结构的节点为铆接或焊接，它们都有一定的刚性，杆件的中心线也不可能是绝对直的，但上述假定已反映了实际桁架的主要受力特征，其计算结果可满足工程实际的需要。

分析静定平面桁架内力的基本方法有节点法和截面法，下面分别予以介绍。

一、节点法

因为桁架中各杆都是二力杆，所以每个节点都受到平面汇交力系的作用，为计算各杆内力，可以逐个地取节点为研究对象，分别列出平衡方程或作出封闭的力多边形，即可由已知力求出全部杆件的内力，这就是**节点法**。由于平面汇交力系只能列出两个独立平衡方程，所以应用节点法必须从只含两个未知力大小的节点开始计算。

例 2-15 平面桁架的受力及尺寸如图 2-39a 所示，试求桁架各杆的内力。

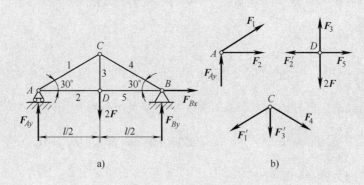

a)

b)

图 2-39 例 2-15 图

解： (1) 求桁架的支座约束力 以整体桁架为研究对象，桁架受主动力 $2F$，以及约束力 F_{Ay}、F_{Bx}、F_{By} 作用，列平衡方程并求解：

$$\sum_{i=1}^{n} M_B(\boldsymbol{F}_i) = 0, \quad 2F \times \frac{l}{2} - F_{Ay} \times l = 0, \quad F_{Ay} = F$$

$$\sum_{i=1}^{n} F_{ix} = 0, \quad F_{Bx} = 0$$

$$\sum_{i=1}^{n} F_{iy} = 0, \quad F_{Ay} + F_{By} - 2F = 0, \quad F_{By} = 2F - F_{Ay} = F$$

(2) 求各杆的内力 假想将杆件截断，取出各节点来研究。作 A、D、C 节点受力图（图2-39b），其中 $F'_1 = F_1$，$F'_2 = F_2$，$F'_3 = F_3$。对各杆可以均假设为拉力，若计算结果为负，则表示杆实际受压力。

由于平面汇交力系的平衡方程只能求解两个未知力，故应从只含两个未知力的节点开始，逐次列出各节点的平衡方程，求出各杆内力。

节点 A 处：

$$\sum_{i=1}^{n} F_{iy} = 0, \quad F_{Ay} + F_1 \sin 30° = 0, \quad F_1 = -2F_{Ay} = -2F \ （压）$$

$$\sum_{i=1}^{n} F_{ix} = 0, \quad F_2 + F_1 \cos 30° = 0, \quad F_2 = -0.866F_1 = 1.73F \ （拉）$$

节点 D 处：

$$\sum_{i=1}^{n} F_{ix} = 0, \quad -F'_2 + F_5 = 0, \quad F_5 = F'_2 = F_2 = 1.73F \ （拉）$$

$$\sum_{i=1}^{n} F_{iy} = 0, \quad F_3 - 2F = 0, \quad F_3 = 2F \ （拉）$$

求节点 C 处：

$$\sum_{i=1}^{n} F_{ix} = 0, \quad -F'_1 \sin 60° + F_4 \sin 60° = 0, \quad F_4 = F'_1 = -2F \ （压）$$

至此已经求出各杆内力，节点 C 的另一个平衡方程可用来校核计算结果：

$$\sum_{i=1}^{n} F_{iy} = 0, \quad -F'_1 \cos 60° - F_4 \cos 60° - F'_3 = 0$$

将各杆内力计算结果列于下表中。

杆号	1	2	3	4	5
内力	$-2F$	$1.73F$	$2F$	$-2F$	$1.73F$

例2-16 试求图2-40a所示的平面桁架中各杆件的内力，已知 $\alpha = 30°$，$G = 20\text{kN}$。

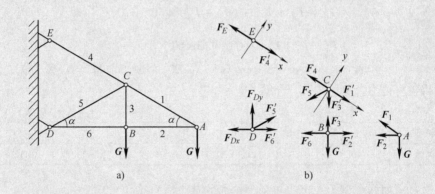

图2-40 例2-16图

解：1）画出各节点受力图，如图2-40b所示，其中 $F_i = F_i'$（$i = 1$，2，$\cdots$，6）。

各点未知力个数、平衡方程数见下表。由于 A 点的平衡方程数与未知力个数相等，所以首先讨论 A 点。

节点	A	B	C	D	E
未知力个数	2	3	4	4	2
独立方程数	2	2	2	2	1

2）逐个取节点，列平衡方程并求解。

节点 A 处：

$$\sum_{i=1}^{n} F_{iy} = 0, \qquad F_1 \sin 30° - G = 0, \qquad F_1 = \frac{G}{\sin 30°} = 40\text{kN （拉）}$$

$$\sum_{i=1}^{n} F_{ix} = 0, \qquad -F_1 \cos 30° - F_2 = 0, \quad F_2 = -F_1 \cos 30° = -34.6\text{kN （压）}$$

节点 B 处：

$$\sum_{i=1}^{n} F_{ix} = 0, \qquad F_2' - F_6 = 0, \qquad F_6 = F_2' = -34.6\text{kN （压）}$$

$$\sum_{i=1}^{n} F_{iy} = 0, \quad F_3 - G = 0, \quad F_3 = G = 20\text{kN （拉）}$$

节点 C 处：

$$\sum_{i=1}^{n} F_{iy} = 0, \quad -F_5\cos 30° - F_3'\cos 30° = 0, \quad F_5 = -F_3' = -20\text{kN （压）}$$

$$\sum_{i=1}^{n} F_{ix} = 0, \quad F_1' - F_4 + F_3'\cos 60° - F_5\cos 60° = 0$$

$$F_4 = F_1' + F_3'\cos 60° - F_5\cos 60°$$

$$= \left[40 + 20 \times \cos 60° - (-20) \times \cos 60° \right]\text{kN} = 60\text{kN （拉）}$$

将各杆内力计算结果列于下表中。

（单位：kN）

杆号	1	2	3	4	5	6
内力	40	-34.6	20	60	-20	-34.6

通过上面两个例子，可将求桁架内力的节点法总结如下：

1）一般先求出桁架的支座约束力。

2）从只有两个未知力的节点开始，逐个选择各节点为研究对象，用几何法或解析法求解内力。

3）判定各杆件受拉还是受压。当分析节点受力时，通常先假设各杆都受拉力（即杆件对节点的作用力背离节点），如求解结果为正，则说明该杆确实受拉力；若为负，则说明该杆实际受压力，即与假设相反。

二、截面法

节点法适用于求桁架全部杆件内力的场合。但是在工程实际中，有时只要求计算桁架内某几个杆件所受的内力，如仍用节点法就显得麻烦。此时，可以适当地选择一截面，在需求其内力的杆件处假想地把桁架截开为两部分，然后考虑其中任一部分的平衡，应用平面任意力系平衡方程求出这些被截断杆件的内力，这就是**截面法**，应用截面法求桁架内某些杆件内力的步骤和要点与节点法基本相同。

例2-17 如图2-41a所示的平面桁架，各杆件的长度都等于1m，在节点 E 上作用荷载 $F_E = 21\text{kN}$，在节点 G 上作用荷载 $F_G = 15\text{kN}$，试计算杆1、2和3的内力。

解：（1）求支座约束力 以整体桁架为研究对象，受力如图2-41a所示，列平衡方程：

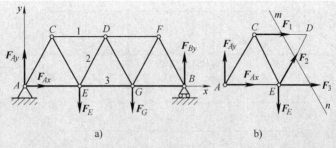

图 2-41 例 2-17 图

$$\sum_{i=1}^{n} F_{ix} = 0, \quad F_{Ax} = 0$$

$$\sum_{i=1}^{n} M_A(\boldsymbol{F}_i) = 0, \quad F_{By} \times 3 - F_E \times 1 - F_G \times 2 = 0$$

$$F_{By} = \frac{F_E \times 1 + F_G \times 2}{3} = 17 \text{kN}$$

$$\sum_{i=1}^{n} F_{iy} = 0, \quad F_{Ay} + F_{By} - F_E - F_G = 0, F_{Ay} = -F_{By} + F_E + F_G = 19 \text{kN}$$

（2）求杆 1、2 和 3 的内力　作截面 m—n 假想将此三杆截断，并取桁架的左半部分为研究对象，设所截三杆都受拉力，这部分桁架的受力如图 2-41b 所示。列平衡方程并求解：

$$\sum_{i=1}^{n} M_E(\boldsymbol{F}_i) = 0, \quad -F_1 \times 1\text{m} \times \sin 60° - F_{Ay} \times 1\text{m} = 0$$

$$F_1 = -\frac{F_{Ay}}{\sin 60°} = -21.9 \text{kN （压）}$$

$$\sum_{i=1}^{n} M_D(\boldsymbol{F}_i) = 0, \quad F_E \times 0.5\text{m} + F_3 \times 1\text{m} \times \sin 60° - F_{Ay} \times 1.5 = 0$$

$$F_3 = \frac{F_{Ay} \times 1.5 - F_E \times 0.5}{\sin 60°} = \frac{19 \times 1.5 - 21 \times 0.5}{\sin 60°} \text{kN} = 20.8 \text{kN （拉）}$$

$$\sum_{i=1}^{n} F_{iy} = 0, \quad F_{Ay} + F_2 \sin 60° - F_E = 0$$

$$F_2 = \frac{-F_{Ay} + F_E}{\sin 60°} = \frac{-19 + 21}{0.866} \text{kN} = 2.3 \text{kN （拉）}$$

如选取桁架的右半部分为研究对象，可求得相同的结果。

例 2-18　平面桁架结构尺寸如图 2-42a 所示，$F_1 = 18$kN，$F_2 = 10$kN。试计算杆 1、2 和 3 的内力。

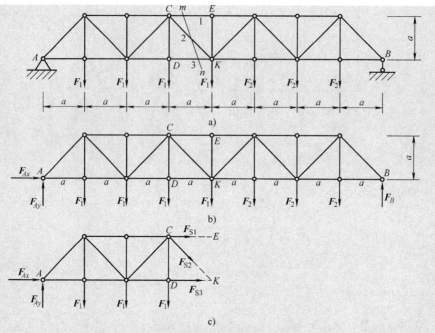

图2-42 例2-18图

解:（1）求支座约束力 以整体桁架为研究对象，受力分析如图2-42b所示，列平衡方程：

$$\sum_{i=1}^{n} F_{ix} = 0, \quad F_{Ax} = 0$$

$$\sum_{i=1}^{n} M_A(\boldsymbol{F}_i) = 0,$$

$$F_B \times 8a - F_1 \times a - F_1 \times 2a - F_1 \times 3a - F_1 \times 4a - F_2 \times 5a - F_2 \times 6a - F_2 \times 7a = 0$$

$$F_B = \frac{10F_1 + 18F_2}{8} = \frac{10 \times 18 + 18 \times 10}{8} \text{kN} = 45 \text{kN}$$

$$\sum_{i=1}^{n} F_{iy} = 0, \quad F_{Ay} + F_B - 4F_1 - 3F_2 = 0$$

$$F_{Ay} = -F_B + 4F_1 + 3F_2 = (-45 + 4 \times 18 + 3 \times 10) \text{kN} = 57 \text{kN}$$

（2）求杆1、2和3的内力 作截面 m—n 假想将杆1、2、3截断，并取桁架的左半部分为研究对象，设所截三杆都受拉力，这部分桁架的受力如图2-42c所示。列平衡方程：

$$\sum_{i=1}^{n} M_C(\boldsymbol{F}_i) = 0, \quad F_{S3} \times a - F_{Ay} \times 3a + F_1 \times a + F_1 \times 2a = 0$$

$$F_{S3} = 3F_{Ay} - F_1 - 2F_1 = (3 \times 57 - 18 - 2 \times 18) \text{kN} = 117 \text{kN} \text{（拉）}$$

$$\sum_{i=1}^{n} F_{iy} = 0, \quad F_{Ay} - 3F_1 - F_{S2}\cos 45° = 0$$

$$F_{S2} = \frac{F_{Ay} - 3F_1}{\cos 45°} = 4.24\text{kN}（拉）$$

$$\sum_{i=1}^{n} M_A(\boldsymbol{F}_i) = 0,$$

$$-F_1 \times a - F_1 \times 2a - F_1 \times 3a - F_{S1} \times a - F_{S2}\cos 45° \times 3a - F_{S2}\sin 45° \times a = 0$$

$$F_{S1} = -6F_1 - \left(\frac{3}{\sqrt{2}} + \frac{\sqrt{2}}{2}\right)F_{S2} = -120\text{kN}（压）$$

由上面两个例子可以看出，采用截面法求内力时，选择适当的力矩方程，常可较快地求得某些指定杆件的内力。还应注意到，平面任意力系只有三个独立平衡方程，因此作假想截面时，一般每次最多只能截断三根杆，如果截断的杆件多于三根，则它们的内力一般不能全部求出。

小　结

- 各力的作用线处在同一平面内的一群力称为**平面力系**，力系中各力的作用线不处在同一平面的一群力称为**空间力系**。
- 在平面力系中，各力作用线相交于一点的称为**平面汇交力系**，作用线相互平行的称为**平面平行力系**，作用线既不平行又不相交于一点的称为**平面任意力系**（平面一般力系）。
- 用力多边形求合力矢的作图规则称为**力多边形法则**。
- 力系平衡的充分必要条件是力系的合力等于零，即 $\sum_{i=1}^{n} \boldsymbol{F}_i = \boldsymbol{0}$。
- **合力投影定理**：平面汇交力系的合力在任一坐标轴上的投影，等于各分力在同一坐标轴上投影的代数和。
- 大小相等、方向相反并且不共线的两个平行力称为**力偶**。力偶中一个力的大小和力偶臂的乘积称为力偶矩。力偶的力偶矩是一个代数量，有 $M = \pm Fd$，一般以逆时针转向为正，顺时针转向为负。
- 欲使平面力偶系平衡，充分必要条件是合力偶矩等于零，即力偶系中各力偶矩的代数和等于零。
- **力的平移定理**：作用在刚体上的力可以向任意点平移，平移后附加一个力偶，附加力偶的力偶矩等于原力对平移点的力矩。
- 平面一般力系向其作用面内任意一点 O 简化，可得一个作用在 O 点的力和一个作用在力系平面内的力偶。这个力的矢量 $\boldsymbol{F}'$ 称为力系的**主矢**，等于力系中各力的矢量和；这个力偶的力偶矩 M'_O 称为力系对简化中心 O 的主矩，等于力系中各力对简化中心之矩的代数和。
- 选取不同的简化中心，主矢不会改变，即主矢与简化中心的位置无关。但是主矩一般来说与简化中心的位置有关，在提到主矩时一定要指明是对哪一点的主矩。
- 平面一般力系的平衡方程（3种）：

（1）基本式：

$$\begin{cases} \displaystyle\sum_{i=1}^{n} F_{ix} = 0 \\[2mm] \displaystyle\sum_{i=1}^{n} F_{iy} = 0 \\[2mm] \displaystyle\sum_{i=1}^{n} M_O(\boldsymbol{F}_i) = 0 \end{cases}$$

上式包含三个独立方程，可以求解三个未知量。

（2）二力矩式：

$$\begin{cases} \displaystyle\sum_{i=1}^{n} F_{ix} = 0 \\[2mm] \displaystyle\sum_{i=1}^{n} M_A(\boldsymbol{F}_i) = 0 \\[2mm] \displaystyle\sum_{i=1}^{n} M_B(\boldsymbol{F}_i) = 0 \end{cases}$$

式中，A、B 两点的连线 AB 不能与 x 轴垂直。

（3）三力矩式：

$$\begin{cases} \displaystyle\sum_{i=1}^{n} M_A(\boldsymbol{F}_i) = 0 \\[2mm] \displaystyle\sum_{i=1}^{n} M_B(\boldsymbol{F}_i) = 0 \\[2mm] \displaystyle\sum_{i=1}^{n} M_C(\boldsymbol{F}_i) = 0 \end{cases}$$

式中，A、B、C 三点不能共线。

- 平面平行力系的独立平衡方程分基本式和二力矩形式。
- 由若干个物体通过约束联系所组成的系统称为**物体系统**，简称为**物系**。
- 若所研究的问题的未知量的数目等于或少于独立平衡方程的数目，则所有未知量都能由平衡方程求出，这样的问题称为**静定问题**。
- 若未知量的数目多于独立平衡方程的数目，则未知量不能全部由平衡方程求出，这样的问题称为**超静定问题**，而总未知量数与总独立平衡方程数两者之差称为**超静定次数**。
- **桁架**是指由若干直杆在其两端用铰链连接而成的几何形状不变的结构。如果桁架所有的杆件都在同一平面内，这种桁架称为**平面桁架**。桁架中各杆件的连接处称为**节点**。
- 分析静定平面桁架内力的基本方法有节点法和截面法。

习 　 题

2-1　如图 2-43 所示，在 Oxy 斜交坐标系中，OA、OB、OC、OD 哪些代表力 $\boldsymbol{F}$ 的投影？哪些代表力 $\boldsymbol{F}$ 的分力大小值？

2-2　图 2-44 中的绳索 ACB 的两端 A、B 分别固定在水平面上，在它的中点 C 处用铅垂

力 F 向下拉，A、B 两点相距越远，绳索越容易被拉断，为什么？

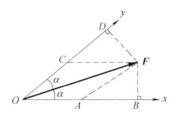

图 2-43 习题 2-1 图

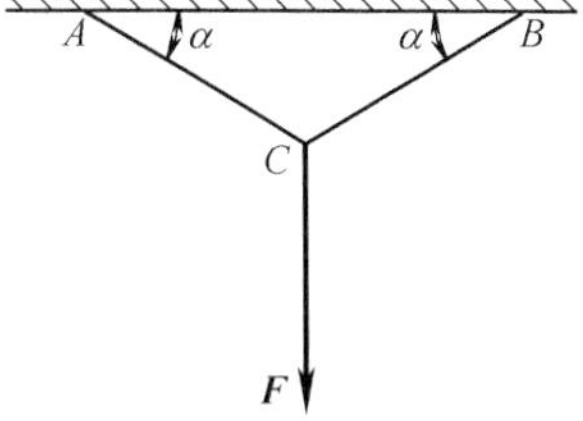

图 2-44 习题 2-2 图

2-3 图 2-45 中，滑轮上作用力偶矩为 M 的力偶，轮半径为 r，物体重 G，若 $M = Gr$，试问 G 和哪个力组成的力偶与力偶矩 M 相平衡？

*2-4 某平面力系向 A、B 两点简化的主矩皆为零，此力系简化的最终结果可能是一个力吗？可能是一个力偶吗？可能平衡吗？

2-5 列举你见到的 3 种桁架结构，各有多少个杆？计算各杆受力的大小。

2-6 如需求图 2-46 所示桁架中 3、5、7 各杆的内力，利用截面法，作截面 Ⅰ—Ⅰ 截断此三杆，问能否分别求出该三杆的内力？

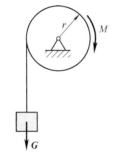

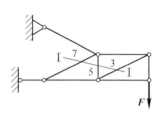

图 2-45 习题 2-3 图

图 2-46 习题 2-6 图

2-7 圆柱的重量 $G = 10\text{kN}$，搁置在三角形槽上，如图 2-47 所示。若不计摩擦，试用几何法求圆柱对三角槽壁 A、B 处的压力。

2-8 用解析法求解习题 2-7。

2-9 如图 2-48 所示，简易起重机用钢丝绳吊起重量 $G = 10\text{kN}$ 的重物。各杆自重不计，A、B、C 三处为光滑铰链连接。铰链 A 处装有不计半径的光滑滑轮。求杆 AB 和 AC 受到的力。

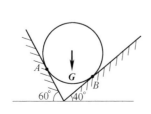

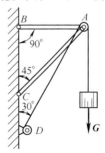

图 2-47 习题 2-7 图

图 2-48 习题 2-9 图

2-10 夹具中所用增力机构如图 2-49 所示。已知推力 F_A 作用于 A 点，夹紧平衡时杆与水平线的夹角为 α，不计滑块和杆重，视各铰链为光滑的。定义增力倍数 $\beta = F_N/F_A$。试求 β 与 α 的函数关系。

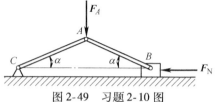

图 2-49 习题 2-10 图

2-11 铰接连杆机构 $OABO_1$ 在如图 2-50 所示的位置平衡。已知：$OA = 0.4\text{m}$，$O_1B = 0.6\text{m}$。作用在 OA 上力偶的力偶矩 $M_1 = 1\text{kN} \cdot \text{m}$。试求力偶矩 M_2 的大小和杆 AB 所受的力。各杆的重量不计。

2-12 锻压机在工作时如图 2-51 所示，如果锤头所受工件的作用力偏离中心线，就会使锤头发生偏斜，这样在导轨上将产生很大的压力，加速导轨的磨损，影响工件的精度。已知打击力 $F = 150\text{kN}$，偏心距 $e = 20\text{mm}$，锤头高度 $h = 0.3\text{m}$。试求锤头加给两侧导轨的压力。

2-13 图 2-52 所示为飞机起落架，已知机场跑道作用于轮子的约束力 F_N 铅垂向上，作用线通过轮心，大小为 40kN。图中尺寸长度单位是 mm，起落架本身重量忽略不计。试求铰链 A 和 B 的约束力。

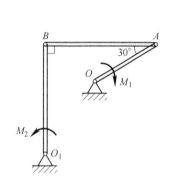

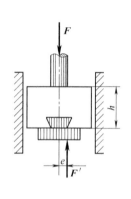

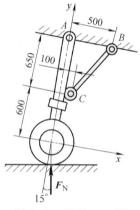

图 2-50 习题 2-11 图　　　图 2-51 习题 2-12 图　　　图 2-52 习题 2-13 图

2-14 拖车的重量 $G = 250\text{kN}$，牵引车对它的作用力 $F = 50\text{kN}$，如图 2-53 所示。当车辆匀速直线行驶时，求车轮 A、B 对地面的正压力。

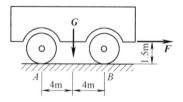

图 2-53 习题 2-14 图

2-15 塔式起重机如图 2-54 所示。机架重 $F_p = 700\text{kN}$，作用线通过塔架的中心。最大起重量 $W = 200\text{kN}$，最大悬臂长为 12m，轨道 AB 的间距为 4m。平衡块重 G，到机身中心线距离为 6m。试问：（1）保证起重机在满载时不翻倒，求平衡块的重量 G 应为多少。（2）保证起重机在空载时不翻倒，求平衡块的重量 G 应为多少。（3）当平衡块重 $G = 220\text{kN}$ 时，求满载时轨道 A、B 给起重机轮子的约束力。（4）当平衡块重 $G = 220\text{kN}$ 时，求空载时轨道 A、B 给起重机轮子的约束力。

2-16 静定多跨梁的荷载及尺寸如图 2-55 所示，长度单位为 m，求支座约束力和中间铰处的压力。

2-17 如图 2-56 所示，静定梁的荷载 q 及尺寸 d 已知，求支座 C 的约束力和中间铰 B 处所受的力。

2-18 静定刚架所受荷载及尺寸如图 2-57 所示，长度单位为 m，求支座约束力和中间铰处的压力。

2-19 如图 2-58 所示，在曲柄压力机中，已知曲柄 $OA = R = 0.23$m，设计要求：当 $\alpha = 20°$，$\beta = 3.2°$时达到最大冲力 $F = 315$kN。求在最大冲压力 F 作用时，导轨对滑块的侧压力和曲柄上所加的转矩 M，并求此时轴承 O 的约束力。

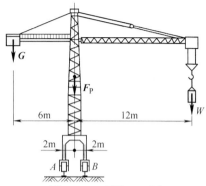

图 2-54 习题 2-15 图

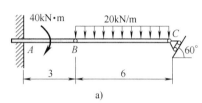

a)

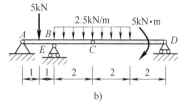

b)

图 2-55 习题 2-16 图

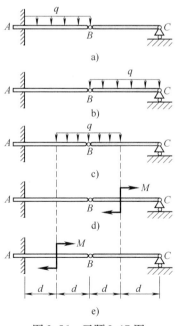

a)

b)

c)

d)

e)

图 2-56 习题 2-17 图

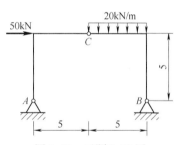

图 2-57 习题 2-18 图

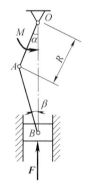

图 2-58 习题 2-19 图

2-20 如图2-59 所示，折梯由两个相同的部分 AC 和 BC 构成，这两部分自重不计，在 C 点用铰链连接，并用绳子在 D、E 点互相连接，梯子放在光滑的水平地板上。今在销钉 C 上悬挂 G = 0.866kN 的重物，已知 AC = BC = 4m，DC = EC = 3m，∠CAB = 60°，求绳子的拉力和 AC 作用于销钉 C 的力。

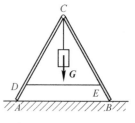

图 2-59 习题 2-20 图

2-21 起重机停在水平组合梁上，载有重 G = 10kN 的重物，起重机本身重 50kN，其重心位于垂线 DC 上，已知尺寸如图 2-60 所示，如不计梁板自重，求 A、B 两处的约束力。

2-22 如图 2-61 所示，两种正方形结构所受力 **F** 均已知。试分别求其中杆 1、2、3 所受的力。

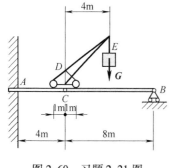

图 2-60 习题 2-21 图

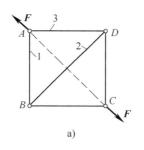
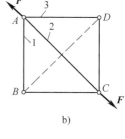

a)   b)

图 2-61 习题 2-22 图

2-23 平面桁架的结构尺寸如图 2-62 所示，载荷 **F** 已知，求各杆的内力。

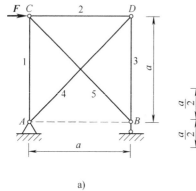

a)   b)

图 2-62 习题 2-23 图

2-24 平面桁架的载荷及结构尺寸如图 2-63 所示，求各杆的内力。

2-25 平面桁架及其所受的荷载如图 2-64 所示，α = 30°，求各杆的内力。

2-26 求图 2-65 所示桁架中 1、2、3 各杆的内力，**F** 为已知，各杆长度相等。

2-27 桁架尺寸如图 2-66 所示，主动力 **F** 为已知，求桁架中 1、2、3 各杆的内力。

2-28 桁架尺寸如图 2-67 所示，主动力 **F** 为已知，求桁架中 1、2、3、4 各杆的内力。

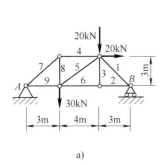

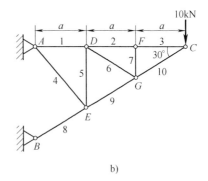

a)

b)

图 2-63 习题 2-24 图

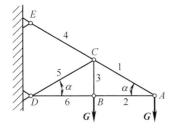

图 2-64 习题 2-25 图

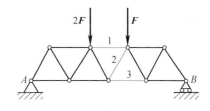

图 2-65 习题 2-26 图

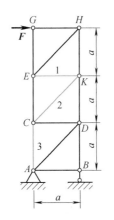

图 2-66 习题 2-27 图

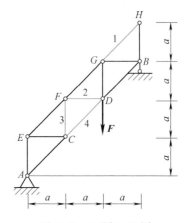

图 2-67 习题 2-28 图

第三章

摩　擦

一个物体沿另一个物体接触表面有相对运动或相对运动趋势而受到阻碍的现象，称为摩擦现象，简称摩擦。摩擦是机械运动中普遍存在的一种自然现象。无论是机器运转、车辆行驶还是人行走都存在摩擦。前两章在讨论刚体受力及平衡问题时，将两物体的接触面看作绝对光滑和刚硬的，未考虑摩擦作用，这实际是一种简化。当相对运动的两个物体接触面比较光滑或有良好的润滑条件时，摩擦对所研究的问题的影响为次要因素，即当摩擦力较小时，这种简化是合理的，在工程近似计算中也是允许的。

但在另一些问题中，摩擦对所研究的问题有重要的影响，是主要因素而不能忽略。例如车辆的制动，摩擦轮或带轮传动，夹具利用摩擦夹紧工件，楔紧装置，螺栓利用摩擦锁紧等。图3-1所示为自行车后轮被链条驱动时，地面对后轮的摩擦力使自行车向前运动；图3-2所示则是为了防止打滑，在鞋底加纹路；同样，图3-3所示的汽车、山地自行车轮胎加纹路，以防止打滑。本章将讨论摩擦以及考虑摩擦时的平衡问题。

摩擦会引起运转机械发热、零件磨损，使机器精度降低，缩短使用寿命，同时还阻碍机械运动，消耗能量，降低机械效率。但摩擦也有其有利的一面，如利用摩擦原理制成了摩擦离合器、摩擦传动装置以及回程自锁的汽车千斤顶等。研究摩擦的目的是掌握它的基本规律，从而能有效地发挥其有利的一面，减少其不利的一面。

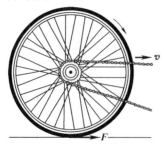

图 3-1　地面摩擦力驱动

图 3-2　防滑鞋

图 3-3 轮胎

第一节　滑动摩擦

两个相互接触的物体，当它们之间有相对滑动或有相对滑动趋势时，在接触面之间产生彼此阻碍运动的力，这种阻力就称为**滑动摩擦力**。摩擦力作用于相互接触处，其方向与相对滑动或相对滑动趋势的方向相反，而它的大小则根据主动力作用的不同，可以分为静滑动摩擦力、最大静滑动摩擦力和动滑动摩擦力。

一、静滑动摩擦力和最大静滑动摩擦力

粗糙的水平地面上放置一质量为 m 的物体，该物体在重力 mg 和地面法向约束力 $\boldsymbol{F}_N$ 的作用下处于静止状态，如图 3-4a所示。今在该物体上作用一大小可以变化的水平拉力 $\boldsymbol{F}_P$，F_P 自零开始逐渐增大，物体的受力情况如图 3-4b 所示。

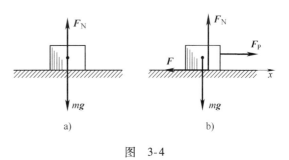

图　3-4

因为是非光滑面接触，所以作用在物体上的约束力除法向力 $\boldsymbol{F}_N$ 外，还有切向力 $\boldsymbol{F}$，此即摩擦力。

当 $F_P = 0$ 时，由于二者无相对滑动的趋势，故摩擦力为零。当 F_P 增大时，摩擦力 F 随之增大，物体仍然保持静止，这一阶段物体与地面只有相对滑动的趋势，受到的摩擦力为**静滑动摩擦力**，简称**静摩擦力**，并始终有 $F = F_P$。当 F_P 增加到某一临界值时，静摩擦力达到最大值，即 $F = F_{max}$，物体开始沿 $\boldsymbol{F}_P$ 的方向滑动。与此同时，F 的大小由 F_{max} 突变至动滑动摩擦力 F_d（F_d 略小于 F_{max}）。

此后，若 F_P 值再增加，则 F 基本上保持为常值。上述过程中 $F_P - F$ 关系曲线如图3-5所示。

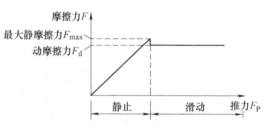

图 3-5　摩擦力变化情况

总结：当物体处于相对静止时，静摩擦力 F 由平衡方程确定，其大小随主动力 F 的变化而变化，并且在如下范围之内：

$$0 \leqslant F \leqslant F_{max} \tag{3-1}$$

其中，F_{max} 是指当物体处于临界平衡状态时，摩擦力达到的最大值，称为**最大静滑动摩擦力**，简称**最大静摩擦力**。

实验表明，最大静摩擦力的大小与两物体间的正压力（即法向约束力）成正比，即

$$F_{max} = f_s F_N \tag{3-2}$$

式中，f_s 是静摩擦因数。

式（3-2）称为**静摩擦定律**，也称**库仑摩擦定律**，是工程中常用的近似理论。

静摩擦因数 f_s 与接触物体的材料、表面粗糙度值、润滑情况等有关，通常用实验方法测定，其参考数值在工程手册上可以查到，表3-1 中列出了部分常用材料的摩擦因数。

表 3-1　常用材料的摩擦因数

材料名称	静摩擦因数 f_s		动摩擦因数 f	
	无润滑	有润滑	无润滑	有润滑
钢－钢	0.15	0.1~0.12	0.15	0.05~0.10
钢－软钢	—	—	0.2	0.1~0.2
钢－铸铁	0.30	—	0.18	0.05~0.15
钢－青铜	0.15	0.1~0.15	0.15	0.1~0.15
铸铁－铸铁	—	0.18	0.15	0.07~0.12
橡皮－铸铁	—	—	0.8	0.5
木材－木材	0.4~0.6	0.1	0.2~0.5	0.07~0.1
青铜－青铜	—	0.1	0.2	0.07~0.1
软钢－青铜	—	—	0.18	0.07~0.15

二、动滑动摩擦力

当接触面之间出现相对滑动时，接触物体之间出现阻碍物体滑动的摩擦力

称为**动滑动摩擦力**，简称**动摩擦力**，以 F_d 表示。实验表明：动滑动摩擦力的大小与两物体间的正压力（即法向约束力）成正比，即

$$F_d = fF_N \tag{3-3}$$

式（3-3）称为**动摩擦定律**，其中 f 称为**动摩擦因数**，它与接触物体的材料、表面粗糙度值、润滑情况以及相对滑动速度等有关。当相对滑动速度不大时，动摩擦因数可近似地认为是个常数。

一般情况下，动摩擦因数 f 小于静摩擦因数 f_s。

在机器中，往往采用降低接触面表面粗糙度值、加入润滑剂等方法，使动摩擦因数 f 降低，以减小摩擦和磨损。

应该指出，关于摩擦的定律是由法国科学家库仑于 1781 年建立的。摩擦定律是近似的实验定律，虽然近代摩擦理论更复杂、更精确，但在一般工程计算中，应用它已能满足要求，因此摩擦定律还是被广泛采用。

第二节 摩擦角和自锁现象

一、摩擦角

当有摩擦时，支承面对平衡物体的约束力包含法向约束力 F_N 和切向约束力 F（即静摩擦力），这两个力的合力 F_{RA}（即 $F_N + F$）称为支承面的**全约束力**，它的作用线与接触面的公法线成一偏角 φ，如图 3-6a 所示。当物体处于平衡的临界状态时，静摩擦力为最大静摩擦力，偏角 φ 也达到最大值，如图 3-6b 所示。全约束力与法线间夹角的最大值 φ_f 称为**摩擦角**。由图 3-6b 可知

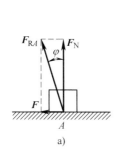 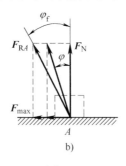 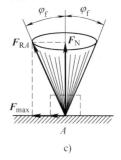

图 3-6

$$\tan\varphi_f = \frac{F_{max}}{F_N} = f_s$$

即 $$\varphi_f = \arctan f_s \tag{3-4}$$

也就是说，摩擦角的正切等于静摩擦因数。因此，摩擦角 φ_f 与静摩擦因数 f_s 一样，都是表示材料表面性质的量。

设作用于物块 A 的主动力 **F** 等于最大静摩擦力，如果将该力 **F** 作用线在水平面内连续改变方向，则物块的滑动趋势也随之改变，全约束力 F_{RA} 的作用线将画出一个以接触点 A 为顶点的锥面，如图 3-6c 所示，此锥面称为**摩擦锥**。对于沿接触面各个方向摩擦因数都相同的情况，摩擦锥是一个顶角为 $2\varphi_f$ 的圆锥。

二、自锁现象

物块平衡时，静摩擦力与切向合外力平衡，$0 \le F \le F_{max}$，所以全约束力与法线间的夹角 φ 也在 0 与摩擦角 φ_f 之间变化，即

$$0 \le \varphi \le \varphi_f \tag{3-5}$$

由于静摩擦力不可能超过最大值，因此全约束力的作用线也不可能超出摩擦角。

如图 3-7a 所示，作用在物块上的全部主动力的合力为 F_R，若其作用线在摩擦角 φ_f（或摩擦锥）之内，则无论这个力有多大，物块必保持静止。这种现象称为**自锁现象**。反之，当全部主动力的合力 F_R 的作用线在摩擦角 φ_f（或摩擦锥）以外时，则无论主动力有多小，物块一定不能保持平衡，这种现象称为**不自锁**（图 3-7b）。

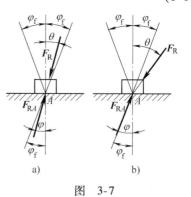

图 3-7

工程实际中常应用自锁条件设计一些机构和夹具使它自动"卡住"，如螺旋千斤顶（图 3-8）、螺旋夹紧器（图 3-9）、压榨机、圆锥销等。

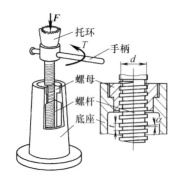

图 3-8 螺旋千斤顶

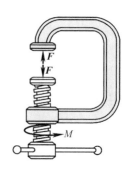

图 3-9 螺旋夹紧器

螺纹（图 3-10a）可以看成绕圆柱上的斜面（图 3-10b），螺纹升角 θ 就是斜面的倾角（图 3-10c）。螺母相当于斜面上的滑块 A，加在螺母的轴向载荷 $\boldsymbol{F}$ 相当于物块 A 的重力。所以斜面的自锁条件就是螺纹的自锁条件。

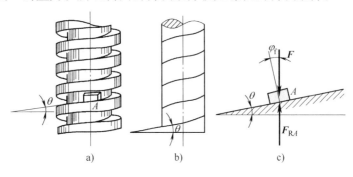

图 3-10　螺纹

要使螺纹自锁，必须使螺纹升角 θ 小于或等于摩擦角 φ_f，即螺纹的自锁条件为

$$\theta \leq \varphi_f \qquad (3-6)$$

螺旋千斤顶的螺杆一般采用 45 钢或 50 钢，螺母材料一般采用青铜或铸铁，若螺杆与螺母之间的静摩擦因数 $f_s = 0.1$，则由式（3-4）得

$$\varphi_f = \arctan f_s = 5°43'$$

为保证千斤顶自锁，一般取螺纹升角 $\theta = 4° \sim 4°30'$。

利用摩擦角的概念还可以进行静摩擦因数测定，如图 3-11 所示，把要测定的两

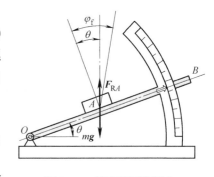

图 3-11　静摩擦因数测定

种材料分别做成斜面和物块，把物块放在斜面上，从 0° 起逐渐增大斜面的倾角 θ，直到物块刚开始下滑时为止，此时的 θ 角就是要测定的摩擦角 φ_f。这是由于当物块处于临界状态时，$m\boldsymbol{g} = -\boldsymbol{F}_{RA}$，$\theta = \varphi_f$。由式（3-4）求得静摩擦因数

$$f_s = \tan\varphi_f = \tan\theta$$

第三节　滚动摩阻

古人发明了车轮，用滚动代替滑动，可明显地节省体力。在工程实践中，人们常利用滚动来减小摩擦。例如，搬运沉重的包装箱时在其下面安放一些滚

子（图 3-12），采用滚柱轴承（图 3-13），汽车、自行车采用轮胎，火车采用钢轮。同样在图 3-14 中，滚珠轴承比滑动轴承摩擦所消耗的能量少。

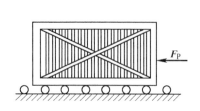

图 3-12 搬运包装箱

图 3-13 滚柱轴承

将一质量为 m 的车轮放在地面上，如图 3-15 所示，在车轮中心 C 加一微小的水平力 F_T，此时在车轮与地面接触处 A 就会产生摩擦阻力 F，以阻止车轮的滑动。主动力 F_T 与滑动摩擦力 F 组成一个力偶，其值为 FR，它将驱动车轮转动。实际上，如果 F_T 比较小，转动并不会发生，这说明还存在一阻止转动的力偶，这就是**滚动摩阻力偶**。

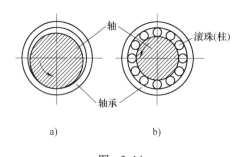

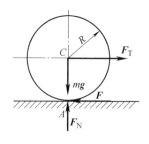

图 3-14

a) 滑动轴承 b) 滚珠轴承

图 3-15

为了解释滚动摩阻力偶的产生，需要引入柔性约束模型。作为一种简化，仍将轮子视为刚体，而将路轨视为具有接触变形的柔性约束，如图 3-16a 所示。当车轮受到较小的水平力 F_T 作用后，在车轮与路轨接触面上约束力将非均匀地分布（图 3-16b），可将分布力系合成为 F_N 和 F 两个力，或进一步合成为一个力 F_R，如图 3-16c 所示，这时 F_N 偏离 AC 一个微小距离 δ_1。当主动力 F_T 不断增大时，F_N 偏离 AC 的距离 δ_1 也随之增加，滚动摩阻力偶矩 $F_N\delta_1$ 平衡产生滚动趋势的力偶（F_T，F）。当主动力 F_T 增加到某个值时，轮子处于将滚未滚的临界平衡状态，δ_1 达到最大值 δ，滚动摩阻力偶矩达到最大值，称为**最大滚动摩阻力偶矩**，用 M_{max} 表示。若力 F_T 再增加，轮子就会滚动。若将力 F_N、F 平移到 A

点，如图 3-16d 所示，F_N 的平移产生附加力偶矩 $F_N\delta_1$，即滚动摩阻力偶矩 M_f。

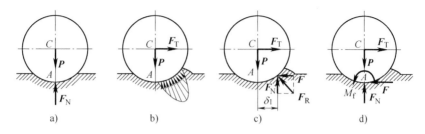

a)   b)   c)   d)

图 3-16 柔性约束模型

在滚动过程中，滚动摩阻力偶矩近似等于 M_{max}。

综上所述，滚动摩阻是由于轮与支承面接触变形而形成的摩阻力偶矩 M_f，其大小介于零与最大值 M_{max} 之间，即

$$0 \leqslant M_f \leqslant M_{max} \tag{3-7}$$

式中，最大滚动摩阻力偶矩 M_{max} 与滚子半径无关，与支承面的正压力 F_N 成正比，即

$$M_{max} = \delta F_N \tag{3-8}$$

式（3-8）称为**滚动摩阻定律**，其中比例常数 δ 称为**滚动摩阻系数**，简称**滚阻系数**，单位为 mm。

滚动摩阻系数与轮子和支承面的材料硬度及湿度有关，与滚子半径无关。以骑自行车为例，减小滚阻系数 δ 的方法是使轮胎充足气、路面坚硬。对于同样重量的车厢，采用钢制车轮与铁轨接触方式，其滚阻系数 δ 就小于橡胶轮胎与马路接触时的滚阻系数。滚阻系数 δ 由实验测定，表 3-2 列出了一些材料的滚动摩阻系数的值。

表 3-2 滚动摩阻系数 δ

材料名称	δ/mm	材料名称	δ/mm
铸铁 – 铸铁	0.5	木 – 钢	0.3 ~ 0.4
钢质车轮 – 钢轨	0.05	钢质车轮 – 木面	1.5 ~ 2.5
软钢 – 钢	0.5	木 – 木	0.5 ~ 0.8
淬火钢珠 – 钢	0.01	软木 – 软木	1.5
轮胎 – 路面	2 ~ 10	有滚珠轴承的料车与钢轨	0.09

例 3-1 试分析质量为 m 的车轮（图 3-17），在轮心受水平力 F_p 作用下的滑动条件、滚动条件。

解： 车轮共受到重力 mg、水平推动力 F_P、地面法向支承力 F_N、摩擦力 F 以及滚动摩阻力偶矩 M，如图 3-17 所示。

车轮的滑动条件为

$$F_滑 \geq f_s F_N = f_s mg$$

式中，f_s 为静摩擦因数。

设 δ 为滚阻系数，车轮的滚动条件为 $F_滚 R \geq M_{max} = \delta mg$，即

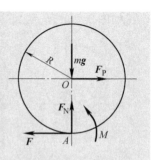

图 3-17 例 3-1 图

$$F_滚 \geq \frac{\delta}{R} mg$$

一般情况下，$\dfrac{\delta}{R} \ll f_s$，所以使车轮滚动比滑动省力得多。

例 3-2 如图 3-18a 所示，在搬运重物时，下面常垫以滚子。重物质量 $m_1 = 10 \times 10^3 \mathrm{kg}$，滚子质量 $m = 10 \mathrm{kg}$，半径 $r = 60 \mathrm{mm}$，滚子与上、下面间的滚阻系数 $\delta = 0.5 \mathrm{mm}$。求拉动重物时水平力 F_P 的大小。

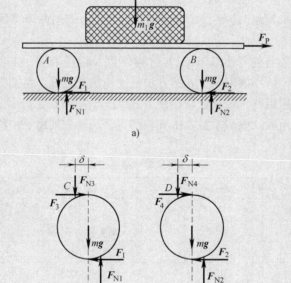

图 3-18 例 3-2 图

解：如图3-18b所示，以滚子 A 为研究对象，依据滚子相对重物滚动的方向画出 F_{N3} 和 F_3 并以两力交点 C 为矩心，$F_3 = F_1$，有

$$\sum_{i=1}^{n} M_C(\boldsymbol{F}_i) = 0, \quad F_{N1} \times 2\delta - F_1 \times 2r - mg\delta = 0 \tag{1}$$

同理，以滚子 B 为研究对象（图3-18c），以 D 为矩心，有

$$\sum_{i=1}^{n} M_D(\boldsymbol{F}_i) = 0, \quad F_{N2} \times 2\delta - F_2 \times 2r - mg\delta = 0 \tag{2}$$

将式（1）、式（2）相加，得到

$$(F_{N1} + F_{N2}) \times 2\delta - (F_1 + F_2) \times 2r - 2mg\delta = 0 \tag{3}$$

最后，以整体为研究对象（图3-18a），有

$$\sum_{i=1}^{n} F_{ix} = 0, \quad F_P - F_1 - F_2 = 0$$

$$\sum_{i=1}^{n} F_{iy} = 0, \quad F_{N1} + F_{N2} - m_1 g - 2mg = 0$$

将上面二式代入式（3），导出

$$(m_1 + 2m)g \times 2\delta - F_P \times 2r - 2mg\delta = 0$$

$$F_P = \frac{m_1 + m}{r} g\delta = \frac{10 \times 10^3 + 10}{0.06} \times 9.8 \times 0.5 \times 10^{-3} \text{N} = 817 \text{N}$$

如果将重物直接放在地面上拉，设重物与地面之间静摩擦因数 $f_s = 0.4$，则拉力 $F'_P = m_1 g f_s = 10 \times 10^3 \times 9.8 \times 0.4 \text{N} = 39.2 \text{kN}$，约为利用滚子搬运重物拉力 F_P 的48倍。

第四节　考虑摩擦时物体的平衡问题

考虑摩擦时，求解物体的平衡问题的方法和步骤，与前面两章所述的基本相同。但是在画受力图及分析计算时，必须考虑摩擦力 $\boldsymbol{F}$，摩擦力 $\boldsymbol{F}$ 的方向与相对滑动趋势的方向相反，大小有一个范围，即 $0 \leqslant F \leqslant F_{max}$。当物体处于临界的平衡状态时，摩擦力达到最大值，即 $F_{max} = f_s F_N$。

由于静摩擦力的值 F 可以在 0 与 F_{max} 之间变化，因此在考虑摩擦的平衡问题时，主动力也允许在一定范围内变化，所以关于这类问题的解答往往具有一个变化范围，而不是一个确定的值。

例3-3 质量为 $m = 100\text{kg}$ 的物体放在倾角 $\alpha = 45°$ 的斜面上，如图3-19a所示，若接触面间的静摩擦因数 $f_s = 0.2$，今有一大小为 $F_P = 800\text{N}$ 的力沿斜面推物体，问物体在斜面上是否处于静止状态？若静止，这时摩擦力为多大？

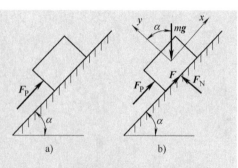

图3-19 例3-3图

解：设物体静止并有向下滑的趋势，画出物体的受力如图3-19b所示，由平衡方程

$$\sum_{i=1}^{n} F_{ix} = 0, \quad F_P - mg\sin\alpha + F = 0$$

$$\sum_{i=1}^{n} F_{iy} = 0, \quad F_N - mg\cos\alpha = 0$$

解得

$$F = mg\sin\alpha - F_P = (100 \times 9.8 \times \sin 45° - 800)\text{N} = -107\text{N}（实际指向与假$$
设方向相反)

$$F_N = mg\cos\alpha = 100 \times 9.8 \times \cos 45°\text{N} = 693\text{N}$$

根据静摩擦定律，接触面可能出现的最大静摩擦力为

$$F_{max} = f_s F_N = 0.2 \times 693\text{N} = 138.6\text{N}$$

摩擦力 F 为负号，说明它沿斜面向下，故物块实际上有向上滑的趋势。由于保持静止所需的摩擦力 F 的绝对值小于最大静摩擦力 F_{max}，所以物块在斜面上可以保持静止状态，这时摩擦力的值为107N，方向沿斜面向下。

例3-4 斜面上放一重为 G 的重物，如图3-20a所示，斜面倾角为 α，物体与斜面间的摩擦角为 φ_m，且知 $\alpha > \varphi_m$，试求维持物体在斜面上静止时，水平推力 F_P 所容许的范围。

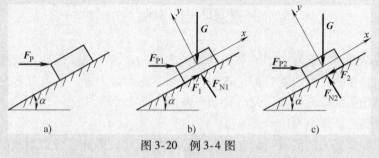

图3-20 例3-4图

解：取物体为研究对象，已知 $\alpha > \varphi_m$，所以如果不加水平力 F_P，物体将下滑，为维持物体在斜面上静止，需要加上水平推力 F_P。

当水平推力 F_P 比较小时，物块有下滑趋势；当水平推力 F_P 比较大时，物块有上滑趋势。下面确定水平推力 F_P 的上、下极限，即物体的两个临界状态。

（1）求 F_P 的下极限 F_{P1}　画物块受力图，如图 3-20b 所示，这时静摩擦力 F_1 的方向沿斜面向上，列平衡方程

$$\sum_{i=1}^{n} F_{ix} = 0, \quad F_{P1}\cos\alpha - G\sin\alpha + F_1 = 0 \tag{1}$$

$$\sum_{i=1}^{n} F_{iy} = 0, \quad -F_{P1}\sin\alpha - G\cos\alpha + F_{N1} = 0 \tag{2}$$

以及摩擦力的补充方程　　　$F_1 = f_s F_{N1} = F_{N1}\tan\varphi_m$ (3)

联立式（1）~式（3）解得

$$F_{P1} = G\frac{\tan\alpha - f_s}{1 + f_s\tan\alpha} = G\tan(\alpha - \varphi_m)$$

（2）求 F_P 的上极限 F_{P2}　画物块受力图，如图 3-20c 所示，这时静摩擦力 F_2 的方向沿斜面向下，列平衡方程

$$\sum_{i=1}^{n} F_{ix} = 0, \quad F_{P2}\cos\alpha - G\sin\alpha - F_2 = 0 \tag{4}$$

$$\sum_{i=1}^{n} F_{iy} = 0, \quad -F_{P2}\sin\alpha - G\cos\alpha + F_{N2} = 0 \tag{5}$$

以及摩擦力的补充方程　　　$F_2 = f_s F_{N2} = F_{N2}\tan\varphi_m$ (6)

联立式（4）~式（6）解得

$$F_{P2} = G\frac{\tan\alpha + f_s}{1 - f_s\tan\alpha} = G\tan(\alpha + \varphi_m)$$

由以上分析可知，欲使物体在斜面上保持静止，水平推力 F_P 的大小应在 $F_{P1} \leqslant F_P \leqslant F_{P2}$ 范围内变化，即

$$G\tan(\alpha - \varphi_m) \leqslant F_P \leqslant G\tan(\alpha + \varphi_m)$$

例 3-5　凸轮机构如图 3-21 所示，已知推杆与滑道间的静摩擦因数为 f_s，滑道宽为 b。推杆自重及推杆与凸轮接触处的摩擦均忽略不计。为保证推杆不被卡住，求 a 的取值范围。

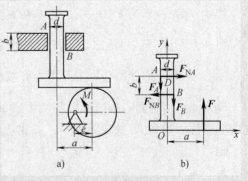

图 3-21　例 3-5 图

解: 取推杆为研究对象, 其受力如图 3-21b 所示。 D 点位于 y 轴上, 推杆受到 5 个力的作用: 凸轮推力 F, 滑道 A、 B 处的法向约束力 F_{NA}、 F_{NB}, 阻止推杆向上运动的摩擦力 F_A、 F_B。 列平衡方程

$$\sum_{i=1}^{n} F_{ix} = 0 \qquad F_{NA} - F_{NB} = 0 \tag{1}$$

$$\sum_{i=1}^{n} F_{iy} = 0, \qquad -F_A - F_B + F = 0 \tag{2}$$

$$\sum_{i=1}^{n} M_D(\boldsymbol{F}_i) = 0, \qquad Fa - F_{NB}b - F_B \frac{d}{2} + F_A \frac{d}{2} = 0 \tag{3}$$

考虑推杆将动而未动情况, 即平衡的临界状态, 摩擦力 F_A、 F_B 都达到最大值即最大静摩擦力, 有补充方程

$$\begin{cases} F_A = f_s F_{NA} \\ F_B = f_s F_{NB} \end{cases} \tag{4}$$

由式 (1) 得 $F_{NA} = F_{NB} = F_N$, 代入式 (4) 得到

$$F_A = F_B = F_{\max} = f_s F_N$$

将上式代入式 (2)、 式 (3), 分别得到

$$F = 2F_{\max} = 2f_s F_N \tag{5}$$

$$Fa - F_N b = 0 \tag{6}$$

联立式 (5)、 式 (6), 解得

$$a_{临界} = \frac{b}{2f_s}$$

将式 (6) 改写为 $F_N = \dfrac{F}{b}a$, 当 F 和 b 保持不变时, a 减小, 滑道 A、 B 处的法向约束力 F_{NA}、 F_{NB} 也随之减小, 最大静摩擦力 $F_{\max} = f_s F_N$ 同样减小。 因而当 $a < a_{临界} = \dfrac{b}{2f_s}$ 时, 推杆不会因为摩擦力而被卡住。

例 3-6 制动器的构造和主要尺寸如图 3-22a 所示, 已知制动块与鼓轮表面间的动摩擦因数为 f, 物块重为 $\boldsymbol{G}$, 求制动鼓轮转动所需的最小力 F_P。

解: (1) 取鼓轮为研究对象 其受力如图 3-22b 所示。 其中 $F_T = G$, 由平衡方程

$$\sum_{i=1}^{n} M_H(\boldsymbol{F}_i) = 0, \qquad F_T r - FR = 0$$

解得 $\qquad\qquad\qquad\qquad F = F_T r/R = Gr/R \tag{1}$

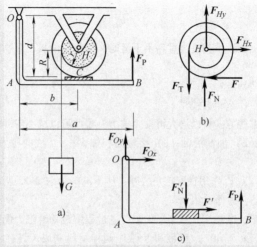

图 3-22 例 3-6 图

当 F_P 为最小值时，鼓轮与制动块间处于临界平衡状态，$F = F_{max} = fF_N$，所以

$$F_N = \frac{F_{max}}{f} = \frac{r}{Rf}G \tag{2}$$

（2）取杠杆 OAB 为研究对象 其受力如图 3-22c 所示，列平衡方程：

$$\sum_{i=1}^{n} M_O(\boldsymbol{F}_i) = 0, \quad F_P a + F'd - F'_N b = 0 \tag{3}$$

由作用与反作用定律得 $F'_N = F_N$，$F' = F$，将式（1）、式（2）代入式（3），解得 $F_P = \frac{Gr}{aR}(\frac{b}{f} - d)$。由于按临界状态求得的 F_P 是最小值，所以制动鼓轮的力必须满足下列条件：

$$F_P \geqslant \frac{Gr}{aR}(\frac{b}{f} - d)$$

小 结

• 静摩擦定律：$F_{max} = f_s F_N$。动摩擦定律：$F_d = fF_N$。一般情况下，动摩擦因数 f 小于静摩擦因数 f_s。

• 滑动摩擦力是在一定范围内取值的约束力，其方向与相对运动方向相反。

• 摩擦角 $\varphi_f = \arctan f_s$，即摩擦角的正切等于静摩擦因数。摩擦角 φ_f 是摩擦力达到最大值时全约束力与法线的夹角。摩擦角与静摩擦因数 f_s 一样，都是表示材料表面性质的量。

• 滚动摩阻定律：$M_{max} = \delta F_N$，δ 称为滚动摩阻系数，简称滚阻系数，单位为 mm。

• 求解考虑摩擦的平衡问题时，不能随便使用摩擦定律，要正确判断是否达到临界状态，对于平衡参数取值范围，可以先求出系统处于临界状态时的平衡，再判断取值范围。

习 题

3-1 在粗糙的斜面上放置重物，当重物不下滑时，敲打斜面板，重物可能会下滑。试解释其原因。

3-2 静摩擦力有哪些特点？

3-3 什么叫摩擦角？什么叫自锁？

3-4 总结归类以下哪些方式可以增大滑动摩擦力？哪些可以减小滑动摩擦力？

a）使接触面更粗糙；b）加润滑油；c）接触面积加大；d）法向压力加大；e）切向力加大。

3-5 物块质量为 m，力 F_P 作用在摩擦角之外，$F_P = mg$。如图 3-23 所示，已知 $\alpha = 25°$，$\varphi_m = 20°$。问物块动不动，为什么？

3-6 如何减小自行车、摩托车、汽车、火车前进过程中滚动摩阻力偶矩。

3-7 如图 3-24 所示，$\alpha = 40°$，平带和 V 带用同样材料制成，具有相同的表面粗糙度值，静摩擦因数 $f_s = 0.2$，在相同的压力 $F = 1.5 \text{kN}$ 作用下，求平带和 V 带所能产生的最大摩擦力。

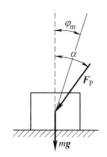

图 3-23 习题 3-5 图

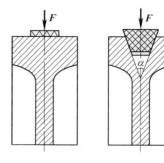

图 3-24 习题 3-7 图

3-8 已知一物块质量 $m = 30 \text{kg}$，用水平力 $F_N = 2 \text{kN}$ 压在一铅垂表面上，如图 3-25 所示，其静摩擦因数 $f_s = 0.2$，问此时物块所受的摩擦力等于多少？

3-9 如图 3-26 所示，一直径为 150mm 的圆柱体，由于自重沿斜面匀速地向下滚动，斜面的斜率 $\tan\alpha = 0.018$。试求圆柱体与斜面间的滚动摩阻系数 δ。

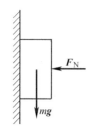

图 3-25 习题 3-8 图

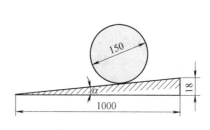

图 3-26 习题 3-9 图

3-10 如图 3-27 所示，置于 V 形槽中的棒料上作用一力偶，当力偶的矩 $M=30$N·m 时，刚好能转动此棒料。已知棒料质量 $m=80$kg，直径 $D=25$cm，不计滚动摩阻，求棒料与 V 形槽间的静摩擦因数 f_s。

3-11 如图 3-28 所示，铁板 B 重 2kN，其上压一重 5kN 的重物 A，拉住重物的绳索与水平面成 30°角，现欲将铁板抽出。已知铁板和水平面间的静摩擦因数 $f_1=0.20$，重物 A 和铁板间的静摩擦因数 $f_2=0.25$，求抽出铁板所需力 F_P 的最小值。

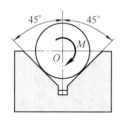

图 3-27 习题 3-10 图

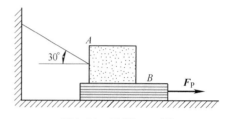

图 3-28 习题 3-11 图

3-12 起重绞车的制动器由有制动块的手柄和制动轮所组成，如图 3-29 所示。已知制动轮半径 $R=0.5$m，鼓轮半径 $r=0.3$m，制动轮与制动块间的静摩擦因数 $f_s=0.4$，提升的重量 $G=1$kN，手柄长 $l=3$m，$a=0.6$m，$b=0.1$m，不计手柄和制动轮的重量，求能够制动所需力 F_P 的最小值。

3-13 如图 3-30 所示，斧头的劈尖角为 16°，问木头与斧面之间的静摩擦因数至少为多少时，斧尖自锁在木头中。

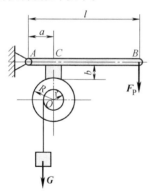

图 3-29 习题 3-12 图

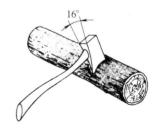

图 3-30 习题 3-13 图

3-14 图 3-31 所示偏心夹紧装置，转动偏心手柄，就可使杠杆一端 O_1 点升高，从而压紧工件。已知偏心轮半径为 r，与台面间静摩擦因数为 f_s。不计偏心轮和杠杆的自重，要求在图示位置夹紧工件后不致自动松开，问偏心距 e 应为多少？

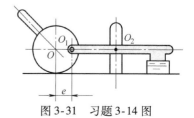

图 3-31 习题 3-14 图

第四章

空间力系

各力的作用线在空间任意分布的力系称为**空间一般力系**，简称**空间力系**。空间一般力系是物体最一般的受力情况，平面汇交力系、平面平行力系、平面一般力系都是它的特殊情况。图4-1所示的刚体、图4-2所示车床的主轴分别受到空间一般力系作用。本章研究空间一般力系处于平衡时力系应满足的条件，讨论物体的重心问题以及在机械工程中的应用。

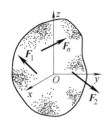

图4-1　刚体受力

图4-2　车床

第一节　力在直角坐标轴上的投影

设空间直角坐标系 $Oxyz$ 的三个坐标轴如图4-3所示，已知力 F 与三根轴的夹角分别为 α、β、γ。此力在 x、y、z 轴上的投影 F_x、F_x、F_z 分别为

$$\begin{cases} F_x = F\cos\alpha \\ F_y = F\cos\beta \\ F_z = F\cos\gamma \end{cases} \quad (4-1)$$

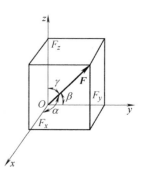

图4-3　力的投影

投影是代数量。例如当 $90° < \alpha \leqslant 180°$ 时，F_x 为负值。

在一些机械问题中，人们往往习惯于采用二次投影法。设力 F 与 z 轴的夹角为 γ ，在 xOy 平面上的分力 F_{xy} 与 x 轴夹角为 φ，如

图 4-4 所示。首先将力 $\boldsymbol{F}$ 投影到 z 轴和 xOy 平面上，分别得到 $F_z = F\cos\gamma$、$F_{xy} = F\sin\gamma$，然后将 F_{xy} 再投影到 x、y 轴上。结果为

$$\begin{cases} F_x = F\sin\gamma\cos\varphi \\ F_y = F\sin\gamma\sin\varphi \\ F_z = F\cos\gamma \end{cases} \tag{4-2}$$

设 $\boldsymbol{i}$、$\boldsymbol{j}$、$\boldsymbol{k}$ 为 x、y、z 轴的单位矢量，若以 $\boldsymbol{F}_x$、$\boldsymbol{F}_y$、$\boldsymbol{F}_z$ 分别表示 $\boldsymbol{F}$ 沿直角坐标轴 x、y、z 的三个正交分量（图 4-5），则

$$\boldsymbol{F} = \boldsymbol{F}_x + \boldsymbol{F}_y + \boldsymbol{F}_z = F_x\boldsymbol{i} + F_y\boldsymbol{j} + F_z\boldsymbol{k} \tag{4-3}$$

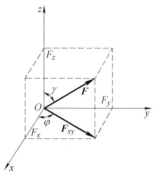

图 4-4 力的二次投影

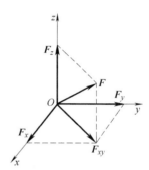

图 4-5 $\boldsymbol{F}$ 的三个正交分量

$$\begin{cases} F = \sqrt{F_x^2 + F_y^2 + F_z^2} \\ \alpha = \arccos\dfrac{F_x}{F}, \quad \beta = \arccos\dfrac{F_y}{F}, \quad \gamma = \arccos\dfrac{F_z}{F} \end{cases} \tag{4-4}$$

如果已知投影 F_x、F_y、F_z 的值，力 $\boldsymbol{F}$ 的大小与方向可由式（4-4）确定。

应当注意力的投影和分量的区别：首先，力的投影是标量，而力的分量是矢量；其次，对于斜交坐标系，力的投影不等于其分量的大小。如图 4-6 所示斜交坐标系 Oxy，力 $\boldsymbol{F}$ 沿 x、y 轴的分量大小为 OB 和 OC（图 4-6a），而对应投影的大小是 OD 和 OE（图 4-6b），显然它们不相同。

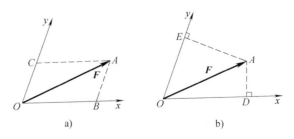

图 4-6 斜交坐标系下力的分量、投影

例4-1 已知圆柱斜齿轮所受的总啮合力 $F = 10\text{kN}$，齿轮压力角 $\alpha = 20°$，螺旋角 $\beta = 25°$，如图4-7所示。试计算齿轮所受的圆周力 F_t、轴向力 F_a 和径向力 F_r。

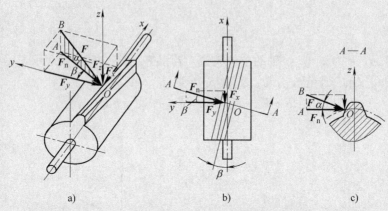

a)　　　　　　　　　　b)　　　　　　　　　c)

图4-7　例4-1图

解：取坐标系如图4-7所示，使 x、y、z 三个轴分别沿齿轮的轴向、圆周的切线方向和径向，先把总啮合力 F 向 z 轴和 xOy 坐标平面投影，分别为

$$F_z = -F\sin\alpha = (-10 \times \sin20°)\text{kN} = -3.42\text{kN}$$

$$F_n = F\cos\alpha = (10 \times \cos20°)\text{kN} = 9.4\text{kN}$$

再把力二次投影到 x 和 y 轴上，得到

$$F_x = -F_n\sin\beta = -F\cos\alpha\sin\beta = (-10 \times \cos20°\sin25°)\text{kN} = -3.97\text{kN}$$

$$F_y = -F_n\cos\beta = -F\cos\alpha\cos\beta = (-10 \times \cos20°\cos25°)\text{kN} = -8.52\text{kN}$$

各分力的大小分别等于对应投影的绝对值，即

$$轴向力\ F_a\ 大小：F_a = |F_x| = 3.97\text{kN}$$

$$周向力\ F_t\ 大小：F_t = |F_y| = 8.52\text{kN}$$

$$径向力\ F_r\ 大小：F_r = |F_z| = 3.42\text{kN}$$

例4-2 在车床上加工外圆时，已知被加工件 S 对车刀 D 的作用力（即切削抗力）的三个分力为：$F_x = 300\text{N}$，$F_y = 600\text{N}$，$F_z = -1500\text{N}$，如图4-8所示。试求合力的大小和方向。

解：取直角坐标系 $Oxyz$ 如图4-8所示。合力 F 在 x、y、z 坐标轴上的分力为 F_x、F_y、F_z。力在直角坐标轴

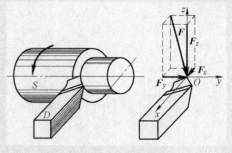

图4-8　例4-2图

上的投影和力沿相应直角坐标轴的分力在数值上相等，所以合力 $\boldsymbol{F}$ 的大小和方向可由公式（4-4）求得，合力的大小为

$$F = \sqrt{F_x^2 + F_y^2 + F_z^2} = \sqrt{300^2 + 600^2 + (-1500)^2}\ \text{N} = 1643\text{N}$$

合力与 x、y、z 轴的夹角分别为

$$\alpha = \arccos\frac{F_x}{F} = \arccos\frac{300}{1643} = 79°29'$$

$$\beta = \arccos\frac{F_y}{F} = \arccos\frac{600}{1643} = 68°35'$$

$$\gamma = \arccos\frac{F_z}{F} = \arccos\frac{-1500}{1643} = 155°55'$$

第二节　力对点的矩

一、平面问题中力对点的矩的解析表达式

在力对点的矩的计算中，还常用解析表达式。由图4-9可见，力对坐标原点的矩

$$M_O(\boldsymbol{F}) = Fh = Fr\sin(\alpha - \theta)$$
$$= Fr\sin\alpha\cos\theta - Fr\cos\alpha\sin\theta$$
$$= r\cos\theta \cdot F\sin\alpha - r\sin\theta \cdot F\cos\alpha$$

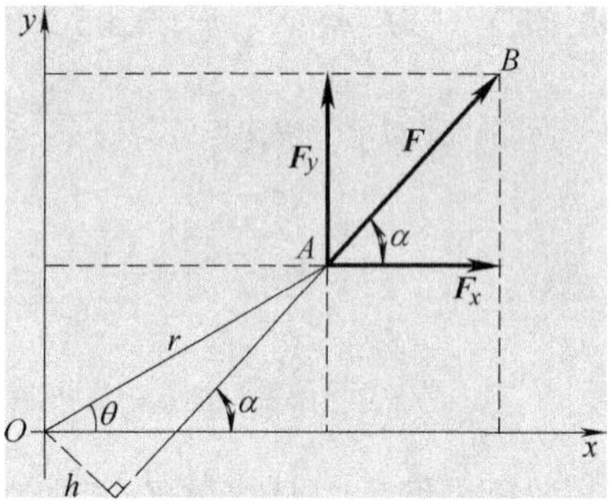

由于力 $\boldsymbol{F}$ 作用点 A 的坐标 $x = r\cos\theta$，$y = r\sin\theta$，且力 $\boldsymbol{F}$ 在 x 轴上的投影 $F_x = F\cos\alpha$，在 y 轴上的投影为 $F_y = F\sin\alpha$，所以

图4-9　力矩的计算

$$M_O(\boldsymbol{F}) = xF_y - yF_x \qquad (4-5)$$

一旦知道力作用点的坐标 x、y 和力在坐标轴上的投影 F_x、F_y，利用式（4-5）便可计算出力对坐标原点之矩，式（4-5）称为力矩的解析表达式。

例4-3　力 $\boldsymbol{F}$ 作用在托架上，如图4-10所示。已知 $F = 480\text{N}$，$a = 0.2\text{m}$，$b = 0.4\text{m}$。试求力 $\boldsymbol{F}$ 对 B 点之矩。

解：直接计算矩心 B 到力 $\boldsymbol{F}$ 作用线的垂直距离 h 比较麻烦。现建立直角坐标系 Bxy，将力 $\boldsymbol{F}$ 沿水平方向 x 和铅垂方向 y 分解，得

$$F_x = F\cos30°, \qquad F_y = F\sin30°$$

由式（4-5）得力 $\boldsymbol{F}$ 对 B 点之矩为

$$M_B(F) = x_A F_y - y_A F_x$$
$$= b \cdot F\sin30° - a \cdot F\cos30°$$
$$= F(b\sin30° - a\cos30°)$$
$$= 480 \times (0.4 \times 0.5 - 0.2 \times$$
$$0.866)\text{N} \cdot \text{m} = 12.9\text{N} \cdot \text{m}$$

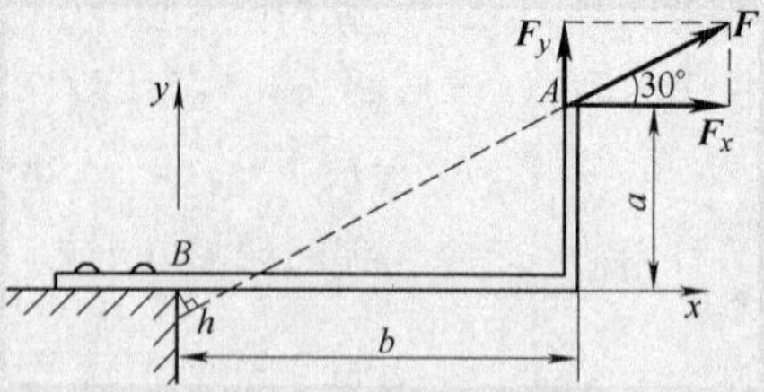

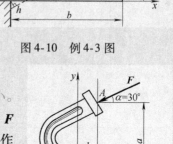

图4-10　例4-3图

例4-4　刹车踏板如图4-11所示。已知 $F = 300\text{N}$，$a = 0.25\text{m}$，$b = c = 0.05\text{m}$，推杆顶力 F_P 沿水平方向，F 与水平线夹角 $\alpha = 30°$。试求踏板平衡时，推杆顶力 F_P 的大小。

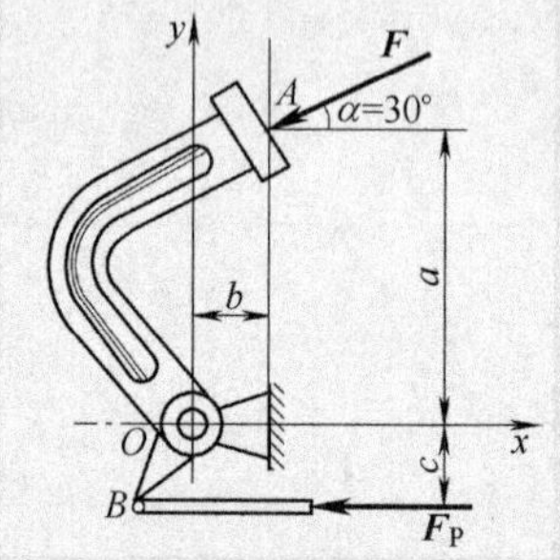

解：踏板 AOB 为绕定轴 O 转动的杠杆，力 F 对 O 点的矩与力 F_P 对 O 点的矩相互平衡。力 F 作用点 A 的坐标为

$$x = b = 0.05\text{m}, \quad y = a = 0.25\text{m}$$

力 F 在 x、y 轴上的投影为

$$F_x = -F\cos30° = -260\text{N}, \quad F_y = -F\sin30° = -150\text{N}$$

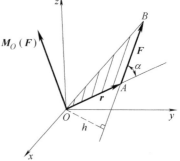

图4-11　例4-4图

由式（4-5）得力 F 对 O 点的矩为

$$M_O(\boldsymbol{F}) = xF_y - yF_x = [0.05 \times (-150) - 0.25 \times (-260)]\text{N} \cdot \text{m} = 57.5\text{N} \cdot \text{m}$$

力 F_P 对 O 点的矩等于 $F_P \times c$，由杠杆平衡条件 $\sum\limits_{i=1}^{n} M_O(\boldsymbol{F}_i) = 0$，得

$$F_P = \frac{M_O(\boldsymbol{F})}{c} = \frac{57.5}{0.05}\text{N} = 1150\text{N} = 1.15\text{kN}$$

*二、空间问题中力对点的矩

力矩是度量力对物体的转动效应的物理量。对空间三维问题，需要建立力对点的矩的矢量表达式。

设 O 点为空间的任意定点，自 O 点至力 F 的作用点 A 引矢径 $\boldsymbol{r}$，如图4-12所示。$\boldsymbol{r}$ 和 $\boldsymbol{F}$ 的矢量积（又称叉积）称为力 F 对 O 点的矩，记作 $\boldsymbol{M}_O(\boldsymbol{F})$，它是一个矢量，$O$ 点称为矩心。即

$$\boldsymbol{M}_O(\boldsymbol{F}) = \boldsymbol{r} \times \boldsymbol{F} \tag{4-6}$$

注意式（4-5）中 $M_O(\boldsymbol{F})$ 为代数量（标量），而式（4-6）中 $\boldsymbol{M}_O(\boldsymbol{F})$ 为矢量。

图4-12　力对 O 点的矩

设 i、j、k 为 x、y、z 轴上单位矢量，力作用点 A 的坐标为 (x, y, z)，力 F 用坐标轴上的投影 F_x、F_y、F_z 表示为

$$F = F_x i + F_y j + F_z k \tag{1}$$

以 M_{Ox}、M_{Oy}、M_{Oz} 分别表示力矩 $M_O(F)$ 在 x、y、z 轴上的投影，由于

$$r = x i + y j + z k \tag{2}$$

将式（1）、式（2）代入式（4-6），根据矢量叉积的运算规则：$i \times i = j \times j = k \times k = 0$，$i \times j = -j \times i = k$，$j \times k = -k \times j = i$，$k \times i = -i \times k = j$，得

$$\begin{aligned}
M_O(F) &= M_{Ox} i + M_{Oy} j + M_{Oz} k = r \times F \\
&= (x i + y j + z k) \times (F_x i + F_y j + F_z k) \\
&= (y F_z - z F_y) i + (z F_x - x F_z) j + (x F_y - y F_x) k
\end{aligned} \tag{4-7}$$

于是得

$$\begin{cases}
M_{Ox} = y F_z - z F_y \\
M_{Oy} = z F_x - x F_z \\
M_{Oz} = x F_y - y F_x
\end{cases} \tag{4-8}$$

将矢量叉积 $r \times F$ 用三阶行列式表示为

$$M_O(F) = \begin{vmatrix} i & j & k \\ x & y & z \\ F_x & F_y & F_z \end{vmatrix} \tag{4-9}$$

在计算机上进行数值计算常运用式（4-8）来编制程序，而式（4-9）简捷明了便于记忆。

例 4-5　如图 4-13 所示，大小为 200N 的力 F 平行于 xOz 平面，作用于曲柄的右端 A 点，曲柄在 xOy 平面内。试求力 F 对坐标原点 O 的力矩 $M_O(F)$。

解：曲柄上右端 A 点的坐标为 $x = -0.1\text{m}$，$y = 0.2\text{m}$，$z = 0$

力 F 在 x、y、z 轴上的投影分别为

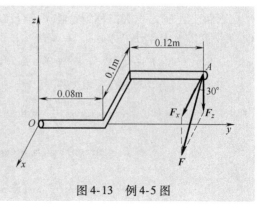

图 4-13　例 4-5 图

$$F_x = F\sin 30° = (200 \times 0.5)\,\text{N} = 100\text{N}$$
$$F_y = 0$$
$$F_z = -F\cos 30° = (-200 \times 0.866)\,\text{N} = -173\text{N}$$

力 F 对 O 点的矩为

$$M_O(F) = \begin{vmatrix} i & j & k \\ x & y & z \\ F_x & F_y & F_z \end{vmatrix} = \begin{vmatrix} i & j & k \\ -0.1 & 0.2 & 0 \\ 100 & 0 & -173 \end{vmatrix}\,\text{N} \cdot \text{m}$$

$$= \left(\begin{vmatrix} 0.2 & 0 \\ 0 & -173 \end{vmatrix} i - \begin{vmatrix} -0.1 & 0 \\ 100 & -173 \end{vmatrix} j + \begin{vmatrix} -0.1 & 0.2 \\ 100 & 0 \end{vmatrix} k \right)\,\text{N} \cdot \text{m}$$

$$= [0.2 \times (-173)i - (-0.1) \times (-173)j - 0.2 \times 100k]\,\text{N} \cdot \text{m}$$

$$= (-34.6i - 17.3j - 20k)\,\text{N} \cdot \text{m}$$

即　　　　$M_{Ox} = -34.6\text{N} \cdot \text{m}, \quad M_{Oy} = -17.3\text{N} \cdot \text{m}, \quad M_{Oz} = -20\text{N} \cdot \text{m}$

例 4-6　如图 4-14 所示，已知力 F 作用点 A 的坐标为 $(3, 4, 5)$，单位为 m；对 O 点的力矩 $M_O(F) = -6i + 7j - 2k$，单位为 N·m。试求力 F 的大小和方向。

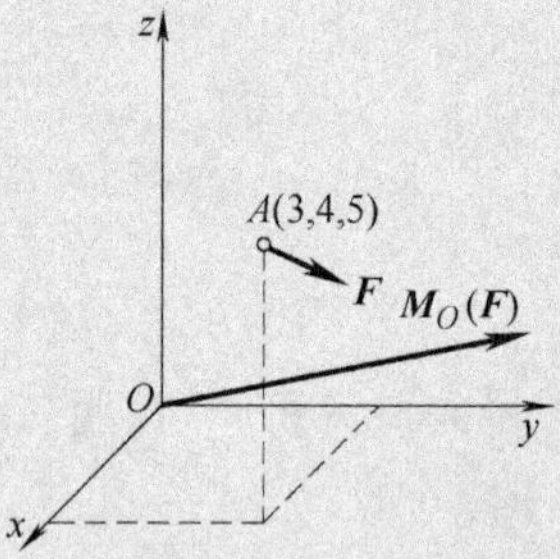

解：力作用点 A 的坐标为

$$x = 3\text{m}, \quad y = 4\text{m}, \quad z = 5\text{m}$$

力 F 对 O 点的矩在坐标轴上投影分别为

$$M_{Ox} = -6\text{N} \cdot \text{m}, \quad M_{Oy} = 7\text{N} \cdot \text{m}, \quad M_{Oz} = -2\text{N} \cdot \text{m}$$

力矢量表达为　　　$F = F_x i + F_y j + F_z k$

将坐标值、力和力矩投影代入式（4-8）得

图 4-14　例 4-6 图

$$\begin{cases} 4\text{m} \times F_z - 5\text{m} \times F_y = -6\text{N} \cdot \text{m} \\ 5\text{m} \times F_x - 3\text{m} \times F_z = 7\text{N} \cdot \text{m} \\ 3\text{m} \times F_y - 4\text{m} \times F_x = -2\text{N} \cdot \text{m} \end{cases}$$

求解上述三元一次方程组，得 $F_x = F_y = 2\text{N}$，$F_z = 1\text{N}$。将 F_x、F_y、F_z 代入式（4-4）求得力 F 的大小为

$$F = \sqrt{F_x^2 + F_y^2 + F_z^2} = \sqrt{2^2 + 2^2 + 1^2}\,\text{N} = 3\text{N}$$

力 F 与 x、y、z 轴的夹角分别为

$$\alpha = \arccos \frac{F_x}{F} = \arccos \frac{2}{3} = 48°11'$$

$$\beta = \arccos \frac{F_y}{F} = \arccos \frac{2}{3} = 48°11'$$

$$\gamma = \arccos \frac{F_z}{F} = \arccos \frac{1}{3} = 70°31'$$

第三节 力对轴的矩

在机电系统中，存在着大量绕固定轴转动的构件，例如电动机转子（图 4-15a）、齿轮（图 4-15b）、飞轮（图 4-15c）、机床主轴（图 4-15d）等。力对轴的矩，是度量作用力对绕轴转动物体作用效果的物理量。

a)   b)

c)   d)

图 4-15 转动件

a）电动机转子 b）齿轮 c）飞轮 d）机床主轴

讨论图 4-16 所示手推门的情况。设门绕固定轴 z 转动，其上 A 点受力 F 的作用。将力 F 沿 z 轴和垂直于 z 轴的 H 平面分解为 F_z 和 F_{xy} 两个分量。实践表明，分力 F_z 不能使刚体绕 z 轴转动，只有分力 F_{xy} 才能使刚体产生绕 z 轴的转动。所以力 F 对 z 轴的转动效应取决于分力 F_{xy} 对 O 点的矩，称为力 F 对 z 轴的矩，以符号 $M_z(F)$ 表示。扩展到一般情形，如图 4-17 所示，定义：力 F 对任意轴 z 的矩，等于力 F 在垂直于 z 轴的 H 平面上的分力 F_{xy} 对 z 轴与平面 H 交点 O 的矩。

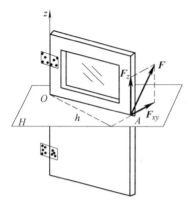

图 4-16 门绕门轴转动

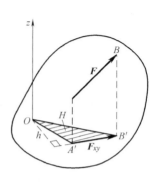

图 4-17 力对 z 轴的矩

力对轴的矩其正负号按照右手螺旋法则确定。即从矩轴的正端向另一端看去，力使刚体绕矩轴逆时针转动取正号，顺时针转动取负号。

根据上面的定义可知，力对轴的矩为零的条件是：

1）若力 F 的作用线与轴平行，则 F_{xy} 等于零，故力对轴的矩为零；

2）若力 F 的作用线与轴相交，则力臂为零，故力对轴的矩也为零。

概括上述两种情况，得到：当力的作用线与轴共面时，力对轴的矩为零。

当力不为零并且它的作用线与轴是异面直线时，力对轴的矩不等于零。力对轴的矩的单位是 N·m。

讨论图 4-18 所示的一般情形，设力 F 的作用点 A 的坐标为 (x, y, z)，力 F 沿着坐标轴的分力分别为 F_x、F_y、F_z，在坐标轴上的投影为 F_x、F_y、F_z。按力对轴的矩的定义得到力对 x、y、z 坐标轴的矩的解析表达式

$$\begin{cases} M_x(\boldsymbol{F}) = yF_z - zF_y \\ M_y(\boldsymbol{F}) = zF_x - xF_z \quad (4\text{-}10) \\ M_z(\boldsymbol{F}) = xF_y - yF_x \end{cases}$$

对照式（4-8）、式（4-10），得

$$\begin{cases} M_{Ox} = M_x(\boldsymbol{F}) \\ M_{Oy} = M_y(\boldsymbol{F}) \quad (4\text{-}11) \\ M_{Oz} = M_z(\boldsymbol{F}) \end{cases}$$

注意到力 F 对任意轴的矩 $M_x(\boldsymbol{F})$、$M_y(\boldsymbol{F})$、$M_z(\boldsymbol{F})$ 为代数量，是标量；而力对点的矩 $\boldsymbol{M}_O(\boldsymbol{F})$ 是矢量，$\boldsymbol{M}_O(\boldsymbol{F}) =$

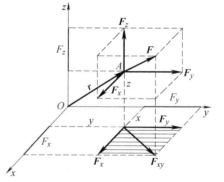

图 4-18 力对 x、y、z 轴的矩

$M_{Ox}\boldsymbol{i} + M_{Oy}\boldsymbol{j} + M_{Oz}\boldsymbol{k}$，$M_{Ox}$、$M_{Oy}$ 和 M_{Oz} 是 $\boldsymbol{M}_O(\boldsymbol{F})$ 在 x、y、z 轴上的投影。由式（4-11）得到**力矩关系定理：力 F 对点 O 的力矩矢 $\boldsymbol{M}_O(\boldsymbol{F})$ 在 $Oxyz$ 坐标轴上的投**

影等于力 F 对 x、y、z 轴的力矩。

例4-7 构件 OA 在 A 点受到作用力 $F = 1000$N，方向如图 4-19a 所示。图中 A 点在 xOy 平面内。试求力 F 对 x、y、z 坐标轴的矩 $M_x(F)$、$M_y(F)$、$M_z(F)$。

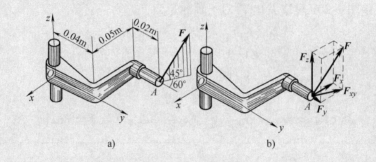

图4-19 例4-7图

解：力 F 作用点 A 的坐标为

$$x = -0.05\text{m}, \quad y = 0.06\text{m}, \quad z = 0$$

力 F 在 x、y、z 轴上的投影为

$$F_x = -F\cos45° \cdot \sin60° = (-1000 \times 0.707 \times 0.866)\text{N} = -612\text{N}$$

$$F_y = F\cos45° \cdot \cos60° = (1000 \times 0.707 \times 0.5)\text{N} = 354\text{N}$$

$$F_z = F\sin45° = (1000 \times 0.707)\text{N} = 707\text{N}$$

将各个量代入式（4-10），得力 F 对三个坐标轴的矩分别为

$$M_x(F) = yF_z - zF_y = (0.06 \times 707)\text{N} \cdot \text{m} = 42.4\text{N} \cdot \text{m}$$

$$M_y(F) = zF_x - xF_z = [-(-0.05) \times 707]\text{N} \cdot \text{m} = 35.4\text{N} \cdot \text{m}$$

$$M_z(F) = xF_y - yF_x = [(-0.05) \times 354 - 0.06 \times (-612)]\text{N} \cdot \text{m} = 19\text{N} \cdot \text{m}$$

例4-8 如图 4-20a 所示，半径为 r 的斜齿轮，其上作用一力 F，力 F 作用点的坐标为 $(0, a, r)$。求力 F 对 y 轴的矩。

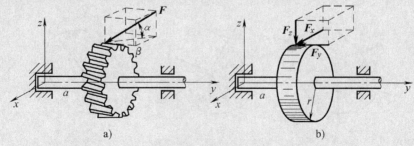

图4-20 例4-8图

解：将力 F 沿 x、y、z 轴分解，其大小为

$$F_x = F\cos\alpha\sin\beta, \quad F_y = -F\cos\alpha\cos\beta, \quad F_z = -F\sin\alpha \quad (1)$$

方法一：由于 F_y 与 y 轴平行，F_z 的作用线与 y 轴相交，故它们对 y 轴的矩等于零。由图 4-20b 可以看出 F_x 对 y 轴的矩为

$$M_y(F_x) = F_x r = Fr\cos\alpha\sin\beta$$

方法二：力 F 作用点的坐标为

$$x = 0, \quad y = a, \quad z = r \quad (2)$$

将式（1）、式（2）代入式（4-10），得

$$M_y(F) = zF_x - xF_z = r \cdot F\cos\alpha\sin\beta - 0 = Fr\cos\alpha\sin\beta$$

第四节　空间力系平衡条件

以上三节讨论了空间力在直角坐标轴上的投影、力对点的矩和力对轴的矩。空间一般力系可以通过向一点的简化，得到一个空间汇交力系和一个空间力偶系，进而得到平衡条件。

一、空间力系向指定点简化

作用于刚体的空间任意力系 F_1，F_2，$\cdots$，F_n，如图 4-21a 所示。任选一指定点 O，称为**简化中心**。将力系中各力平行移动到 O 点，根据力的平移定理，将得到一个作用于 O 点的共点力系 F_1'，F_2'，$\cdots$，F_n'，以及一个由附加力偶组成的空间力偶系 M_1，M_2，$\cdots$，M_n。其中

$$F_1' = F_1, \ F_2' = F_2, \ \cdots, \ F_n' = F_n$$

$$M_1 = M_O(F_1), \ M_2 = M_O(F_2), \ \cdots, \ M_n = M_O(F_n)$$

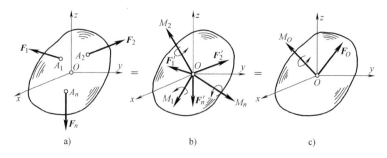

a) 　　　　　b) 　　　　　c)

图 4-21　空间一般力系

共点力系可合成为作用于简化中心 O 的一个力 $\boldsymbol{F}_O$，有

$$\boldsymbol{F}_O = \sum_{i=1}^{n} \boldsymbol{F}_i' = \sum_{i=1}^{n} \boldsymbol{F}_i$$

空间力偶系可合成为一个力偶，其力偶矩矢量为

$$\boldsymbol{M}_O = \sum_{i=1}^{n} \boldsymbol{M}_i = \sum_{i=1}^{n} \boldsymbol{M}_O(\boldsymbol{F}_i)$$

二、主矢和主矩

空间力系各力的矢量和称为**力系的主矢**，即

$$\boldsymbol{F}_{\mathrm{R}}' = \sum_{i=1}^{n} \boldsymbol{F}_i \tag{4-12}$$

空间力系中各力对简化中心 O 之矩的矢量和，称为**力系对简化中心的主矩**，即

$$\boldsymbol{M}_O = \sum_{i=1}^{n} \boldsymbol{M}_O(\boldsymbol{F}_i) \tag{4-13}$$

对于给定的力系，主矢的大小和方向仅取决于力系中各力的大小和方向，而与简化中心的选择无关。主矢在三个坐标轴上的投影分别为

$$\begin{cases} F_{\mathrm{R}x}' = \sum_{i=1}^{n} F_{ix} \\[2mm] F_{\mathrm{R}y}' = \sum_{i=1}^{n} F_{iy} \\[2mm] F_{\mathrm{R}z}' = \sum_{i=1}^{n} F_{iz} \end{cases} \tag{4-14}$$

力系的主矩一般随简化中心选取的不同而改变，在三个坐标轴上的投影分别为

$$\begin{cases} M_{Ox} = \sum_{i=1}^{n} M_{ix} \\[2mm] M_{Oy} = \sum_{i=1}^{n} M_{iy} \\[2mm] M_{Oz} = \sum_{i=1}^{n} M_{iz} \end{cases} \tag{4-15}$$

结论：空间力系向任一指定点简化，一般情况下可得到一个力 $\boldsymbol{F}_O$ 和一个力偶 $\boldsymbol{M}_O$，该力作用于简化中心 O，其大小和方向与力系的主矢 $\boldsymbol{F}_{\mathrm{R}}'$ 相同；该力偶的力偶矩矢量等于该力系对简化中心的主矩 $\boldsymbol{M}_O$。主矢与简化中心的选取无关，

主矩一般与简化中心选取有关。

三、空间一般力系的平衡方程

设一物体上作用着一个空间一般力系 F_1，F_2，…，F_n，如图4-22所示，则力系既能产生使物体沿空间直角坐标 x、y、z 轴方向移动的效应，又能产生使物体绕 x、y、z 轴转动的效应。若物体在空间一般力系作用下保持平衡，则必须同时满足以下两点：

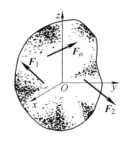

1）对于平移，物体在 x、y、z 轴保持平衡（静止或匀速直线运动），空间一般力系各力在 x、y、z 轴投影的代数和为零。

图4-22 空间一般力系

2）对于转动，物体对 x、y、z 轴保持平衡，空间一般力系各力对 x、y、z 轴之矩的代数和为零。

由上所述，根据式（4-14）、式（4-15），得到空间一般力系的平衡方程为

$$
\begin{cases}
\sum_{i=1}^{n} F_{ix} = 0 \\
\sum_{i=1}^{n} F_{iy} = 0 \\
\sum_{i=1}^{n} F_{iz} = 0 \\
\sum_{i=1}^{n} M_{ix} = 0 \\
\sum_{i=1}^{n} M_{iy} = 0 \\
\sum_{i=1}^{n} M_{iz} = 0
\end{cases}
\tag{4-16}
$$

式（4-16）表示了空间一般力系平衡的充分必要条件，即各力在直角坐标系的三个坐标轴上的投影的代数和以及各力对此三轴之矩的代数和分别等于零。

式（4-16）有6个独立的平衡方程，可以求解六个未知量，它是解决空间一般力系平衡问题的基本方程。

例4-9 车床主轴安装在推力轴承 A 和深沟球轴承 B 上，如图4-23所示。圆柱直齿轮 C 的节圆半径 $r_C = 120\text{mm}$，其下与另一齿轮啮合，压力角 $\alpha = 20°$。在轴的右端固定一半径为 $r_D = 60\text{mm}$ 的圆柱体工件。已知 $a = 60\text{mm}$，$b = 400\text{mm}$，$c = 250\text{mm}$。车刀刀尖对工件的力作用在 H 处，HD 水平。测量得到切削力在 x、

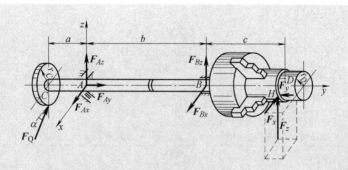

图4-23 例4-9图

y、z 轴上的分量分别为 $F_x = 465\text{N}$，$F_y = 325\text{N}$，$F_z = 1455\text{N}$。试求齿轮所受的啮合力 F_Q 和两轴承的约束力。

解：取主轴、齿轮、工件三者组成的系统为研究对象，以 A 为坐标原点，取 y 轴与主轴轴线重合，x 轴沿水平面，z 轴沿铅垂线。

系统受到的主动力分别为齿轮 C 所受的啮合力 F_Q 和工件受到的切削力 F_x、F_y、F_z。推力轴承不允许主轴 A 处沿任何方向移动，故约束力有三个，分别为 F_{Ax}、F_{Ay}、F_{Az}；深沟球轴承不允许主轴 B 处沿 x、z 轴方向移动，故约束力有两个，分别为 F_{Bx}、F_{Bz}。上述 9 个力构成空间一般力系，由式（4-16）可写出平衡方程如下：

$$\begin{cases} \sum_{i=1}^{n} F_{ix} = 0, & -F_x + F_{Ax} + F_{Bx} - F_Q\cos\alpha = 0 & (1) \\[2mm] \sum_{i=1}^{n} F_{iy} = 0, & -F_y + F_{Ay} = 0 & (2) \\[2mm] \sum_{i=1}^{n} F_{iz} = 0, & F_z + F_{Az} + F_{Bz} + F_Q\sin\alpha = 0 & (3) \\[2mm] \sum_{i=1}^{n} M_x(\boldsymbol{F}_i) = 0, & (b+c)F_z + bF_{Bz} - aF_Q\sin\alpha = 0 & (4) \\[2mm] \sum_{i=1}^{n} M_y(\boldsymbol{F}_i) = 0, & -r_D F_z + r_C F_Q\cos\alpha = 0 & (5) \\[2mm] \sum_{i=1}^{n} M_z(\boldsymbol{F}_i) = 0, & (b+c)F_x - r_D F_y - bF_{Bx} - aF_Q\cos\alpha = 0 & (6) \end{cases}$$

由式（2）得

$$F_{Ay} = F_y = 325\text{N}$$

由式（5）得

$$F_Q = \frac{r_D}{r_C \cos\alpha} F_z = \frac{60 \times 1455}{120 \times \cos 20°}N = 774N$$

由式（6）得

$$F_{Bx} = \frac{(b+c)F_x - r_D F_y - aF_Q \cos\alpha}{b}$$

$$= \frac{(400+250) \times 465 - 60 \times 325 - 60 \times 774 \times \cos 20°}{400}N = 598N$$

由式（1）得

$$F_{Ax} = F_x + F_Q \cos\alpha - F_{Bx}$$

$$= (465 + 774 \times \cos 20° - 598)N = 594N$$

由式（4）得

$$F_{Bz} = \frac{aF_Q \sin\alpha - (b+c)F_z}{b}$$

$$= \frac{60 \times 774 \times \sin 20° - (400+250) \times 1455}{400}N = -2324N$$

最后由式（3）得

$$F_{Az} = -F_z - F_{Bz} - F_Q \sin\alpha = [-1455 - (-2324) - 774 \times \sin 20°]N = 604N$$

例 4-10 均质等厚度板 *ABCD* 质量为 $m = 10$kg，用光滑球铰 *A* 和蝶铰 *B* 与墙壁连接，并用绳索 *CE* 拉住，在水平位置保持静止，如图 4-24 所示。已知 $AB = a$，$AD = b$，*A*、*E* 两点在同一铅垂线上，且 $\angle ECA = \angle BAC = 30°$，试求绳索的拉力和铰 *A*、*B* 的约束力。

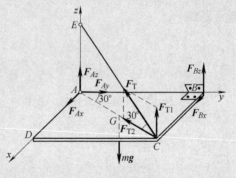

图 4-24　例 4-10 图

解： 取矩形板 *ABCD* 为研究对象，板所受的主动力为重力 *mg*，大小为 (10×9.8)N，作用于板的质心 *G* 点；根据铰的性质，*A* 处球铰的约束力为 F_{Ax}、F_{Ay}、F_{Az}，*B* 处蝶铰的约束力为 F_{Bx}、F_{Bz}。

将绳索拉力 F_T 分解，得到平行于 *z* 轴的分力 F_{T1} 和位于平面 *xAy* 内的分力 F_{T2}，有

$$F_{T1} = F_T \sin 30°, \quad F_{T2} = F_T \cos 30°$$

进而得到

$$
\begin{cases}
F_{\mathrm{T}x} = -F_{\mathrm{T}2}\sin 30° = -F_{\mathrm{T}}\cos 30°\sin 30° \\
F_{\mathrm{T}y} = -F_{\mathrm{T}2}\cos 30° = -F_{\mathrm{T}}\cos^2 30° \\
F_{\mathrm{T}z} = F_{\mathrm{T}1} = F_{\mathrm{T}}\sin 30°
\end{cases}
$$

列平衡方程，求解未知力，由式（4-16）得

$$
\begin{cases}
\displaystyle\sum_{i=1}^{n} F_{ix} = 0, \qquad F_{Ax} + F_{Bx} + F_{\mathrm{T}x} = 0, \qquad F_{Ax} + F_{Bx} - F_{\mathrm{T}}\cos 30°\sin 30° = 0 & (1) \\[3mm]
\displaystyle\sum_{i=1}^{n} F_{iy} = 0, \qquad F_{Ay} + F_{\mathrm{T}y} = 0, \qquad F_{Ay} - F_{\mathrm{T}}\cos^2 30° = 0 & (2) \\[3mm]
\displaystyle\sum_{i=1}^{n} F_{iz} = 0, \qquad F_{Az} + F_{Bz} - mg + F_{\mathrm{T}z} = 0, \quad F_{Az} + F_{Bz} - mg + F_{\mathrm{T}}\sin 30° = 0 & (3) \\[3mm]
\displaystyle\sum_{i=1}^{n} M_x(F_i) = 0, \quad F_{Bz}a + F_{\mathrm{T}z}a - mg\frac{a}{2} = 0, \quad F_{Bz}a + F_{\mathrm{T}}\sin 30°a - mg\frac{a}{2} = 0 & (4) \\[3mm]
\displaystyle\sum_{i=1}^{n} M_y(F_i) = 0, \quad mg\frac{b}{2} - F_{\mathrm{T}z}b = 0, \qquad \frac{mg}{2} - F_{\mathrm{T}}\sin 30° = 0 & (5) \\[3mm]
\displaystyle\sum_{i=1}^{n} M_z(F_i) = 0, \quad -F_{Bx}a = 0, \qquad F_{Bx} = 0 & (6)
\end{cases}
$$

由式（5）得

$$F_{\mathrm{T}} = mg = 98\mathrm{N} \tag{7}$$

将式（7）代入式（4）得

$$F_{Bz} = 0 \tag{8}$$

将式（7）代入式（2）得

$$F_{Ay} = 73.5\mathrm{N}$$

将式（7）、式（8）代入式（3）得

$$F_{Az} = 49\mathrm{N}$$

将式（6）、式（7）代入式（1）得

$$F_{Ax} = F_{\mathrm{T}}\cos 30°\sin 30° = 42.4\mathrm{N}$$

第五节 物体的重心

重心是力学中的一个重要概念。对物体重心的研究，在生活中、工程实际中有很重要的意义（图4-25）。起重机重心的位置若超出某一范围，受载后就不

能保证起重机的平衡。如图4-26所示，质量达30t的大型起重机在拆除塔吊时，因操作不当使重心超出允许范围，系统失去平衡，整个起重机机身被拉起后"站立"在街头；高速旋转的物体，如涡轮机的叶片（图4-27）、洗衣机甩干桶等，如果其重心偏离转轴的中心线，转动起来就会引起轴的振动和轴承的动约束力；高速转动的计算机硬盘（图4-28a）对重心位置也有严格的限制；汽车或飞机重心（图4-28b）的位置对它们运动的稳定性和操作性有很大影响。

a) b)

图 4-25

a）三人控制船重心 b）走钢丝

图4-26 重心超出允许范围

图4-27 涡轮机叶片

一、物体的重心

物体的重力就是地球对它的吸引力。如果把物体视为由许多质点组成，由于地球比所研究的物体大得多，作用在这些质点上的重力形成的力系可以认为

a)

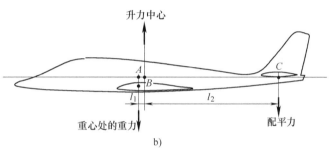

b)

图 4-28

a）计算机硬盘 b）飞机重心

是一个铅垂的平行力系。这个空间平行力系的中心称为物体的重心，如图 4-29 所示。

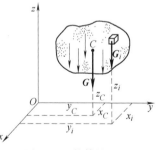

图 4-29 物体的重心

将物体分割成许多微单元，每一微单元的重力方向均指向地心，近似地看成一平行力系，大小分别为 G_1，G_2，…，G_n，其作用点为 $C_1(x_1，y_1，z_1)$，$C_2(x_2，y_2，z_2)$，…，$C_n(x_n，y_n，z_n)$。物体重心 C 的坐标的近似公式为

$$x_C = \frac{\sum\limits_{i=1}^{n} G_i x_i}{\sum\limits_{i=1}^{n} G_i}, \quad y_C = \frac{\sum\limits_{i=1}^{n} G_i y_i}{\sum\limits_{i=1}^{n} G_i}, \quad z_C = \frac{\sum\limits_{i=1}^{n} G_i z_i}{\sum\limits_{i=1}^{n} G_i} \tag{4-17}$$

式中，$\sum\limits_{i=1}^{n} G_i$ 为整个物体的重量 G。

微单元分得越多，每个单元体体积越小，所求得的重心 C 的位置就越准确。在极限情况下，$n \to \infty$，$G_i \to 0$，得重心的一般公式为

$$
\begin{cases}
x_C = \dfrac{\lim\limits_{n \to \infty} \sum\limits_{i=1}^{n} G_i x_i}{\lim\limits_{n \to \infty} \sum\limits_{i=1}^{n} G_i} = \dfrac{\int_V \rho g x \mathrm{d}V}{\int_V \rho g \mathrm{d}V} \\[4mm]
y_C = \dfrac{\lim\limits_{n \to \infty} \sum\limits_{i=1}^{n} G_i y_i}{\lim\limits_{n \to \infty} \sum\limits_{i=1}^{n} G_i} = \dfrac{\int_V \rho g y \mathrm{d}V}{\int_V \rho g \mathrm{d}V} \\[4mm]
z_C = \dfrac{\lim\limits_{n \to \infty} \sum\limits_{i=1}^{n} G_i z_i}{\lim\limits_{n \to \infty} \sum\limits_{i=1}^{n} G_i} = \dfrac{\int_V \rho g z \mathrm{d}V}{\int_V \rho g \mathrm{d}V}
\end{cases}
\tag{4-18}
$$

式中，ρ 为物体的密度；g 为重力加速度；ρg 为单位体积所受的重力；$\mathrm{d}V$ 为微单元的体积。

对于均质的物体来说，物体单位体积所受的重力 ρg 为常数，代入式 (4-18) 得

$$
x_C = \frac{\int_V x \mathrm{d}V}{\int_V \mathrm{d}V} = \frac{\int_V x \mathrm{d}V}{V}, \quad y_C = \frac{\int_V y \mathrm{d}V}{\int_V \mathrm{d}V} = \frac{\int_V y \mathrm{d}V}{V}, \quad z_C = \frac{\int_V z \mathrm{d}V}{\int_V \mathrm{d}V} = \frac{\int_V z \mathrm{d}V}{V}
$$

$$
\tag{4-19}
$$

式中，$V = \int_V \mathrm{d}V$ 是整个物体的体积。

由式 (4-19) 可知，均质物体的重心只取决于物体的几何形状，而与物体的密度无关，因此又称为**形心**。

需要强调的是，一个形体的形心，不一定在该形体上，例如图 4-30a 所示的输水管道，其形心在 C 点。一个物体的重心，同样也不一定在该物体上，例如日常用的碗，其重心也不在碗体上。

工程实际中常采用均质、等厚度的薄板、薄壳结构，形成一种面形形体。例如厂房的双曲顶壳、薄壁容器、飞机机翼等。若其厚度为 t，面积元为 $\mathrm{d}A$，则体积元 $\mathrm{d}V = t\mathrm{d}A$，代入式 (4-18)，得到面体体形的重心坐标公式

$$
x_C = \frac{\int_A x \mathrm{d}A}{A}, \quad y_C = \frac{\int_A y \mathrm{d}A}{A}, \quad z_C = \frac{\int_A z \mathrm{d}A}{A}
\tag{4-20}
$$

 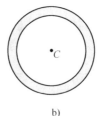 

a)　　　　　　　　　　　b)　　　　　　　　　　　c)

图 4-30　形心、重心不在该物体上

a) 输水管道　b) 管道横截面　c) 碗

式中，$A = \int_A \mathrm{d}A$ 是整个面形体的面积。

对于均质线段如等截面均质细长曲杆、细金属丝，可以视为一均质空间曲线，如图 4-31 所示，其重心坐标公式为

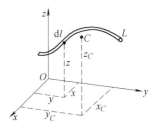

图 4-31　均质线段的重心

$$x_C = \frac{\int_L x\mathrm{d}l}{L}, \quad y_C = \frac{\int_L y\mathrm{d}l}{L}, \quad z_C = \frac{\int_L z\mathrm{d}l}{L}$$

（4-21）

式中，$L = \int_L \mathrm{d}l$ 是整个线段的长度。

二、确定物体重心的几种方法

下面介绍几种常用的确定物体重心的方法。

1. 对称法

对于具有对称轴、对称面或对称中心的均质物体，可以利用其对称性确定重心位置。可以证明这种物体的重心必在对称轴、对称面或对称中心上。如圆球体或球面的重心在球心，圆柱体的重心在轴线中点，圆周的重心在圆心，等腰三角形的重心在垂直于底边的中线上。矩形、圆形、工字钢截面、空心砖等都有两根对称轴，其交点即为重心；形钢、槽形钢截面都有对称轴，它们的重心一定在对称轴上，如图 4-32 所示。

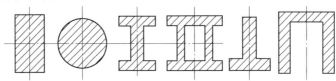

图 4-32　对称截面

2. 积分法

对于具有某种规律的规则形体，可以根据式（4-19）、式（4-20）或式（4-21）利用积分方法求出形体的重心，从而得到简单图形的形心位置，见表4-1。

表4-1 简单图形的形心位置

图　形	形心坐标
	$$y_C = \frac{h}{3}$$
	$$y_C = \frac{h(a+2b)}{3(a+b)}$$
	$$x_C = \frac{r\sin\alpha^{①}}{\alpha}$$ 对于半圆弧 $\alpha = \frac{\pi}{2}$，则 $x_C = \frac{2r}{\pi}$
	$$x_C = \frac{2r\sin\alpha}{3\alpha}$$ 对于半圆 $\alpha = \frac{\pi}{2}$，则 $x_C = \frac{4r}{3\pi}$
	$$x_C = \frac{2r^3\sin^3\alpha}{3A}$$ 其中弓形面积 $A = \frac{r^2(2\alpha - \sin 2\alpha)}{2}$

① α 在本表中采用弧度制。

3. 组合法

工程中有些形体虽然比较复杂，但往往是由一些简单形体组成的，而简单形体重心位置根据对称性或查表很容易确定。因而可将组合形体分割为 m 个简单几何形体，然后应用下式求出组合形体的重心位置：

$$x_C = \frac{\sum\limits_{i=1}^{m} A_i x_i}{A}, \quad y_C = \frac{\sum\limits_{i=1}^{m} A_i y_i}{A}, \quad z_C = \frac{\sum\limits_{i=1}^{m} A_i z_i}{A} \tag{4-22}$$

式中，$A = \sum\limits_{i=1}^{m} A_i$ 是整个面积体的面积。

例4-11 角钢截面的尺寸如图4-33所示，试求其形心的位置。

解：取 xOy 坐标系如图4-33所示，角钢截面可用虚线分为两个矩形。两矩形的形心位置 C_1 和 C_2 处于矩形对角线的交点，坐标分别为

$$x_1 = 15\text{mm}, \quad y_1 = 150\text{mm}$$

$$x_2 = \left(30 + \frac{225 - 30}{2}\right)\text{mm} = 127.5\text{mm}, \quad y_2 = 15\text{mm}$$

两个矩形的面积分别为

$$A_1 = (30 \times 300)\text{mm}^2 = 9000\text{mm}^2$$

$$A_2 = \left[(225 - 30) \times 30\right]\text{mm}^2 = 5850\text{mm}^2$$

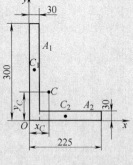

图4-33 例4-11图

将以上数值代入式（4-22），得到角钢截面对 xOy 坐标系的形心坐标为

$$x_C = \frac{\sum_{i=1}^{m} A_i x_i}{A} = \frac{9000 \times 15 + 5850 \times 127.5}{9000 + 5850}\text{mm} = 59.3\text{mm}$$

$$y_C = \frac{\sum A_i y_i}{A} = \frac{9000 \times 150 + 5850 \times 15}{9000 + 5850}\text{mm} = 96.8\text{mm}$$

4. 负面积法

如果在规则形体上切去一部分，例如钻孔或开槽等，当求这类形体的形心时，首先认为原形体是完整的，然后把切去的部分视为负面积，运用式（4-22）求出形心。

负面积法可以认为是形体组合法的推广。

例4-12 已知振动器用的偏心块为等厚度的均质形体，如图4-34所示。其上有半径为 r_2 的圆孔。偏心块的几何尺寸 $R = 120\text{mm}$，$r_1 = 35\text{mm}$，$r_2 = 15\text{mm}$。试求偏心块形心的位置。

解：将偏心块挖空的圆孔视为"负面积"，于是偏心块的面积可以视为由半径为 R 的大半圆、半径为 r_1 的小半圆和半径为 r_2 的小圆（负面积）共三部分组成。

取坐标系 xOy，其中 y 轴为对称轴。根据对称性，偏心块的形心 C 必在对称轴 y 上，所以

$$x_C = 0$$

半径为 R 的大半圆的面积 $A_1 = \dfrac{1}{2}\pi R^2 = 7200\pi\ \text{mm}^2$，查表4-1得形心坐标

$$y_1 = \frac{4R}{3\pi} = \frac{160}{\pi} \text{mm} \, .$$

半径为 r_1 的小半圆的面积 $A_2 = \frac{1}{2}\pi r_1^2 = 612.5\pi \, \text{mm}^2$，查表4-1得形心坐标

$$y_2 = -\frac{4r_1}{3\pi} = -\frac{46.67}{\pi} \text{mm} \, .$$

半径为 r_2 的小圆的面积 $A_3 = -\pi r_2^2 = -225\pi \, \text{mm}^2$，形心坐标 $y_3 = 0$。

将上面的结果代入式（4-22）可得形心坐标为

$$y_C = \frac{\sum A_i y_i}{A} = \frac{7200\pi \times \frac{160}{\pi} + 612.5\pi \times \left(-\frac{46.67}{\pi}\right) + (-225\pi) \times 0}{7200\pi + 612.5\pi + (-225\pi)} \text{mm}$$

$$= 47.1 \text{mm}$$

5. 试验法

对于某些形状复杂的机械零部件，在工程实际中常采用试验方法来测定其重心。试验法往往比计算法直接、简便，并具有足够的准确性。常用的试验方法有如下两种。

（1）悬挂法　对于形状复杂的薄平板求形心时可以采用悬挂法。如图4-35所示，首先将板悬挂于任一点 A，则可以判断薄平板的形心在绳子向下的延长线 AD 上；然后将薄平板悬挂于另一点 B，其形心在绳子向下的延长线 BE 上。显然，AD 与 BE 的交点即为薄平板的形心 C。

（2）称重法　形状复杂或体积庞大的物体，可以采用称重法求重心。例如内燃机的连杆，其重心必在对称中心线 AB 上，如图4-36所示，只需确定重心在中心线 AB 上的确切位置。将连杆的小端 A 放在水平面上，大端 B 放在台秤上，使中心线 AB 处于水平位置。已知连杆重量为 G，设小头支承点距重力 $\boldsymbol{G}$ 的作用线的距离为 x_C，由力矩平衡方程

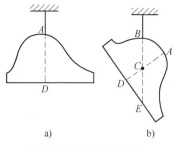

a)　　　　b)

图4-35　悬挂法求重心

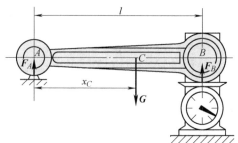

图4-36　称重法求重心

$$\sum_{i=1}^{n} M_A(\boldsymbol{F}_i) = 0, \quad F_B l - G x_C = 0$$

可得

$$x_C = \frac{F_B}{G}l$$

式中，l 为连杆大、小头支承点间的距离；G 为重量，可以直接测定；F_B 为 B 端的约束力，大小可由台秤读出。

为了便于测量和减少误差，A、B 支承处的接触面积要尽量小，可做成刃口形状。摩托车、汽车、各类机床等的重心位置可以用称重法确定。

小 结

- 各力的作用线在空间任意分布的力系称为**空间一般力系**，简称**空间力系**。

- 力的投影：$\begin{cases} F_x = F\cos\alpha \\ F_y = F\cos\beta \\ F_z = F\cos\gamma \end{cases}$，力的二次投影：$\begin{cases} F_x = F\sin\gamma\cos\varphi \\ F_y = F\sin\gamma\sin\varphi \\ F_z = F\cos\gamma \end{cases}$

- 力对点的矩：$\boldsymbol{M}_O(\boldsymbol{F}) = \boldsymbol{r} \times \boldsymbol{F} = \begin{vmatrix} \boldsymbol{i} & \boldsymbol{j} & \boldsymbol{k} \\ x & y & z \\ F_x & F_y & F_z \end{vmatrix}$

- 力对 x、y、z 坐标轴的矩：$\begin{cases} M_x(\boldsymbol{F}) = yF_z - zF_y \\ M_y(\boldsymbol{F}) = zF_x - xF_z \\ M_z(\boldsymbol{F}) = xF_y - yF_x \end{cases}$

- 空间力系各力的矢量和称为力的主矢，即 $\boldsymbol{F}'_R = \sum\limits_{i=1}^{n} \boldsymbol{F}_i$；空间力系中各力对简化中心 O 之矩的矢量和称为力系对简化中心的主矩，即 $\boldsymbol{M}_O = \sum\limits_{i=1}^{n} \boldsymbol{M}_O(\boldsymbol{F}_i)$。

- 空间一般力系的平衡方程：$\begin{cases} \sum\limits_{i=1}^{n} F_{ix} = 0 \\ \sum\limits_{i=1}^{n} F_{iy} = 0 \\ \sum\limits_{i=1}^{n} F_{iz} = 0 \\ \sum\limits_{i=1}^{n} M_{ix} = 0 \\ \sum\limits_{i=1}^{n} M_{iy} = 0 \\ \sum\limits_{i=1}^{n} M_{iz} = 0 \end{cases}$

- 确定物体重心的方法：对称法、积分法、组合法、负面积法、试验法（悬挂法、称重法）。

习 题

4-1 试分析以下两种力系各有几个平衡方程。

1）空间力系中各力的作用线平行于某一固定平面。

2）空间力系中各力的作用线分别汇交于一个固定点。

4-2 两形状和大小均相同、但质量不同的均质物体，其重心位置是否相同？

4-3 一个物体的重心与形心什么时候重合？什么时候不重合？

4-4 将铁丝弯成不同形状，其重心位置是否会发生变化？

4-5 将物体沿着过重心的平面切开，两边是否等重？

4-6 空间汇交力系由三力组成，坐标值 $A(10, 0, 10)$，$B(10, 0, 0)$，$C(10, 12, 10)$，单位为 cm，比例尺为 100N/cm，如图 4-37 所示。求它们的合力的大小和方向。

4-7 如图 4-38 所示空间构架由三根无重直杆组成，在 D 端用球铰链连接。A、B 和 C 端则用球铰链固定在水平地板上。如果挂在 D 端的物体质量为 800kg，试求铰链 A、B 和 C 的约束力。

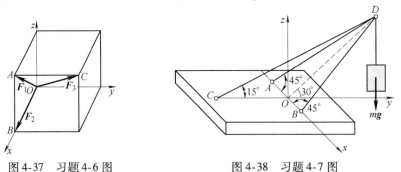

图 4-37 习题 4-6 图   图 4-38 习题 4-7 图

4-8 物体上作用着三个力偶 (F_1, F_1')、(F_2, F_2')、(F_3, F_3')，坐标值 $A(0, 12, 12)$、$B(10, 12, 0)$，单位为 m，如图 4-39 所示。已知 $F_1 = F_1' = 3$kN，$F_2 = F_2' = 4$kN，$F_3 = F_3' = 5$kN。求三个力偶的合成结果。

4-9 齿轮箱受三个力偶的作用，$M_1 = 2$kN · m，$M_2 = 1$kN · m，$M_3 = 1.5$kN · m，如图 4-40 所示。求此力偶系的合力偶。

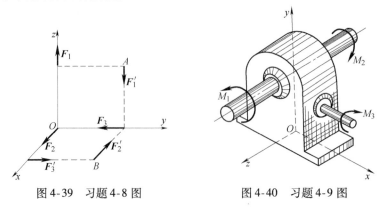

图 4-39 习题 4-8 图   图 4-40 习题 4-9 图

4-10 组合钻孔时，对部件作用力偶的力偶矩 $M_1 = 100\text{N} \cdot \text{m}$，$M_2 = 141.4\text{N} \cdot \text{m}$，$M_3 = 100\text{N} \cdot \text{m}$，$M_4 = 200\text{N} \cdot \text{m}$，$\theta = 45°$，如图 4-41 所示。试求组合钻对工件的合力偶矩的大小和方位。

4-11 如图 4-42 所示，立柱 OAB 铅垂固定在地面上，柱上作用两个力，方向如图所示，大小分别为 $F_1 = 15\text{kN}$，$F_2 = 20\text{kN}$。试分别求这两力对 O 点之矩。

4-12 如图 4-43 所示，悬臂架上作用有 $q = 5\text{kN/m}$ 的均布载荷，$\boldsymbol{F}_1$、$\boldsymbol{F}_3$ 作用在 A、C 点，作用线分别平行于 z 轴；$\boldsymbol{F}_2$ 作用在 D 点，作用线平行于 y 轴。已知 $F_1 = 10\text{kN}$，$F_2 = 6\text{kN}$，$F_3 = 20\text{kN}$。求固定端 O 处的约束力及约束力矩。

4-13 均质板尺寸如图 4-44 所示，其上挖一个圆孔，直径为 a，求均质板重心位置。

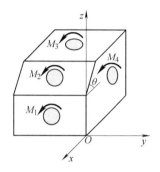

图 4-41 习题 4-10 图

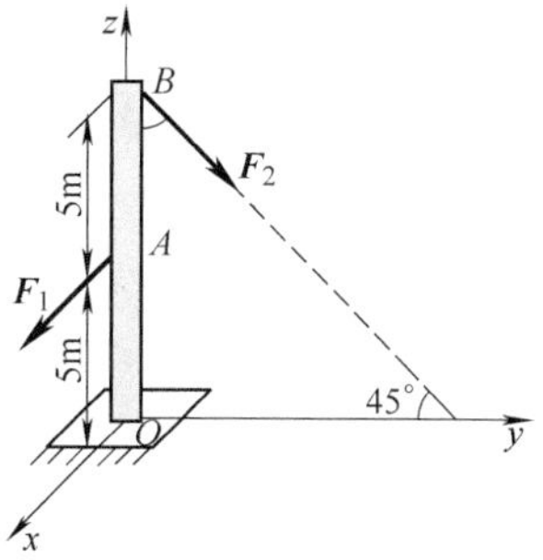

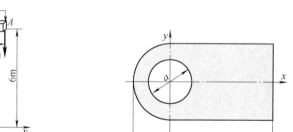

图 4-42 习题 4-11 图

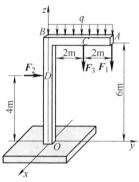

图 4-43 习题 4-12 图

图 4-44 习题 4-13 图

4-14 均质金属线尺寸如图 4-45 所示，求重心位置。

4-15 如图 4-46 所示，机床重量为 $G = 30\text{kN}$，当水平放置时（$\theta_1 = 0°$），秤上读数为 $F_1 = 21\text{kN}$；当 $\theta_2 = 20°$ 时，秤上读数为 $F_2 = 18\text{kN}$。试求机床重心坐标 x_C、y_C。（提示：当 $\theta_1 = 0°$、$\theta_2 = 20°$ 时，分别对 B 点列力矩平衡方程）

4-16 平面桁架由 7 根相同材料的均质等截面杆构

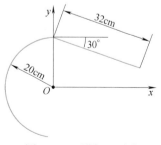

图 4-45 习题 4-14 图

成，每根杆长如图4-47所示，试求该桁架重心的位置。

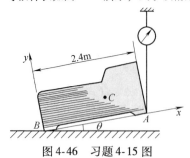

图4-46 习题4-15图   图4-47 习题4-16图

第二篇 运 动 学

若作用在物体上的力系不平衡，物体的运动状态将发生变化。物体在力作用下的运动规律是一个比较复杂的问题。为了循序渐进地学习，本篇暂不考虑影响物体运动的物理因素，仅单独研究物体运动的几何性质，即研究物体运动的轨迹、运动方程、速度与加速度等，这部分内容称为**运动学**。

静力学研究作用在物体上力系的平衡条件。**运动学**研究物体运动的几何性质。**动力学**研究物体的运动规律与力、惯性等的关系。

运动学从几何观点描述物体的机械运动，只阐明运动过程中的几何特征及各运动要素之间的关系，完全不涉及运动的物理原因。研究运动学完全以几何公理为基础，不需要建立新的物理定律。

在运动学中将研究点和刚体的运动。当物体的几何尺寸和形状在运动过程中不起主导作用时，物体的运动可简化为点的运动。例如，航行的船舶，行驶的车辆，飞行的飞机、火箭、航天器（图Ⅱ-1）以及行星等，当研究它们的运动轨迹时，可以不考虑它们各部分的相对运动以及整体的转动，将其简化为点的运动。又如，刨床（图Ⅱ-2）的刨头、汽缸内的活塞等物体，它们内部各点的运动完全相同，只需分析其中一个点的运动就可以了。

要确定一个物体在空间的位置，必须选取另一个物体作为参照物，这个作为参照物的物体称为**参考体**，固结于参考体上的坐标系称为**参考系**，同一个物体相对于不同的参考系有不同的运动。

一般工程问题中，往往取固结于地面的坐标系为参考系。以后，如不作特别说明，均按此理解。

运动学里经常遇到"**瞬时**"和"**时间间隔**"两个概念，这两个概念应当严格区分。"**瞬时**"是指某一具体时刻，抽象为时间坐标轴上的一个点；而"时间间隔"是两个瞬时之间的一段时间，或时间坐标轴上的一个区间。

运动学是动力学与机构运动分析的基础，是理论力学的一个重要组成部分。

刚体可视为无数个点的集合，所以，点的运动学又是研究刚体运动学的基础。刚体的运动形式是多样性的。例如，风扇的旋转、车轮的滚动、导弹的飞行等，各自的运动形式和描述方法的差别甚大。

图Ⅱ-1　航天器

图Ⅱ-2　刨床

　　运动的描述方法可分为**几何法**和**解析法**两种形式。几何法建立各瞬时描述运动的矢径、速度、加速度等矢量之间的几何关系，适合于研究某一特定瞬时的运动性质，形象直观，也便于做定性分析。解析法则从建立运动方程出发，通过数学求导获得速度与加速度及运动特性，适合于研究运动的时间历程，也便于计算机求解。

　　几何法与解析法各有所长，在运动学中均有应用，但以后者为主。

　　本篇将研究运动学基础、点的合成运动以及刚体的平面运动等内容。

第五章

点的运动学

当物体的几何尺寸与形状在运动过程中不起主要作用时，物体的运动可简化为点的运动进行研究。点的运动学研究包括点的运动方程、轨迹方程、速度和加速度等，它是研究一般物体运动的基础，又具有独立的工程实际意义。

第一节 矢 量 法

如图 5-1 所示，设动点 M 沿某空间曲线运动，选取参考系上固定点 O 为坐标原点，自点 O 向动点 M 作矢量 r，称 r 为点 M 相对原点 O 的位置矢量，简称矢径。当点 M 运动时，矢径 r 为时间 t 的单值连续函数，即

$$r = r(t) \tag{5-1}$$

式（5-1）称为点的**矢量形式的运动方程**。对于给定的瞬时 t，式（5-1）给出了点在空间的确定位置。所以，若点的运动方程确定了，则点的运动也就完全确定了。

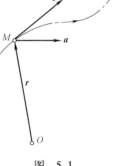

图 5-1

动点 M 在运动过程中，其矢径 r 的端点将在空间划出一条连续曲线，称为**矢端曲线**。显然，矢径 r 的矢端曲线就是动点 M 的运动轨迹。

为了描述点运动的快慢及方向，引入速度矢量 v。点的速度是描述点的运动特征的基本物理量。动点 M 的速度矢量等于它的矢径 r 对时间的一阶导数，即

$$v = \frac{dr}{dt} = \dot{r} \tag{5-2}$$

点的速度矢量方向沿着矢径 r 的矢端曲线的切线，即沿动点运动轨迹的切线，并与动点运动的方向一致。速度的大小称为**速率**，表明点运动的快慢，单位为 m/s。

点的速度矢量对时间的变化率 a 称为加速度。点的加速度也是矢量，它表征了速度大小和方向的变化。点的加速度矢量等于该点的速度矢量对时间的一阶导数，或等于矢径对时间的二阶导数，即

$$a = \frac{\mathrm{d}v}{\mathrm{d}t} = \dot{v} = \ddot{r} \qquad (5-3)$$

对于加速度，单位为 m/s²。

第二节 直角坐标法

在具体问题中，表示点的位置、速度、加速度的各种方法中，最简单、最常用的是直角坐标法。直角坐标系也称笛卡儿坐标系，本书采用右手坐标系。

取一固定的直角坐标系 $Oxyz$，动点 M 矢径 r 的起点与坐标系原点 O 重合，矢量函数 $r(t)$ 可用动点坐标 x、y、z 表示为

$$r = xi + yj + zk \qquad (5-4)$$

式中，i、j、k 分别为沿三个坐标轴方向的单位矢量（图5-2）。因此，点的运动可用直角坐标法具体表示为

$$x = x(t),\ y = y(t),\ z = z(t) \qquad (5-5)$$

这组方程称为点的直角坐标形式的运动方程。把 t 看成参数，这一组方程就是轨迹的参数方程。由此方程可确定出任一时刻动点的坐标 x、y、z。

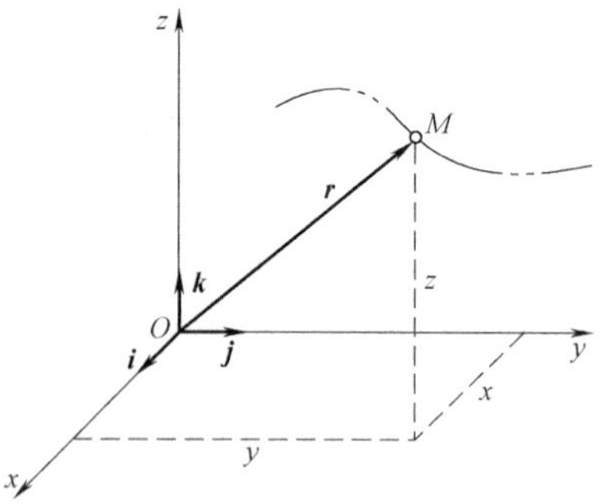

图 5-2

当点在某平面内运动时，点的轨迹曲线为一平面曲线。取轨迹所在的平面为坐标平面 xOy，点的运动方程可写为

$$x = x(t),\ y = y(t) \qquad (5-6)$$

从上式中消去时间 t，可得点的轨迹方程

$$f(x, y) = 0 \qquad (5-7)$$

将式（5-4）代入式（5-2），由于 i、j 和 k 为大小和方向都不变的恒矢量，因此有

$$v = \dot{r} = \dot{x}i + \dot{y}j + \dot{z}k$$

设动点 M 的速度矢量 v 在直角坐标轴上的投影为 v_x、v_y、v_z，即

$$v = v_x i + v_y j + v_z k$$

比较上面两个关于速度 v 的表达式，可得

$$v_x = \dot{x},\ v_y = \dot{y},\ v_z = \dot{z} \qquad (5-8)$$

因此，速度在各坐标轴上的投影等于相应坐标对时间的一阶导数。

同理，对点的加速度有

$$a = a_x\boldsymbol{i} + a_y\boldsymbol{j} + a_z\boldsymbol{k} \tag{5-9}$$

以及

$$a_x = \dot{v}_x = \ddot{x}, \ a_y = \dot{v}_y = \ddot{y}, \ a_z = \dot{v}_z = \ddot{z} \tag{5-10}$$

因此，加速度在直角坐标轴上的投影等于相应坐标对时间的二阶导数。加速度 $\boldsymbol{a}$ 的大小和方向由它的三个投影 a_x、a_y 和 a_z 完全确定。

已知点的速度沿三个坐标轴的投影，可以求得点的速度大小为

$$v = \sqrt{\dot{x}^2 + \dot{y}^2 + \dot{z}^2} = \sqrt{v_x^2 + v_y^2 + v_z^2} \tag{5-11}$$

速度 v 的方向余弦为

$$\cos<\boldsymbol{v},\boldsymbol{i}> = \frac{v_x}{v}, \ \cos<\boldsymbol{v},\boldsymbol{j}> = \frac{v_y}{v}, \ \cos<\boldsymbol{v},\boldsymbol{k}> = \frac{v_z}{v} \tag{5-12}$$

已知点的加速度沿三个坐标轴的投影，可以求得点的加速度大小为

$$a = \sqrt{\ddot{x}^2 + \ddot{y}^2 + \ddot{z}^2} = \sqrt{\dot{v}_x^2 + \dot{v}_y^2 + \dot{v}_z^2} \tag{5-13}$$

加速度 $\boldsymbol{a}$ 的方向余弦为

$$\cos<\boldsymbol{a},\boldsymbol{i}> = \frac{a_x}{a}, \ \cos<\boldsymbol{a},\boldsymbol{j}> = \frac{a_y}{a}, \ \cos<\boldsymbol{a},\boldsymbol{k}> = \frac{a_z}{a} \tag{5-14}$$

工程实践中，当需要测量速度、加速度时，可以在市场上购置各种速度计、加速度计，如图5-3所示。

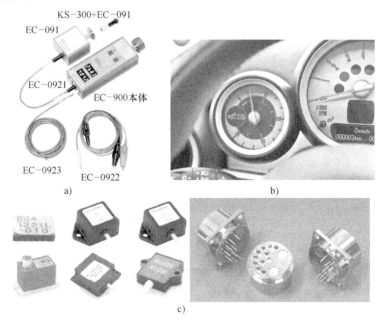

图 5-3　速度、加速度测量计

a）电梯速度计　b）汽车速度显示表　c）加速度传感器

例5-1 某正弦机构如图5-4所示。曲柄 *OM* 长为 *r*，绕 *O* 轴匀速转动，它与水平线间的夹角为 $\varphi = \omega t$，ω 为一常数，$AB = b$。求点 *A* 的运动方程、速度和加速度。

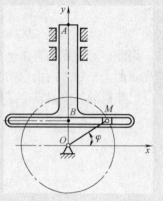

解 *A*、*B* 两点都做直线运动。取 *Ox* 轴如图5-4所示。于是，*A* 点的坐标为

$$y_A = b + r\sin\varphi = b + r\sin\omega t$$

上式即为 *A* 点沿 *Oy* 轴的运动方程。对其求一阶、二阶导数，得 *A* 点的速度和加速度分别为

$$v_A = \frac{dy_A}{dt} = r\omega\cos\omega t, \quad a_A = \frac{dv_A}{dt} = -r\omega^2\sin\omega t$$

图5-4 例5-1图

例5-2 在图5-5所示的椭圆机构中，曲柄 *OC* 以等角速 ω 绕 *O* 轴逆时针转动，且 $\varphi = \omega t$，*A*、*B* 两滑块分别在铅垂和水平滑道内滑动。已知 $OC = AC = BC = l$，$PC = a$，求连杆 *AC* 上点 *P* 的运动方程、运动轨迹、速度和加速度。

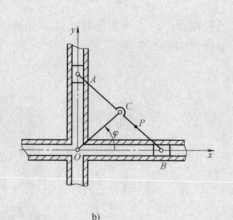

a)

b)

图5-5 例5-2图
a) 椭圆规 b) 计算简图

解 取坐标系 *xOy* 如图5-5b所示，可写出 *P* 点的运动方程为

$$x = (OC + CP)\cos\varphi = (l + a)\cos\omega t$$

$$y = BP\sin\varphi = (l - a)\sin\omega t$$

消去时间 t，可得轨迹方程为

$$\frac{x^2}{(l+a)^2} + \frac{y^2}{(l-a)^2} = 1$$

由此可见，P 点的运动轨迹为一椭圆，长轴与 x 轴重合，短轴与 y 轴重合。这种机构称为椭圆机构。

为求点 P 的速度，将 P 点的坐标对时间求一阶导数，得

$$v_x = \dot{x} = -(l+a)\omega\sin\omega t,\ v_y = \dot{y} = (l-a)\omega\cos\omega t$$

故 P 的速度大小为

$$v = \sqrt{v_x^2 + v_y^2} = \sqrt{(l+a)^2\omega^2\sin^2\omega t + (l-a)^2\omega^2\cos^2\omega t}$$

$$= \omega\sqrt{l^2 + a^2 - 2al\cos2\omega t}$$

其方向余弦为

$$\cos<\boldsymbol{v},\boldsymbol{i}> = \frac{v_x}{v} = -\frac{(l+a)\sin\omega t}{\sqrt{l^2 + a^2 - 2al\cos2\omega t}},\ \cos<\boldsymbol{v},\boldsymbol{j}> = \frac{v_y}{v} = \frac{(l-a)\cos\omega t}{\sqrt{l^2 + a^2 - 2al\cos2\omega t}}$$

为求 P 点的加速度，将 P 点的坐标对时间求二阶导数，得

$$a_x = \dot{v}_x = \ddot{x} = -(l+a)\omega^2\cos\omega t,\ a_y = \dot{v}_y = \ddot{y} = -(l-a)\omega^2\sin\omega t$$

故 P 点的加速度大小为

$$a = \sqrt{a_x^2 + a_y^2} = \sqrt{(l+a)^2\omega^4\cos^2\omega t + (l-a)^2\omega^4\sin^2\omega t}$$

$$= \omega^2\sqrt{l^2 + a^2 + 2al\cos2\omega t}$$

其方向余弦为

$$\cos<\boldsymbol{a},\boldsymbol{i}> = \frac{a_x}{a} = -\frac{(l+a)\cos\omega t}{\sqrt{l^2 + a^2 + 2al\cos2\omega t}},\ \cos<\boldsymbol{a},\boldsymbol{j}> = \frac{a_y}{a} = -\frac{(l-a)\sin\omega t}{\sqrt{l^2 + a^2 + 2al\cos2\omega t}}$$

例 5-3　曲柄连杆机构如图 5-6 所示，曲柄以匀角速度 ω 绕 O 轴转动，带动滑块 B 在水平滑道上运动。已知连杆 AB 长为 l，曲柄 OA 长为 r、与 x 轴的夹角 $\varphi = \omega t$。试求滑块 B 的运动方程、速度和加速度。

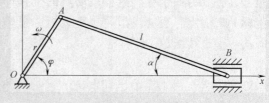

解　曲柄连杆机构在工程中有广泛的应用。这种机构能将转动转换成直线平移，如压气机、往复式水泵、锻压机等；或将直线平移转换为转动，如蒸汽机、内燃机等。

图 5-6　例 5-3 图

滑块 B 的运动是沿 OB 方向的往复直线运动，可用直角坐标法建立它的运动

方程。取轴 O 为原点，建立坐标系 xOy，列运动方程

$$x_B = r\cos\varphi + l\cos\alpha \tag{1}$$

由三角关系有

$$r\sin\varphi = l\sin\alpha$$

$$\cos\alpha = \sqrt{1 - \sin^2\alpha} = \sqrt{1 - \left(\frac{r}{l}\sin\varphi\right)^2} \tag{2}$$

将式（2）代入式（1），得滑块 B 的运动方程

$$x_B = r\cos\omega t + \sqrt{l^2 - r^2\sin^2\omega t} \tag{3}$$

将式（3）对时间求导，得滑块 B 的速度

$$v_B = \dot{x}_B = -r\omega\sin\omega t - \frac{r^2\omega\sin\omega t\cos\omega t}{\sqrt{l^2 - r^2\sin^2\omega t}}$$

再将上式对时间求导，得滑块 B 的加速度

$$a_B = \dot{v}_B = -r\omega^2\cos\omega t - \frac{r^2\omega^2\cos 2\omega t(l^2 - r^2\sin^2\omega t) + r^4\omega^2\sin^2\omega t\cos^2\omega t}{(l^2 - r^2\sin^2\omega t)^{\frac{3}{2}}}$$

第三节　自　然　法

当点的运动轨迹已知时，可以利用轨迹建立参考系来描述点的运动。这种方法称为**自然法**。

如图 5-7 所示，动点 M 沿已知轨迹运动。在轨迹上任取一固定点 O 作为原点，沿轨迹由原点 O 至动点 M 量取弧长 s，并规定弧长 s 的正负号，称其为弧坐标。这样，动点的位置即可用弧坐标 s 来确定。当动点沿轨迹运动时，弧坐标是时间的单值连续函数，即有

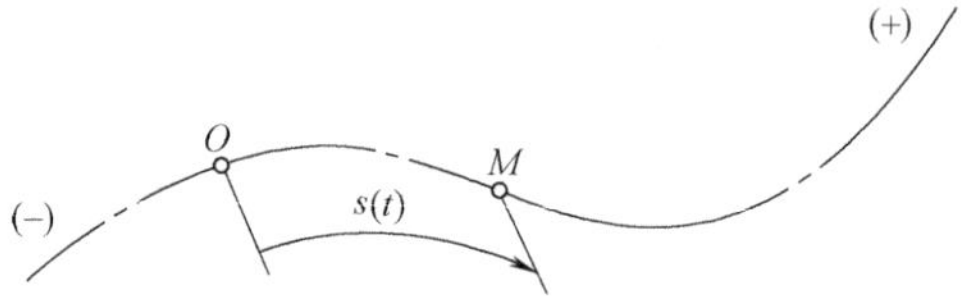

$$s = s(t) \tag{5-15}$$

这个方程表明了点沿已知轨迹的运动规律，称为动点沿给定轨迹的运动方程。

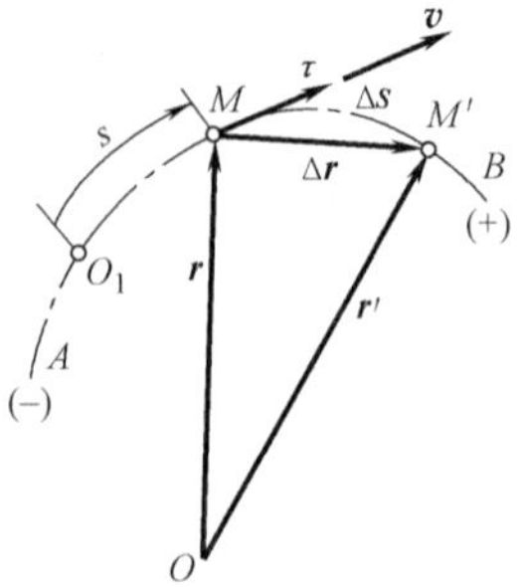

设在 Δt 时间间隔内，动点沿轨迹由位置 M 运动到 M'（图 5-8），其矢径增量为 $\Delta\mathbf{r}$，其弧坐标增量为 Δs，由式（5-2）可得

图 5-7　自然法

图 5-8　动点 M 的速度分析

$$v = \frac{\mathrm{d}\boldsymbol{r}}{\mathrm{d}t} = \frac{\mathrm{d}s}{\mathrm{d}t}\frac{\mathrm{d}\boldsymbol{r}}{\mathrm{d}s}$$

式中，$\dfrac{\mathrm{d}\boldsymbol{r}}{\mathrm{d}s} = \lim\limits_{\Delta s \to 0}\dfrac{\Delta \boldsymbol{r}}{\Delta s}$，当 $\Delta s \to 0$ 时，比值 $\left|\dfrac{\Delta \boldsymbol{r}}{\Delta s}\right| \to 1$，而 $\dfrac{\Delta \boldsymbol{r}}{\Delta s}$ 的极限方向就是轨迹的切线方向。所以，$\dfrac{\mathrm{d}\boldsymbol{r}}{\mathrm{d}s}$ 为轨迹切线方向单位矢量 $\boldsymbol{\tau}$。

令 $v = \dfrac{\mathrm{d}s}{\mathrm{d}t}$，即速率。$M$ 点的速度可表示为

$$v = \frac{\mathrm{d}s}{\mathrm{d}t}\boldsymbol{\tau} = v\boldsymbol{\tau} \tag{5-16}$$

从式（5-16）可以看出：速率 v 是速度 $\boldsymbol{v}$ 在 $\boldsymbol{\tau}$ 方向的投影，它是一个代数量。速率 $v > 0$ 时，表示 $\boldsymbol{v}$ 沿 $\boldsymbol{\tau}$ 的正向；速率 $v < 0$ 时，表示 $\boldsymbol{v}$ 沿 $\boldsymbol{\tau}$ 的负向。

速度矢量的大小等于动点的弧坐标对时间的一阶导数的绝对值，方向沿轨迹的切线。

将式（5-16）对时间取一阶导数，考虑到速率 v、切线方向单位矢量 $\boldsymbol{\tau}$ 都是变量，有

$$\boldsymbol{a} = \frac{\mathrm{d}\boldsymbol{v}}{\mathrm{d}t} = \frac{\mathrm{d}v}{\mathrm{d}t}\boldsymbol{\tau} + v\frac{\mathrm{d}\boldsymbol{\tau}}{\mathrm{d}t} \tag{5-17}$$

式（5-17）右端两项都是矢量，分别讨论：

（1）记第一项 $\dfrac{\mathrm{d}v}{\mathrm{d}t}\boldsymbol{\tau}$ 为 $\boldsymbol{a}_\mathrm{t}$

$$\boldsymbol{a}_\mathrm{t} = \frac{\mathrm{d}v}{\mathrm{d}t}\boldsymbol{\tau} = a_\mathrm{t}\boldsymbol{\tau} \tag{5-18}$$

式中，$a_\mathrm{t} = \dfrac{\mathrm{d}v}{\mathrm{d}t} = \dfrac{\mathrm{d}^2 s}{\mathrm{d}t^2}$，$a_\mathrm{t}$ 是一个代数量，它是动点加速度沿轨迹切向的投影。

显然，$\boldsymbol{a}_\mathrm{t}$ 是一个沿轨迹切线方向的矢量，因此，称为**切向加速度**。

切向加速度反映的是速度大小对时间的变化率，它的代数值等于速度代数值对时间的一阶导数，或弧坐标对时间的二阶导数，其方向沿轨迹切线。

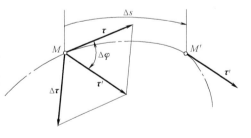

图 5-9

（2）记第二项 $v\dfrac{\mathrm{d}\boldsymbol{\tau}}{\mathrm{d}t}$ 为 $\boldsymbol{a}_\mathrm{n}$

$$\boldsymbol{a}_\mathrm{n} = v\frac{\mathrm{d}\boldsymbol{\tau}}{\mathrm{d}t} = v\frac{\mathrm{d}\boldsymbol{\tau}}{\mathrm{d}s}\frac{\mathrm{d}s}{\mathrm{d}t} = v\frac{\mathrm{d}\boldsymbol{\tau}}{\mathrm{d}s}v = v^2\frac{\mathrm{d}\boldsymbol{\tau}}{\mathrm{d}s} \tag{5-19}$$

1）先分析 $\dfrac{\mathrm{d}\boldsymbol{\tau}}{\mathrm{d}s}$ 的大小，由图5-9可见

$$\left|\frac{\mathrm{d}\boldsymbol{\tau}}{\mathrm{d}s}\right| = \lim_{\Delta s \to 0}\left|\frac{\Delta\boldsymbol{\tau}}{\Delta s}\right| = \lim_{\Delta s \to 0}\left|\frac{2\sin\dfrac{\Delta\varphi}{2}}{\Delta s}\right| = \lim_{\Delta s \to 0}\left|\frac{\Delta\varphi}{\Delta s}\right|\lim_{\Delta\varphi \to 0}\left|\frac{\sin\dfrac{\Delta\varphi}{2}}{\dfrac{\Delta\varphi}{2}}\right| = \left|\frac{\mathrm{d}\varphi}{\mathrm{d}s}\right|$$

$\dfrac{\mathrm{d}\varphi}{\mathrm{d}s}$是切线的转角对弧长的变化率，即为曲线的曲率，它的倒数 $\rho = \left|\dfrac{\mathrm{d}s}{\mathrm{d}\varphi}\right|$ 称为曲率半径，即

$$\left|\frac{\mathrm{d}\boldsymbol{\tau}}{\mathrm{d}s}\right| = \left|\frac{\mathrm{d}\varphi}{\mathrm{d}s}\right| = \frac{1}{\rho}$$

2）再考察 $\dfrac{\mathrm{d}\boldsymbol{\tau}}{\mathrm{d}s}$ 的方向，它是 $\Delta\boldsymbol{\tau}$ 在 M' 趋于 M 时的极限方向，必须垂直于 $\boldsymbol{\tau}$，指向曲线内凹的一侧，即 $\dfrac{\mathrm{d}\boldsymbol{\tau}}{\mathrm{d}s}$ 的方向与主法线单位矢量 $\boldsymbol{n}$ 的方向一致，故

$$\frac{\mathrm{d}\boldsymbol{\tau}}{\mathrm{d}s} = \frac{1}{\rho}\boldsymbol{n} \tag{5-20}$$

将式（5-20）代入式（5-19），得

$$a_\mathrm{n} = \frac{v^2}{\rho}\boldsymbol{n} \tag{5-21}$$

由此可见，a_n 的方向与主法线正向一致，称为**法向加速度**。

结论：法向加速度反映点的速度方向改变的快慢程度，其大小等于点的速度平方除以曲率半径，方向沿着主法线，指向曲率中心。

图5-10所示自行车运动员，为了获得法向加速度，主动向内侧倾斜。

综上所述，点的加速度为

$$\boldsymbol{a} = \boldsymbol{a}_\mathrm{t} + \boldsymbol{a}_\mathrm{n} = a_\mathrm{t}\boldsymbol{\tau} + a_\mathrm{n}\boldsymbol{n} \tag{5-22}$$

式中

$$a_\mathrm{t} = \frac{\mathrm{d}v}{\mathrm{d}t}, \quad a_\mathrm{n} = \frac{v^2}{\rho} \tag{5-23}$$

应注意到：若导数 $\dfrac{\mathrm{d}v}{\mathrm{d}t}$ 取正值表示切向加速度 $\boldsymbol{a}_\mathrm{t}$ 沿切向单位矢量 $\boldsymbol{\tau}$ 的正向（图

图5-10 运动员主动向内倾斜

5-11a），若导数 $\dfrac{\mathrm{d}v}{\mathrm{d}t}$ 取负值表示切向加速度 $\boldsymbol{a}_\mathrm{t}$ 沿切向单位矢量 $\boldsymbol{\tau}$ 的负向（图

5-11b）；若导数 $\dfrac{\mathrm{d}v}{\mathrm{d}t}$（即 a_t）与 $\dfrac{\mathrm{d}s}{\mathrm{d}t}$ 同号，表示点做加速运动，若导数 $\dfrac{\mathrm{d}v}{\mathrm{d}t}$ 与 $\dfrac{\mathrm{d}s}{\mathrm{d}t}$ 异号，

则表示点做减速运动；$\dfrac{v^2}{\rho}$ 恒为正值，所以法向加速度 a_n 永远指向曲率中心（图 5-11a、b）。

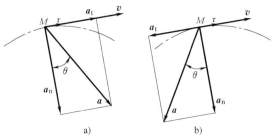

图 5-11　动点的加速度

全加速度的大小为

$$a = \sqrt{a_t^2 + a_n^2} = \sqrt{\left(\frac{\mathrm{d}v}{\mathrm{d}t}\right)^2 + \left(\frac{v^2}{\rho}\right)^2} \tag{5-24}$$

全加速度与主法线夹角的正切值为

$$\tan\theta = \frac{a_t}{a_n} \tag{5-25}$$

例5-4　已知点的运动方程为

$$\begin{cases} x = 5\sin 2t \ (\mathrm{m}) \\ y = 5\cos 2t \ (\mathrm{m}) \end{cases}$$

求点运动轨迹的曲率半径 ρ。

解　动点的速度和加速度沿 x、y 轴的投影为

$$v_x = \dot{x} = 10\cos 2t \ (\mathrm{m/s}), \qquad v_y = \dot{y} = -10\sin 2t \ (\mathrm{m/s})$$

$$a_x = \ddot{x} = -20\sin 2t \ (\mathrm{m/s}^2), \qquad a_y = \ddot{y} = -20\cos 2t \ (\mathrm{m/s}^2)$$

动点的速度和全加速度的大小为

$$v = \sqrt{v_x^2 + v_y^2} = \sqrt{(10\cos 2t)^2 + (10\sin 2t)^2}\ (\mathrm{m/s}) = 10\mathrm{m/s}$$

$$a = \sqrt{a_x^2 + a_y^2} = \sqrt{(-20\sin 2t)^2 + (-20\cos 2t)^2}\ (\mathrm{m/s}^2) = 20\mathrm{m/s}^2$$

点的切向加速度和法向加速度的大小分别为

$$a_t = \frac{\mathrm{d}v}{\mathrm{d}t} = 0, \quad a_n = \frac{v^2}{\rho} = \frac{100}{\rho}\ (\mathrm{m/s}^2)$$

由于

$$a = \sqrt{a_t^2 + a_n^2} = a_n = 20\mathrm{m/s}^2$$

所以

$$\rho = 5\mathrm{m}$$

例5-5　列车沿半径 $R = 600\mathrm{m}$ 的圆弧轨道做匀加速运动，如图 5-12 所示。若初速度为 $v_0 = 72\mathrm{km/h}$，经过 20s 后，速度达到 $v = 108\mathrm{km/h}$。求起点和末点的加速度。

图 5-12 例 5-5 图

解 $t=0$s 时，初速度 $v_0=72$km/h $=20$m/s；$t=20$s 时，$v=108$km/h $=30$m/s。

由于列车沿圆弧轨道做匀加速运动，则切向加速度 a_t 等于恒量。于是根据速度 v 对时间的导数等于切向加速度，有

$$a_t=\frac{v-v_0}{t}=\frac{30-20}{20}\text{m/s}^2=0.5\text{m/s}^2$$

（1）当 $t=0$s 时，法向加速度 $a_n=\frac{v_0^2}{\rho}=\frac{20^2}{600}\text{m/s}^2=0.667\text{m/s}^2$，列车切向加速度 $a_t=0.5\text{m/s}^2$，所以全加速度

$$a=\sqrt{a_n^2+a_t^2}=\sqrt{0.667^2+0.5^2}\text{m/s}^2=0.834\text{m/s}^2$$

全加速度与法向的夹角

$$\theta=\arctan\frac{a_t}{a_n}=\arctan\frac{0.5}{0.667}=36.9°$$

（2）当 $t=20$s 时，法向加速度 $a_n=\frac{v^2}{\rho}=\frac{30^2}{600}\text{m/s}^2=1.5\text{m/s}^2$，列车切向加速度 $a_t=0.5\text{m/s}^2$，所以全加速度

$$a=\sqrt{a_n^2+a_t^2}=\sqrt{1.5^2+0.5^2}\text{m/s}^2=1.581\text{m/s}^2$$

全加速度与法向的夹角

$$\theta=\arctan\frac{a_t}{a_n}=\arctan\frac{0.5}{1.5}=18.4°$$

例 5-6 半径为 r 的轮子沿直线轨道无滑动地滚动（纯滚动），设轮子转角

$\varphi = \omega t$（ω 为常值），如图 5-13 所示。求轮缘上 M 点的运动方程，并求该点的速度、切向加速度及法向加速度，以及点 M 运动到最高处时轨迹的曲率半径 ρ。

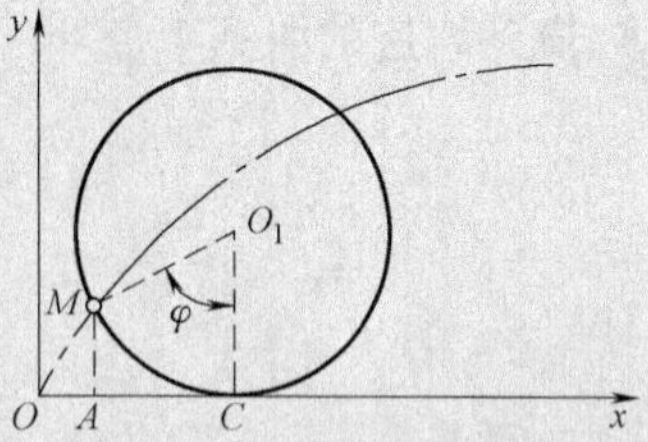

解　在点 M 的运动平面内取直角坐标系 xOy，如图 5-13 所示，M 点与坐标原点 O 重合时为运动初始时刻。x 轴沿直线轨道，并指向轮子滚动的前进方向，y 轴铅垂向上。当轮子转过 φ 角时，轮子与直线轨道的接触点为 C。由于做纯滚动，M 点直角坐标形式的运动方程为

图 5-13　例 5-6 图

$$x = OA = OC - AC = r\varphi - r\sin\varphi = r(\varphi - \sin\varphi) = r(\omega t - \sin\omega t)$$
$$y = AM = r - r\cos\varphi = r(1 - \cos\varphi) = r(1 - \cos\omega t)$$

上式对时间 t 分别求一阶、二阶导数，得

$$v_x = \dot{x} = r\omega(1 - \cos\omega t), \quad v_y = \dot{y} = r\omega\sin\omega t$$
$$a_x = \ddot{x} = r\omega^2\sin\omega t, \quad a_y = \ddot{y} = r\omega^2\cos\omega t$$

M 点速度的大小为

$$v = \sqrt{v_x^2 + v_y^2} = r\omega\sqrt{2 - 2\cos\omega t} = 2r\omega\sin\frac{\omega t}{2} \quad (0 \leqslant \omega t \leqslant 2\pi) \tag{1}$$

全加速度大小为

$$a = \sqrt{a_x^2 + a_y^2} = r\omega^2$$

将式（1）对时间 t 求一阶导数，可得动点的切向加速度

$$a_t = \dot{v} = r\omega^2\cos\frac{\omega t}{2}$$

法向加速度大小为

$$a_n = \sqrt{a^2 - a_t^2} = r\omega^2\sin\frac{\omega t}{2}$$

由于 $a_n = \dfrac{v^2}{\rho}$，故轨迹的曲率半径为

$$\rho = \frac{v^2}{a_n} = 4r\sin\frac{\omega t}{2} \tag{2}$$

当 $\varphi = 2n\pi$（$n = 0, 1, \cdots$）时，M 点处于最低位置，与地面接触，此时 $v = 0$；而 $a_x = 0$，$a_y = r\omega^2 = a$。由此，得到一个重要结论：轮子纯滚动时，轮子上与地面接触的那个点的瞬时速度为零，而加速度不等于零，加速度 $a = r\omega^2$，方向垂直于地面指向轮心。

当 $\varphi = \pi$ 时，点 M 在最高处，其切线沿水平方向，且曲线向下弯曲，由式（2）得到轨迹的曲率半径

$$\rho = 4r\sin\frac{\pi}{2} = 4r$$

小　结

一、矢量法

矢量形式的运动方程：$\boldsymbol{r} = \boldsymbol{r}(t)$

动点 M 的速度矢量 $\boldsymbol{v} = \dfrac{\mathrm{d}\boldsymbol{r}}{\mathrm{d}t} = \dot{\boldsymbol{r}}$。速度的大小称为速率，表示点运动的快慢。

点的速度矢量对时间的变化率 a 称为加速度：$\boldsymbol{a} = \dfrac{\mathrm{d}\boldsymbol{v}}{\mathrm{d}t} = \dot{\boldsymbol{v}} = \ddot{\boldsymbol{r}}$

二、直角坐标法

点的运动可表示为 $\qquad x = x(t),\ y = y(t),\ z = z(t)$

$$\boldsymbol{v} = \dot{\boldsymbol{r}} = \dot{x}\boldsymbol{i} + \dot{y}\boldsymbol{j} + \dot{z}\boldsymbol{k} = v_x\boldsymbol{i} + v_y\boldsymbol{j} + v_z\boldsymbol{k}$$

点的加速度：$\boldsymbol{a} = a_x\boldsymbol{i} + a_y\boldsymbol{i} + a_z\boldsymbol{k},\ a_x = \dot{v}_x = \ddot{x},\ a_y = \dot{v}_y = \ddot{y},\ a_z = \dot{v}_z = \ddot{z}$

点的速度大小 $v = \sqrt{\dot{x}^2 + \dot{y}^2 + \dot{z}^2} = \sqrt{v_x^2 + v_y^2 + v_z^2}$，速度 v 的方向余弦为 $\cos<\boldsymbol{v},\boldsymbol{i}> = \dfrac{v_x}{v}$，$\cos$

$<\boldsymbol{v},\boldsymbol{j}> = \dfrac{v_y}{v}$，$\cos<\boldsymbol{v},\boldsymbol{k}> = \dfrac{v_z}{v}$。

点的加速度大小 $a = \sqrt{\ddot{x}^2 + \ddot{y}^2 + \ddot{z}^2} = \sqrt{\dot{v}_x^2 + \dot{v}_y^2 + \dot{v}_z^2}$，加速度 a 的方向余弦为 $\cos<\boldsymbol{a},\boldsymbol{i}> = \dfrac{a_x}{a}$，$\cos<\boldsymbol{a},\boldsymbol{j}> = \dfrac{a_y}{a}$，$\cos<\boldsymbol{a},\boldsymbol{k}> = \dfrac{a_z}{a}$。

三、自然法

点的加速度：$\boldsymbol{a} = \boldsymbol{a}_\mathrm{t} + \boldsymbol{a}_\mathrm{n} = a_\mathrm{t}\boldsymbol{\tau} + a_\mathrm{n}\boldsymbol{n},\ a_\mathrm{t} = \dfrac{\mathrm{d}v}{\mathrm{d}t},\ a_\mathrm{n} = \dfrac{v^2}{\rho}$

习　题

5-1　在什么情况下，点的切向加速度等于零？在什么情况下，点的法向加速度等于零？在什么情况下两者都等于零？

5-2　点沿曲线做匀速运动，动点的全加速度和法向加速度之间有何关系？

5-3　下列说法是否正确：

（1）质点做圆周运动时的加速度指向圆心；

（2）匀速圆周运动的加速度为恒量；

（3）只有法向加速度的运动一定是圆周运动；

（4）只有切向加速度的运动一定是直线运动。

5-4　回答下列问题：

（1）一物体具有加速度而其速度为零，是否可能？

（2）一物体具有恒定的速率但仍有变化的速度，是否可能？

（3）一物体具有恒定的速度但仍有变化的速率，是否可能？

（4）一物体具有沿某轴正方向的加速度，而有沿该轴负方向的速度，是否可能？

（5）一物体的加速度大小恒定而其速度的方向改变，是否可能？

5-5　回答下列问题：

（1）"运动物体的加速度越大，物体的速度也越大"，对吗？

（2）"物体在直线上运动前进时，如果物体向前的加速度减小了，物体前进的速度也就减小了"，对吗？

（3）"物体加速度的值很大，而物体速率可以不变"，有这种情况吗？

（4）匀加速运动是否一定是直线运动？为什么？

（5）在圆周运动中，加速度的方向是否一定指向圆心？为什么？

（6）"物体做曲线运动时，必有加速度，加速度的法向分量一定不等于零"，对吗？

（7）"物体做曲线运动时速度方向一定在运动轨道的切线方向"，对吗？

（8）"物体做曲线运动时，法向分速度恒等于零，因此其法向加速度也一定等于零"，对吗？

5-6　如图 5-14 所示，雷达在距离火箭发射台为 l 的 O 处观察铅垂上升的火箭发射，测得角 θ 的规律为 $\theta = kt$（k 为常数）。试写出火箭的运动方程，并计算当 $\theta = \dfrac{\pi}{6}$ 和 $\dfrac{\pi}{3}$ 时火箭的速度和加速度。

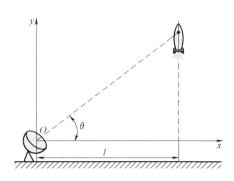

图 5-14　习题 5-6 图

5-7　摇杆滑道机构中的滑块 M 同时在固定的圆弧槽 BC 和摇杆 OA 的滑道中滑动。设弧 BC 的半径为 R，摇杆 OA 的转轴 O 在弧 BC 的圆周上，如图 5-15 所示。摇杆绕 O 轴以等角速度 ω 转动，运动开始时，摇杆在水平位置。试分别用直角坐标法和自然法写出 M 点的运动方程，并求其速度和加速度。

5-8　如图 5-16 所示，在半径为 $R = 0.25\,\mathrm{m}$ 的鼓轮上绕一绳子，绳的一端挂有重物 M，重物以 $s = 1 + 0.2t^2$（t 以 s 计，s 以 m 计）的规律下降并带动鼓轮转动，求运动开始 1.5s 后，鼓轮边缘上最高处 A 点的加速度，以及重物 M 的速度、加速度。

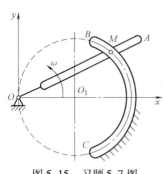

图 5-15　习题 5-7 图

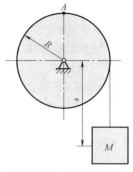

图 5-16　习题 5-8 图

5-9　如图 5-17 所示，偏心凸轮半径为 R，绕 O 轴转动，转角 $\varphi = \omega t$（ω 为常量），偏心距 $OC = e$，凸轮带动顶杆 AB 沿铅垂直线做往复运动。取图示 xOy 坐标系，试求顶杆的运动方程和速度。

5-10　如图 5-18 所示，杆 AB 长 $l = 1$m，以等角速度 ω 绕 B 点转动，其转动方程为 $\varphi = \omega t$。而与杆 AB 连接的滑块 B 按规律 $s = 1.5 + \sin\omega t$ 沿水平线运动，单位为 m，a 和 b 均为常数。求 A 点的运动轨迹。

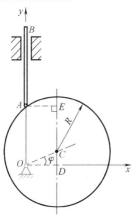

图 5-17　习题 5-9 图

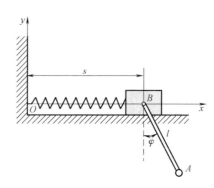

图 5-18　习题 5-10 图

5-11　如图 5-19 所示的曲柄滑杆机构中，滑杆上有一圆弧形滑道，其半径 $R = 0.4$m，圆心 O_1 与导杆 BC 在同一直线上。曲柄长 $OA = 0.4$m，以等角速度 $\omega = 2$rad/s 绕 O 轴转动。求导杆 BC 的运动规律以及当曲柄与水平线间的交角 $\varphi = 30°$ 时，导杆 BC 的速度和加速度。

5-12　点的运动方程为

$$\begin{cases} x = 10t \\ y = 50 - 5t^2 \end{cases}$$

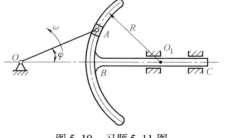

图 5-19　习题 5-11 图

式中，x 和 y 以 m 计。试求轨迹方程，当 $t=0$ 以及 $t=3\mathrm{s}$ 时，求点的切向和法向加速度以及轨迹的曲率半径。

5-13　点在平面上运动，其轨迹的参数方程为

$$\begin{cases} x = 1 + 3\sin t \\ y = 2 + 3\cos t \end{cases}$$

试求轨迹的直角坐标方程，式中，x 和 y 以 m 计。求当 $t=0$ 时，点的切向和法向加速度以及轨迹的曲率半径。

5-14　电动伸缩门铰链机构如图 5-20 所示，由长度为 a 的各杆 OA_1、OB_1、CA_4、CB_4 和长度都为 $2a$ 并在其中点铰接的各杆 B_1A_2、A_2B_3、B_3A_4、A_3B_4、A_3B_2、A_1B_2 构成。求当铰链 C 沿轴 x 运动时铰链销 A_1、A_2、A_3、A_4 的轨迹方程。

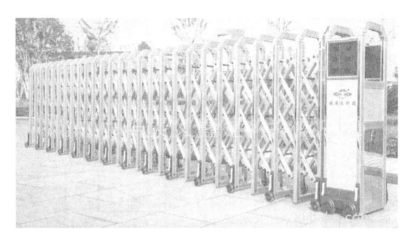

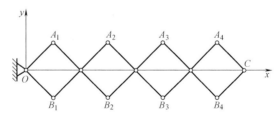

图 5-20　习题 5-14 图

5-15　曲柄 OA 长为 r，在平面内绕 O 轴转动，如图5-21所示。杆 AB 通过固定于 N 点的套筒与曲柄 OA 铰接于 A 点。设 $\varphi = \omega t$，杆 AB 长 $l = 2r$。以时间 t 为参数，求 B 点的轨迹方程、速度和加速度。

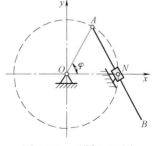

图 5-21　习题 5-15 图

第六章
刚体的基本运动

本章将研究刚体的平行移动和刚体的定轴转动，这两种运动是最简单的刚体运动，也是研究刚体的平面运动、空间运动的基础。

对刚体基本运动，要在两个层面上进行分析，一是对整个刚体的运动规律的描述；二是建立刚体上各点的运动关系。

第一节　刚体的平行移动

刚体是一种不变的质点系，其上各点的距离始终保持不变；刚体是实际物体在变形可忽略条件下的抽象模型。

刚体在运动过程中，如果其上任一直线始终平行于其最初位置，这种运动称为刚体的平行移动，简称为平动。车辆直线行驶（图6-1）、机车在直线轨道上行驶时连杆 AB 的运动（图6-2）、车床上刀架的

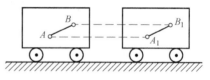

图6-1　车辆直线行驶

运动（图6-3）、汽缸内活塞的运动（图6-4）、电梯的升降以及建筑物整体平移（图6-5）等，都是刚体平动的实例。

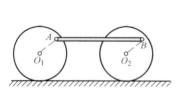

图6-2　连杆的运动

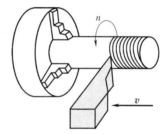

图6-3　车刀的运动

如图6-6所示，在刚体上任选两点 A 和 B，令 A 点的矢径为 r_A，B 点的矢径为 r_B，则两条矢端曲线就是两点的轨迹。由图可知

$$r_B = r_A + AB \tag{6-1}$$

　　当刚体平动时，矢量 **AB** 的长度和方向都不变，所以，**AB** 是恒矢量，因此，只要把 A 点的轨迹沿 **AB** 方向平行搬移一段距离 AB，就能与 B 点的轨迹完全重合。由此可知，刚体平动时，其上各点的轨迹形状是完全相同的。根据轨迹的形状，平动又可分为直线平动与曲线平动。例如，车辆直线行驶（图 6-1）、车床上刀架的运动（图 6-3）、电梯的升降以及发动机活塞的运动（图 6-4）均为直线平动，而机车上连杆的运动（图 6-2）则为曲线平动。

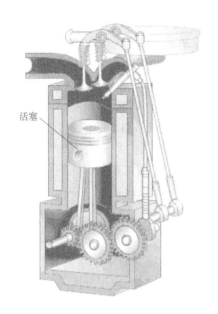

活塞

图 6-4　活塞的运动

图 6-5　建筑物整体平移

　　将式（6-1）对时间 t 求一阶、二阶导数，可得

$$\frac{\mathrm{d}\boldsymbol{r}_B}{\mathrm{d}t}=\frac{\mathrm{d}\boldsymbol{r}_A}{\mathrm{d}t}, \quad \frac{\mathrm{d}\boldsymbol{v}_B}{\mathrm{d}t}=\frac{\mathrm{d}\boldsymbol{v}_A}{\mathrm{d}t}$$

即 　　　$\boldsymbol{v}_B=\boldsymbol{v}_A, \quad \boldsymbol{a}_B=\boldsymbol{a}_A$ 　（6-2）

　　因为 A、B 是平动刚体上的任意两点，因此，可得结论：平动刚体上各点运动轨迹形状相同，同一瞬时各点的速度、加速度均相同。

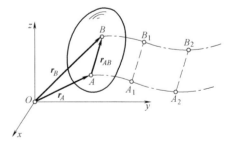

图 6-6　刚体平动

　　研究刚体的平动，可归结为研究刚体内任意一点的运动。对机构进行运动

分析时，首先应找出该机构中有无做平动的构件。

第二节　刚体的定轴转动

　　刚体运动时，若其上有一根直线始终保持不动（图6-7），这种运动称为刚体的定轴转动，这根不动的直线称为转动轴（转轴）。刚体定轴转动的运动形式大量存在于工程实际中，如各种旋转机械、轮系传动装置、电动机工作等。但有时定轴转动刚体的转轴不一定在刚体内部（如汽车转弯时），应将刚体抽象地扩大，转轴是刚体外一条抽象的轴线。对于转动轴在空间随时间变化的情形，例如摇头电风扇，以及图6-8所示车轮，可以参考包括刚体空间运动的理论力学教材[3]。

　　为了确定转动刚体的位置，取坐标系 $Oxyz$ 如图6-9所示，Oz 轴与刚体的转轴重合。通过转轴作一固定平面 A，再过转轴作一固结于刚体的平面 B，描述 B 截面的转角 φ 可确定刚体的位置，φ 称为刚体的**转角**，它是一个代数量，其正负规定如下：逆着 z 轴方向看，逆时针方向转动为正，反之取负，φ 的单位为弧度（rad）。当刚体定轴转动时，转角 φ 是时间 t 的单值连续函数，即

图6-7　轮子定轴转动

图6-8　转动轴运动变化

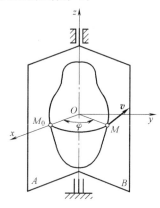

图6-9　转动方程推导

$$\varphi = f(t) \tag{6-3}$$

这个方程称为刚体绕定轴转动时的**转动方程**。绕定轴转动的刚体，只要用一个参变量（转角 φ）就可以完全确定它的位置，这样的刚体，称为具有一个自由度的刚体。

　　转角对时间的一阶导数称为刚体在 t 时刻的**瞬时角速度**，简称为**角速度**，用 ω 表示，即

$$\omega = \frac{\mathrm{d}\varphi}{\mathrm{d}t} = \dot{\varphi} \tag{6-4}$$

角速度的大小表征了刚体转动的快慢，其单位为弧度/秒（rad/s）。角速度也是代数量，其正负规定与转角 φ 的正负规定相同。

角速度对时间的一阶导数，称为刚体在 t 时刻的**瞬时角加速度**，简称为**角加速度**，用 α 表示，即

$$\alpha = \frac{\mathrm{d}\omega}{\mathrm{d}t} = \dot{\omega} = \ddot{\varphi} \tag{6-5}$$

角加速度的大小表征角速度变化的快慢，其单位为弧度/秒^2（rad/s^2）。角加速度也是代数量，其正负规定与转角 φ 的正负规定相同。如果 α 与 ω 同号，则转动为加速转动；如果 α 与 ω 异号，则转动为减速转动。

如果刚体的角速度 ω 为一常量，这种转动称为**匀速转动**。类似于点的匀速运动，匀速转动刚体转角的计算公式为

$$\varphi = \varphi_0 + \omega t \tag{6-6}$$

式中，φ_0 为 $t = 0$ 时的转角。

大多数机器中的转动部件或零件，一般都在匀速转动情况下工作。转动的快慢常用每分钟的转数 n 表示，其单位为转/分（r/min），称为**转速**。例如，车床主轴的转速是 12.5 ~ 1200r/min，汽轮机的转速为 3000r/min，电动机的转速为 1450r/min，计算机硬盘的转速有 7200r/min、10800r/min 等。角速度 ω 与转速 n 的关系为

$$\omega = \frac{2\pi n}{60} = \frac{\pi n}{30} \quad (\mathrm{rad/s}) \tag{6-7}$$

如果刚体的角加速度为常量，即 $\alpha =$ 常数，这种转动称为**匀变速转动**。类似于点的匀变速直线运动，角速度、转角的计算公式为

$$\omega = \omega_0 + \alpha t \tag{6-8}$$

$$\varphi = \varphi_0 + \omega_0 t + \frac{1}{2}\alpha t^2 \tag{6-9}$$

式中，ω_0 和 φ_0 分别是 $t = 0$ 时的角速度和转角。

第三节　转动刚体内各点的速度和加速度

定轴转动时，刚体上各点均在与转轴垂直的平面内做圆周运动，各圆的半径等于点到转轴的垂直距离，圆心都在转轴 Oz 上，如图 6-10a 所示。此时，可采用自然法研究转动刚体内各点的速度、加速度。

如图 6-10b 所示，设刚体的转角为 φ，则 M 点弧坐标形式的运动方程为

$$s = R\varphi$$

式中，R 为 M 点到轴心 O 的距离，称为**转动半径**。

将上式对时间求一阶导数，可得

$$\frac{\mathrm{d}s}{\mathrm{d}t} = R\frac{\mathrm{d}\varphi}{\mathrm{d}t}$$

考虑到 $v = \dfrac{\mathrm{d}s}{\mathrm{d}t}$，$\omega = \dfrac{\mathrm{d}\varphi}{\mathrm{d}t}$，可得 M 点的速度为

$$v = R\omega \qquad (6\text{-}10)$$

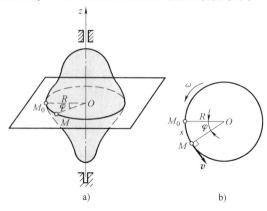

图 6-10　用自然法分析定轴转动

即转动刚体内任意一点速度的大小，等于该点到轴线的垂直距离与刚体的角速度的乘积。它的方向沿圆周切线且指向转动的一方。在该截面任一条通过轴心的直线上，各点的速度分布如图 6-11a 所示，即同一半径上各点的速度呈直角三角形分布。

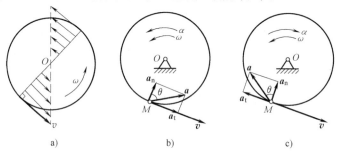

图 6-11　定轴转动的速度、加速度

a）速度分布　b）加速转动　c）减速转动

M 点的加速度 a 分为切向加速度 a_t 和法向加速度 a_n 两部分。切向加速度 a_t 的大小为

$$a_t = \frac{\mathrm{d}v}{\mathrm{d}t} = R\frac{\mathrm{d}\omega}{\mathrm{d}t} = R\alpha \qquad (6\text{-}11)$$

即定轴转动刚体内任意一点 M 的切向加速度 a_t，等于该点到转轴的距离 R 与刚体角加速度 α 的乘积。当 α 与 ω 正负号相同时，切向加速度 a_t 与速度 v 方向相同，相当于加速转动（图 6-11b）；当 α 与 ω 正负号相异时，切向加速度 a_t 与速度 v 方向相反，相当于减速转动（图 6-11c）。

M 点的法向加速度为

$$a_n = \frac{v^2}{\rho} = R\omega^2 \tag{6-12}$$

即定轴转动刚体内任意一点的法向加速度 a_n，大小等于该点到转轴的距离 R 与刚体角速度 ω 平方的乘积，法向加速度恒指向轴心 O，故称向心加速度。

M 点的全加速度 a 的大小为

$$a = \sqrt{a_t^2 + a_n^2} = \sqrt{(R\alpha)^2 + (R\omega^2)^2} = R\sqrt{\alpha^2 + \omega^4} \tag{6-13}$$

它与半径的夹角 θ 可由下式求出：

$$\tan\theta = \frac{a_t}{a_n} = \frac{\alpha}{\omega^2} \tag{6-14}$$

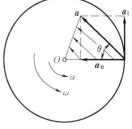

由式（6-11）～式（6-13）可知，在任一瞬时，定轴转动刚体内各点的切向加速度 a_t、法向加速度 a_n 和全加速度 a 的大小均与点到转轴的距离成正比。由式（6-14）可知，加速度 a 的方向与半径间的夹角 θ 跟半径无关，同一横截面上各点的全加速度分布如图

图 6-12 全加速度分布

6-12 所示，即同一半径上各点的加速度呈锐角三角形分布。

例 6-1 平行四连杆机构 O_1ABO_2 在图 6-13 所示平面内运动，O_1A 转速为 $n = 300 \text{r/min}$。已知 $O_1A = O_2B = 0.5\text{m}$，$O_1O_2 = AB = 1.5\text{m}$，$AM = 0.75\text{m}$。试求 M 点的速度与加速度。

解 在运动过程中，AB 杆始终与 O_1O_2 平行。因此，AB 杆为平动，O_1A 为定轴转动，$\omega = \frac{2\pi n}{60} = 10\pi$ rad/s。根据平动的特点，在同一瞬时，M、A 两点具有相同的速度和加速度，其速度、加速度为

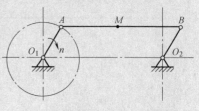

图 6-13 例 6-1 图

$$v_M = v_A = \omega \cdot O_1A = 5\pi \text{ m/s}$$

$$a_{nM} = a_{nA} = \omega^2 \cdot O_1A = 50\pi^2 \text{ m/s}^2$$

$$a_{tM} = a_{tA} = 0$$

例 6-2 滑轮半径 $r = 0.3\text{m}$，可绕水平轴 O 转动，轮缘上缠有不可伸长的细绳，绳的一端挂有物体 M，如图 6-14 所示。已知滑轮绕轴 O 的转动规律为 $\varphi = t^2 + 2t$，其中 t 以 s 计，φ 以 rad 计。试求 $t = 0.5$s 时轮缘上 A 点速度、加速度和物体 M 的速度、加速度。

解 根据转动规律 $\varphi = t^2 + 2t$ 求滑轮的角速度、角加速度。

$$\omega = \dot\varphi = 2t + 2$$

$$\alpha = \ddot\varphi = 2$$

代入 $t = 0.5\text{s}$，得 $\omega = 3\text{rad/s}$，$\alpha = 2\text{rad/s}^2$。

轮缘上 A 点的速度为

$$v_A = r\omega = 0.3 \times 3\text{m/s} = 0.9\text{m/s}$$

由式（6-11）和式（6-12）可得，A 点的切向、法向加速度分量分别为

$$a_t = r\alpha = 0.3 \times 2\text{m/s}^2 = 0.6\text{m/s}^2$$

$$a_n = r\omega^2 = 0.3 \times 3^2\text{m/s}^2 = 2.7\text{m/s}^2$$

因而，A 点全加速度大小和方向分别为

$$a_A = \sqrt{a_t^2 + a_n^2} = \sqrt{0.6^2 + 2.7^2}\text{m/s}^2 = 2.77\text{m/s}^2$$

$$\tan\theta = \frac{\alpha}{\omega^2} = \frac{2}{3^2} = 0.222,\ \theta = 12.5°$$

方向如图 6-14 所示。

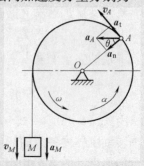

物体 M 做直线平动，轮缘上 A 点随滑轮做圆周运动，由于细绳不能伸长，因此，物体 M 与 A 点的速度大小相等，物体 M 的全加速度与 A 点切向加速度的大小相等，即

图 6-14　例 6-2 图

$$v_M = v_A = 0.9\text{m/s}$$

$$a_M = a_t = 0.6\text{m/s}^2$$

v_M、a_M 的方向都铅垂向下。

第四节　轮系的传动比

工程中，常利用轮系传动提高或降低机械的转速，最常见的有齿轮系（图 6-15）和皮带轮系（图 6-16）。

图 6-15　齿轮系 　　　　　　　　　　　　图 6-16　皮带轮系

一、齿轮传动

机械中常用齿轮作为传动部件，可以用来升降转速、改变转动方向。现以一对啮合的圆柱形齿轮为例。圆柱齿轮传动分为外啮合（图 6-17）和内啮合（图 6-18）两种。

图 6-17　外啮合齿轮

图 6-18　内啮合齿轮

如图 6-19 所示，设轮 I 是主动轮，轮 II 是从动轮。在机械工程中，常常把主动轮和从动轮的两个角速度的比值称为传动比，用 i_{12} 表示，即

$$i_{12} = \frac{\omega_1}{\omega_2} = \frac{n_1}{n_2} \tag{6-15}$$

式（6-15）定义的传动比是两个角速度大小的比值，与转动方向无关，因此，不仅适用于圆柱齿轮传动，也适用于传动轴成任意角度的圆锥齿轮传动、摩擦轮传动等。

在定轴齿轮传动中，齿轮相互啮合，可视为两齿轮的节圆之间无相对滑动，设主动轮 I 和从动轮 II 圆半径分别为 R_1 和 R_2，齿数各为 z_1 和 z_2，由于齿轮在节圆上的齿距相等，它们的齿数与半径成正比，故

$$\frac{z_1}{z_2} = \frac{R_1}{R_2} \tag{6-16}$$

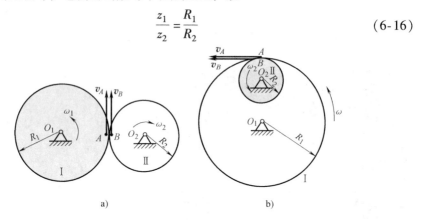

图 6-19　传动比的推导

a）外啮合齿轮　b）内啮合齿轮

设两个齿轮各绕固定轴 O_1 和 O_2 转动，角速度分别为 ω_1、ω_2，令 A 和 B 分别是两个齿轮啮合圆的接触点，因两圆之间没有相对滑动，故 $v_A = v_B$，并且速度方向也相同。即

$$\omega_1 R_1 = \omega_2 R_2 \tag{6-17}$$

把式（6-16）、式（6-17）代入式（6-15），得计算传动比公式

$$i_{12} = \frac{\omega_1}{\omega_2} = \frac{R_2}{R_1} = \frac{z_2}{z_1} \tag{6-18}$$

二、皮带轮传动

在机床中，常用电动机通过皮带使变速箱的轴转动。如图 6-20 所示的皮带轮传动装置中，主动轮和从动轮的半径分别为 R_1 和 R_2，角速度分别为 ω_1、ω_2，不考虑皮带的厚度，并假设皮带与皮带轮之间无相对滑动，则 $v_A = v_A' = v_B' = v_B$，可得关系式

$$\omega_1 R_1 = \omega_2 R_2$$

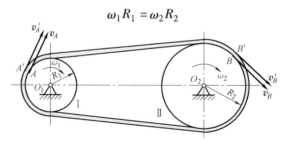

图 6-20　皮带轮传动

于是，皮带轮的传动比为

$$i_{12} = \frac{\omega_1}{\omega_2} = \frac{R_2}{R_1}$$

即两轮的角速度与其半径成反比。

例 6-3 图 6-21 所示为减速机构，轴 1 为主动轴，与电动机相连。已知电动机转速 $n_1 = 1450 \text{r/min}$，各齿轮的齿数 $z_1 = 17$，$z_2 = 44$，$z_3 = 21$，$z_4 = 38$。求减速器的总传动比 i_{13} 及轴 3 的角速度 ω_3。

解 各齿轮均做定轴转动，为定轴轮系的传动问题。z_2 和 z_3 同轴，转速相同。

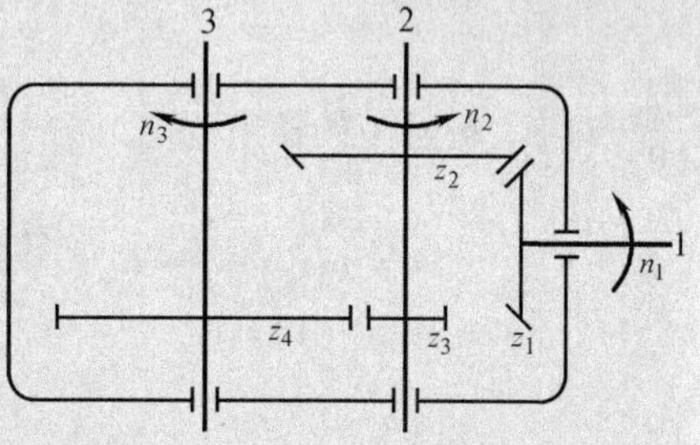

轴 1 与轴 2 的传动比为

$$i_{12} = \frac{n_1}{n_2} = \frac{z_2}{z_1} = \frac{44}{17}$$

轴 2 与轴 3 的传动比为

$$i_{23} = \frac{n_2}{n_3} = \frac{z_4}{z_3} = \frac{38}{21}$$

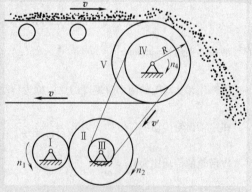

图 6-21 例 6-3 图

从轴 1 至轴 3 的总传动比为

$$i_{13} = \frac{n_1}{n_3} = \frac{n_1}{n_2}\frac{n_2}{n_3} = i_{12}i_{23} = \frac{44}{17} \times \frac{38}{21} = 4.68$$

轴 3 的角速度

$$\omega_3 = \frac{2\pi n_3}{60} = \frac{2\pi n_1}{60 i_{13}} = 32.4 \text{rad/s}$$

例 6-4 如图 6-22 所示带式输送机，已知：主动轮Ⅰ的转速 $n_1 = 1450 \text{r/min}$，齿数 $z_1 = 22$；齿轮Ⅱ的齿数 $z_2 = 99$；皮带轮装置中，主动轮Ⅲ的半径 $R_3 = 120 \text{mm}$，从动轮Ⅳ的半径 $R_4 = 200 \text{mm}$，轮Ⅴ的半径 $R = 260 \text{mm}$。试求输送带的速度 v。

解 轮Ⅰ和轮Ⅱ为齿轮传动，轮Ⅲ和轮Ⅳ为皮带轮传动。轮Ⅱ和轮Ⅲ的转速相等，因此，轮Ⅰ和轮Ⅱ的传动比为

图 6-22 例 6-4 图

$$i_{12} = \frac{n_1}{n_2} = \frac{z_2}{z_1} = \frac{99}{22} = 4.5$$

皮带轮的传动比为

$$i_{34} = \frac{n_3}{n_4} = \frac{R_4}{R_3} = \frac{200}{120} = \frac{5}{3}$$

总传动比为

$$i_{14} = \frac{n_1}{n_4} = \frac{n_1}{n_2} \frac{n_3}{n_4} = i_{12} i_{34} = 4.5 \times \frac{5}{3} = 7.5$$

轴 5 的转速 $n_5 = n_4 = \dfrac{n_1}{i_{14}} = \dfrac{1450}{7.5} \text{r/min} = 193.3 \text{r/min}$，角速度 $\omega_5 = \omega_4 = \dfrac{2\pi n_4}{60} \text{rad/s}$，输送带的速度为

$$v = \omega_5 R = \frac{2\pi n_4}{60} R = \frac{2\pi \times 193.3}{60} \times 0.26 \text{m/s} = 5.26 \text{m/s}$$

小 结

平动刚体上各点运动轨迹相同，同一瞬时各点的速度、加速度均相同。

刚体绕定轴转动时的转动方程 $\varphi = f(t)$，角速度 $\omega = \dfrac{\mathrm{d}\varphi}{\mathrm{d}t} = \dot{\varphi}$，角加速度 $\alpha = \dfrac{\mathrm{d}\omega}{\mathrm{d}t} = \dot{\omega} = \ddot{\varphi}$。

角速度 ω 与转速 n（r/min）的关系为 $\omega = \dfrac{2\pi n}{60} = \dfrac{\pi n}{30}$（rad/s）。

转动刚体内任意点 M 的切向加速度 $\boldsymbol{a}_t$ 的大小为 $a_t = \dfrac{\mathrm{d}v}{\mathrm{d}t} = R \dfrac{\mathrm{d}\omega}{\mathrm{d}t} = R\alpha$，法向加速度为 $a_n = \dfrac{v^2}{\rho} = R\omega^2$。$M$ 点的全加速度 $\boldsymbol{a}$ 的大小为

$$a = \sqrt{a_t^2 + a_n^2} = \sqrt{(R\alpha)^2 + (R\omega^2)^2} = R\sqrt{\alpha^2 + \omega^4}$$

它与半径的夹角 $\theta = \arctan \dfrac{a_t}{a_n} = \arctan \dfrac{\alpha}{\omega^2}$。

主动轮和从动轮的两个角速度的比值称为传动比，$i_{12} = \dfrac{\omega_1}{\omega_2} = \dfrac{n_1}{n_2}$。

在定轴齿轮传动中，传动比为 $i_{12} = \dfrac{\omega_1}{\omega_2} = \dfrac{z_2}{z_1}$。

皮带轮的传动比为 $i_{12} = \dfrac{\omega_1}{\omega_2} = \dfrac{R_2}{R_1}$。

习 题

6-1 "刚体做平动时，各点的轨迹一定是直线或平面曲线；刚体绕定轴转动时，各点的轨迹一定是圆"。这种说法对吗？

6-2 试画出图 6-23、图 6-24 中 A、B、C 各点的速度方向和加速度方向。

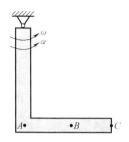

图 6-23　习题 6-2 图（1）

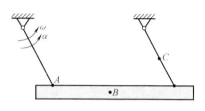

图 6-24　习题 6-2 图（2）

6-3　刚体做定轴转动时，其上某点 A 到转轴的距离为 R。为求出刚体上任意点在某瞬时的速度和加速度的大小，下述哪组条件是充分的？

（1）已知 A 点的速度及该点全加速度的方向。

（2）已知 A 点的法向加速度及该点的速度。

（3）已知 A 点的法向加速度及该点全加速度的方向。

（4）已知 A 点的切向加速度及法向加速度。

（5）已知 A 点的切向加速度及该点的全加速度方向。

6-4　试判断下列说法的正确性：

（1）刚体做匀速转动时，各点的加速度等于零。

（2）刚体平动时，若刚体上任一点的运动已知，则其他各点的运动也随之确定。

（3）某瞬时，平动刚体上各点速度的大小相等，但方向可以不同。

（4）若刚体内各点均做圆周运动，则此刚体的运动必是定轴转动。

（5）定轴转动刚体的固定转轴不能在刚体的外形轮廓之外。

（6）在刚体运动过程中，若其上有一条直线始终平行于它的初始位置，这种刚体的运动叫作平动。

（7）刚体绕定轴转动，已知其上任两点的速度方向，可以确定其转轴的位置。

（8）刚体绕定轴转动时，角加速度为正，表示角速度绝对值增加，是加速转动；角加速度为负，则表示角速度绝对值减小，是减速转动。

6-5　定轴转动刚体上哪些点的加速度大小相等？哪些点的加速度方向相同？

6-6　定轴转动刚体上，平行于轴线的线段做何种运动？

6-7　试问在下列刚体的运动中，哪些是平动？哪些是绕定轴转动？哪些既不是平动，也不是绕定轴转动？

（1）在直线轨道行驶的动车组。

（2）工作中的摇头电扇叶片。

（3）在地面滚动的圆轮。

（4）人站在运行的商场自动扶梯上。

（5）车床上旋转的主轴。

（6）高速电梯运行中的乘客。

6-8　曲柄 OA 长为 r，在平面内绕 O 轴转动，如图 6-25 所示。杆 AB 通过固定于 H 点的套筒与曲柄 OA 铰接于 A 点。设 $\varphi = \omega t$，求 AB 杆的转动方程、角速度和角加速度。

6-9 如图6-26所示，揉茶机的揉桶由三个曲柄支持，曲柄的支座 A、B、C 与支轴 a、b、c 都恰成等边三角形。三个曲柄长度相等，均为 $l = 225mm$，并以相同的转速 $n = 40r/min$ 分别绕其支座在图示平面内转动。求揉桶中心点 O 的速度和加速度。

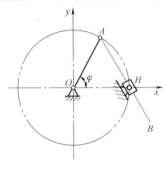

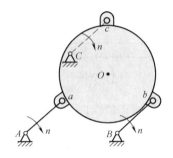

图6-25 习题6-8图   图6-26 习题6-9图

6-10 某机构尺寸如图6-27所示，假定导杆 AB 以 $v = 1.2m/s$ 匀速度向上运动，开始时 $\varphi = 0$。试求摇杆 OC 的转动方程，并求当 $\varphi = 45°$ 时，摇杆 OC 的角速度和角加速度。

6-11 如图6-28所示升降机装置由半径 $R = 40cm$ 的鼓轮带动。某时间段内，被升降物体的运动方程为 $y = 15 - 0.1t^2$（t 以 s 计，y 以 m 计）。求鼓轮的角速度 ω 和角加速度 α，并求鼓轮轮缘上一点 D 的全加速度的大小。

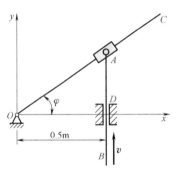

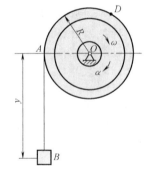

图6-27 习题6-10图   图6-28 习题6-11图

6-12 如图6-29所示，曲柄 CB 以等角速度 ω_0 绕 C 轴转动，其转动方程为 $\varphi = \omega_0 t$。滑块 B 带动摇杆 OA 绕轴 O 转动。设 $OC = h$，$CB = r$。求摇杆 OA 的转动方程。

6-13 如图6-30所示，电动绞车由带轮 I 和 II 及鼓轮 III 组成，轮 III 和轮 II 刚性连接于同一轴上。各轮半径分别为 $r_1 = 30cm$，$r_2 = 75cm$，$r_3 = 40cm$。轮 I 的转速为 $n_1 = 100r/min$。设轮与皮带间无滑动，求重物 M 上升的速度和皮带 AB、BC、CD、DA 各段上点的加速度的大小。

*6-14 如图6-31所示，一飞轮绕固定轴 O 转动，其轮缘上任一点的全加速度在某段运动过程中与轮半径的交角恒为45°。当运动开始时，$t_0 = 1s$，其转角 $\varphi_0 = 60°$，角速度 $\omega_0 = -1rad/s$。求飞轮的转动方程以及角速度。

6-15　图 6-32 所示仪表机构中，已知各齿轮的齿数分别为 $z_1 = 6$，$z_2 = 24$，$z_3 = 8$，$z_4 = 32$，齿轮 5 的半径为 $R = 4$cm，如齿条 BC 下移 15mm，求指针 OA 转过的角度 φ。

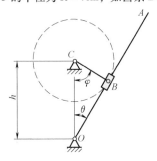

图 6-29　习题 6-12 图

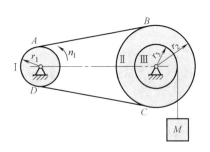

图 6-30　习题 6-13 图

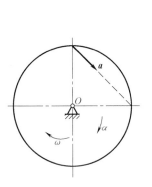

图 6-31　习题 6-14 图

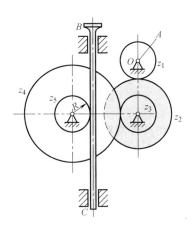

图 6-32　习题 6-15 图

第七章

点的合成运动

前面分析的点或刚体相对一个定参考系的运动，称为**简单运动**。物体相对于不同参考系的运动是不相同的。研究物体相对于不同参考系的运动，分析物体相对于不同参考系运动之间的关系，称为复合运动或合成运动。

本章分析点的合成运动以及运动中某一瞬时点的速度合成和加速度合成的规律。

第一节　相对运动　牵连运动　绝对运动

物体的运动具有相对性，对于不同的参考体来说是不同的。如图 7-1 所示，车床在工作时，车刀刀尖 M 点相对于地面是直线运动，速度为 v_1；但是它相对于旋转的工件来说，却是圆柱面螺旋运动，速度为 v_3。因此，车刀在工件的表面上切出螺旋线。又如图 7-2 所示，不考虑飞机轮子接触地面瞬时的擦滑（既滑动又滚动），讨论随后进入的沿直线方向的纯滚动，其轮缘上 M 点的运动，对于地面上的观察者来说，点的轨迹是旋轮线；但是对于飞机上的观察者来说，点的轨迹则是一个圆。在上述两例中，动点 M 相对于两个参考体的速度和加速度也都不同。

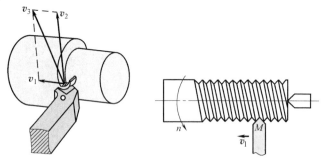

图 7-1　车刀运动

在图 7-2 中，轮缘上 M 点的运动可看成两个简单运动的合成，即 M 点相对于飞机的圆周运动（角速度 ω）和飞机相对于地面的平行移动（速度 v）。于是，相对于某一参考体的运动可由相对于其他几个参考体的运动组合而成，这种运动称为**合成运动**。

习惯上把固结于地球上的坐标系称为**定参考系**，简称为**定系**，以 $Oxyz$ 表示；固结于相对地球运动的其他参考体上的坐标系称为**动参考系**，简称为**动系**，以 $O'x'y'z'$ 表示，动参考系是随动参考体一起运动的几何空间。在图 7-1 中，**动参考系**固结于旋转的工件上；在图 7-2 中，**动参考系**固结于飞机上。

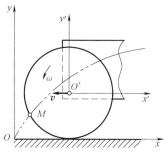

图 7-2　着陆后滚动的轮子

动点相对定参考系的运动称为**绝对运动**，其轨迹、速度、加速度分别称为**绝对轨迹、绝对速度** v_a 和**绝对加速度** a_a；动点相对于动参考系的运动，称为**相对运动**，其轨迹、速度、加速度分别称为**相对轨迹、相对速度** v_r 和**相对加速度** a_r；动系相对于定系的运动，称为**牵连运动**，它是刚体的运动。动参考系上与动点相重合的那一点称为**牵连点**，牵连点具有瞬时性，牵连点的速度和加速度称为动点在该瞬时的**牵连速度** v_e 和**牵连加速度** a_e。

在图 7-1 中，以车刀的刀尖 M 为动点，定系固结于地面，动系固结于工件，M 点相对地面的运动为绝对运动，运动轨迹为直线；M 点相对于工件的运动为相对运动，运动轨迹为螺旋线；牵连运动为动系相对于地面的运动，即定轴转动，工件上与刀尖 M 重合的那一点称为牵连点。在图 7-2 中，以轮缘上的 M 为动点，定系固结于地面，动系固结于飞机，则 M 点相对地面的运动是绝对运动，轨迹为旋轮线；M 点相对飞机的运动是相对运动，轨迹为圆周曲线；动系相对地面的运动是牵连运动，为平行移动，动系上与动点 M 重合的那一点为牵连点。

现在举例说明牵连速度和牵连加速度的概念。如图 7-3 所示，水从喷管射出，设喷管又绕 O 轴转动，转动角速度为 ω，角加速度为 α。将动参考系固定在喷管上，取水滴 M 为动点。这样，动点相对于喷管的运动为直线运动，因此，相对轨迹为直线 OA，相对速度 v_r 和相对加速度 a_r 都沿喷管 OA 方向。至于牵连速度 v_e 和牵连加速度 a_e，则是喷管上与动点 M 重合的那一点（牵连点）的速度和加速度。喷管绕 O 轴转动，因此，牵连速度 v_e 的大小为

$$v_e = OM \cdot \omega$$

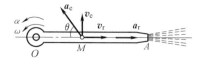

图 7-3 浇花

方向垂直于喷管，指向转动的一方。牵连加速度 a_e 的大小为

$$a_e = OM \cdot \sqrt{\alpha^2 + \omega^4}$$

它的方向与喷管轴线间的夹角 $\theta = \arctan \dfrac{\alpha}{\omega^2}$。

动点的绝对运动既取决于动点的相对运动，又取决于动参考系的牵连运动，动点的绝对运动是相对运动与牵连运动合成的结果。

第二节　点的速度合成定理

下面研究点的绝对速度、相对速度与牵连速度三者之间的关系。设动点 M 的相对运动轨迹为曲线 AB，如图 7-4 所示。为了容易理解，设想 AB 为一硬钢丝，动参考系固定在此钢丝上，动点 M 为沿该硬钢丝滑动的极小圆环，动点 M 在随硬钢丝运动的同时还沿硬钢丝做相对运动。

设瞬时 t 动点位于曲线 AB 上的 M 点，经过极短的时间间隔 Δt 之后，动参考系移动到新的位置 $A'B'$；同时，动点

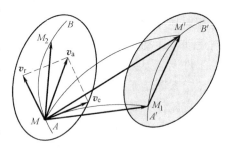

图 7-4 点的速度合成

沿弧线移动到 M'，动点的绝对运动轨迹为弧线 $\overset{\frown}{MM'}$。动点 M 的相对运动为沿曲线 AB 移动到 M_2，弧线 $\overset{\frown}{MM_2}$ 是动点的相对运动轨迹。在 Δt 时间间隔内曲线 AB

上与动点重合的那一点沿弧线 $\overset{\frown}{MM_1}$ 运动到点 M_1。矢量 $\overrightarrow{MM'}$、$\overrightarrow{MM_2}$ 和 $\overrightarrow{MM_1}$ 分别为动点的绝对位移、相对位移和牵连位移。

根据速度的定义，动点 M 在瞬时 t 的绝对速度为 $\boldsymbol{v}_a = \lim\limits_{\Delta t \to 0} \dfrac{\overrightarrow{MM'}}{\Delta t}$，其方向沿绝对轨迹 MM' 的切线方向；相对速度为 $\boldsymbol{v}_r = \lim\limits_{\Delta t \to 0} \dfrac{\overrightarrow{MM_2}}{\Delta t}$，其方向沿相对轨迹 MM_2 的切线方向；牵连速度为曲线 AB 上动点 M 重合的 A 点在瞬时 t 的速度，$\boldsymbol{v}_e = \lim\limits_{\Delta t \to 0} \dfrac{\overrightarrow{MM_1}}{\Delta t}$，其方向沿曲线 MM_1 的切线方向。

由图 7-4 中矢量关系可得

$$\overrightarrow{MM'} = \overrightarrow{MM_1} + \overrightarrow{M_1M'}$$

以 Δt 除以上式两端，并取极限可得

$$\lim_{\Delta t \to 0} \frac{\overrightarrow{MM'}}{\Delta t} = \lim_{\Delta t \to 0} \frac{\overrightarrow{MM_1}}{\Delta t} + \lim_{\Delta t \to 0} \frac{\overrightarrow{M_1M'}}{\Delta t}$$

当 $\Delta t \to 0$ 时，曲线 $A'B'$ 趋于曲线 AB，故有 $\lim\limits_{\Delta t \to 0} \dfrac{\overrightarrow{M_1M'}}{\Delta t} = \lim\limits_{\Delta t \to 0} \dfrac{\overrightarrow{MM_2}}{\Delta t} = \boldsymbol{v}_r$。所以

$$\boldsymbol{v}_a = \boldsymbol{v}_e + \boldsymbol{v}_r \tag{7-1}$$

这就是点的速度合成定理：动点在某瞬时的绝对速度等于它在该瞬时的牵连速度与相对速度的矢量和。即动点的绝对速度 $\boldsymbol{v}_a$ 可由牵连速度 $\boldsymbol{v}_e$ 和相对速度 $\boldsymbol{v}_r$ 构成的平行四边形的对角线来确定，这个平行四边形称为**速度平行四边形**。式（7-1）是矢量方程，包含了绝对速度、牵连速度和相对速度的大小、方向，共六个量，已知其中四个量可求出其余两个量。

在推导点的速度合成定理时，并没有限制动参考系做什么样的运动，因此，该定理适用于任何形式的牵连运动，即动参考系可做平动、定轴转动或其他任何复杂形式的运动。

例 7-1 数控牛头刨床如图 7-5a 所示，其急回机构由曲柄摇杆组成（图 7-5b）。曲柄 OA 的一端 A 与滑块用铰链连接。曲柄 OA 转速 $n = 25$r/min，绕固定轴 O 转动时，滑块在摇杆 O_1B 上滑动，并带动摇杆 O_1B 绕固定轴 O_1 摆动。设曲柄长 $OA = 0.24$m，两轴间的距离 $OO_1 = 0.7$m。求当 $\varphi = 30°$时，曲柄在水平位置时摇杆的角速度 ω_1。

解 选择曲柄端点 A 为动点，动系 $x'O_1y'$ 固结于摇杆 O_1B 上，原点为 O_1。A 点的绝对运动是以 O 点为圆心、半径为 0.24m 的圆周运动；相对运动是沿 O_1B 的直线运动；牵连运动是摇杆 O_1B 绕 O_1 轴的摆动。

绝对速度$v_a = OA \cdot \omega$，方向垂直于曲柄OA，曲柄角速度$\omega = \dfrac{2\pi n}{60}$；相对速度$v_r$的方向沿$O_1B$，大小未知；而牵连速度是杆$O_1B$上与滑块$A$重合的那一点的速度，其方向垂直于$O_1B$，大小未知。

根据速度合成定理，作出速度平行四边形如图7-5b中所示。由几何关系得到

$$v_e = v_a \sin\varphi = OA \cdot \omega \sin30° = 0.24 \times \frac{2\pi \times 25}{60} \times 0.5 \mathrm{m/s} = 0.314 \mathrm{m/s}$$

设摇杆此瞬时的角速度为ω_1，则

$$v_e = O_1A \cdot \omega_1 = \sqrt{OA^2 + OO_1^2}\,\omega_1 = 0.74\omega_1$$

由上面两式，得此瞬时摇杆的角速度为

$$\omega_1 = \frac{v_e}{0.74} = \frac{0.314}{0.74}\mathrm{rad/s} = 0.424\mathrm{rad/s}$$

转向如图7-5b所示。

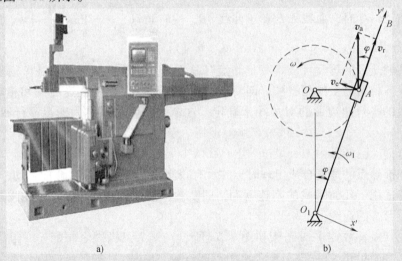

图7-5　例7-1图
a) 数控牛头刨床　b) 急回机构

例7-2 皮带输送机工作情况如图7-6a所示，现设煤炭从传送带A落到另一传送带B上（图7-6b）。站在地面上观察煤炭下落的速度为$v_1 = 4.8\mathrm{m/s}$，方向与铅直线成30°角。已知传送带B水平传动速度$v_2 = 4.2\mathrm{m/s}$。求煤炭相对于传送带B的速度。

解 以煤炭M为动点，动参考系固定在传送带B上。煤炭相对地面的速度v_1为绝对速度；牵连速度应为动参考系上与动点相重合的那一点的速度。因为动参考系为无限大且做平动，各点速度都等于v_2，于是v_2等于动点M的牵连速度。

由速度合成定理知，三种速度形成平行四边形，绝对速度必须是对角线，因此，作出的速度平行四边形如图 7-6c 所示。根据几何关系求得

$$v_r = \sqrt{v_e^2 + v_a^2 - 2v_e v_a \cos60°} = 4.53\,\text{m/s}$$

相对速度 $\boldsymbol{v}_r$ 与绝对速度 $\boldsymbol{v}_a$ 间的夹角为

$$\beta = \arcsin\left(\frac{v_e}{v_r}\sin60°\right) = 53.4°$$

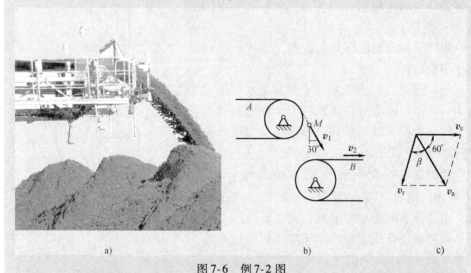

图 7-6　例 7-2 图

例 7-3　在如图 7-7 所示的尖底凸轮机构中，凸轮半径为 R，偏心距为 e，以匀角速度 ω 绕 O 轴转动，顶杆 AB 在滑槽中沿铅垂线上下平动，顶杆的端点 A 始终与凸轮接触，且 O、A、B 位于同一铅垂线上。在图示瞬时，OC 位于水平位置，求顶杆 AB 的速度。

解　因为杆 AB 做平动，各点速度相同，因此，只要求出其上任一点的速度即可。选取顶杆 AB 的端点 A 作为动点，动系固结于凸轮。

A 点的绝对运动为随顶杆 AB 的上下直线运动；相对运动是沿凸轮廓线的圆周运动；牵连运动是凸轮绕 O 轴的定轴转动。

绝对速度 $\boldsymbol{v}_a$ 沿铅垂方向，大小未知；相对速度沿 A 处凸轮轮廓线的切线方向，大小未知；牵连速度为凸轮上与动点 A 重合的那一点的速度，方向垂直于 OA，大小为 $v_e = \omega \cdot OA$。

根据速度合成定理作出速度平行四边形如图 7-7 所示。

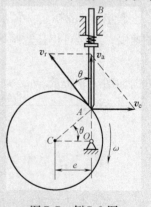

图 7-7　例 7-3 图

由几何关系即可求得动点 A 的绝对速度为

$$v_a = \frac{v_e}{\tan\theta} = \frac{\omega \cdot OA}{OA/e} = \omega e$$

由于 AB 杆做平动，动点 A 的绝对速度即为 AB 杆的速度，方向如图7-7所示。

例7-4　平底凸轮机构如图7-8所示，凸轮为偏心圆盘，其半径为 R，偏心距为 e，以匀角速度 ω 转动。顶杆的平底借助弹簧始终与凸轮接触。求任意位置 θ 时平底顶杆的速度。

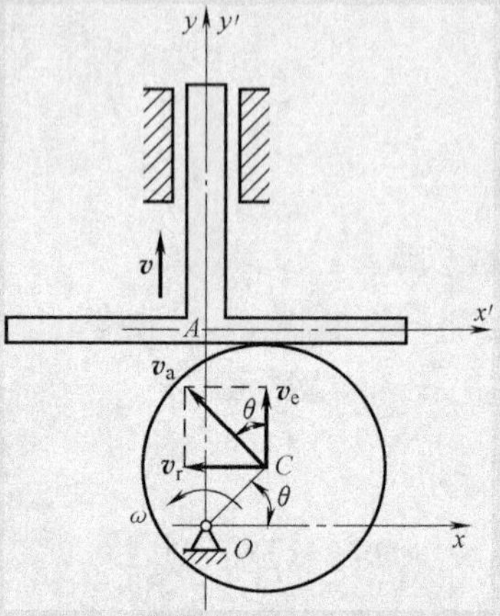

解　选择凸轮轮心 C 为动点，动系 $x'Ay'$ 固结于平底顶杆。

绝对运动为 C 点绕 O 点的圆周运动，角速度为 ω；相对运动为 C 点平行于 x' 轴的直线运动，图中为沿 x' 轴的负向；牵连运动为顶杆沿 y' 轴方向的直线平动。

绝对速度 $\boldsymbol{v}_a$ 垂直于 OC，大小为 $v_a = \omega \cdot OC = \omega e$；相对速度 $\boldsymbol{v}_r$ 方向沿 $-x'$ 轴，大小未知；牵连速度 $\boldsymbol{v}_e$ 方向沿 y' 轴，大小未知。

根据速度合成定理作出速度平行四边形如图7-8所示。

由几何关系可得

图7-8　例7-4图

$$v_e = v_a\cos\theta = e\omega\cos\theta, \quad v_r = v_a\sin\theta = e\omega\sin\theta$$

假定 OC 的初始位置水平，则 $\theta = \omega t$，由于顶杆做平动，牵连速度即为顶杆的速度，于是可得任意瞬时顶杆的速度为

$$v = v_e = e\omega\cos\omega t$$

方向如图7-8所示。

第三节　牵连运动为平动时点的加速度合成定理

在点的合成运动中，加速度之间的关系比较复杂，因此，先分析动参考系做平动时的简单情况。

设 $Oxyz$ 是定坐标系，$O'x'y'z'$ 为平动坐标系，x'、y'、z' 各轴方向不变，并且与定坐标轴 x、y、z 分别平行，如图7-9所示。如动点 M 的相对坐标为 x'、y'、z'，而 $\boldsymbol{i}'$、$\boldsymbol{j}'$、$\boldsymbol{k}'$ 为动坐标轴的单位矢量，则动点 M 的相对速度为

$$v_r = \frac{dx'}{dt}i' + \frac{dy'}{dt}j' + \frac{dz'}{dt}k' \qquad (7\text{-}2)$$

动点 M 的相对加速度为

$$a_r = \frac{d^2x'}{dt^2}i' + \frac{d^2y'}{dt^2}j' + \frac{d^2z'}{dt^2}k' \qquad (7\text{-}3)$$

由点的速度合成定理，有

$$v_a = v_e + v_r$$

将上式两端对时间 t 求一阶导数，可得

$$\frac{dv_a}{dt} = \frac{dv_e}{dt} + \frac{dv_r}{dt} \qquad (7\text{-}4)$$

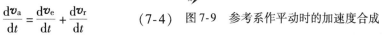

图7-9　参考系作平动时的加速度合成

式（7-4）左端项为动点 M 的绝对加速度，即

$$a_a = \frac{dv_a}{dt} \qquad (7\text{-}5)$$

由于牵连运动为平动，动系上各点的速度、加速度在任一时刻都是相同的，因而动系原点 O' 的速度 $v_{O'}$ 和加速度 $a_{O'}$ 就等于牵连速度 v_e 和牵连加速度 a_e，将式（7-2）两端对时间求一阶导数，注意到动系平动时，i'、j'、k' 的大小和方向都不改变，为恒矢量，因而有

$$\frac{dv_r}{dt} = \frac{d^2x'}{dt^2}i' + \frac{d^2y'}{dt^2}j' + \frac{d^2z'}{dt^2}k' = a_r \qquad (7\text{-}6)$$

由式（7-4）~式（7-6），得到

$$a_a = a_e + a_r \qquad (7\text{-}7)$$

式（7-7）即为**牵连运动为平动时点的加速度合成定理：当牵连运动为平动时，动点在某瞬时的绝对加速度等于该瞬时的牵连加速度与相对加速度的矢量和。**

例7-5　在图7-10所示的曲柄滑道机构中，曲柄长 $OM = 0.2\text{m}$，绕 O 轴转

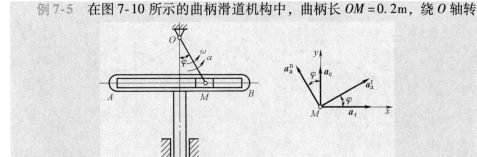

图7-10　例7-5图

动。当 $\varphi = 30°$ 时，其角速度为 $\omega = 2\text{rad/s}$，角加速度为 $\alpha = 1.5\text{rad/s}^2$。试求导杆 ABC 的加速度及滑块 M 在滑道中的相对加速度。

解 取滑块 M 为动点，动系固结于导杆 ABC 上。M 点的绝对运动为圆周运动；相对运动为动点在槽 AB 内的往复直线运动；牵连运动为滑道的上下直线平动。

绝对加速度分为切向加速度 a_a^t 和法向加速度 a_a^n 两部分，其大小分别为

$$a_a^t = OM \cdot \alpha = 0.3\text{m/s}^2$$

$$a_a^n = OM \cdot \omega^2 = 0.8\text{m/s}^2$$

相对加速度 a_r 沿水平方位假定指向向右（图7-10b），大小待求；牵连加速度 a_e 沿铅垂方位，假定指向向上，大小待求。此时，点的加速度合成定理可写为

$$a_a = a_a^t + a_a^n = a_e + a_r$$

将上式分别向 x、y 轴投影，如图7-10b 所示，可得

$$a_a^t \cos\varphi - a_a^n \sin\varphi = a_r$$

$$a_a^t \sin\varphi + a_a^n \cos\varphi = a_e$$

解得

$$a_r = (0.3\cos30° - 0.8\sin30°)\text{m/s}^2 = -0.14\text{m/s}^2$$

$$a_e = (0.3\sin30° + 0.8\cos30°)\text{m/s}^2 = 0.843\text{m/s}^2$$

求出 a_r 为负值，说明实际与假设的方向相反；求出的 a_e 为正值，说明假设的方向是正确的。由于牵连运动为平动，a_e 即为导杆在此瞬时的平动加速度。

例 7-6 在图 7-11 所示的凸轮机构中，凸轮在水平面上向右做减速运动，凸轮半径 $R = 0.25\text{m}$，图示瞬时凸轮的速度 $v = 2\text{m/s}$，加速度 $a = 4\text{m/s}^2$，$\varphi = 60°$。求杆 AB 在图示位置时的加速度。

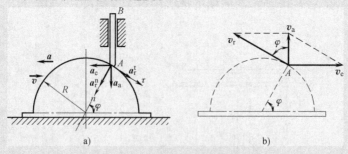

图7-11 例7-6图

解 以杆 AB 上的 A 点为动点，凸轮为动参考体。则动点 A 的绝对运动为上下直线运动，相对运动为沿凸轮廓线的圆周运动，牵连运动为凸轮的平动。

由于牵连运动为平动，点的加速度合成定理可写为

$$a_a = a_e + a_r = a_e + a_r^t + a_r^n \tag{1}$$

式中，a_a 的方向沿直线 AB（图 7-11a），大小待求；牵连运动为平动，牵连加速度 a_e 即为凸轮的加速度 a；相对加速度 a_r 可分解为切向加速度 a_r^t 和法向加速度 a_r^n 两部分，方向分别如图 7-11a 所示，a_r^t 的大小未知，法向加速度为

$$a_r^n = \frac{v_r^2}{R} \tag{2}$$

相对速度 v_r 的大小可根据速度合成定理求出，作出点的速度分析图如图 7-11b 所示，得到相对速度大小为

$$v_r = \frac{v_e}{\sin\varphi} = \frac{v}{\sin\varphi}$$

将上式代入式（2），得

$$a_r^n = \frac{v^2}{R\sin^2\varphi}$$

矢量式（1）包含两个代数方程，只有 a_a、a_r^t 的大小未知，可求解。将式（1）向法线轴 n 上投影，得 $a_a\sin\varphi = a_e\cos\varphi + a_r^n$，解得

$$a_a = \frac{1}{\sin\varphi}\left(a\cos\varphi + \frac{v^2}{R\sin^2\varphi}\right)$$

$$= \frac{1}{\sin 60°}\left(4\cos 60° + \frac{2^2}{0.25\sin^2 60°}\right)\,\mathrm{m/s^2} = 26.9\,\mathrm{m/s^2}$$

$a_a > 0$，说明假设的 a_a 方向与实际方向一致。

---

*第四节　牵连运动为转动时点的加速度合成定理

当牵连运动为转动时，加速度的合成定理较为复杂，与牵连运动为平动时的公式不一样。

先分析一个动参考系定轴转动的例子。如图 7-12 所示，圆盘以匀角速度 ω_e 绕 O 转动。一小球 M 在圆盘上半径为 r 的圆槽内按 ω_e 转向以匀速率 v_r 相对于圆盘运动。现考察小球 M 的加速度。

取动点为小球 M，动系固结于圆盘，定系固结于地面，原点均为 O。

1）动点 M 的相对运动为匀速率 v_r 的圆周运动，故相对加速度 a_r 的大小为

$$a_r = a_r^n = \frac{v_r^2}{r} \tag{1}$$

方向指向圆心 O。

2）牵连运动是圆盘以匀角速度 ω_e 绕 O 轴转动，故动点 M 的牵连速度 $\boldsymbol{v}_e$ 的大小为 $v_e = \omega_e r$，方向与 $\boldsymbol{v}_r$ 一致；牵连加速度 $\boldsymbol{a}_e$ 的大小为

$$a_e = a_e^n = r\omega_e^2 \qquad (2)$$

方向也指向圆心 O。

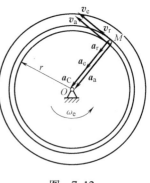

图 7-12

3）由于 $\boldsymbol{v}_r$ 和 $\boldsymbol{v}_e$ 方向相同，故点 M 的绝对速度的大小为 $v_a = v_e + v_r = \omega_e r + v_r = $ 常数。所以，动点 M 的绝对运动也是匀速圆周运动，M 的绝对加速度 $\boldsymbol{a}_a$ 的大小为

$$a_a = a_a^n = \frac{v_a^2}{r} = \frac{(\omega_e r + v_r)^2}{r} = \omega_e^2 r + \frac{v_r^2}{r} + 2\omega_e v_r$$

方向也是指向圆心 O。将式（1）、式（2）代入上式，有

$$a_a = a_e + a_r + 2\omega_e v_r$$

从上式可以看出，动点的绝对加速度除了牵连加速度和相对加速度两项外，还多了一项 $2\omega_e v_r$。法国人古斯塔·加斯佩德·科里奥利在 1835 年最先用数学方法描述了这种加速度，所以科学界用他的姓氏来命名此种加速度，即科里奥利加速度，简称科氏加速度。

牵连运动为转动时点的加速度合成定理为：**牵连运动为转动时，动点在某瞬时的绝对加速度等于该瞬时它的牵连加速度、相对加速度与科氏加速度的矢量和**。即

$$a_a = a_e + a_r + a_C \qquad (7\text{-}8)$$

式中，a_C 为科氏加速度，它等于动系角速度矢 ω_e 与点的相对速度矢 $\boldsymbol{v}_r$ 的矢积的两倍，即

$$a_C = 2\omega_e \times \boldsymbol{v}_r \qquad (7\text{-}9)$$

动坐标系的角速度矢的模等于角速度的大小，其方位沿刚体的转轴，指向用右手螺旋法则来确定，即右手四指沿着角速度的转向，拇指表示角速度矢的指向。

$\boldsymbol{a}_C$ 的大小为 $a_C = 2\omega_e v_r \sin\theta$，其中 θ 为 ω_e 与 $\boldsymbol{v}_r$ 两矢量间的最小夹角。矢量 $\boldsymbol{a}_C$ 垂直于 ω_e 与 $\boldsymbol{v}_r$，指向按右手法则确定，如图 7-13 所示。

当 $\theta = 0°$ 或 $180°$ 时，即 ω_e 与 $\boldsymbol{v}_r$ 平行时，$\boldsymbol{a}_C = 0$；当 ω_e 与 $\boldsymbol{v}_r$ 垂直时，$a_C = 2\omega_e v_r$。常见的平面机构中，ω_e 与 $\boldsymbol{v}_r$ 是相互垂直的，此时

$$a_C = 2\omega_e v_r \qquad (7\text{-}10)$$

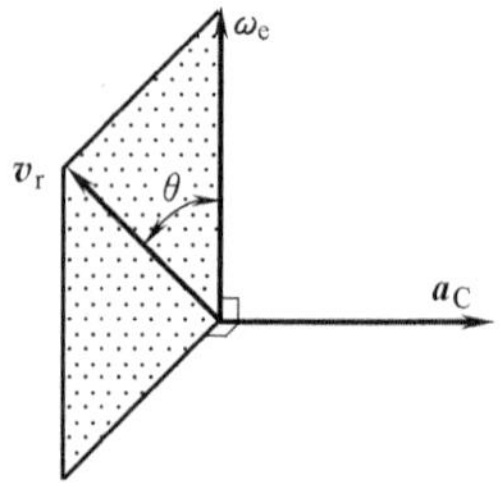

图 7-13 科氏加速度

普遍情形下科氏加速度公式（7-9）的推导，可参阅有关理论力学书籍[2,3]。

地球绕地轴转动，地球上运动的物体总存在科氏加速度。由于地球自转角速度很小，一般情况下科氏加速度可略去不计。但在某些情况下，却必须给予考虑，下面给出几个例子。

1）江河一侧有明显的冲刷痕迹。在北半球，河水向北流动时，河水的科氏加速度 a_C 向西，即指向左侧，如图 7-14 所示。由动力学可知，有向左的加速度，河水必须受右岸对水向左的作用力。根据作用与反作用定律，河水必对右岸有向右的反作用力。北半球向北流的江河，其右岸都有较明显的冲刷痕迹，这是地理学中的一项规律。同样，在北半球向北行驶的火车，右侧车轮磨损得厉害一点。

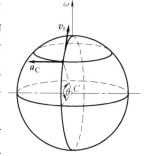

图 7-14　北半球河水流动

2）弹道偏差。在第一次世界大战期间，德军用射程为 113km 的大炮轰击巴黎时，懊恼地发现炮弹总是向右偏离目标。在那之前，他们从没担心过科里奥利力的影响（动力学篇中将讨论科里奥利力），因为他们从没有这样远距离地发射炮弹。其实，任何一个环绕地球表面的远距离运动，都会受到科里奥利力的影响。

当然，对于近距离的运动，科里奥利力影响极小。例如，从场地一边把篮球抛到另一边，运动员考虑科里奥利力的影响而需要调整自己投球的偏移量仅为 13mm。

例 7-7　一圆盘以匀角速度 $\omega = 1.2\text{rad/s}$ 绕垂直于圆盘平面的轴 O 转动，圆盘上开有一直滑槽，滑槽距轴 O 为 $e = 115.5\text{mm}$，一动点 M 在滑槽内运动。当 $\varphi = 60°$ 时，其速度为 $v_r = 0.12\text{m/s}$，加速度为 $a_r = 0.156\text{m/s}^2$，方向如图 7-15a 所示。试求此瞬时动点 M 的绝对加速度。

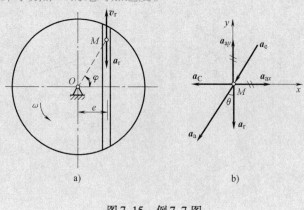

图 7-15　例 7-7 图

解 题中已取动点为 M，则动系 xOy 必固连于圆盘。

动点 M 的运动未知，为平面曲线运动；动系做定轴转动，$\omega_e = \omega = 1.2\text{rad/s}$；动点相对动系的运动已知。作加速度合成矢量图（图 7-15b）。又因为动系做定轴转动，故动点的绝对加速度 $\boldsymbol{a}_a = \boldsymbol{a}_e + \boldsymbol{a}_r + \boldsymbol{a}_C$，式中

$$a_e = a_e^n = \omega_e^2 \cdot OM = \omega^2 \frac{e}{\cos\varphi} = 1.2^2 \times \frac{0.1155}{\cos 60°}\text{m/s}^2 = 0.333\text{m/s}^2$$

方向如图 7-15b 所示。

由于相对速度 $\boldsymbol{v}_r$ 在圆盘的转动平面上，与角加速度矢量 $\boldsymbol{\omega}$ 垂直，由式（7-10）知，科氏加速度 $\boldsymbol{a}_C$ 的大小为

$$a_C = 2\omega_e v_r = 2 \times 1.2 \times 0.12\text{m/s}^2 = 0.288\text{m/s}^2$$

矢量 $\boldsymbol{a}_C$ 垂直于 $\boldsymbol{\omega}_e$ 与 $\boldsymbol{v}_r$，指向按右手法则确定，即水平向左，如图 7-15b 所示。

将加速度矢量方程式（7-8）分别投影到 x 轴和 y 轴上，得

$$a_{ax} = -a_e\cos\varphi - a_C = (-0.333 \times \cos 60° - 0.288)\text{m/s}^2 = -0.455\text{m/s}^2$$

$$a_{ay} = -a_e\sin\varphi - a_r = (-0.333 \times \sin 60° - 0.156)\text{m/s}^2 = -0.444\text{m/s}^2$$

所以 $\boldsymbol{a}_a$ 的大小为

$$a_a = \sqrt{a_{ax}^2 + a_{ay}^2} = \sqrt{(-0.455)^2 + (-0.444)^2}\text{m/s}^2 = 0.636\text{m/s}^2$$

绝对加速度 $\boldsymbol{a}_a$ 与铅垂线的夹角（图 7-15b）

$$\theta = \arctan\left|\frac{a_{ax}}{a_{ay}}\right| = \arctan\frac{0.455}{0.444} = 45.7°$$

例 7-8 如图 7-16 所示，曲柄 OA 长 0.3m，角速度 $\omega = 1.4\text{rad/s}$，图示位置 $\varphi = 30°$，求此时刻摇杆 O_1B 的角加速度 α。

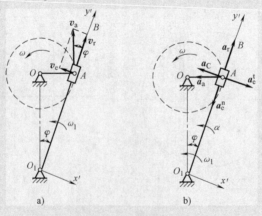

图 7-16 例 7-8 图

解 选择曲柄端点 A 为动点，动系 $x'O_1y'$ 固结于摇杆 O_1B 上，原点为 O_1。A 点的绝对运动是以 O 点为圆心，半径为 0.3m 的圆周运动；相对运动是沿 O_1B 的直线运动；牵连运动是摇杆 O_1B 绕 O_1 轴的摆动。

（1）速度分析　绝对速度 $v_a = OA \cdot \omega = 0.42\text{m/s}$，方向垂直于曲柄 OA（图7-16a）；相对速度 v_r 的方向沿 O_1B，大小未知；而牵连速度是杆 O_1B 上与滑块 A 重合的那一点的速度，其方向垂直于 O_1B，大小未知。

根据速度合成定理，作出速度平行四边形如图7-16a 所示。由几何关系得到

$$v_e = v_a \sin\varphi = 0.42\sin30°\text{m/s} = 0.21\text{m/s}$$

$$v_r = v_a \cos\varphi = 0.42\cos30°\text{m/s} = 0.364\text{m/s}$$

摇杆此瞬时的角速度

$$\omega_1 = \frac{v_e}{O_1A} = \frac{v_e}{OA/\sin30°} = \frac{0.21}{0.3/\sin30°}\text{rad/s} = 0.35\text{rad/s}$$

转向如图7-16a 所示。

（2）加速度分析　牵连运动是摇杆 O_1B 绕 O_1 轴的摆动，加速度合成定理可写为

$$a_a = a_e + a_r + a_C$$

由于 $\alpha = \dfrac{a_e^t}{O_1A} = \dfrac{a_e^t}{OA/\sin\varphi}$，欲求摇杆 O_1B 的角加速度 α，只需求出 a_e^t 即可。

加速度合成定理中的各项加速度具体分析如下：

a_a：动点 A 的绝对运动是以 O 为圆心的匀速圆周运动，故只有法向加速度，方向如图7-16b 所示，大小为 $a_a = \omega^2 \cdot OA = 0.588\text{m/s}^2$。

a_e：摇杆 O_1B 上与动点 A 相重合的那一点的加速度。摇杆摆动，其上 A 点的切向加速度 a_e^t 垂直于 O_1A，假设指向如图7-16b；法向加速度为 a_e^n 的大小为

$$a_e^n = \omega_1^2 \cdot O_1A = 0.35^2 \times \frac{0.3}{\sin30°}\text{m/s}^2 = 0.0735\text{m/s}^2$$

方向如图所示。

a_r：因为相对运动轨迹为直线，故 a_r 沿 O_1A，大小未知。

a_C：$a_C = 2\omega_e \times v_r$，由于相对速度 v_r 与角加速度矢量 ω 垂直，由式（7-10）可知

$$a_C = 2\omega_1 v_r = 2 \times 0.35 \times 0.364\text{m/s}^2 = 0.255\text{m/s}^2$$

为了求得 a_e^t，将加速度合成定理表达式向 O_1x' 轴投影

$$-a_a\cos\varphi = a_e^t - a_C$$

解得

$$a_e^t = a_C - a_a \cos\varphi = (0.255 - 0.588\cos30°)\,\text{m/s}^2 = -0.254\text{m/s}^2$$

式中，负号表示 $\boldsymbol{a}_e^t$ 的真实指向与图中假设的方向相反。

所以，摇杆 O_1B 的角加速度为

$$\alpha = \frac{a_e^t}{O_1A} = -0.423\text{rad/s}^2$$

式中，负号表示摇杆 O_1B 的角加速度 α，其真实转向为逆时针转向，如图7-16b所示。

例7-9 发动机气阀上的凸轮机构如图7-17a所示。顶杆可沿铅垂导向套筒运动，其端点 A 由弹簧压紧在凸轮表面上，当凸轮绕 O 轴转动时，推动顶杆上下直线平动。已知凸轮匀速转动，$n = 900\text{r/min}$，在图7-17b所示位置时，$OA = 25\text{mm}$，轮廓曲线上 A 点的法线与 AO 的夹角 $\theta = 30°$，A 处凸轮廓线的曲率半径 $\rho = 150\text{mm}$。求图示瞬时顶杆平动的速度 v_a 和加速度 $\boldsymbol{a}_a$。

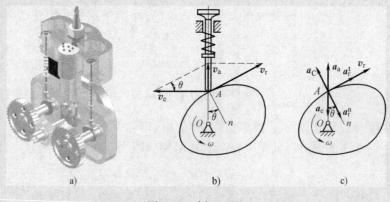

图7-17　例7-9图

解 选取顶杆上的 A 点为动点，动系固结于凸轮，定系固结于地面。

绝对运动为动点 A 的上下直线运动；相对运动为 A 点沿凸轮廓线的曲线运动，轨迹为凸轮廓线；牵连运动为凸轮绕 O 的定轴转动，$\omega = \dfrac{2\pi n}{60} = 30\pi$ rad/s。

根据速度合成定理作出速度平行四边形如图7-17b所示。由图可知

$$v_a = v_e\tan\theta = OA \cdot \omega\tan\theta = 0.025 \times 30\pi \times \tan30°\text{m/s} = 1.36\text{m/s}$$

$$v_r = v_e/\cos\theta = OA \cdot \omega/\cos\theta = 0.025 \times 30\pi/\cos30°\text{m/s} = 2.72\text{m/s}$$

方向如图所示。

根据牵连运动为转动时的加速度合成定理 $\boldsymbol{a}_a = \boldsymbol{a}_e + \boldsymbol{a}_r + \boldsymbol{a}_C = \boldsymbol{a}_e + \boldsymbol{a}_r^t + \boldsymbol{a}_r^n + \boldsymbol{a}_C$，

作出加速度分析图（图 7-17c），式中 $a_e = \omega^2 \cdot OA = 222\text{m/s}^2$，$a_r^n = \dfrac{v_r^2}{\rho} = 49.3\text{m/s}^2$，$a_C = 2\omega v_r = 512\text{m/s}^2$，$a_a$、$a_r^t$ 大小未知，各加速度方向如图。

将加速度合成定理式 $\boldsymbol{a}_a = \boldsymbol{a}_e + \boldsymbol{a}_r + \boldsymbol{a}_C$ 向 An 轴投影，得

$$- a_a \cos\theta = a_e \cos\theta + a_r^n - a_C$$

可解得

$$a_a = \frac{- a_e \cos\theta - a_r^n + a_C}{\cos\theta} = \frac{-222\cos30° - 49.3 + 512}{\cos30°}\text{m/s}^2 = 312\text{m/s}^2$$

计算得到的 a_a 值为正，说明实际方向与图示一致。

工程中设计凸轮压紧弹簧时，必须考虑顶杆加速度的影响。

小　结

（1）点的绝对运动为点的牵连运动和相对运动的合成结果。

绝对运动是动点相对于定参考系的运动；相对运动是动点相对于动参考系的运动；牵连运动是动参考系相对于定参考系的运动。

（2）点的速度合成定理

$$\boldsymbol{v}_a = \boldsymbol{v}_e + \boldsymbol{v}_r$$

绝对速度 $\boldsymbol{v}_a$：动点相对于定参考系的运动速度。

相对速度 $\boldsymbol{v}_r$：动点相对于动参考系的运动速度。

牵连速度 $\boldsymbol{v}_e$：动参考系上与动点重合的那一点相对于定参考系的运动速度。

（3）点的加速度合成定理

$$\boldsymbol{a}_a = \boldsymbol{a}_e + \boldsymbol{a}_r + \boldsymbol{a}_C$$

绝对加速度 $\boldsymbol{a}_a$：动点相对于定参考系运动的加速度。

相对加速度 $\boldsymbol{a}_r$：动点相对于动参考系运动的加速度。

牵连加速度 $\boldsymbol{a}_e$：动参考系上与动点相重合的那一点相对于定参考系运动的加速度。

科氏加速度 $\boldsymbol{a}_C$：牵连运动为转动时，牵连运动和相对运动相互影响而出现的一项附加的加速度。

$$\boldsymbol{a}_C = 2\boldsymbol{\omega}_e \times \boldsymbol{v}_r$$

当动参考系做平动时，或 $\boldsymbol{v}_r = 0$ 时，或 $\boldsymbol{\omega}_e$ 与 $\boldsymbol{v}_r$ 平行时，$\boldsymbol{a}_C = 0$。

习　题

7-1　如图 7-18 所示，速度平行四边形有无错误？错在哪里？

*7-2　在图 7-19 中曲柄 OA 以匀角速度转动，图 7-19a、b 分析正确吗？

（1）以 OA 上的 A 点为动点，以 BC 为动参考体。

（2）以 BC 上的 A 点为动点，以 OA 为动参考体。

7-3　如图 7-20 所示，M 点在平面 $x'Oy'$ 中运动，运动方程为

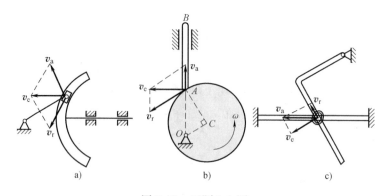

图 7-18 习题 7-1 图

a) 动点为滑块 b) AB 杆上动点 A c) 动点为小环

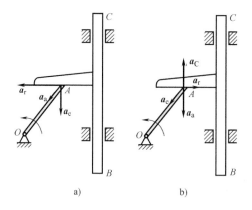

图 7-19 习题 7-2 图

$$\begin{cases} x' = 2 - \cos t \\ y' = \sin t \end{cases}$$

式中，t 以 s 计；x' 和 y' 以 m 计。平面 $Ox'y'$ 又绕垂直于该平面的 O 轴转动，转动方程为 $\varphi = t(\text{rad})$，其中角 φ 为动坐标系的 x' 轴与定坐标系的 x 轴间的夹角。求 M 点的相对轨迹和绝对轨迹。

7-4 图 7-21 所示为一桥式起重机，重物以匀速度 u 上升，行车以匀速度 v 在静止桥梁上向右移动。已知 $u = 4\text{m/s}$，$v = 3\text{m/s}$，求重物对地面的速度。

7-5 水流在水轮机工作轮入口处的绝对速度 $v_a = 15\text{m/s}$，并与直径成 $\beta = 60°$ 角，如图 7-22 所示。工作轮的半径 $R = 2\text{m}$，转速 $n = 30\text{r/min}$，为避免水流与工作轮叶片相冲击，叶片应恰当地安装，以使水流对工作轮的相对速度与叶片相切。求在工作轮外缘处水流对工作轮相对速度的大小和方向。

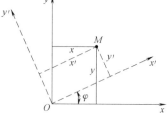

图 7-20 习题 7-3 图

7-6 矿砂从传送带 A 落到另一传送带 B，其绝对速度为 $v_1 = 4\text{m/s}$，方向与铅直线成 30° 角，如图 7-23 所示。设传送带 B 与水平面成 15° 角，其速度为 $v_2 = 2\text{m/s}$。求此时矿砂对于传

送带 B 的相对速度。并问当传送带 B 的速度为多大时，矿砂的相对速度才能与它垂直？

7-7 杆 OA 长 0.6m，由推杆推动在图面内绕 O 点转动，推杆至 O 点的距离为 $x(\mathrm{m})$，如图 7-24 所示。假定推杆的速度为 $v(\mathrm{m/s})$，其弯头高为 $a=0.15\mathrm{m}$。试用 x、v 表示杆端 A 的速度的大小。

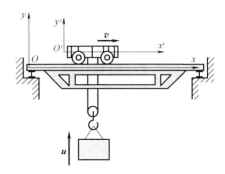

图 7-21 习题 7-4 图

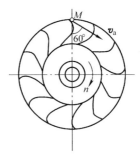

图 7-22 习题 7-5 图

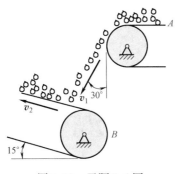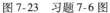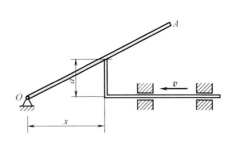

图 7-23 习题 7-6 图   图 7-24 习题 7-7 图

7-8 如图 7-25 所示，瓦特离心调速器以角速度 ω 绕铅直轴转动。由于机器负荷的变化，调速器重球以角速度 ω_1 向外张开。如 $\omega=10\mathrm{rad/s}$，$\omega_1=1.2\mathrm{rad/s}$，球柄长 $l=500\mathrm{mm}$，悬挂球柄的支点到铅直轴的距离为 $e=50\mathrm{mm}$，球柄与铅直轴间所成的交角 $\beta=30°$。求此时重球的绝对速度。

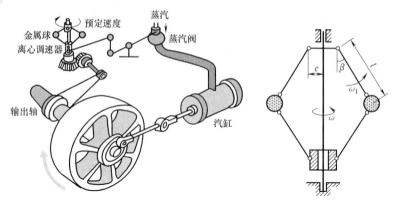

图 7-25 习题 7-8 图

7-9 图 7-26 所示的平面机构中，曲柄 $OA = 0.2m$，转速 $n = 1200r/min$，套筒 A 可沿 BC 杆滑动。已知 $BC = DE$，且 $BD = CE = 0.4m$，求图示位置时，BD 杆的角速度 ω_{BD}。

7-10 图 7-27 所示内圆磨床，砂轮直径 $d = 60mm$，转速 $n_1 = 15000r/min$；工件孔径 $D = 180mm$，转速 $n_2 = 750r/min$，转向与 n_1 相反。求磨削时砂轮与工件接触点之间的相对速度。

7-11 图 7-28 所示曲柄滑道机构中，曲柄长 $OA = r$，并以等角速度 ω 绕 O 轴转动。装在水平杆上的滑槽 DE 与水平线成 $60°$角。求当曲柄与水平线的交角分别为 $\varphi = 0$、$30°$、$60°$时，杆 BC 的速度。

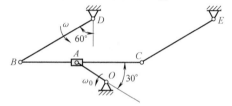

图 7-26 习题 7-9 图

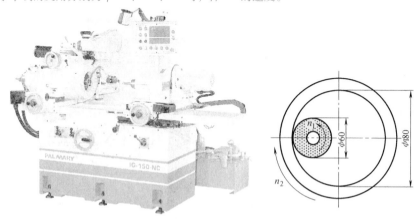

图 7-27 习题 7-10 图

7-12 如图 7-29 所示，曲柄 OA 长 $0.4m$，以等角速度 $\omega = 0.5rad/s$ 绕 O 轴逆时针转动。

由曲柄的 A 端推动水平板 B，而使滑杆 C 沿铅垂方向上升。求当曲柄与水平线间的夹角 $\theta=30°$ 时，滑杆 C 的速度和加速度。

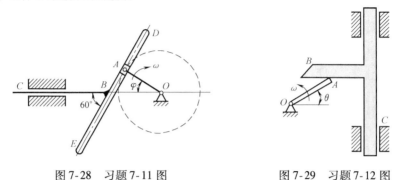

图 7-28　习题 7-11 图　　　　　图 7-29　习题 7-12 图

7-13　半径为 R 的半圆形凸轮 D 以等速 $\textbf{\textit{v}}_0$ 沿水平线向右运动，带动从动杆 AB 沿垂直方向上升，如图 7-30 所示。求 $\varphi=30°$ 时杆 AB 相对于凸轮的速度和加速度。

*7-14　偏心轮的偏心距为 $OC=e$，当 OC 与铅垂线间的夹角为 θ 时，T 形推杆的速度为 $\textbf{\textit{v}}_0$，加速度为 $\textbf{\textit{a}}_0$，方向如图 7-31 所示。求此瞬时偏心轮的角速度和角加速度。

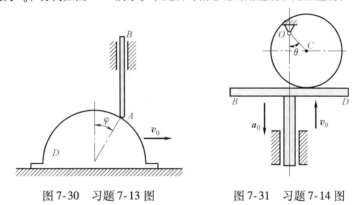

图 7-30　习题 7-13 图　　　　　图 7-31　习题 7-14 图

*7-15　如图 7-32 所示，直角曲杆 OBC 绕 O 轴转动，使套在其上的小环 M 沿固定直杆 OA 滑动。已知：$OB=0.1\text{m}$，OB 与 BC 垂直，曲杆的角速度为 $\omega=0.5\text{rad/s}$，角加速度 $\alpha=0$。求当 $\varphi=60°$ 时，小环 M 的速度和加速度。

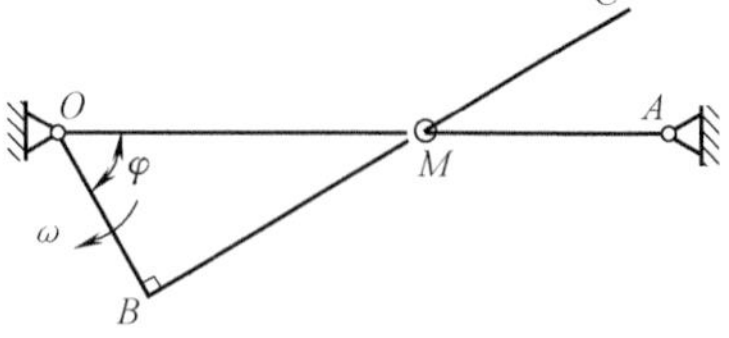

*7-16　牛头刨床机构如图 7-33 所示。已知 $O_1A=200\text{mm}$，角速度 $\omega_1=2\text{rad/s}$，角加速度 $\alpha=0$。求图示位置滑枕 CD 的速度和加速度。

图 7-32　习题 7-15 图

*7-17　图 7-34 所示圆盘绕 AB 轴转动，其角速度为 $\omega=2t$（rad/s）。M 点沿圆盘直径离开中心向边缘运动，其运动规律为 $OM=40t^2$（mm）。半径 OM 与 AB 轴成 $60°$ 夹角。求当 $t=1\text{s}$ 时 M 点的绝对加速度的大小。

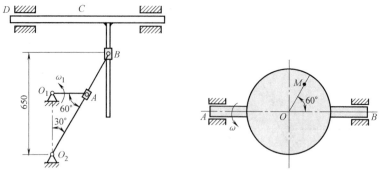

图 7-33　习题 7-16 图　　　　　　　　图 7-34　习题 7-17 图

*7-18　在图 7-35a、b 所示的两种机构中，已知 $O_1O_2 = a = 200\text{mm}$，$\omega_1 = 3\text{rad/s}$，$\alpha_1 = 0$。试分别对图 7-35a、b 所示位置求 O_2A 的角速度和角加速度。

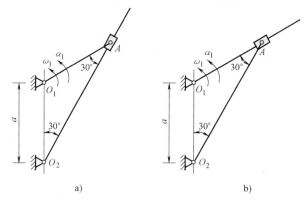

a)　　　　　　　　　　　　b)

图 7-35　习题 7-18 图

第八章

刚体的平面运动

刚体的平动与定轴转动是最常见、最简单的刚体运动。刚体还可以有更为复杂的运动形式，其中，刚体的平面运动是机械中较为常见的一种刚体运动；它可以看作为平动与转动的合成。

本章在刚体平动与定轴转动的基础上，研究刚体的平面运动，分析平面运动刚体的角速度、角加速度，以及刚体上各点的速度和加速度。

第一节　刚体平面运动概述与运动分解

工程中常遇到刚体的平面运动，如沿直线轨迹滚动的轮子 C 的运动（图8-1）、行星齿轮机构中行星轮 A 的运动（图8-2）等。观察这些刚体的运动可以发现，刚体内任意直线的方向不能始终与原来的方向平行，而且也找不到一条始终不动的直线，可见这些刚体的运动既不是平动，也不是定轴转动。但这些刚体的运动有一个共同的特点，即在运动过程中，刚体上的任意一点与某一固定平面的距离始终保持不变，刚体的这种运动称为刚体平面运动。

图 8-1　沿直线轨迹滚动的轮子

一、平面图形的抽象

图 8-3a 所示为一连杆，图 8-3b 为其简图，用一个平行于固定平面 P 的平面截割连杆，得截面 S，它是一个平面图形（图 8-3c）。当连杆运动时，图形内任意一点始终在自身平面内运动。若通过图形上任一点作垂直于图形的直线 L_1（或者 L_2），则当刚体（连杆）做平面运动时，直线 L_1 做平动，因此，平面图

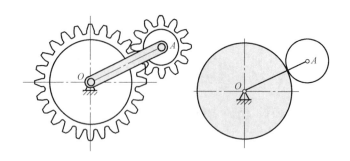

图 8-2　行星轮的运动

形 S 上的 A 点与直线 L_1 上的各点的运动完全相同。由此可知，平面图形 S 上各点的运动可以代表刚体内所有点的运动。因此，刚体的平面运动可简化为平面图形 S 在它自身平面内的运动。于是可得出以下结论：刚体平面运动可简化为平面图形 S 在其自身平面内的运动来研究。

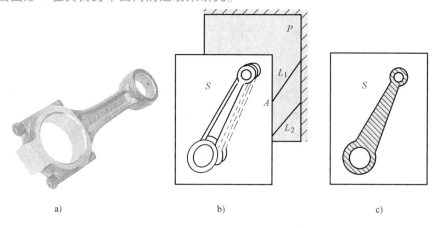

图 8-3　连杆

在平面图形上任取两点 A、B，并将其连成线段 AB，如图 8-4 所示，这条直线的位置可以代表整个平面图形的位置。设图形的初始位置为 I，运动后的位置为 II，以直线 AB、$A'B'$ 分别代表图形在 I、II 时的位置。显然直线由 AB 到 $A'B'$ 可视为分两步完成，第一步是先使直线从位置 AB 平移到 $A'B''$，然后，再绕 A' 转过角度 φ，到达最后位置 $A'B'$。这就说明：平面运动可分解为平动和转动。

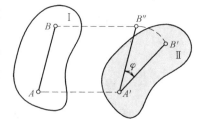

图 8-4　平面运动分析

二、刚体平面运动的描述

为了描述平面图形的运动，在固定平面内选取定坐标系 xOy，并在图形上任选一点 A 为基点，再以基点为坐标原点取动坐标系 $x'Ay'$，如图 8-5 所示，并使动坐标轴的方向与定坐标轴的方向始终保持平行，于是可将平面运动视为随同基点 A 的平动（牵连运动）与绕基点 A 的转动（相对运动）的合成运动。根据平动的特点，得知基点的运动即代表刚体的平动部分，绕基点的转动即代表刚体的转动部分。刚体平面运动可视为平动与转动的合成。A 点的坐标和 φ 角都是时间 t 的函数，即平面图形的运动方程为

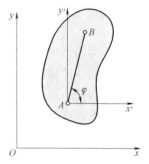

$$\begin{cases} x_A = f_1(t) \\ y_A = f_2(t) \\ \varphi = f_3(t) \end{cases} \qquad (8\text{-}1)$$

图 8-5　平面运动的描述

三、转角 φ 与基点选择的无关性

在图 8-6 所示曲柄连杆机构中，曲柄 OA 为定轴转动，连杆 AB 做平面运动，滑块做水平直线运动。连杆上的 A 点做圆周运动，B 点做直线运动。因此，在平面图形上选取不同的基点，其动参考系的平动是不一样的，其速度和加速度也是不相同的。由图 8-6 还可以看出：如果运动起始时 OA 和 AB 都位于水平位置，运动中的任一时刻，AB 连续绕 A 点或 B 点的转角，相对于各自的平动参考系 $x''Ay''$ 或 $x'By'$，都是一样的，都等于相对于固定参考系的转角 φ。由于任一时刻的转角相同，其角速度、角加速度也必然相同。

在对平面运动进行分解的过程中，基点的选择是任意的，平面图形内任意一点都可作为基点。在图 8-7 所示的平面图形由位置 Ⅰ 到位置 Ⅱ，可分别用直线 AB、$A'B'$ 表示。若分别选取 A、B 为基点，显然 A、B 两点的位移、轨迹各不相同，自然随基点平动的速度、加速度也各不相同。但对于绕不同基点转过的角位移的大小及转向总是相同的，均为顺时针转动 φ。由于任一时刻的转角相同，其角速度、角加速度也必然相同。

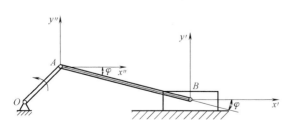

图 8-6　曲柄连杆机构

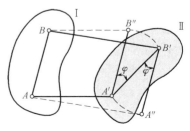

图 8-7　选取不同的基点

结论：可取平面内任意一点为基点，将平面运动分解为随基点的平动与绕基点的转动，其中平动的速度、加速度与基点的选择有关，而平面图形绕基点转动的角速度、角加速度与基点的选择无关。

上面所说的角速度和角加速度是相对于各基点处的平动参考系而言的。平面图形相对于各平动参考系以及固定参考系的角位移、角速度、角加速度都是共同的。以后，将角速度 φ'、角加速度 φ'' 称为平面图形的角速度、角加速度。

第二节 求平面图形内各点速度的基点法

在平面图形内基点确定以后，任何平面图形的运动都可分解为两个运动：①牵连运动，即随同基点 A 的平动；②相对运动，即绕基点 A 的转动。于是，平面图形内任一点 B 的速度可用速度合成定理来求得，这种方法称为**基点法**。

因为牵连运动是平动，所以，B 点的牵连速度等于基点 A 的速度 v_A，如图 8-8a 所示。又因为 B 点的相对运动是以 A 点为圆心的圆周运动，所以，B 点的相对速度就是平面图形绕 A 点转动时 B 点的速度，用 v_{BA} 表示，它垂直于 AB 且与图形的转动方向一致，大小为

$$v_{BA} = AB \cdot \omega$$

式中，ω 是平面图形角速度的绝对值（以下同）。以速度 v_A 和 v_{BA} 为边作平行四边形，于是 B 点的绝对速度就是由这个平行四边形的对角线表示，即

$$v_B = v_A + v_{BA} \tag{8-2}$$

由此可得出结论：平面图形内任一点的速度等于基点的速度与该点随图形绕基点相对转动速度的矢量和。

式（8-2）是平面图形内任意点 B 的速度分解式，根据式（8-2），可以作出平面图形内直线 AB 上各点速度分布图，如图 8-8b 所示。

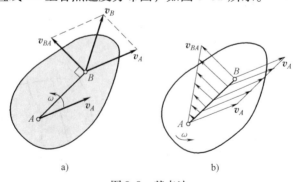

图 8-8 基点法

基点法公式（8-2）中包含三个矢量，共有大小、方向六个要素，其中 v_{BA} 总是垂直于 AB，于是，只需知道任何其他三个要素，便可作出速度平行四边形，求出其他两个未知量。

如图 8-9 所示，v_{BA} 总是垂直于 AB 两点的连线，也就是说它在 AB 两点连线上的投影恒等于零，将矢量式（8-2）向 AB 连线上投影可得 $AC = BD$，即

$$[v_B]_{AB} = [v_A]_{AB} \tag{8-3}$$

式（8-3）称为**速度投影定理**，即**刚体上任意两点的速度在其连线方向上的投影相等**。此定理的几何意义可参考图 8-9 加以理解，它说明了图形上两点在其连线方向没有相对速度，这反映了刚体上两点距离不变的物理本质。该定理不仅适用于刚体平面运动，也适用于其他任何形式的刚体运动。

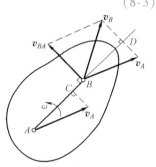

图 8-9　速度投影定理

若已知刚体上一点速度的大小和方向，又知道另一点速度的方向，在不知道两点间距离及刚体转动角速度的情况下，应用速度投影定理可方便地求出该点速度的大小。

下面通过实例说明基点法与速度投影定理的应用。

例 8-1　四连杆机构如图 8-10 所示。设曲柄长 $OA = 0.3\text{m}$，连杆长 $AB = 0.7\text{m}$，曲柄顺时针转动，其转速 $n = 40\text{r/min}$。试求图示瞬时 B 点的速度、连杆 AB 及摇杆 BC 的角速度。

解　摇杆长 $BC = OA/\sin 60° + AB \cdot \tan 30° = 0.7506\text{m}$。曲柄 OA 及摇杆 BC 做定轴转动，连杆 AB 做平面运动。

研究连杆 AB，取 A 点为基点，分析 B 点的速度，根据速度合成定理式（8-2），有

$$v_B = v_A + v_{BA}$$

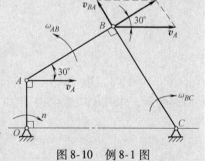

图 8-10　例 8-1 图

式中，$v_A = OA \cdot \omega = OA \cdot \dfrac{2\pi n}{60} = 1.256\text{m/s}$，方向垂直于 OA，指向向右；v_B 大小未知，方向垂直于 BC 杆；v_{BA} 大小未知，方向垂直于 AB 杆；在 B 点作速度矢量平行四边形如图所示，由几何关系可得此瞬时 B 点的速度

$$v_B = v_A \cos 30° = 1.088\text{m/s}$$

BC 杆此瞬时的角速度为 $\omega_{BC} = \dfrac{v_B}{BC} = 1.45\text{rad/s}$，转向为顺时针。

B 点相对于基点 A 的速度 $v_{BA} = v_A \sin 30° = 0.628 \text{m/s}$。

因为 $v_{BA} = AB \cdot \omega_{AB}$，所以，$AB$ 杆在此瞬时的角速度为 $\omega_{AB} = \dfrac{v_{BA}}{AB} = 0.897 \text{rad/s}$，转向为逆时针。

例8-2 曲柄连杆机构如图8-11所示，$OA = r$，$AB = \sqrt{3}r$。如曲柄 OA 以匀角速度 ω 转动，求当 $\varphi = 0°$、$60°$和$90°$时 B 点的速度。

解 曲柄 OA 做定轴转动，滑块 B 做平动，连杆 AB 做平面运动，以 A 点为基点，B 点的速度为

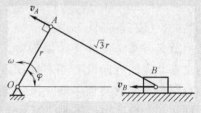

$$\boldsymbol{v}_B = \boldsymbol{v}_A + \boldsymbol{v}_{BA}$$

式中，$v_A = \omega r$，方向与 OA 垂直；$\boldsymbol{v}_B$ 沿 OB 方向；$\boldsymbol{v}_{BA}$ 垂直于 AB。上式中四个要素已知，可作出速度平行四边形。

图8-11 例8-2图

当 $\varphi = 0°$时，$\boldsymbol{v}_A$ 与 $\boldsymbol{v}_{BA}$ 均垂直于 OB，也垂直于水平方向的 $\boldsymbol{v}_B$，按速度平行四边形法则，应有 $v_B = 0$，如图8-12a所示。

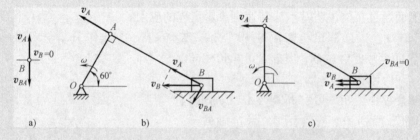

图8-12 动点 B 的速度分析

当 $\varphi = 60°$时，由于 $AB = \sqrt{3}OA$，OA 恰与 AB 垂直，作出速度平行四边形如图8-12b所示，由几何关系可得

$$v_B = \frac{v_A}{\cos 30°} = \frac{2\sqrt{3}}{3}\omega r$$

当 $\varphi = 90°$时，$\boldsymbol{v}_A$ 与 $\boldsymbol{v}_B$ 的方向一致，而 $\boldsymbol{v}_{BA}$ 又垂直于 AB，其速度平行四边形退化成一直线段，如图8-12c所示，显然有

$$v_B = v_A = \omega r$$

此时，$v_{BA} = 0$。杆 AB 的角速度为零，A、B 两点的速度大小、方向都相同，连杆 AB 具有平动刚体的一些特征。但杆 AB 只在此瞬时有 $\boldsymbol{v}_B = \boldsymbol{v}_A$，其他时刻则不然，因此，称此时连杆 AB 的运动为**瞬时平动**。

用速度投影定理求解 B 点的速度 v_B：

当 $\varphi = 60°$ 时，$\boldsymbol{v}_A$ 方向与 AB 一致，$\boldsymbol{v}_B$ 方向与 AB 成 $30°$ 夹角，由速度投影定理有 $v_A = v_B\cos30°$，即可得到 $v_B = \dfrac{v_A}{\cos30°} = \dfrac{2\sqrt{3}}{3}\omega r$。

当 $\varphi = 0°$ 时，$\boldsymbol{v}_A$ 垂直于 AB，$\boldsymbol{v}_B$ 沿 AB 方向，由速度投影定理可得 $v_B = 0$。

当 $\varphi = 90°$ 时，$\boldsymbol{v}_A$ 与 $\boldsymbol{v}_B$ 的方向一致，均为水平方向，与直线 AB 具有相同的夹角，所以 $v_B = v_A = \omega r$。

例 8-3　图 8-13a 所示的行星轮系中，齿轮 I 固定，半径为 $r_1 = 0.25\mathrm{m}$；行星轮 II 在系杆 OA 带动下沿齿轮 I 只滚动而不滑动，齿轮 II 半径为 $r_2 = 0.15\mathrm{m}$。系杆 OA 角速度 $\omega_O = 2\mathrm{rad/s}$。试求轮 II 的角速度 ω_2 及其上 B、C 两点的速度。

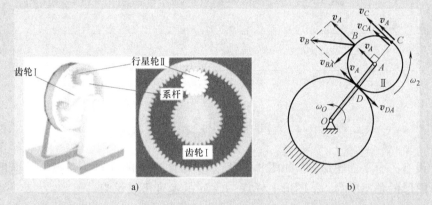

图 8-13　例 8-3 图

解　行星轮 II 做平面运动，其上 A 点的速度与系杆 OA 上 A 点的速度一致
$$v_A = \omega_O \cdot OA = \omega_O(r_1 + r_2) = 0.8\mathrm{m/s}$$
方向如图 8-13b 所示。

以 A 为基点，齿轮 II 上与齿轮 I 的接触点 D 的速度应为
$$\boldsymbol{v}_D = \boldsymbol{v}_A + \boldsymbol{v}_{DA}$$

由于齿轮 I 固定不动，接触点 D 不滑动，显然 $v_D = 0$，因而，$\boldsymbol{v}_{DA}$ 大小为 $v_{DA} = v_A = \omega_O(r_1 + r_2) = 0.8\mathrm{m/s}$，方向与 $\boldsymbol{v}_A$ 相反，如图所示。$\boldsymbol{v}_{DA}$ 为 D 点绕基点 A 的转动速度，应有 $v_{DA} = \omega_2 \cdot DA = \omega_2 r_2$，由此可得
$$\omega_2 = \frac{v_{DA}}{DA} = \frac{\omega_O(r_1 + r_2)}{r_2} = 5.33\mathrm{rad/s}$$

为逆时针转向，如图所示。

以 A 为基点，B 点的速度为

$$\boldsymbol{v}_B = \boldsymbol{v}_A + \boldsymbol{v}_{BA}$$

而 $v_{BA} = \omega_2 BA = \omega_O(r_1 + r_2) = v_A = 0.8\text{m/s}$，方向与 $\boldsymbol{v}_A$ 垂直，如图所示。因此，$\boldsymbol{v}_B$ 与 $\boldsymbol{v}_A$ 的夹角为 45°，指向如图所示，大小为

$$v_B = \sqrt{2}v_A = \sqrt{2}\omega_O(r_1 + r_2) = 1.131\text{m/s}$$

以 A 为基点，C 点的速度为

$$\boldsymbol{v}_C = \boldsymbol{v}_A + \boldsymbol{v}_{CA}$$

而 $v_{CA} = \omega_2 \cdot AC = \omega_O(r_1 + r_2) = v_A = 0.8\text{m/s}$，方向与 $\boldsymbol{v}_A$ 一致，所以

$$v_C = v_A + v_{CA} = 2\omega_O(r_1 + r_2) = 1.6\text{m/s}$$

由于 B、C 两点速度的方向不是很明确，所以，此题不宜用速度投影定理求 B、C 两点的速度。

第三节　求平面图形内各点速度的瞬心法

设有一个平面图形 S，如图 8-14 所示。取图形上的 A 点为基点，其速度为 $\boldsymbol{v}_A$，图形的角速度为 ω，图形上任意一点 M 的速度可表示为

$$\boldsymbol{v}_M = \boldsymbol{v}_A + \boldsymbol{v}_{MA}$$

如果 M 点在 $\boldsymbol{v}_A$ 的垂线 AN 上，由图可看出，$\boldsymbol{v}_A$ 与 $\boldsymbol{v}_{MA}$ 共线、方向相反，故 $\boldsymbol{v}_M$ 的大小为

$$v_M = v_A - \omega \cdot AM$$

由上式可知，随着 M 点在垂线 AN 上的位置不同，$\boldsymbol{v}_M$ 的大小也不同，因此，可找到一点 C，使 $AC = \dfrac{v_A}{\omega}$，则

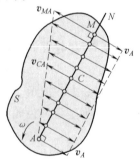

图 8-14　M 点的速度

$$v_C = v_A - AC \cdot \omega = 0$$

于是可见，一般情况下，在每一瞬时平面图形内（或其延拓部分上）都唯一地存在一个速度为零的点，称为瞬时速度中心，简称为速度瞬心。

平面运动的刚体，每一瞬时在图形内都存在速度等于零的一点 C，有 $v_C =$

0。将 C 点作为基点，则图 8-15c 中所示 A、B、D 等各点的速度分别为

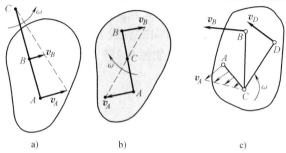

图 8-15　以 C 点作为基点

$$v_A = v_{AC}, \quad v_B = v_{BC}, \quad v_D = v_{DC}$$

此时图形上各点的速度分布与图形绕速度瞬心做定轴转动的情况完全相同。

由于平面图形绕任意点转动的角速度都相等，因此，图形绕速度瞬心 C 转动的角速度等于图形绕任一基点转动的角速度，设角速度为 ω，有

$$v_A = v_{AC} = \omega \cdot AC, \quad v_B = v_{BC} = \omega \cdot BC, \quad v_D = v_{DC} = \omega \cdot DC$$

这样，平面图形的运动可视为绕图形速度瞬心的瞬时转动。利用速度瞬心求解平面图形内点的速度的方法称为速度瞬心法，简称为瞬心法。

应该强调指出，刚体做平面运动时，在每一瞬时，平面内必有一点为速度瞬心；但是，在不同的瞬时，速度瞬心在平面内的位置是不同的。例如图 8-16 所示，鸡蛋滚动中，速度瞬心为与地面接触点，在不同的瞬时，速度瞬心的位置不同。

综上所述可知，如果已知平面图形在某一瞬时的速度瞬心位置和角速度，则在该瞬时，图形内任一点的速度可以完全确定。在解题时根据机构的几何条件，确定速度瞬心位置的方法有下列几种：

1）平面图形沿一固定面做纯滚动，如图 8-17 所示。图形与固定面的接触点 C 与固定面相对速度为零，C 点就是图形的速度瞬心。车轮在滚动过程中，轮缘上的各点相继与地面接触而成为车轮在不同时刻的速度瞬心。

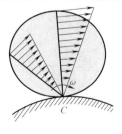

图 8-16　鸡蛋滚动

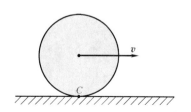

图 8-17　纯滚动的瞬心

2）已知图形内任意两点 A 和 B 的速度的方向，如图 8-18a 所示，速度瞬心 C 的位置必在每一点速度的垂线上。因此在图中，通过 A 点，作垂直于 $\boldsymbol{v}_A$ 方向的直线 Aa；再通过点 B，作垂直于 $\boldsymbol{v}_B$ 方向的直线 Bb，设两条直线交于 C 点，则 C 点就是平面图形的速度瞬心。同理，如图 8-18b 所示，可以得到 AB 杆的速度瞬心 C_{AB}，以及 BD 的速度瞬心 C_{BD}。

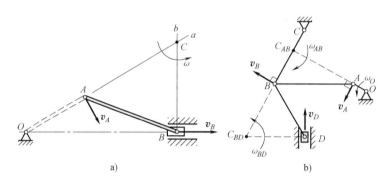

图 8-18　已知两点速度方向时的瞬心

3）已知图形上两点 A 和 B 的速度相互平行，并且速度的方向垂直于两点的连线 AB，如图 8-19 所示，则速度瞬心必定在连线 AB 与速度矢 $\boldsymbol{v}_A$ 和 $\boldsymbol{v}_B$ 端点连线的交点 C 上，因此，欲确定图 8-19a 所示齿轮的速度瞬心 C 的位置，不仅需要知道 $\boldsymbol{v}_A$ 和 $\boldsymbol{v}_B$ 的方向，而且还需要知道它们的大小。

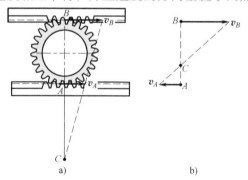

图 8-19　两点速度方向平行且垂直于两点连线时的瞬心

当 $\boldsymbol{v}_A$ 和 $\boldsymbol{v}_B$ 同向时，图形的速度瞬心 C 在 BA 的延长线上（图8-19a）；当 $\boldsymbol{v}_A$ 和 $\boldsymbol{v}_B$ 反向时，图形的速度瞬心 C 在 A、B 两点之间，如图8-19b 所示。

4）某一瞬时，图形 A、B 两点的速度相等，即 $v_A = v_B$，如图 8-20 所示，则图形的速度瞬心在无穷远处。在该瞬时，图形上各点的速度分布如同图形做平动时的情形，故称为**瞬时平动**。必须注意，此瞬时各点的速度虽然相同，但加速度却各不相同。

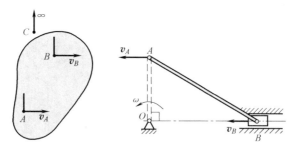

图 8-20 瞬时平动

例 8-4 车轮沿直线轨道做纯滚动，如图 8-21 所示。已知车轮轮心 O 的速度为 $v_O = 20\text{m/s}$，半径 $R = 0.6\text{m}$，$r = 0.4\text{m}$，求车轮上 A_1、A_2、A_3、A_4 各点的速度，其中 A_2、O、A_4 三点在同一水平线上，A_1、O、A_3 三点在同一铅垂线上。

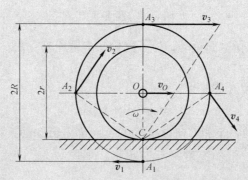

图 8-21 例 8-4 图

解 因为车轮只滚动不滑动，故车轮与轨道的接触点 C 就是车轮的速度瞬心。令 ω 为车轮绕速度瞬心转动的角速度，因为 $v_O = \omega r$，从而求得车轮的角速度大小为 $\omega = v_O / r$，转向如图所示。

图 8-21 中各点的速度大小分别如下：

$$v_1 = A_1 C \cdot \omega = \frac{R-r}{r} v_O = \frac{0.6-0.4}{0.4} \times 20\text{m/s} = 10\text{m/s}$$

$$v_2 = A_2 C \cdot \omega = \frac{\sqrt{R^2+r^2}}{r} v_O = \frac{\sqrt{0.6^2+0.4^2}}{0.4} \times 20\text{m/s} = 36.1\text{m/s}$$

$$v_3 = A_3 C \cdot \omega = \frac{R+r}{r} v_O = \frac{0.6+0.4}{0.4} \times 20\text{m/s} = 50\text{m/s}$$

$$v_4 = A_4 C \cdot \omega = \frac{\sqrt{R^2+r^2}}{r} v_O = \frac{\sqrt{0.6^2+0.4^2}}{0.4} \times 20\text{m/s} = 36.1\text{m/s}$$

其方向分别垂直于 $A_1 C$、$A_2 C$、$A_3 C$ 和 $A_4 C$，指向如图所示。

例 8-5 椭圆规尺的 A 端以速度 v_A 沿 x 轴的负向运动，如图 8-22 所示。已知 $AB = l$，求 B 端的速度 v_B 及规尺的角速度 ω。

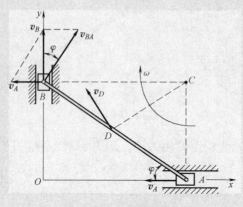

图 8-22 例 8-5 图

解 椭圆规 AB 做平面运动，为了比较，本题用基点法、瞬心法和速度投影定理分别求解。

(1) **基点法** 以 A 为基点，有

$$v_B = v_A + v_{BA}$$

在本题中，v_A 的大小和方向以及 v_B 的方向都是已知的，再加上 v_{BA} 的方向垂直于 AB 这一要素，可作速度平行四边形，如图 8-22 所示。由图中几何关系可得

$$v_B = \frac{v_A}{\tan\varphi}, \quad v_{BA} = \frac{v_A}{\sin\varphi}$$

杆 AB 的角速度为 ω，$v_{BA} = AB \cdot \omega$，由此可得

$$\omega = \frac{v_{BA}}{AB} = \frac{v_{BA}}{l} = \frac{v_A}{l\sin\varphi} \quad (\text{顺时针})$$

(2) **瞬心法** 分别作 A 和 B 两点速度的垂线，两条直线的交点 C 就是图形 AB 的速度瞬心，如图 8-22 所示。于是，图形的角速度为

$$\omega = \frac{v_A}{AC} = \frac{v_A}{l\sin\varphi} \quad (\text{顺时针})$$

B 点的速度为

$$v_B = BC \cdot \omega = BC \cdot \frac{v_A}{AC} = \frac{v_A}{\tan\varphi}$$

用瞬心法也可求出平面图形内任意一点的速度，例如杆 AB 的中点 D 的速度为

$$v_D = DC \cdot \omega = \frac{l}{2} \frac{v_A}{l\sin\varphi} = \frac{v_A}{2\sin\varphi}$$

其方向垂直于 DC，且指向图形转动的一方，如图 8-22 所示。

（3）速度投影定理　由速度投影定理$[v_B]_{AB} = [v_A]_{AB}$可得 $v_A\cos\varphi = v_B\sin\varphi$，

所以 $v_B = \dfrac{v_A}{\tan\varphi}$。

但是用速度投影定理难以求出 AB 杆上其他点的速度及 AB 杆的角速度。

如果需要研究由几个平面图形组成的平面机构，则可依次对每一个平面图形进行速度分析。应该注意，每一个平面图形都有它自己的速度瞬心和角速度，因此，每求出一个速度瞬心和角速度，应该明确标出它是哪一个图形的速度瞬心和角速度，不可混淆。

总结：基点法、瞬心法、速度投影定理在速度分析中，各有优缺点。基点法是最基本的方法，但运算较为复杂；瞬心法最方便，在许多情况下都能方便地使用；速度投影定理最简单，但使用的前提条件是一点速度的大小、方向均已知，另一点速度的方向已知。

第四节　用基点法求平面图形内各点的加速度

现在讨论平面图形内各点的加速度。

如前所述，图 8-23 所示平面图形 S 的运动可分解为两部分：①随同基点 A 的平动（牵连运动）；②绕基点 A 的转动（相对运动）。于是，平面图形内任一点 B 的运动也由两个运动合成，它的加速度可用加速度合成定理求出。

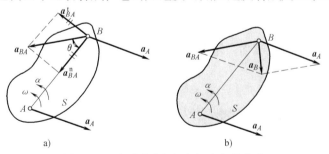

图 8-23　平面图形内各点加速度的合成

a) $a_{BA} = a_{BA}^t + a_{BA}^n$　b) $a_B = a_A + a_{BA}$

由于牵连运动为平动，B 点的牵连加速度等于基点 A 的加速度 a_A；B 点的相对加速度 a_{BA} 是该点随图形绕基点 A 转动的加速度，可分为切向加速度 a_{BA}^t 与法向

加速度 a_{BA}^n 两部分（图 8-23a）。于是用基点法求点的加速度的合成公式可表示为

$$a_B = a_A + a_{BA}^t + a_{BA}^n \qquad (8\text{-}4)$$

即：平面图形内任一点的加速度等于基点的加速度与该点随图形绕基点转动的切向加速度和法向加速度的矢量和。

式（8-4）中，a_{BA}^t 为 B 点绕基点 A 转动的切向加速度，方向垂直于 AB（图 8-23a），大小为

$$a_{BA}^t = AB \cdot \alpha \qquad (8\text{-}5)$$

式中，α 为平面图形的角加速度。

a_{BA}^n 为 B 点绕基点 A 转动的法向加速度，指向基点 A，大小为

$$a_{BA}^n = AB \cdot \omega^2 \qquad (8\text{-}6)$$

式中，ω 为平面图形的角速度。

式（8-4）为平面内的矢量方程，通常可向两个正交的坐标轴投影，得到两个代数方程，可以求解两个未知量。由于式（8-4）中有八个要素，a_{BA}^t、a_{BA}^n 的方向总是已知的，所以，只需要知道其他四个要素，方程就可求解。

例 8-6 如图 8-24 所示，车轮在地面上做纯滚动，已知轮心 O 在图示瞬时的速度为 v_O，加速度为 a_O，轮子半径为 R。试求车轮上速度瞬心的加速度。

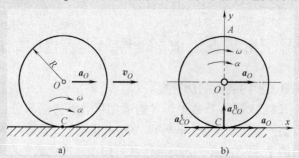

图 8-24 例 8-6 图

解 因为轮子做纯滚动，轮子的速度瞬心为 C，所以轮子的角速度为

$$\omega = \frac{v_O}{R}$$

当 v_O 随时间 t 而改变时，ω 也随之改变，所以轮子的角加速度可写为

$$\alpha = \frac{\mathrm{d}\omega}{\mathrm{d}t} = \frac{1}{R}\frac{\mathrm{d}v_O}{\mathrm{d}t} = \frac{a_O}{R}$$

车轮做平面运动，轮心 O 的加速度已知，取 O 点为基点，则速度瞬心点 C 的加速度为

$$a_C = a_O + a_{CO}^t + a_{CO}^n$$

式中，a_O 的大小给定、方向水平向右；a_{CO}^t 和 a_{CO}^n 的方向也已知（图8-24b），大小分别为

$$a_{CO}^t = R\alpha = R\frac{a_O}{R} = a_O, \quad a_{CO}^n = R\omega^2 = R\left(\frac{v_O}{R}\right)^2 = \frac{v_O^2}{R}$$

取直角坐标轴 xCy，如图 8-24b 所示，将矢量方程分别向 x、y 坐标轴上投影可得

$$a_{Cx} = a_O - a_{CO}^t = a_O - a_O = 0, \quad a_{Cy} = a_{CO}^n = \frac{v_O^2}{R}$$

因此，速度瞬心 C 点的加速度大小为

$$a_C = \frac{v_O^2}{R}$$

其方向沿 CO 指向 O 点。

所以，当车轮在地面上做纯滚动时，接触点即速度瞬心，其瞬时速度为零，但加速度不为零。图 8-24 中，速度瞬心 C 的加速度指向轮心 O，大小为 $a_C = \dfrac{v_O^2}{r}$。

例 8-7　图 8-25 所示机构中，曲柄 OA 以匀角速度 ω_0 绕定轴 O 转动，通过连杆 AB 带动半径为 R 的滚子沿水平固定面做纯滚动。已知 $OA = R$，$AB = 2R$，试求当曲柄 OA 在图示竖直位置时，滚子的角速度和角加速度。

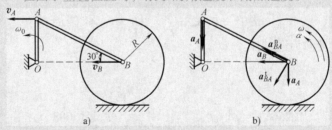

图 8-25　例 8-7 图

解　曲柄 OA 绕轴 O 做定轴转动，连杆 AB 做平面运动，滚子做纯滚动。

在图 8-25a 所示位置，连杆 AB 上 A、B 两点的速度都是沿水平方向向左，相互平行，故知连杆 AB 做瞬时平动，于是有 $\omega_{AB} = 0$，$v_B = v_A = \omega_0 R$。

滚子做纯滚动，其角速度为 $\omega_B = v_B/R = \omega_0$。

选取连杆 AB 为研究对象，以 A 点为基点，由式（8-4），得 B 点的加速度

$$a_B = a_A + a_{BA}^t + a_{BA}^n$$

式中，$a_{BA}^n = AB \cdot \omega_{AB}^2 = 0$，$a_A = R\omega_0^2$。将上式两边向 AB 方向投影，有

$$a_B \cos 30° = -a_A \cos 60°$$

解得 B 点加速度 $a_B = -0.577\omega_0^2 R$，负号表示 $\boldsymbol{a}_B$ 的实际方向与图中所设方向相反。

滚子的角加速度 $\alpha = \dfrac{a_B}{R} = -0.577\omega_0^2$，为顺时针转向。

例 8-8 求例 8-1 机构在图 8-26 所示瞬时 B 点的加速度、连杆 AB 及杆 CB 的角加速度。

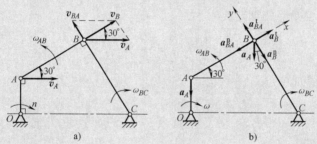

图 8-26 例 8-8 图

解 例 8-1 中，曲柄长 $OA = 0.3\text{m}$，连杆长 $AB = 0.7\text{m}$，摇杆长 $BC = 0.7506\text{m}$。$v_A = 1.256\text{m/s}$，方向垂直于 OA；$v_B = v_A \cos 30° = 1.088\text{m/s}$。$BC$ 杆此时的角速度为 $\omega_{BC} = 1.45\text{rad/s}$，转向为顺时针。

相对速度 $v_{BA} = v_A \sin 30° = 0.628\text{m/s}$。$AB$ 杆在此瞬时的角速度为 $\omega_{AB} = 0.897\text{rad/s}$，转向为逆时针。

A 点加速度已知，取 A 点为基点，分析 B 点的加速度。根据加速度公式

$$a_B = a_B^t + a_B^n = a_A + a_{BA}^t + a_{BA}^n \tag{1}$$

式中，$a_A = \dfrac{v_A^2}{OA} = \dfrac{1.256^2}{0.3}\text{m/s}^2 = 5.26\text{m/s}^2$；$a_B^n = \dfrac{v_B^2}{CB} = \dfrac{1.088^2}{0.7506}\text{m/s}^2 = 1.577\text{m/s}^2$；$a_{BA}^n = AB \cdot \omega_{AB}^2 = 0.7 \times 0.897^2\text{m/s}^2 = 0.563\text{m/s}^2$。$a_B^t$、$a_{BA}^t$ 大小未知，方向假设如图 8-26b 所示。

将式（1）向投影轴 Bx 投影，得 $a_B^t = -a_A \sin 30° - a_{BA}^n$，解得 $a_B^t = -a_A \sin 30° - a_{BA}^n = -3.19\text{m/s}^2$，负号说明 a_B^t 与图中假设方向相反。

将式（1）向 By 轴投影，得 $-a_B^n = -a_A \cos 30° + a_{BA}^t$，代入数值，解得 $a_{BA}^t = a_A \cos 30° - a_B^n = 2.98\text{m/s}^2$。

B 点的全加速度 $a_B = \sqrt{(a_B^n)^2 + (a_B^t)^2} = \sqrt{(1.577)^2 + (-3.19)^2}\text{m/s}^2 = 3.56\text{m/s}^2$。

杆 AB 的角加速度大小为 $\alpha_{AB} = \dfrac{a_{BA}^{t}}{AB} = \dfrac{2.98}{0.7}\text{rad/s}^{2} = 4.26\text{rad/s}^{2}$，转向为逆时针；杆 CB 的角加速度大小为 $\alpha_{CB} = \dfrac{|a_{B}^{t}|}{CB} = \dfrac{3.19}{0.7506}\text{rad/s}^{2} = 4.25\text{rad/s}^{2}$，转向为逆时针。

小　结

刚体内任意一点在运动过程中始终与某一固定平面保持不变的距离，这种运动称为刚体的平面运动。平行于固定平面所截出的任何平面图形都可代表此刚体的运动。

平面图形内任一点的速度，等于基点的速度与该点随图形绕基点相对转动速度的矢量和，即

$$\boldsymbol{v}_{B} = \boldsymbol{v}_{A} + \boldsymbol{v}_{BA}$$

一般情况下，在每一瞬时平面图形内（或其延拓部分上）都唯一地存在一个速度为零的点，称为瞬时速度中心，简称为速度瞬心。平面图形的运动可视为绕图形速度瞬心的瞬时转动。

速度投影定理 $\qquad [\boldsymbol{v}_{B}]_{AB} = [\boldsymbol{v}_{A}]_{AB}$

平面图形内任一点的加速度，等于基点的加速度与该点随图形绕基点转动的切向加速度和法向加速度的矢量和，即

$$\boldsymbol{a}_{B} = \boldsymbol{a}_{A} + \boldsymbol{a}_{BA}^{t} + \boldsymbol{a}_{BA}^{n}$$

习　题

8-1　刚体的平动和定轴转动都是平面运动的特例吗？

8-2　刚体的平面运动可分解为哪两种运动？它们与基点的选择是否有关？

8-3　平面运动刚体绕瞬心的转动和刚体绕定轴转动有何异同？

8-4　平面图形上点的速度有哪三种求法？哪种方法是最基本的方法？

8-5　"平面图形速度瞬心的速度为零，而加速度又等于速度对时间的一阶导数，所以速度瞬心的加速度也为零"，这个表述错在哪里？

8-6　判断图 8-27 中所标示的刚体上各点速度的方向是否可能？

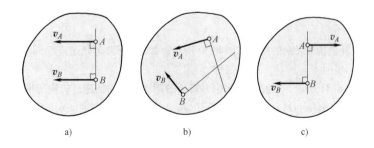

a)　　　　　　　　b)　　　　　　　　c)

图 8-27　习题 8-6 图

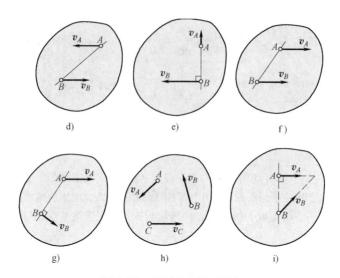

d)   e)   f)

g)   h)   i)

图 8-27 习题 8-6 图（续）

8-7 椭圆规尺 AB 由曲柄 OC 带动，曲柄以角速度 $\omega = 1\text{rad/s}$ 绕 O 轴匀速转动，如图 8-28 所示。$OC = BC = AC = 15\text{cm}$，初始瞬时 OC 与 x 轴正向一致。若取 C 为基点，试写出椭圆规尺 AB 的平面运动方程，并求当 $\omega t = 45°$ 时，滑块 A 的速度。

8-8 图 8-29 所示四连杆机构中，$AB = 2OA = 2CB = 0.3\text{m}$，曲柄 OA 的角速度为 $\omega = 2\text{rad/s}$（逆时针）。试求当 $\angle AOC = 90°$ 而 CB 位于 OC 延长线上时，连杆 AB 和曲柄 CB 的角速度。

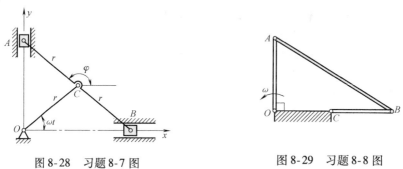

图 8-28 习题 8-7 图   图 8-29 习题 8-8 图

8-9 四连杆机构 $ABCD$ 的尺寸如图 8-30 所示。如 AB 杆以匀角速度 5rad/s 绕轴 A 转动，求机构在图示位置时 C 点的速度和 DC 杆的角速度。

8-10 如图 8-31 所示，在筛动机构中，筛子的摆动是由曲柄连杆机构所带动的。已知曲柄 OA 的转速 $\omega = 5\text{rad/s}$，$OA = 0.25\text{m}$。当筛子 BC 运动到与 O 点在同一水平线上时，$\angle BAO = 90°$。求此瞬时筛子 BC 的速度。

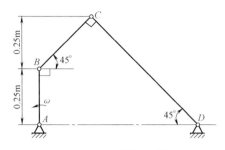

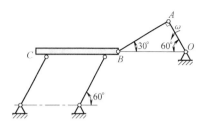

图 8-30　习题 8-9 图　　　　　　　　图 8-31　习题 8-10 图

8-11　如图 8-32 所示，在两齿条间夹一齿轮，其半径为 $r = 0.24\text{m}$。求齿轮的角速度及其中心 O 的速度。

（1）两齿条以速度 $v_1 = 3.6\text{m/s}$ 和 $v_2 = 2.4\text{m/s}$ 同方向向右运动。

（2）两齿条中，速度 $v_1 = 3.6\text{m/s}$ 向右方向运动，$v_2 = 2.4\text{m/s}$ 向左方向运动。

8-12　如图 8-33 所示，曲柄摇块机构中，曲柄 OA 以角速度 ω_0 绕 O 轴转动，带动连杆 AC 在摇块 B 内滑动，摇块及与其刚联的 BD 杆则绕 B 铰转动，杆 BD 长 l。求在图示位置时摇块的角速度及 D 点的速度。（提示：连杆 AC 上的 B 点速度方向沿 CA）

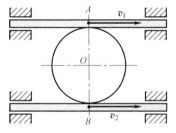

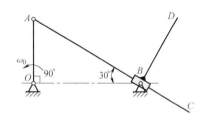

图 8-32　习题 8-11 图　　　　　　图 8-33　习题 8-12 图

*8-13**　半径为 r 的圆柱形滚子沿半径为 R 的圆弧槽做纯滚动。在图 8-34 所示瞬时，滚子中心 C 的速度为 $\boldsymbol{v}_C$，切向加速度为 $\boldsymbol{a}_C^{\text{t}}$。求这时：

（1）接触点 A 的速度、加速度。

（2）OA 连线上 B 点的速度、加速度。

8-14　图 8-35 所示瓦特行星机构中，杆 OA 绕轴 O 转动，并借连杆 AB 带动 BD 杆绕轴 D 转动。齿轮 Ⅱ 与连杆 AB 固连，齿轮 Ⅰ 装在轴 D 上。齿轮 Ⅰ、Ⅱ 的节圆半径均为 $r = 0.6\text{m}$，$OA = 1\text{m}$，$AB = 2\text{m}$；杆 OA 的角速度 $\omega = 4\text{rad/s}$。试求图示位置 BD 杆和齿轮 Ⅰ 的角速度。

8-15　如图 8-36 所示，滚压机构的滚子沿水平面做纯滚动。已知曲柄 OA 长 r，以匀转速 $n = 30\text{r/min}$ 转动。连杆 AB 长 $l = \sqrt{3}r$，滚子半径 $R = r$。求在图示位置时滚子的角速度及角加速度。

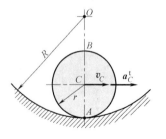

图 8-34　习题 8-13 图

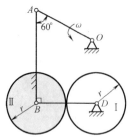

图 8-35　习题 8-14 图

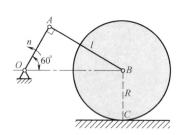

图 8-36　习题 8-15 图

8-16　半径均为 r 的两轮用长为 l 的杆 AB 相连，如图 8-37 所示。前轮轮心 O_1 匀速运动，其速度为 $\boldsymbol{v}$，两轮皆做纯滚动。求图示位置时，后轮的角速度与角加速度。

8-17　如图 8-38 所示，曲柄连杆机构中，曲柄 OA 长 20cm，以匀角速度 $\omega_0 = 10\text{rad/s}$ 转动，带动长为 100cm 的连杆 AB，使滑块 B 沿铅垂方向运动。求在图示位置时连杆 AB 的角速度、角加速度及滑块 B 的加速度。

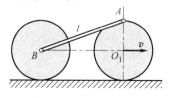

图 8-37　习题 8-16 图

8-18　平面机构的曲柄 OA 长为 0.6m，以匀角速度 $\omega_0 = 2\text{rad/s}$ 绕 O 轴转动。在图 8-39 所示位置时，$AB = BO$，并且 $\angle OAD = 90°$。求此时套筒 D 相对于杆 BC 的速度。

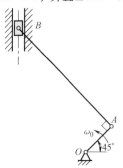

图 8-38　习题 8-17 图

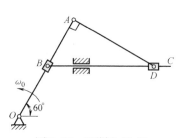

图 8-39　习题 8-18 图

8-19　如图 8-40 所示，在外啮合行星齿轮机构中，系杆 $O_1O = 1\text{m}$，以匀角速度 $\omega = 1\text{rad/s}$ 绕 O_1 轴转动。大齿轮 II 固定，行星轮 I 半径为 $r = 0.4\text{m}$，在轮 II 上只滚不滑。设 A、B 是轮 I 边缘上的两点，A 点在 O_1O 的延长线上，而 B 点则在垂直于 O_1O 的半径上。求 A、B 两点的加速度。

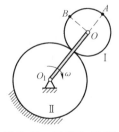

图 8-40　习题 8-19 图

第三篇 动 力 学

在第一篇静力学中，研究了物体的平衡问题，但没有考虑物体在不平衡的力系作用下将会如何运动。在第二篇运动学中，只研究了物体运动的几何性质，而没有考虑物体运动与作用在物体上的力之间的关系。在第三篇动力学中，将要研究物体机械运动的变化和作用在物体上的力之间的关系。动力学知识在工程实际中应用比较广泛，动力机械设计、结构动力学分析等都需要以动力学理论为基础，计算机硬盘、赛车、帆船等的设计也离不开动力学知识。图Ⅲ-1所示为计算机硬盘外观及其生产现场。

a) b)

图Ⅲ-1 计算机硬盘

a）硬盘外观 b）生产计算机硬盘

动力学问题主要可以用如下三种方法研究：

（1）动力学基本定律，即牛顿三定律。

（2）动力学普遍定理，即动量定理、动量矩定理、动能定理。

（3）达朗贝尔原理，列写平衡方程。

在动力学中经常用到质点和质点系两种力学模型。质点是指具有一定质量的几何点，质点系是指有限多或无限多个相互联系的质点所组成的系统。刚体可以看作是由无数个质点组成，且其中任何两质点间的距离均保持不变的系统，故称为不变质点系；机构、流体（包括液体和气体）等则称为可变质点系。动力学的内容包括质点动力学和质点系动力学两大部分。

第九章

质点动力学

质点动力学研究作用于质点上的力和质点运动之间的关系。本章在阐述动力学基本定律的基础上建立质点运动微分方程，并着重讨论应用质点运动微分方程求解质点动力学正问题、逆问题的方法。

第一节　动力学基本定律

牛顿总结了前人、特别是伽利略等人研究的成果，在其名著《自然哲学的数学原理》中提出牛顿运动三定律，这三条定律是动力学最基本的规律。**图 9-1** 所示为动力学创始人及伽利略卫星。

第一定律　质点如不受其他物体的作用，则始终保持其静止或匀速直线运动的状态。

a)　　　　　　　　　　b)　　　　　　　　　　c)

图 9-1　动力学创始人及伽利略卫星

a）牛顿　b）伽利略　c）为纪念伽利略而命名的卫星

第一定律表明任何物体（质点）都具有保持其静止或匀速直线运动状态不变的特性。物体的这个特性称为**惯性**，因此，牛顿第一定律也称为**惯性定律**。而物体的匀速直线运动则称为**惯性运动**。**第一定律还表明了力是改变物体运动速度（即获得加速度）的外部原因。在分析实际问题时，可以将物体不受外力作用理解为物体受到平衡力系的作用。**

日常生活和工程技术的实践证明，地球上的物体相对固连于地球的坐标系运动时，多数都足够精确地遵从牛顿运动定律。但当研究航天器绕地球的轨道运动以及洲际导弹的飞行等问题时，由于物体运动的范围相当大，这时地球自转产生的影响比较显著，如果还把固连于地球的坐标系作为惯性坐标系，将会产生较大的误差。因此，对于需要考虑地球自转影响的问题，应当取地心-恒心坐标系（以地心为原点，三根轴指向三个恒星中心的坐标系）；在研究天体问题时，则应取日心-恒心坐标系。由于惯性定律是牛顿运动定律最基本的内容，因此，凡是适用于牛顿运动定律的参考坐标系都称为惯性坐标系。

在运动学中，参考坐标系可以考虑解题的方便而任意选取。但在动力学问题求解中，为了应用牛顿运动定律，必须严格选用惯性坐标系。如果取非惯性坐标系而应用牛顿运动定律，将会导致错误的结果。今后，对于一般工程问题，如果没有特别说明，一般都采用与地球固连的坐标系。

第二定律 质点受力作用时所获得的加速度大小与作用力的大小成正比、与质点的质量成反比，加速度的方向与作用力的方向相同。

若质点同时受到几个力的作用，则第二定律中所指的作用力应理解为这几个力的合力。以 a 表示质点的加速度，m 表示质点的质量，$\sum F$ 表示作用于该质点上各力的合力，则在国际单位制下，牛顿第二定律的数学表达式可写为

$$\sum F = ma \tag{9-1}$$

式（9-1）是解决动力学问题的基本依据，故称为**动力学基本方程**。

由式（9-1）可知：同样的力作用在不同质量的质点上，则质量大的获得的加速度小，质量小的获得的加速度大，即质量越大，它的运动状态越不容易改变，也就是说质量越大，惯性越大。可见，质量是质点惯性的度量。质量的单位为千克（kg）。

在地球表面，物体只受重力 G 作用而自由下落时的加速度称为重力加速度，以 g 表示，则由式（9-1）得到物体所受重力与质量的关系为

$$G = mg \tag{9-2}$$

质量和重量是两个完全不同的概念，前者是物体固有的属性，是物体惯性的度量；而后者则是物体所受重力的大小。严格地说，重量与重力加速度都是随着物体在地球上所处位置的纬度、高度和地质情况的不同而有所差异；但质量保持恒定，即重量与重力加速度之比不变。即使太空航天器脱离了地球的引力范围，在重量不存在的情况下，质量仍然存在并保持不变。

失重是人们在自由下落过程中所经历的一种现象，航空航天器在轨道上的失重不是重力消失或大幅度减小的结果。失重现象主要发生在飞行轨道上的航天器内（图9-2）、进行抛物线飞行的飞机内以及物体的自由下降过程中

（图9-3）。物体对支持物的压力小于物体所受重力的现象叫失重，也就是视重小于实际重力。当近地物体加速向下运动时，其实际视重将小于实际重力，称其处于失重状态。当物体以加速度 g 向下加速运动时（自由落体），称其为完全失重状态。

图9-2　在轨航天员

图9-3　跳楼机自由下落

动力学基本方程并不是在任何坐标系中都成立，它只适用于惯性坐标系。

第三定律　两个物体间的作用力和反作用力，总是大小相等、方向相反、沿同一作用线并分别作用在两个物体上。

这个定律也称为作用与反作用定律，它不仅适用于静力学，同样也适用于动力学，它是从质点动力学过渡到质点系动力学的桥梁。

以牛顿运动定律为基础的力学，称为经典力学或牛顿力学。经典力学以牛顿定律为基础，采用了与物质运动无关的所谓"绝对"空间、时间和质量的概念，应用范围有一定的局限性。当物体的运动速度能够与光速相比拟时，必须用相对论力学来代替牛顿力学；在研究原子或更小的基本粒子的运动时，要用量子力学来代替牛顿力学。但是，长期的实践证明，现代一般工程中所遇到的大量力学问题，物体运动的速度都远远低于光速，即便是第一和第二宇宙速度也只分别为 7.9km/s 和 11.2km/s；一般物体的尺寸也大大超过原子的尺度。在这种低速、宏观的范围内，物体运动的速度对空间、时间和质量的影响是微不足道的，应用牛顿力学可以得到足够精确的结果。同相对论力学和量子力学相比，经典力学具有方便简捷的优点，因此，在研究工程问题时，经典力学至今仍有很大的实用意义，并且还在不断地发展。

第二节 质点运动微分方程

牛顿第二定律的表达式为

$$\sum F = ma$$

这个表达式建立了作用力、质点的质量、加速度三者之间的定量关系，是质点动力学问题的基本方程。将加速度 a 表示为包含质点位置坐标对时间的二阶导数，质点动力学基本方程便称为**质点运动微分方程**。

质点在惯性系中的运动微分方程有以下几种形式：

1. 矢量形式

设质量为 m 的质点 M 受合力 $\sum F$ 作用沿空间曲线运动，质点的矢径为 r，如图9-4所示。质点 M 的加速度 $a = \dfrac{\mathrm{d}^2 r}{\mathrm{d}t^2} = \ddot{r}$，根据动力学基本方程 $\sum F = ma$，得到质点运动微分方程的矢量形式

$$\sum F = m\ddot{r} \qquad (9\text{-}3)$$

运用矢量形式的微分方程进行理论分析、推导非常方便，但在求解具

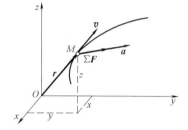

图9-4　质点空间曲线运动的矢量形式

体工程问题时，有时计算困难，并且所得到的解答物理意义不很明确。

2. 直角坐标形式

将式（9-3）投影到固定直角坐标系 $Oxyz$ 的各坐标轴，得到直角坐标形式的质点运动微分方程

$$\begin{cases} m\ddot{x} = \sum F_x \\ m\ddot{y} = \sum F_y \\ m\ddot{z} = \sum F_z \end{cases} \qquad (9\text{-}4)$$

式中，$\sum F_x$、$\sum F_y$、$\sum F_z$ 分别为作用在质点 M 上各力在相应的坐标轴上投影的代数和；x、y、z 为质点 M 的矢径 r 在相应的坐标轴上的投影。

直角坐标形式的运动微分方程，原则上适用于所有的问题，特别适用于利用计算机编程求解，但对某些问题，仍有不方便之处。例如，质点沿球面或柱面运动，用直角坐标就不如用球坐标或柱坐标方便。

3. 自然坐标形式

对于平面运动情况，当点的运动轨迹已知时，在轨迹曲线上任选一点 O 为原点，作弧坐标 s，并规定正、负方向，如图9-5所示。过 M 点作轨迹的切线、法线组成自然轴系，各轴的单位矢量分别为 τ 和 n。将动力学基本方程 $\sum F = ma$

投影到自然轴系上，得到**质点运动微分方程的自然形式**

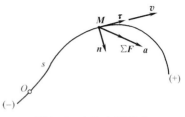

$$\begin{cases} m\ddot{s} = \sum F_{\mathrm{t}} \\ m\dfrac{\dot{s}^2}{\rho} = \sum F_{\mathrm{n}} \end{cases} \qquad (9\text{-}5)$$

图 9-5 自然坐标形式

式中，ρ 为曲线轨迹在 M 点处的曲率半径；$\sum F_{\mathrm{t}}$、$\sum F_{\mathrm{n}}$ 分别为作用在质点 M 上的力在相应的坐标轴上投影的代数和。其中，$a_{\mathrm{t}} = \ddot{s} = \dfrac{\mathrm{d}^2 s}{\mathrm{d}t^2} = \dfrac{\mathrm{d}v}{\mathrm{d}t}$，为质点 M 的加速度 $\boldsymbol{a}$ 在切线正向的投影；$a_{\mathrm{n}} = \dfrac{\dot{s}^2}{\rho} = \dfrac{v^2}{\rho}$，为质点 M 的加速度 $\boldsymbol{a}$ 在主法线正向的投影。

使用质点运动微分方程解决问题时将会看到，质点动力学问题大致可以分为两类：

第一类问题：已知质点的运动，求作用于质点上的力。在这类问题中，质点的运动方程或速度函数是已知的，将其对时间求导数，得到加速度，将加速度代入质点运动微分方程，便可求得未知的作用力。

第二类问题：已知作用于质点的力，求质点的运动。在这类问题中，已知的作用力可以是常力，也可以是变力。变力可能是时间的函数、坐标位置的函数、速度的函数。在求质点的运动时，将已知作用力的函数代入质点运动微分方程后，往往要进行一次或二次积分运算，每积分一次，需要确定一个积分常数。积分常数由质点运动的初始条件确定。初始条件是指在 $t = 0$ 时刻，质点所处的位置和速度，即质点的初位置和初速度。

对于第二类问题，要想求解得出质点的运动规律，除了要给出作用力的函数外，还必须已知质点运动的初始条件。第一类问题涉及求导问题，第二类问题涉及积分问题，所以第二类问题往往麻烦一些，当力的函数关系复杂时，求积分的解析解将变得非常困难，往往需要依靠计算机求出数值解。

在实际工程问题中，由于物体往往受到约束作用，运动和受力两方面都有已知和未知的因素，这时第一类问题和第二类问题就不能截然分开了。

求解质点动力学问题的过程和步骤大致如下：

1）明确研究对象，选择适当的坐标系。

2）进行受力分析并画出正确的受力图。

3）进行运动分析，计算出求解问题所需的位移、速度和加速度。

4）列写质点动力学的运动微分方程，分清是第一类问题还是第二类问题，或是第一、二类混合问题。

5）根据需要对结果进行必要的分析讨论，得出对工程实际有用的结论。

例9-1 质点 M 的质量为 m，在平面内运动规律为

$$x = 3t + \frac{1}{2}at^2, \quad y = t^2 + b\cos\omega t$$

式中，a、b 为已知常数。试求作用于质点 M 上的力。

解 由已知的运动方程可求出质点 M 的加速度 $\boldsymbol{a}$ 在固定坐标轴 Ox 和 Oy 上的投影

$$\ddot{x} = a$$

$$\ddot{y} = 2 - \omega^2 b\cos\omega t$$

代入式 (9-4)，得到作用在质点 M 上的力 $\boldsymbol{F}$ 在 Ox 和 Oy 上的投影

$$F_x = m\ddot{x} = ma$$

$$F_y = m\ddot{y} = m(2 - \omega^2 b\cos\omega t)$$

设 $\boldsymbol{i}$、$\boldsymbol{j}$ 分别为沿 Ox、Oy 轴的单位矢量，则质点 M 所受的力为

$$\boldsymbol{F} = F_x\boldsymbol{i} + F_y\boldsymbol{j} = ma\boldsymbol{i} + m(2 - \omega^2 b\cos\omega t)\boldsymbol{j}$$

例9-2 质量为 m 的质点沿半径为 r 的圆周运动，运动规律为

$$s = s_0 + r\ln(t + 1)$$

式中，s_0 为 $t = 0$ 时弧坐标值。试求作用于该质点的力 $\boldsymbol{F}$ 的大小并表示为时间 t 的函数。

解

$$\frac{\mathrm{d}s}{\mathrm{d}t} = \frac{r}{t+1}, \quad \frac{\mathrm{d}^2s}{\mathrm{d}t^2} = \frac{-r}{(t+1)^2}, \quad \rho = r$$

采用自然坐标形式的质点运动微分方程，由式 (9-5) 得到

$$F_t = m\ddot{s} = -mr\frac{1}{(t+1)^2}$$

$$F_n = m\frac{\dot{s}^2}{\rho} = mr\frac{1}{(t+1)^2}$$

故

$$F = \sqrt{F_t^2 + F_n^2} = \frac{\sqrt{2}mr}{(t+1)^2}$$

例9-3 已知电车的质量 $m = 7500\text{kg}$，运动时阻力 $F_f = 1500\text{N}$，初速度 $v_0 = 0$。司机逐渐开启变阻器增加电动机的驱动力，使电车的牵引力从零起与时间成正比地增加，增速为 1000N/s。试求电车启动时加速运动规律。

解 将电车视为质点，沿轨迹的受力如图 9-6 所示，其中牵引力

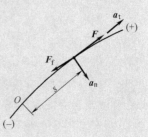

图 9-6 例 9-3 图

$$F = 1000t \tag{1}$$

力 F 的单位为 N，t 以 s 计。

本题以电车质心沿其轨迹的运动规律描述其运动，建立自然坐标系，在切线方向有

$$m\ddot{s} = F - F_t = 1000t - 1500 = 1000(t - 1.5) \tag{2}$$

由于电车是从静止到匀加速运动，由式（2）及静摩擦概念可知 $0 \leqslant t < 1.5\,\mathrm{s}$ 时电车静止；$t \geqslant 1.5\,\mathrm{s}$ 时按照式（2）做加速运动。

将 $m = 7500\,\mathrm{kg}$ 代入式（2）得

$$\mathrm{d}\dot{s} = \frac{2}{15}(t - 1.5)\,\mathrm{d}t \tag{3}$$

用不定积分法积分得

$$\dot{s} = \int \frac{2}{15}(t - 1.5)\,\mathrm{d}t = \frac{1}{15}t^2 - \frac{1}{5}t + C_1 \tag{4}$$

积分常数 C_1 可由初始条件确定。根据已知条件：$t = 1.5\,\mathrm{s}$ 时，$\dot{s} = v_0 = 0$，代入式（4）得到 $C_1 = 3/20$。将式（4）再积分一次得

$$s = \frac{1}{45}t^3 - \frac{1}{10}t^2 + \frac{3}{20}t + C_2 \tag{5}$$

将初始条件 $t = 1.5\,\mathrm{s}$ 时，$s = 0$，代入式（5）得到积分常数 $C_2 = -0.075$。解得电车的运动规律为

$$s(t) = \frac{1}{45}t^3 - \frac{1}{10}t^2 + \frac{3}{20}t - 0.075$$

式中，s 以 m 计；t 以 s 计。

例 9-4　已知地球半径 $R = 6371\,\mathrm{km}$，由地面竖直向上发射火箭，不考虑空气阻力。求火箭能飞出地球引力场进行星际飞行所需的最小初速度。

解　将火箭当作质点，地球对火箭的万有引力大小为

$$F = G\frac{Mm}{r^2} \tag{1}$$

式中，G 为引力常量；M 为地球质量；m 为火箭质量；r 为火箭到地心的距离。

在地面附近有　$r \approx R = 6.371 \times 10^6\,\mathrm{m}$，火箭受到的万有引力等于重力，即

$$G\frac{Mm}{r^2} = mg$$

由此得到引力常量 $G = \dfrac{gR^2}{M}$，代入式（1）得到

$$F = \frac{mgR^2}{r^2} \tag{2}$$

设火箭具有初速度v_0，竖直上升中引力 F 使其减速，如图 9-7 所示。列写火箭运动微分方程

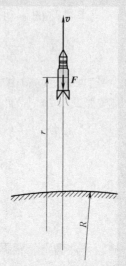

图 9-7 例 9-4 图

$$m \frac{\mathrm{d}v}{\mathrm{d}t} = - \frac{mgR^2}{r^2} \tag{3}$$

因为

$$\frac{\mathrm{d}v}{\mathrm{d}t} = \frac{\mathrm{d}v}{\mathrm{d}r} \frac{\mathrm{d}r}{\mathrm{d}t} = v \frac{\mathrm{d}v}{\mathrm{d}r}$$

代入式（3）并分离变量得到

$$v\mathrm{d}v = - gR^2 \frac{\mathrm{d}r}{r^2}$$

对上式作定积分

$$\int_{v_0}^{v} v\mathrm{d}v = \int_{R}^{r} - gR^2 \frac{\mathrm{d}r}{r^2}$$

得

$$v^2 = v_0^2 - 2gR^2 \left(\frac{1}{R} - \frac{1}{r} \right)$$

如果不考虑其他星体引力，火箭要脱离地球引力场即意味着火箭的末位置可以达到 $r \to \infty$ 而 $v \geq 0$。取 $v = 0$，得到最小初速度

$$v_0 = \sqrt{2gR} = 11.2 \mathrm{km/s}$$

这个速度称为第二宇宙速度。

例9-5 跳伞运动员竖直降落，设开伞后运动员的下降的速度为 v_0，空气阻力 F 与下降速度 v 成正比，求运动员下落的运动规律。

解 如图9-8所示，运动员受到重力 $m\boldsymbol{g}$，竖直降落时受到空气阻力 $-k\boldsymbol{v}$，k 为比例系数（即阻力系数），与降落伞的大小、形状等有关。

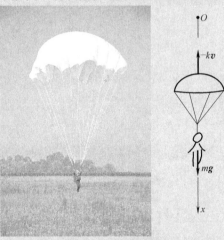

图9-8 例9-5图

取开伞点为坐标原点 O，x 轴铅垂向下，则 $\dot{x}=v$，运动员与降落伞的运动微分方程为

$$m\ddot{x} = mg - k\dot{x} \tag{1}$$

由运动学知 $\dot{x}=v$，$\ddot{x}=\dfrac{\mathrm{d}v}{\mathrm{d}t}$，令 $\dfrac{mg}{k}=c$，则式（1）可以改写为

$$\frac{c}{g}\frac{\mathrm{d}v}{\mathrm{d}t} = c - v$$

分离变量后得到

$$\frac{\mathrm{d}v}{c-v} = \frac{g}{c}\mathrm{d}t$$

积分后得到

$$-\ln(c-v) = \frac{g}{c}t + D_1 \tag{2}$$

式中，D_1 为积分常数。$t=0$ 时，运动方程的初始条件为

$$\dot{x} = v_0, \quad x_0 = 0 \tag{3}$$

将初始条件代入式（2），得到

$$D_1 = -\ln(c-v_0)$$

将上式代回式（2）

$$-\ln(c-v) = \frac{g}{c}t - \ln(c-v_0)$$

整理后得到

$$\ln\frac{c-v}{c-v_0} = -\frac{g}{c}t$$

所以

$$c-v = (c-v_0)e^{-\frac{g}{c}t}$$

这样，得到运动员降落时的速度变化规律

$$v = c - (c-v_0)e^{-\frac{g}{c}t} \tag{4}$$

为了得到运动员下落高度与时间 t 的关系，需要对式（4）再进行一次积分。因 $\frac{\mathrm{d}x}{\mathrm{d}t}=v$，故式（4）可以改写为

$$\mathrm{d}x = \left[c - (c-v_0)e^{-\frac{g}{c}t}\right]\mathrm{d}t$$

积分得到

$$x = ct + \frac{c}{g}(c-v_0)e^{-\frac{g}{c}t} + D_2 \tag{5}$$

积分常数 D_2 由初始条件式（3）确定，即 $0 = c \times 0 + \frac{c}{g}(c-v_0)e^{-\frac{g}{c}\times 0} + D_2$，算得

$$D_2 = -\frac{c(c-v_0)}{g}$$

将 D_2 代入式（5），得到运动员下落时的运动规律

$$x = ct - \frac{c}{g}(c-v_0)(1 - e^{-\frac{g}{c}t})$$

讨论： 由运动员降落时的速度变化规律式（4）可知，降落速度随时间的增加而增大，当 $t\to\infty$ 时，$v=c-(c-v_0)e^{-\frac{g}{c}t}$ 趋近于极限值 $c\left(=\dfrac{mg}{k}\right)$，称为**极限速度**。当运动员下落的速度达到极限速度 c 时，其速度不变，加速度等于 0，运动员匀速下落。实际中，如果不计初速度 v_0，则当时间 $t=4\dfrac{c}{g}$ 时，由式（4）求得 $v=0.982c$，已经非常接近 c。

降低下落速度极限值 $c\left(=\dfrac{mg}{k}\right)$，可以通过增大阻力系数 k，例如增加降落伞面积、改善形状、增加副伞等。

小　结

质量和重量是两个完全不同的概念，质量是物体固有的属性，是物体惯性的度量，而重量则是物体所受重力的大小。

在自由下落过程中，物体对支持物的压力小于物体所受重力的现象叫**失重**。当物体自由落体时，处于完全失重状态。

质点运动微分方程的矢量形式：$\sum \boldsymbol{F} = m\ddot{\boldsymbol{r}}$

直角坐标形式的质点运动微分方程：$\begin{cases} m\ddot{x} = \sum F_x \\ m\ddot{y} = \sum F_y \\ m\ddot{z} = \sum F_z \end{cases}$

质点平面运动微分方程的自然形式为 $ma_t = \sum F_t$，$ma_n = \sum F_n$，切向加速度 $a_t = \ddot{s} = \dfrac{\mathrm{d}^2 s}{\mathrm{d}t^2}$，法向加速度 $a_n = \dfrac{\dot{s}^2}{\rho} = \dfrac{v^2}{\rho}$。

质点动力学第一类问题：已知质点的运动，求作用于质点上的力。质点动力学第二类问题：已知作用于质点的力，求质点的运动。对第一类问题的求解归结为确定质点的加速度，然后代入质点的运动微分方程中，即可求出未知力。求解第二类问题归结为求解微分方程的积分问题，积分常数由运动的初始条件来确定。

习　题

9-1　下列说法是否正确？

（1）运动物体速度大时比速度小时受的力大。

（2）物体朝哪个方向运动，就在哪个方向受力。

（3）物体运动的速率不变，所受合力为 0。

9-2　汽车以恒定不变的速率行驶在路面上，如图 9-9 所示。试问汽车在通过 A、B、C 三点时，对路面的压力哪个最大？哪个最小？

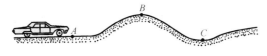

图 9-9　习题 9-2 图

9-3　两个质点质量相同，受相同的力作用，试问在每一个瞬时两质点的速度和加速度是否相同？为什么？

9-4　"质点的速度越大，所受的力也就越大"。这种说法是否正确，为什么？

9-5　在做匀速直线运动的火车车厢上，用细绳悬挂一小球，当火车的运动发生下列改变时，小球的位置将如何改变？

（1）火车的速度增加。

（2）火车的速度减小。

（3）火车向左转弯。

9-6 已知在某高速公路上行驶着的一辆汽车，当速度为 120km/h 时，刹车距离为 83.3m。现在该辆汽车的速度为 180km/h，求此时的刹车距离。（设两种情况下刹车所受阻力相同，均为匀减速运动）

9-7 电梯质量为 2000kg，每层楼高度差为 3.5m。设电梯上升一层过程如下：由静止开始匀加速上升 1s，之后匀速运动 2.5s，最后匀减速上升 1s。试求每个阶段钢索的拉力。（钢索的自重略去不计）

9-8 在加速上升的电梯中用弹簧秤一物体。物体原重 58.8N，而弹簧秤的示数为 61.8N，试求电梯的加速度。

9-9 物块由静止开始沿倾角为 $\alpha = 15°$ 的斜面下滑，如图 9-10 所示。设物块与斜面间的摩擦因数 $\mu = 0.05$，求物块下滑 $L = 1.5m$ 距离所需的时间。

9-10 物块质量 $m = 20kg$，沿斜面以速度 $v = 1.0m/s$ 下滑，如图 9-11 所示。已知斜面倾角 $\alpha = 20°$，动摩擦因数 $\mu = 0.2$。现欲使物块静止，设制动时间为 $t = 2s$，制动过程中物块做匀减速运动，试求此时绳索的拉力。

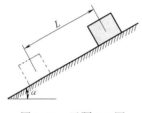

图 9-10 习题 9-9 图

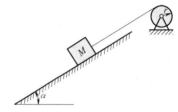

图 9-11 习题 9-10 图

9-11 质量为 m 的球用两根长均为 l 的杆支持，如图 9-12 所示。球和杆一起以匀角速度 ω 绕垂直轴 AB 转动，$AB = 2a$，杆的两端均为铰接，杆的质量忽略不计。求各杆所受的力。

9-12 研细矿石用的球磨机滚筒绕水平轴转动，如图 9-13 所示。已知滚筒直径 $D = 4.0m$，转速 $n = 15r/min$。当滚筒转动时又带动筒内的钢球一起运动，待转到角度 α 时钢球离开滚筒内壁沿抛物线轨迹落下打击矿石。试求 α 的大小。

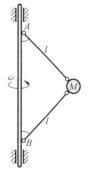

图 9-12 习题 9-11 图

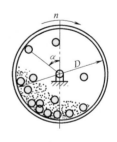

图 9-13 习题 9-12 图

9-13 在图 9-14 所示的曲柄滑槽中，活塞和滑槽的质量总计 48kg，曲柄 OA 长 $r = 0.25m$，绕轴 O 匀速转动，转速 $n = 180r/min$。求当曲柄在 $\varphi = 0$、45° 和 90° 位置时，滑块作用在滑槽上的水平力的大小。

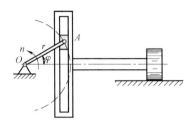

图 9-14　习题 9-13 图

9-14　如图 9-15 所示，单摆的摆长 $l=0.272\text{m}$，摆锤质量 $m=0.5\text{kg}$，按 $\varphi=0.05\sin\sqrt{\dfrac{g}{l}}\,t$（$t$ 以 s 计，φ 以 rad 计，g 为重力加速度）的规律摆动，求摆锤经过最高位置和最低位置的瞬时绳中的张力。

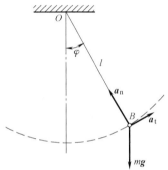

图 9-15　习题 9-14 图

第十章

动 量 定 理

　　动力学基本方程是解决动力学问题的基本方法，但有时采用动量定理、动量矩定理、动能定理解题会更简单方便。

　　本章首先概述动力学普遍定理，叙述动量和冲量的概念，接着介绍动量定理、质心运动定理及其应用。

第一节　动力学普遍定理概述

　　我们知道，许多物体的运动可以视为质点的运动。但在实际问题中，有些物体的运动不能抽象化为一个质点，而必须看成由许多质点组成的系统，如做旋转运动的物体、地雷爆炸等。

　　研究由 n 个质点组成的质点系的动力学问题，从理论上讲，可以列写每一个质点的 3 个运动微分方程，然后将 $3n$ 个方程联立求解，只要知道足够的初始条件，就可以求出该质点系在已知力作用下的运动。但在微分方程数目很多的情况下求解方程会遇到数学上的困难，而只能运用计算机求数值解。对于由无限多个质点组成的质点系，则不可能通过列写每一个质点的运动微分方程来求解。

　　事实上，对于质点系动力学的许多问题，不一定要知道每一个质点的运动，而只要知道作为质点系整体运动的一些特征就可以了。例如，对于由无穷个质点组成的刚体，只要知道刚体质心的运动以及绕质心的转动，就能够完全确定刚体的运动。能够表征质点系整体运动的特征量有动量、动量矩和动能等，**动力学普遍定理**描述了整个质点系的运动特征量与力系对质点系的机械作用（冲量、力矩、功）之间的联系。动力学普遍定理包括动量定理、动量矩定理和动能定理。

　　动力学普遍定理可以从运动微分方程推导得出，最初是各自单独地被人们发现的。本章及第十一、十二章将分别介绍动量定理、动量矩定理和动能定理。

第二节 动量和冲量

1. 动量

质点的质量为 m，速度为 $\boldsymbol{v}$，质量与速度的乘积 $m\boldsymbol{v}$ 称为质点的**动量**。设一质点系有 n 个质点，第 i 个质点 M_i 的质量为 m_i，速度为 $\boldsymbol{v}_i$，对每一个质点的动量求和，得质点系的动量为

$$\boldsymbol{p} = \sum_{i=1}^{n} m_i \boldsymbol{v}_i \tag{10-1}$$

动量是一矢量，在国际单位制中动量的单位为 $\mathrm{kg \cdot m/s}$。

把式（10-1）向直角坐标轴投影，得到

$$\begin{cases} p_x = \sum_{i=1}^{n} m_i v_{ix} = \sum_{i=1}^{n} m_i \dot{x}_i \\[2mm] p_y = \sum_{i=1}^{n} m_i v_{iy} = \sum_{i=1}^{n} m_i \dot{y}_i \\[2mm] p_z = \sum_{i=1}^{n} m_i v_{iz} = \sum_{i=1}^{n} m_i \dot{z}_i \end{cases} \tag{10-2}$$

2. 质心

如图 10-1 所示，设质点系有 n 个质点，取固定参考点 O，第 i 个质点 M_i 的质量为 m_i，对 O 点的矢径为 $\boldsymbol{r}_i$。质点系所有质点的质量和 $M = \sum_{i=1}^{n} m_i$，由矢径

$$\boldsymbol{r}_C = \frac{\sum m_i \boldsymbol{r}_i}{M} \tag{10-3}$$

确定的一点称为**质点系的质量中心**，简称**质心**。

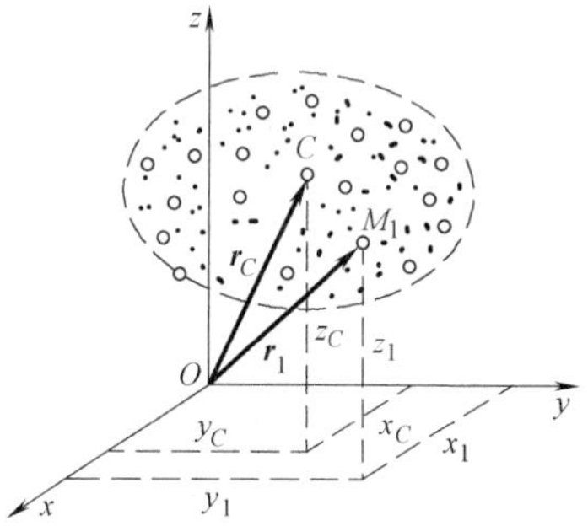

过 O 点取直角坐标系 $Oxyz$，若质点 M_i 的坐标为 (x_i, y_i, z_i)，则质心的坐标公式为

图 10-1 质点系的质心

$$\begin{cases} x_C = \dfrac{\sum m_i x_i}{M} \\[3mm] y_C = \dfrac{\sum m_i y_i}{M} \\[3mm] z_C = \dfrac{\sum m_i z_i}{M} \end{cases} \tag{10-4}$$

式（10-3）、式（10-4）表明，质心 C 的位置与质点系中各质点的质量大小以及分布有关。

3. 内力和外力

质点系中各质点所受的力可分为**内力和外力**。质点系内各质点之间相互作用的力为内力 $\boldsymbol{F}^{(i)}$，质点系以外的物体作用于质点系内各质点上的力为外力 $\boldsymbol{F}^{(e)}$。

质点系的内力具有下列两个性质：

1）质点系所有内力的矢量和等于零，即内力系的主矢等于零。质点系的内力总是成对地出现的，由作用与反作用定律可知，成对的内力必定等值反向，且沿同一作用线，即每一对内力相互抵消，因此内力的矢量和 $\sum\limits_{i=1}^{n} \boldsymbol{F}_i^{(i)}$ 等于零。

2）质点系所有内力对于任何一点或一轴之矩的和等于零，即内力系的主矩等于零。质点系所有内力都是成对出现的，每一对内力对任何一点或任一轴的和等于零。所以对于整个质点系而言，内力系的主矩等于零。

上述性质说明质点系的内力相互平衡，但是它会影响质点系内部各质点的运动。当质点之间的位置可以相对改变时，内力可以引起质点间的相对运动。

4. 力的冲量

在一段时间内，力对物体作用的时间累积

图 10-2 用榔头敲钉子

效应用冲量来度量。例如，用榔头敲钉子（图 10-2），运动员踢球（图 10-3）等，用冲量表达十分方便。

图 10-3 运动员踢球

力 $\boldsymbol{F}$ 在微小时间段 dt 内的冲量称为元冲量，表示为

$$\mathrm{d}\boldsymbol{I} = \boldsymbol{F}\mathrm{d}t$$

这样，力 $\boldsymbol{F}$ 在一段有限时间间隔（$t_2 - t_1$）内的冲量应为

$$\boldsymbol{I} = \int_{t_1}^{t_2}\boldsymbol{F}\mathrm{d}t \tag{10-5}$$

将式（10-5）向 x、y、z 坐标轴投影，得到

$$\begin{cases} I_x = \int_{t_1}^{t_2} F_x \mathrm{d}t \\[2mm] I_y = \int_{t_1}^{t_2} F_y \mathrm{d}t \\[2mm] I_z = \int_{t_1}^{t_2} F_z \mathrm{d}t \end{cases} \tag{10-6}$$

一旦知道力 $\boldsymbol{F}$ 在三个坐标轴上的投影 F_x、F_y、F_z 随时间 t 的变化规律，便可利用解析法或数值方法对式（10-6）积分。

在国际单位制中，冲量的单位为牛·秒（N·s），实际上和动量的单位相同，即

$$1\mathrm{N}\cdot\mathrm{s} = 1(\mathrm{kg}\cdot\mathrm{m/s^2})\cdot\mathrm{s} = 1\mathrm{kg}\cdot\mathrm{m/s}$$

第三节　动量定理

质点的动量定理可以表述为：质点动量的微分，等于作用于质点上力的元冲量，其表达式为

$$\frac{\mathrm{d}}{\mathrm{d}t}(m\boldsymbol{v}) = \boldsymbol{F}$$

$$\mathrm{d}(m\boldsymbol{v}) = \boldsymbol{F}\mathrm{d}t \tag{10-7}$$

设 t_1 时刻质点系的动量为 $\boldsymbol{p}_1$，t_2 时刻质点系的动量为 $\boldsymbol{p}_2$，将式（10-7）积分，积分区间为从 t_1 到 t_2，得

$$\boldsymbol{p}_2 - \boldsymbol{p}_1 = \int_{t_1}^{t_2}\boldsymbol{F}\mathrm{d}t \tag{10-8}$$

记 $\int_{t_1}^{t_2}\boldsymbol{F}\mathrm{d}t = \boldsymbol{I}$，称为力 $\boldsymbol{F}$ 在 t_1 到 t_2 时间间隔内的冲量。式（10-8）为质点系动量定理的积分形式，它表明，质点系在某时间间隔内的动量的改变量，等于作用在质点系上的外力主矢在该时间间隔内的冲量。

对于质点系而言，设 $\boldsymbol{F}_i^{(\mathrm{e})}$ 为质点 M_i 所受到的外力，$\boldsymbol{F}_i^{(\mathrm{i})}$ 为该质点所受到的质点系内力，根据牛顿第二定律得

$$m_i\boldsymbol{a}_i = \boldsymbol{F}_i^{(\mathrm{e})} + \boldsymbol{F}_i^{(\mathrm{i})}$$

即

$$m_i \frac{\mathrm{d}\boldsymbol{v}_i}{\mathrm{d}t} = \boldsymbol{F}_i^{(\mathrm{e})} + \boldsymbol{F}_i^{(\mathrm{i})}$$

除了火箭运动等一些特殊情况，一般机械在运动中可以认为质量不变。如果质点的质量 m_i 不变，则有

$$\frac{\mathrm{d}(m_i \boldsymbol{v}_i)}{\mathrm{d}t} = \boldsymbol{F}_i^{(\mathrm{e})} + \boldsymbol{F}_i^{(\mathrm{i})}$$

上式对质点系中任一点都成立，n 个质点有 n 个这样的方程，把这 n 个方程两端相加，得

$$\frac{\mathrm{d}\left(\sum_{i=1}^{n} m_i \boldsymbol{v}_i\right)}{\mathrm{d}t} = \sum_{i=1}^{n} \boldsymbol{F}_i^{(\mathrm{e})} + \sum_{i=1}^{n} \boldsymbol{F}_i^{(\mathrm{i})}$$

质点系的内力总是成对地出现，因此，内力的矢量和 $\sum_{i=1}^{n} \boldsymbol{F}_i^{(\mathrm{i})}$ 等于零。上式中，$\sum_{i=1}^{n} \boldsymbol{F}_i^{(\mathrm{e})}$ 是质点系上外力的矢量和，即外力系的主矢，记作 $\boldsymbol{F}_{\mathrm{R}}^{(\mathrm{e})}$，则上式可写为

$$\frac{\mathrm{d}\boldsymbol{p}}{\mathrm{d}t} = \boldsymbol{F}_{\mathrm{R}}^{(\mathrm{e})} \tag{10-9}$$

这就是质点系动量定理的微分形式，它表明，质点系的动量对时间的导数等于作用在质点系上外力的矢量和。

将式（10-9）写成微分形式，即

$$\mathrm{d}\boldsymbol{p} = \boldsymbol{F}_{\mathrm{R}}^{(\mathrm{e})} \mathrm{d}t$$

设 t_1 时刻质点系的动量为 $\boldsymbol{p}_1$，t_2 时刻质点系的动量为 $\boldsymbol{p}_2$，上式从 t_1 到 t_2 积分，得

$$\boldsymbol{p}_2 - \boldsymbol{p}_1 = \int_{t_1}^{t_2} \boldsymbol{F}_{\mathrm{R}}^{(\mathrm{e})} \mathrm{d}t = \boldsymbol{I} \tag{10-10}$$

当外力主矢为零时，由式（10-10）可推出质点系的动量是一常矢量，即

$$\boldsymbol{p} = \boldsymbol{p}_0$$

这表明，当作用在质点系上的外力的矢量和为零时，质点系的动量保持不变，这就是质点系的动量守恒定理。

由式（10-9）可知，动量定理在直角坐标轴的投影为

$$\begin{cases} \dfrac{\mathrm{d}p_x}{\mathrm{d}t} = \displaystyle\sum_{i=1}^{n} F_{ix}^{(\mathrm{e})} \\[3mm] \dfrac{\mathrm{d}p_y}{\mathrm{d}t} = \displaystyle\sum_{i=1}^{n} F_{iy}^{(\mathrm{e})} \\[3mm] \dfrac{\mathrm{d}p_z}{\mathrm{d}t} = \displaystyle\sum_{i=1}^{n} F_{iz}^{(\mathrm{e})} \end{cases} \tag{10-11}$$

如果外力的矢量和不为零，但在某个坐标轴上的投影为零，则质点系的动量并不守恒，但在该轴上的投影守恒。例如，外力在 x 轴上的投影为零，即 $\displaystyle\sum_{i=1}^{n} F_{ix}^{(\mathrm{e})} = 0$ ，则 p_x 为常量，这是质点系动量守恒的一种特殊情况。

如图 10-4 所示，向前行进的坦克平射炮弹时，如果忽略不计行进方向地面的水平摩擦力，则坦克、炮弹质点系的水平动量保持不变，炮弹高速向前，后坐力将使坦克的前进速度降低。同理，如图 10-5 所示，忽略不计空气阻力，运动员与足球组成的系统，在水平面内动量守恒。

图 10-4　坦克发射炮弹

图 10-5　运动员与足球组成的系统

例 10-1 如图 10-6 所示，锤从高度 $h = 1m$ 处自由下落到受锻压的工件上，工件发生变形，历时 $t_1 = 0.02s$，已知锤的质量 $m = 500kg$，试求锤对工件的平均压力。

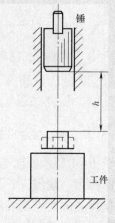

图 10-6 例 10-1 图

解 将本题分锤头自由下落和锤头打击工件两个阶段处理。

1) 令自由落体时间为 t，由运动学知 $h = \frac{1}{2}gt^2$，所以 $t = \sqrt{\frac{2h}{g}} = \sqrt{\frac{2 \times 1}{9.8}}s = 0.452s$。下落至接触工件前瞬时，锤头具有向下的速度 $v = gt = \sqrt{2gh} = 4.43m/s$。

2) 锤头打击工件时，锤头受到重力 mg 和垂直向上的工件反作用力，因工件反作用力在极短时间 t_1 内迅速变化，作为工程近似，本题中用平均约束力 $\boldsymbol{F}$ 代替工件反作用力。取铅垂轴 y 向上为正，根据质点动量定理式（10-10），有

$$mv_{2y} - mv_{1y} = \sum I_y \qquad (*)$$

按题意，锤头开始打击工件瞬时，$v_{1y} = -v = -4.43m/s$；经过时间 t_1 后，$v_{2y} = 0$。在此过程中，重力冲量的投影为 $-mgt_1$，工件平均反作用力的冲量的投影为 Ft_1，有 $\sum I_y = Ft_1 - mgt_1$，代入式（*）得到

$$F = mg - \frac{mv_{1y}}{t_1} = \left[500 \times 9.8 - \frac{500 \times (-4.43)}{0.02}\right]N = 116kN$$

锤头对工件的平均压力与 F 是作用力与反作用力关系，故两者大小相等，即锤头对工件的平均压力也是 116kN，是它自重的 23.6 倍。

第四节 质心运动定理

将式（10-3）对时间 t 求导数，得到

$$M\dot{r}_C = \sum m_i \dot{r}_i$$

式中，M 为质点系所有质点的质量和；$\dot{r}_C$ 为质点系的质心 C 速度，记作 v_C；$\dot{r}_i$ 为质点 i 的速度。有

$$\sum_{i=1}^{n} m_i v_i = M v_C = p \tag{10-12}$$

即质点系的动量等于质点系的总质量与质心速度的乘积，根据式（10-9），得

$$\frac{d(M v_C)}{dt} = F_R^{(e)}$$

当质量 m 不变时，注意到 $\dfrac{d(M v_C)}{dt} = M\dfrac{d v_C}{dt} = M a_C$，$a_C$ 为质心加速度，因此得

$$M a_C = F_R^{(e)} \tag{10-13}$$

式（10-13）称为质心运动定理，它表明，质点系的总质量与质心加速度的乘积等于作用在质点系上所有外力的矢量和。质点系的运动相当于一个质点的运动，这个质点的质量等于质点系的总质量，并且作用有质点系的所有外力，其加速度等于质心加速度。

质心运动定理也可投影到直角坐标轴上，有

$$\begin{cases} M\ddot{x}_C = \displaystyle\sum_{i=1}^{n} F_{ix}^{(e)} \\[2mm] M\ddot{y}_C = \displaystyle\sum_{i=1}^{n} F_{iy}^{(e)} \\[2mm] M\ddot{z}_C = \displaystyle\sum_{i=1}^{n} F_{iz}^{(e)} \end{cases} \tag{10-14}$$

如果作用在质点系上的外力的矢量和为零，即 $F_R^{(e)} = 0$，则 $a_C = 0$，$v_C =$ 常矢量，这说明质心静止，或做匀速直线运动。如果作用在质点系上的外力不为零，但在某轴上的投影为零，例如在 x 轴上的投影为零，即 $\displaystyle\sum_{i=1}^{n} F_{ix}^{(e)} = 0$，有 $\ddot{x}_C = 0$，$v_{Cx} =$ 常量，即质心速度在 x 轴上的投影保持不变。以上两种情况都称作质心运动守恒定理。

如图 10-7 所示，忽略空气阻力，跳远运动员起跳后，无论四肢如何做辅助动作，质心一定沿水平轴运动守恒。运动员在三级跳远中每一跳也是如此（图 10-8）。

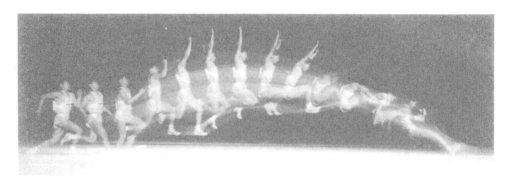

图 10-7 跳远

从以上讨论可以看到，内力既不影响质点系的动量，也不影响质心的运动，质心的运动完全取决于质点系的外力。例如，汽车、火车能够前进，就是依靠主动轮与地面或铁轨接触点的向前摩擦力（后轮驱动的汽车受力如图 10-9 所示），否则车轮只能在原地空转。雪地、冰冻的路面，因地面光滑导致摩擦力小，常在汽车轮子上绕防滑链，或在火车的铁轨上喷沙，这些都是为了增大主动轮与地面或铁轨间的摩擦力。车辆刹车时，制动闸与轮子间的摩擦力是内力，它不直接改变车辆质心的运动状态，但能够阻止车轮相对于车身的转动，如果没有车轮与地面的向后的摩擦力，即使闸块使车轮停止转动，车辆仍要向前滑行，不能减速。又如土木、水利工

图 10-8 三级跳远

程中的定向爆破施工方法，使爆破出来的土石块堆积到指定的地方（图 10-10）。我们知道，爆炸飞出的土石块的运动各不相同，情况十分复杂。但是就飞出的土石块这个质点系整体而言，不计空气阻力时，土石块在运动过程中仅受到重力作用，其质心的运动可以利用质心运动定理，事先计算抛射部分的质心运动。

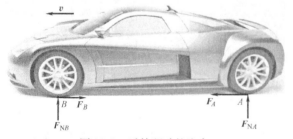

图 10-9 后轮驱动的汽车

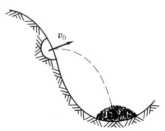

图 10-10 定向爆破

例 10-2 质量为 m_1、半径为 R 的光滑大圆环上，套一质量为 m_2 的小环 A，如图 10-11 所示。置于光滑水平面上，初始时大环静止，小环 A 有初速度 v_2，试求此系统质心的位置及速度 v_C。

解 建立 xOy 坐标系，大圆环质心 $O(0,0)$，小圆环质心 $A(R,0)$，系统质心 C 的位置

$$x_C = \frac{m_2}{m_1 + m_2}R, \quad y_C = 0$$

利用式（10-12）计算系统质心的初速度

$$\sum_{i=1}^{n} m_i \boldsymbol{v}_i = (m_1 + m_2)\boldsymbol{v}_C = m_2 \boldsymbol{v}_2$$

得到

$$\boldsymbol{v}_C = \frac{m_2}{m_1 + m_2}\boldsymbol{v}_2$$

$\boldsymbol{v}_C$ 沿 y 方向。

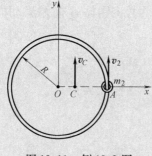

图 10-11 例 10-2 图

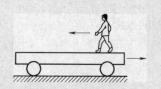

图 10-12 例 10-3 图

例 10-3 在光滑轨道上有一小车，车上站立一人，如图 10-12 所示，开始时小车和人均处于静止。已知小车的质量 m_1 为 600kg，人的质量 m_2 为 75kg，如果人在小车上走过的距离 $a=3\mathrm{m}$，求小车后退的距离 b。

解 考虑到人与小车组成的系统，在水平方向所受的外力为零，初始时系统处于静止。所以，当人走动时，必然引起小车后退，以保持系统质心位置不变。由质心运动定理，有

$$m_1 \Delta x_1 + m_2 \Delta x_2 = 0$$

式中，Δx_1、Δx_2 均为相对地面固定坐标系的坐标变化。

由于小车在后退，所以人相对地面移动了 $a-b$，即 $\Delta x_1 = -b$、$\Delta x_2 = a-b$，代入上式得到

$$m_1(-b) + m_2(a-b) = 0$$

解得

$$b = \frac{m_2 a}{m_1 + m_2} = \frac{75 \times 3}{600 + 75}\text{m} = 33\text{cm}$$

例 10-4 如图 10-13 所示物体 A 放置在物体 B 的斜面上，物体 B 放置在光滑的地面上，不计摩擦，A、B 物体的质量分别为 m_A、m_B，初始静止，在重力作用下，物体 A 将沿斜面向下滑，试求当物体 A 相对斜面滑过距离 l 时物体 B 向左滑动的距离 s。

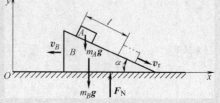

图 10-13 例 10-4 图

解 考虑 A、B 两物体构成的系统，受到的外力有物体 A、B 的重力，地面对物体 B 的约束力 F_N，所有外力都沿 y 轴方向，所以外力在 x 轴上的投影为零，根据动量定理，系统在 x 轴方向上动量守恒。初始时物体静止，动量 $p_{0x}=0$，所以任一时刻 $p_x=0$。设物体 A 相对斜面的速度为 v_r，物体 B 向左运动的速度为 v_B，则物体 A 的绝对速度为

$$v_A = v_B + v_r$$

在 x 轴上的投影

$$v_{Ax} = v_r\cos\alpha - v_B$$

系统的动量在 x 轴上的投影

$$p_x = m_A v_{Ax} - m_B v_B = m_A(v_r\cos\alpha - v_B) - m_B v_B$$

根据上述讨论，$p_x=0$，所以

$$m_A(v_r\cos\alpha - v_B) - m_B v_B = 0$$

即

$$v_B = \frac{m_A}{m_A + m_B}\cos\alpha \cdot v_r$$

设物体 A 相对斜面滑动距离 l 所需时间为 t_1，将上式从时刻 0 到时刻 t_1 对时间积分，可得

$$\int_0^{t_1} v_B \mathrm{d}t = \frac{m_A}{m_A + m_B}\cos\alpha \int_0^{t_1} v_r \mathrm{d}t$$

即

$$s = \frac{m_A}{m_A + m_B}\cos\alpha \cdot l$$

例 10-5 如图 10-14 所示，电动机的定子质量 $m_1 = 24\text{kg}$，转子质量 $m_2 =$

6kg，转子的轴线通过定子的质心，转子有一偏心距 $r = 1$mm，转速为 $n = 1450$r/min。现将电动机用螺栓固定在底座上，试求螺栓受到的合力。

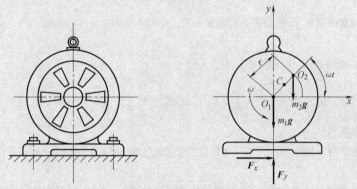

图 10-14 例 10-5 图

解 取电动机定子、转子为研究的质点系，受到外力 $m_1\boldsymbol{g}$、$m_2\boldsymbol{g}$，底座及螺栓的约束力为 $\boldsymbol{F}_x$、$\boldsymbol{F}_y$，不考虑螺栓的预紧力。

取固连于基础的固定坐标系 xO_1y，其原点与定子质心重合，所以，定子质心坐标为 $x_1 = 0$，$y_1 = 0$；转子质心 O_2 的坐标为 $x_2 = r\cos\omega t$，$y_2 = r\sin\omega t$，$\omega = \dfrac{2\pi n}{60}$

$= \dfrac{2 \times 3.14 \times 1450}{60}$rad/s $= 152$rad/s。由式（10-4）得到系统质心 C 的坐标为

$$\begin{cases} x_C = \dfrac{m_2 x_2}{m_1 + m_2} = \dfrac{6 \times 0.001}{24 + 6}\cos152t = 2 \times 10^{-4}\cos152t \\ \\ y_C = \dfrac{m_2 y_2}{m_1 + m_2} = \dfrac{6 \times 0.001}{24 + 6}\sin152t = 2 \times 10^{-4}\sin152t \end{cases} \quad (1)$$

式中，x、y 的单位为 m。应用质心运动定理式（10-13）得到

$$\begin{cases} (m_1 + m_2)\,\ddot{x}_C = F_x \\ (m_1 + m_2)\,\ddot{y}_C = F_y - m_1g - m_2g \end{cases} \quad (2)$$

结合式（1），解式（2）得到

$$\begin{cases} F_x = m_2\ddot{x}_2 = -m_2r\omega^2\cos\omega t = -139\cos152t \\ F_y = m_1g + m_2g + m_2\ddot{y}_2 = (m_1 + m_2)g - m_2r\omega^2\sin\omega t = 294 - 139\sin152t \end{cases}$$

式中，F_x、F_y 的单位为 N。

如果 $F_y > 0$，则螺栓不受力，只有底座受压力。如果 $F_y < 0$，则螺栓受拉力。所以在设计时要考虑螺栓工作中受到变化的作用力。

小 结

质量与速度的乘积 $m\boldsymbol{v}$ 称为质点的**动量**。质点系的动量为 $\boldsymbol{p} = \sum\limits_{i=1}^{n} m_i \boldsymbol{v}_i$ 。

质点系的质量中心，简称**质心**。质心矢径 $\boldsymbol{r}_C = \dfrac{\sum m_i \boldsymbol{r}_i}{M}$。

质点系动量定理的微分形式：$\dfrac{\mathrm{d}\boldsymbol{p}}{\mathrm{d}t} = \boldsymbol{F}_{\mathrm{R}}^{(\mathrm{e})}$，即质点系的动量对时间的导数等于作用在质点系上外力的矢量和。

质点系的动量守恒定理：当作用在质点系上的外力的矢量和为零时，质点系的动量保持不变。

质心运动定理：$M\boldsymbol{a}_C = \boldsymbol{F}_{\mathrm{R}}^{(\mathrm{e})}$，即质点系的总质量与质心加速度的乘积等于作用在质点系上所有外力的矢量和。投影到直角坐标轴上，有

$$
\begin{cases}
M\ddot{x}_C = \sum\limits_{i=1}^{n} F_{ix}^{(\mathrm{e})} \\[2mm]
M\ddot{y}_C = \sum\limits_{i=1}^{n} F_{iy}^{(\mathrm{e})} \\[2mm]
M\ddot{z}_C = \sum\limits_{i=1}^{n} F_{iz}^{(\mathrm{e})}
\end{cases}
$$

习 题

10-1 设 A、B 两质点的质量分别为 m_A、m_B，它们在某瞬时的速度大小分别为 $\boldsymbol{v}_A$、$\boldsymbol{v}_B$，则以下说法哪一个正确？

（1）当 $\boldsymbol{v}_A = \boldsymbol{v}_B$，且 $m_A = m_B$ 时，该两质点的动量必定相等。

（2）当 $\boldsymbol{v}_A \neq \boldsymbol{v}_B$，且 $m_A = m_B$ 时，该两质点的动量有可能相等。

（3）当 $\boldsymbol{v}_A = \boldsymbol{v}_B$，且 $m_A \neq m_B$ 时，该两质点的动量也可能相等。

（4）当 $\boldsymbol{v}_A \neq \boldsymbol{v}_B$，且 $m_A \neq m_B$ 时，该两质点的动量必不相等。

10-2 以下说法正确吗？

（1）动量是一个瞬时量，相应的冲量也是一个瞬时量。

（2）内力不能改变质点系的动量，也不能改变质点系中各质点的动量。

（3）质量为 m 的小球以匀速 v 在水平面内做圆周运动，则小球在任意瞬时的动量相等。

（4）一个刚体，若动量为零，则该刚体一定处于静止状态。

（5）自行车在水平面上由静止出发开始前进，是因为人对自行车作用了一个向前的力，从而使自行车有向前的速度。

（6）一个质点系，若动量为零，则该系统每个质点均处于静止状态。

（7）变力的冲量为零时，则变力 **F** 必为零。

（8）质点系的质心位置保持不变的条件是作用于质点系的所有外力主矢恒为零，以及质心的初速度为零。

10-3 质心运动定理和质点的运动微分方程在形式上有何异同？它们各描述的是哪个点的运动？

10-4 试求图 10-15 中各质点系的动量，已知各物体均为均质体。

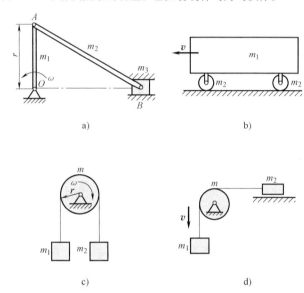

图 10-15 习题 10-4 图

10-5 质量 $m = 0.25\text{kg}$ 的质点，沿着空间曲线 $\boldsymbol{r} = (4t^3 - t^2)\boldsymbol{i} + 5t^2\boldsymbol{j} + (t^4 - 2t)\boldsymbol{k}$ 运动，式中 $\boldsymbol{r}$ 以 m 计，t 以 s 计。求在 $t = 1\text{s}$ 时，质点的动量以及作用在质点上的力。

10-6 汽车在水平的高速公路上以速度 $v = 144\text{km/h}$ 行驶，制动时轮胎与地面间的摩擦因数 $f = 0.5$，设汽车全轮制动，求制动的时间。

10-7 一物块沿斜面下滑，斜面与水平面成 30°，动摩擦因数为 0.1，初始速度为 0，问其速度增加到 9.8m/s 所需的时间。（本题要求用动量定理计算）

10-8 棒球质量 $m = 141\text{g}$，以速度 $v_0 = 20\text{m/s}$ 向右沿水平方向运动，如图 10-16 所示。在球棒打击后速度方向改变，$\boldsymbol{v}$ 与 $\boldsymbol{v}_0$ 夹角 $\alpha = 135°$，速度大小增加为 50m/s，已知球棒与球接触时间为 0.05s，试计算球棒作用于球的冲量的水平分量、铅垂分量以及棒对球的平均作用力。

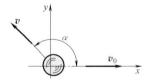

图 10-16 习题 10-8 图

10-9 龙门刨床的工作台连同上面的工件质量总共为 6000kg，切削行程的速度为 0.1m/s，空回行程的速度为 0.2m/s，两者方向相反，已知改变行程方向所需时间为 2s，求改变行程方向时工作台水平方向受力的平均值。

10-10 已知战斗机质量为 4000kg，飞行速度为 1800km/h，此时将炮弹向前直射，发射的炮弹质量为 8kg，出口速度为 600m/s，问发射后瞬时飞机的前进速度为多少？

第十一章

动量矩定理

动量定理阐述了质点系的动量变化与外力之间的关系，质心运动定理建立了质心运动与外力主矢之间的关系，但这些只是描述了质点系机械运动的一个侧面，并不是全貌。对于有些问题，例如均质圆盘绕其质心转动，其动量总是零，动量定理不能说明这种运动的规律，而动量矩定理可描述质点系的转动运动规律。

第一节　动量矩定理概述

一、质点的动量矩定理

如图 11-1 所示，质点质量为 m、速度为 $\boldsymbol{v}$，定点 O 到质点的矢径为 $\boldsymbol{r}$，则 $\boldsymbol{r} \times m\boldsymbol{v}$ 定义为质点对定点 O 的**动量矩** $\boldsymbol{L}_O$，也就是物理学中的**角动量**，质点的动量矩是定位矢量，其作用点在所选定的矩心 O 上。在国际单位制中动量矩的单位为 $\mathrm{kg \cdot m^2/s}$。

为了得到质点的动量矩与质点所受力 $\boldsymbol{F}$ 之间的关系，可利用质点的动量定理。将式 $\dfrac{\mathrm{d}}{\mathrm{d}t}(m\boldsymbol{v}) = \boldsymbol{F}$ 两边用质点的矢径 $\boldsymbol{r}$ 作矢乘，得

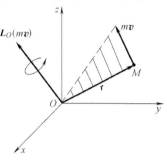

图 11-1　动量矩

$$\boldsymbol{r} \times \frac{\mathrm{d}}{\mathrm{d}t}(m\boldsymbol{v}) = \boldsymbol{r} \times \boldsymbol{F}$$

将上式左边改写为

$$\boldsymbol{r} \times \frac{\mathrm{d}}{\mathrm{d}t}(m\boldsymbol{v}) = \frac{\mathrm{d}}{\mathrm{d}t}(\boldsymbol{r} \times m\boldsymbol{v}) - \frac{\mathrm{d}\boldsymbol{r}}{\mathrm{d}t} \times m\boldsymbol{v}$$

因为所取的矩心 O 是固定的，故 $\dfrac{\mathrm{d}\boldsymbol{r}}{\mathrm{d}t} = \boldsymbol{v}$，上式右边第二项成为 $\boldsymbol{v} \times m\boldsymbol{v} = 0$，故有

$$\frac{\mathrm{d}}{\mathrm{d}t}(\boldsymbol{r} \times m\boldsymbol{v}) = \boldsymbol{r} \times \boldsymbol{F}$$

即

$$\frac{\mathrm{d}\boldsymbol{L}_O}{\mathrm{d}t} = \boldsymbol{M}_O \qquad (11\text{-}1)$$

式（11-1）表明，质点动量对任一固定点的矩对时间的导数等于作用于该质点的力对同一点的矩，这就是质点动量矩定理的矢量形式。

质点对定点 O 的动量矩 $\boldsymbol{L}_O = L_x\boldsymbol{i} + L_y\boldsymbol{j} + L_z\boldsymbol{k}$，$L_x$、$L_y$、$L_z$ 分别称作质点对 x、y、z 轴的动量矩，由式（11-1）可得到

$$\begin{cases} \dfrac{\mathrm{d}L_x}{\mathrm{d}t} = M_x \\[2mm] \dfrac{\mathrm{d}L_y}{\mathrm{d}t} = M_y \\[2mm] \dfrac{\mathrm{d}L_z}{\mathrm{d}t} = M_z \end{cases} \qquad (11\text{-}2)$$

式（11-2）表明，质点动量对任一固定轴的矩对时间的导数等于作用于该质点的力对同一轴的矩，这就是质点对轴的动量矩定理。

当作用在质点上的力对某固定点之矩为零时，质点对该点的动量矩保持不变，即质点对固定点的动量矩守恒，$\boldsymbol{L}_O =$ 常矢量；若作用于质点上的力对某轴之矩为零（例如 z 轴），质点对该轴的动量矩保持不变，即质点对 z 轴的动量矩守恒，$L_z =$ 常量。这就是**质点动量矩守恒定律**。

例 11-1　一质量为 m 的光滑小球，放在半径 $R = 9.8\text{cm}$ 的固定圆形管内，如图 11-2 所示。已知 $t = 0$ 时，小球静止在 $\theta_0 = 1.5°$ 位置，试求小球的运动规律。

解　小球的运动规律可通过小球与圆形管中心连线的摆动来描述。它可以归为转动类型的动力学问题，适合于用动量矩定理求解。

以小球为研究对象，小球受到重力 $m\boldsymbol{g}$ 和管的约束力 $\boldsymbol{F}_N$，$\boldsymbol{F}_N$ 的方向指向中心 O。

本题中小球运动在一个平面内，对 O 点（即对通过 O 点并垂直于圆形管平面的轴）的动量矩 $L_O = mvR$，小球所受力对 O 点的力矩

$$M_O = -mgR\sin\theta + F_N \times 0$$

代入动量矩定理式（11-1）有

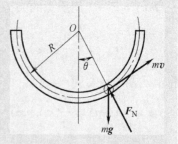

图 11-2　例 11-1 图

$$\frac{\mathrm{d}}{\mathrm{d}t}(mvR) = -mgR\sin\theta$$

将线速度 $v = R\omega = R\dfrac{\mathrm{d}\theta}{\mathrm{d}t}$ 代入上式得到

$$mR^2\frac{\mathrm{d}^2\theta}{\mathrm{d}t^2} = -mgR\sin\theta$$

即

$$\frac{\mathrm{d}^2\theta}{\mathrm{d}t^2} + \frac{g}{R}\sin\theta = 0$$

这就是小球运动微分方程的一般形式。考虑到 $-5° < \theta < 5°$ 时，$\theta \approx \sin\theta$；$g/R = 100(\mathrm{s}^{-2})$。于是方程可化为

$$\frac{\mathrm{d}^2\theta}{\mathrm{d}t^2} + 100\theta = 0$$

此微分方程的解为　　　　　　　$\theta = \alpha_1\sin10t + \alpha_2\cos10t$

式中，α_1 和 α_2 为待定常数。将初始条件 $t = 0$ 时，$\theta_0 = 1.5° = 0.0262\mathrm{rad}$，$\dot{\theta}_0 = 0$ 代入上式，整理得到 $\alpha_1 = 0$，$\alpha_2 = 0.0262\mathrm{rad}$。于是小球运动微分方程

$$\theta = 0.0262\cos10t$$

二、质点系的动量矩定理

如果质点系有 n 个质点，第 i 个质点的质量为 m_i，速度为 $\boldsymbol{v}_i$，如图 11-3 所示，则各个质点对 O 点的动量矩的矢量和称为质点系对定点 O 的动量矩 $\boldsymbol{L}_O$，即

$$\boldsymbol{L}_O = \sum_{i=1}^{n} \boldsymbol{r}_i \times m_i\boldsymbol{v}_i \qquad (11\text{-}3)$$

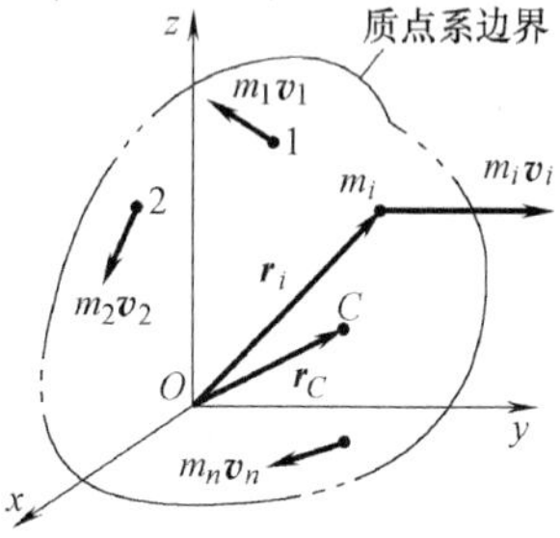

质点系对定点 O 的动量矩在三个坐标轴的投影为 L_x、L_y、L_z，分别称作质点系对 x、y、z 轴的动量矩，则

$$\boldsymbol{L}_O = L_x\boldsymbol{i} + L_y\boldsymbol{j} + L_z\boldsymbol{k}$$

设质点系第 i 个质点受到的外力为 $\boldsymbol{F}_i^{(\mathrm{e})}$，内力为 $\boldsymbol{F}_i^{(\mathrm{i})}$，则

图 11-3　质点系的动量矩

$$\frac{\mathrm{d}}{\mathrm{d}t}(\boldsymbol{r}_i \times m\boldsymbol{v}_i) = \boldsymbol{r}_i \times \boldsymbol{F}_i^{(\mathrm{e})} + \boldsymbol{r}_i \times \boldsymbol{F}_i^{(\mathrm{i})}$$

整个质点系有 n 个这样的矢量方程，将这 n 个方程求和，有

$$\sum_{i=1}^{n} \frac{\mathrm{d}}{\mathrm{d}t}(\boldsymbol{r}_i \times m_i\boldsymbol{v}_i) = \sum_{i=1}^{n} \boldsymbol{r}_i \times \boldsymbol{F}_i^{(\mathrm{e})} + \sum_{i=1}^{n} \boldsymbol{r}_i \times \boldsymbol{F}_i^{(\mathrm{i})}$$

$F_i^{(\mathrm{i})}$ 是内力，必成对出现，因此，内力的主矩 $\sum\limits_{i=1}^{n} r_i \times F_i^{(\mathrm{i})}$ 为零，将上式左端求和与求导互换，于是上式可写为

$$\frac{\mathrm{d}}{\mathrm{d}t}\left(\sum_{i=1}^{n} r_i \times m_i v_i\right) = \sum_{i=1}^{n} r_i \times F_i^{(\mathrm{e})}$$

即

$$\frac{\mathrm{d}L_O}{\mathrm{d}t} = \sum_{i=1}^{n} M_O(F_i^{(\mathrm{e})}) \tag{11-4}$$

这就是质点系的动量矩定理，即质点系对固定点 O 的动量矩对时间的导数等于作用于质点系上的外力对 O 点之矩的矢量和。将上式在直角坐标轴上投影，得到

$$\begin{cases} \dfrac{\mathrm{d}L_x}{\mathrm{d}t} = \sum\limits_{i=1}^{n} M_x(F_i^{(\mathrm{e})}) \\[2mm] \dfrac{\mathrm{d}L_y}{\mathrm{d}t} = \sum\limits_{i=1}^{n} M_y(F_i^{(\mathrm{e})}) \\[2mm] \dfrac{\mathrm{d}L_z}{\mathrm{d}t} = \sum\limits_{i=1}^{n} M_z(F_i^{(\mathrm{e})}) \end{cases} \tag{11-5}$$

即质点系对某轴的动量矩对时间的导数等于作用于质点系上的外力对该轴之矩的代数和。

与质点动量矩守恒定律相类似，有**质点系动量矩守恒定律**：

1）若作用在质点系的外力对某固定点之矩的矢量和为零，则质点系对该点的动量矩保持不变，即质点系对固定点的动量矩守恒：

$$L_O = 常矢量$$

2）若作用于质点系的外力对某轴之矩的代数和为零，则质点系对该轴的动量矩保持不变，即质点系对 z 轴的动量矩守恒：

$$L_z = 常量$$

三、定轴转动刚体对转轴的动量矩

如图 11-4 所示，刚体绕固定轴 z 转动，其角速度为 ω，任一质点的速度 $v_i = r_i\omega_i$，则刚体对 z 轴的动量矩为

$$L_z = \sum(r_i \cdot m_i v_i) = \sum(r_i^2 m_i \omega) = \left(\sum m_i r_i^2\right)\omega$$

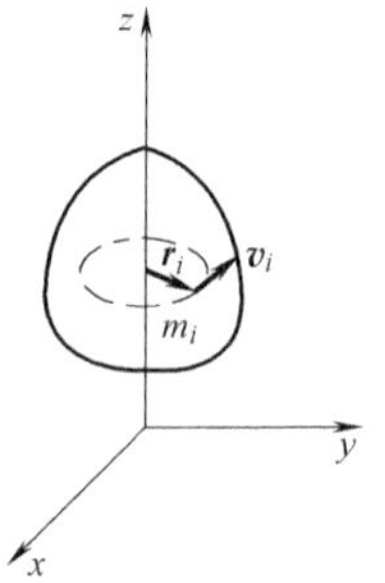

上式中，$\sum m_i r_i^2$ 是刚体内每一质点的质量与它到 z 轴距离平方乘积的总和，称为刚体对 z 轴的**转动惯量**，以 J_z 表示，即

图 11-4　定轴转动刚体对转轴的动量矩

$$J_z = \sum m_i r_i^2 \tag{11-6}$$

因此，定轴转动刚体对转轴的动量矩为

$$L_z = J_z \omega \tag{11-7}$$

转动惯量的单位为 $\mathrm{kg \cdot m^2}$，转动惯量恒为正值。

分析图 11-5 所示冰上芭蕾舞演员的旋转。开始时，运动员张开两臂在冰上滑行，并由平滑变为转动，这时的转动速度是比较慢的。接着，她收拢两臂，紧紧地贴在胸前，同时伸直身体，并拢双足，于是就迅速旋转起来。最后，运动员又重新张开双臂，转动速度也就随着慢下来。这个冰上芭蕾动作遵循着质点系对垂直轴的动量矩守恒。

图 11-5 冰上芭蕾舞演员旋转

在不考虑其他因素影响的条件下，可近似地把运动员的动作看作是一个质点系，她的质量当然也是不变的。而当她收拢双臂时，就等于减小了质点系的转动惯量。根据动量矩守恒定律，角速度就必然增大，于是就实现了高速旋转。

例 11-2 如图 11-6 所示，A、B 两物体的质量分别为 $m_A = 12\mathrm{kg}$、$m_B = 8\mathrm{kg}$。对通过 O 点的垂直轴 z，均质圆盘转动惯量 $J_z = 0.225\ \mathrm{kg \cdot m^2}$，半径 $r = 0.15\mathrm{m}$，绳索与滑轮无相对滑动，求 A 物体的加速度。

解 由于 $m_A > m_B$，物体 A 下降，物体 B 上升。考虑物体 A、B、圆盘及绳索组成的系统，对过 O 点垂直于圆盘平面的转轴应用动量矩定理。设 v 为物体 A、B 的瞬时速度，与圆盘的半径 r、角速度 ω 的关系为

$$v = r\omega$$

系统对过 O 点的垂直轴 z 的动量矩

$$L_z = m_A v r + m_B v r + J_z \omega = \left[(m_A + m_B)r + \frac{J_z}{r} \right] v \tag{1}$$

系统外力对 z 轴的力矩为

$$M_z = m_A g r - m_B g r \tag{2}$$

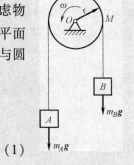

图 11-6 例 11-2 图

将式（1）、式（2）代入动量矩定理 $\dfrac{\mathrm{d}L_z}{\mathrm{d}t} = M_z$，得

$$\left[(m_A + m_B)r + \frac{J_z}{r}\right]a = (m_A - m_B)gr$$

整理得到

$$a = \frac{(m_A - m_B)g}{m_A + m_B + \dfrac{J_z}{r^2}} = \frac{(12 - 8) \times 9.8}{12 + 8 + \dfrac{0.225}{0.15^2}}\mathrm{m/s^2} = 1.31\mathrm{m/s^2}$$

第二节 质点系相对于质心的动量矩定理

上一节介绍的动量矩定理只适用于动量矩的矩心是固定点或矩轴是固定轴，质点的速度也是对固定参考系的速度，即绝对速度。对于一般的动点或动轴，动量矩定理具有较复杂的形式，但若以质点系的质心 C 为动矩心，则在质点系对于以质心为原点的平动坐标系的相对运动中，动量矩定理的形式保持不变。

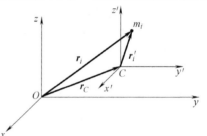

图 11-7

如图 11-7 所示，设 $Oxyz$ 为固定参考系，$Cx'y'z'$ 为随质心 C 平动的坐标系，其轴 x'、y'、z' 分别与 x、y、z 轴始终保持平行。于是质点系的运动可分解为随质心的平动和相对于动系 $Cx'y'z'$ 的运动。在 $Oxyz$ 坐标系中，设质心 C 的矢径为 r_C，速度为 v_C；质点 i 质量为 m_i，矢径为 r_i，速度为 v_i。在动系 $Cx'y'z'$ 中的矢径为 r_i'，速度为 v_{ir}。根据速度合成定理，有

$$v_i = v_C + v_{\mathrm{ir}} \tag{1}$$

由图 11-7 所示的矢量关系，有

$$r_i = r_C + r_i' \tag{2}$$

一、质点系相对于质心的动量矩

根据动量矩的定义，质点系相对于质心的动量矩应为

$$L_C = \sum r_i' \times m_i v_i \tag{3}$$

式中，v_i 为第 i 个质点的绝对速度。将式（1）代入上式，有

$$L_C = \sum r_i' \times m_i(v_C + v_{ir}) = (\sum m_i r_i') \times v_C + \sum r_i' \times m_i v_{ir}$$
$$= m r_C' \times v_C + \sum r_i' \times m_i v_{ir} = 0 + \sum r_i' \times m_i v_{ir} \tag{4}$$

结合式（3）、式（4），得到

$$L_C = \sum r_i' \times m_i v_i = \sum r_i' \times m_i v_{ir} \tag{11-8}$$

由式（11-8）可见，计算质点系相对于质心的动量矩，用绝对速度和相对速度结果都是一样的。对于一般运动的质点系，通常可以分解为随质心的平移和绕质心的转动，因此，用式（11-8）的第二个等号后面的项计算质点系相对质心的动量矩往往更加方便。

二、质点系对固定点动量矩与相对于质心动量矩之间的关系

在固定参考系 $Oxyz$ 中，质点系对固定点 O 的动量矩为

$$L_O = \sum r_i \times m_i v_i$$

将式（2）代入上式，得到

$$L_O = r_C \times \sum m_i v_i + \sum r_i' \times m_i v_i \tag{5}$$

由于 $\sum m_i v_i = m v_C$，结合式（11-8），式（5）改写为

$$L_O = r_C \times m v_C + L_C \tag{11-9}$$

三、质点系相对于质心的动量矩定理

根据式（11-9），质点系相对固定点 O 的动量矩定理可写为

$$\frac{\mathrm{d}L_O}{\mathrm{d}t} = \frac{\mathrm{d}}{\mathrm{d}t}(r_C \times m v_C + L_C) = \sum_{i=1}^{n} r_i \times F_i^{(e)}$$

将 $r_i = r_C + r_i'$ 代入上式，得到

$$\frac{\mathrm{d}r_C}{\mathrm{d}t} \times m v_C + r_C \times m \frac{\mathrm{d}v_C}{\mathrm{d}t} + \frac{\mathrm{d}L_C}{\mathrm{d}t} = \sum_{i=1}^{n} r_C \times F_i^{(e)} + \sum_{i=1}^{n} r_i' \times F_i^{(e)} \tag{6}$$

因为

$$\frac{\mathrm{d}r_C}{\mathrm{d}t} = v_C, \quad \frac{\mathrm{d}v_C}{\mathrm{d}t} = a_C, \quad v_C \times v_C = 0, \quad m \, a_C = \sum_{i=1}^{n} F_i^{(e)}$$

将上面的 4 个式子代入式（6），得到

$$\frac{\mathrm{d}L_C}{\mathrm{d}t} = \sum_{i=1}^{n} r_i' \times F_i^{(e)} \quad \text{或} \quad \frac{\mathrm{d}L_C}{\mathrm{d}t} = \sum_{i=1}^{n} M_C(F_i^{(e)}) \tag{11-10}$$

式（11-10）称为**质点系相对于质心的动量矩定理**，它表明，质点系相对于质心的动量矩对时间的导数，等于作用于质点系的外力对质心的主矩。该定理在形式上与质点系相对固定点的动量矩定理完全相同。

需要强调的是，质点系相对于质心的动量矩定理所涉及的随质心运动的动坐标系，必须是平移坐标系，定理只适用于质心这个特殊的动点，对于其他动

点，定理将出现附加项或附加条件。

第三节 刚体对轴转动惯量的计算

一、转动惯量及回转半径

在第一节中已经知道，刚体对某轴 z 的转动惯量就是刚体内各质点与该点到 z 轴距离平方的乘积的总和，即 $J_z = \sum m_i r_i^2$。如果刚体质量连续分布，则转动惯量可写成

$$J_z = \int_M r^2 \mathrm{d}m \tag{11-11}$$

由式（11-11）可见，刚体对轴的转动惯量取决于刚体质量的大小以及质量分布情况，而与刚体的运动状态无关，它永远是一个正的标量。在物体的质量不变的情况下，使质量分布离轴远一些，就可以使转动惯量增大。例如，设计飞轮时把轮缘设计得厚一些，使得大部分质量集中在轮缘上，与转轴距离较远，从而增大转动惯量（图11-8）。相反，某些仪器仪表中的转动零件，为了提高灵敏度，要求零件的转动惯量尽量小一些，设计时除了采用轻金属、塑料以减轻质量外，还要尽量将材料多靠近转轴。

工程中常把转动惯量写成刚体总质量 M 与某一当量长度的平方的乘积：

$$J_z = M\rho_z^2 \tag{11-12}$$

式中，ρ_z 为刚体对于 z 轴的回转半径（或惯性半径），它的意义是，设想刚体的质量集中在与 z 轴相距为 ρ_z 的点上，则此集中质量对 z 轴的转动惯量与原刚体的转动惯量相同。

具有规则几何形状的均质

图11-8 飞轮

刚体，其转动惯量可以通过计算得到，形状不规则物体的转动惯量往往不是由计算得出，而是根据某些力学规律用实验方法测得。

二、简单形状物体转动惯量的计算

1. 均质细直杆

如图11-9所示，设杆长为 l，质量为 M。取杆上微段 $\mathrm{d}x$，其质量为 $\mathrm{d}m =$

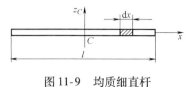

图 11-9 均质细直杆

$\dfrac{M}{l}\mathrm{d}x$，则此杆对 z_C 轴的转动惯量为

$$J_{z_C} = 2\int_0^{\frac{l}{2}} x^2 \mathrm{d}m = 2\int_0^{\frac{l}{2}} x^2 \frac{M}{l}\mathrm{d}x = \frac{1}{12}Ml^2$$

对应的回转半径

$$\rho_z = \sqrt{\frac{J_{z_C}}{M}} = \frac{l}{2\sqrt{3}} = 0.289l$$

2. 均质细圆环

如图 11-10 所示均质细圆环半径为 R，质量为 M。任取圆环上一微段，其质量为 $\mathrm{d}m$，则对 z 轴的转动惯量为

$$J_z = \int_M R^2 \mathrm{d}m = MR^2$$

对应的回转半径

$$\rho_z = \sqrt{\frac{J_{z_C}}{M}} = R$$

3. 均质薄圆盘

如图 11-11 所示均质圆盘半径为 R，质量为 M。在圆盘上取半径为 r 的圆环，则此圆环的质量为 $\mathrm{d}m = \dfrac{M}{\pi R^2}\times 2\pi r\mathrm{d}r = \dfrac{2M}{R^2}r\mathrm{d}r$，则对 z 轴的转动惯量为

$$J_z = \int_M r^2 \mathrm{d}m = \int_0^R \frac{2M}{R^2}r^3 \mathrm{d}r = \frac{1}{2}MR^2$$

z 轴即 z_C 轴对应的回转半径

$$\rho_z = \sqrt{\frac{J_{z_C}}{M}} = \frac{R}{\sqrt{2}} \approx 0.707R$$

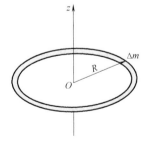

图 11-10 均质细圆环

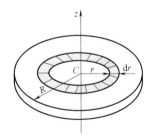

图 11-11 均质薄圆盘

常见简单形状的均质物体对通过质心转轴的转动惯量及回转半径可由

表 11-1 或机械设计手册中查得。

表 **11-1** 均质简单形体的转动惯量（m 表示形体的质量）

形　体	转动惯量	回转半径
均质细杆 	$J_x = J_z = \dfrac{1}{12} ml^2$ $J_y = 0$	$\rho_x = \rho_z = \dfrac{\sqrt{3}l}{6}$ $\rho_y = 0$
细圆环 	$J_x = J_y = \dfrac{1}{2} mr^2$ $J_z = mr^2$	$\rho_x = \rho_y = \dfrac{\sqrt{2}}{2} r$ $\rho_z = r$
圆板 	$J_x = J_y = \dfrac{1}{4} mr^2$ $J_z = \dfrac{1}{2} mr^2$	$\rho_x = \rho_y = \dfrac{1}{2} r$ $\rho_z = \dfrac{\sqrt{2}}{2} r$
椭圆板 	$J_x = \dfrac{1}{4} mb^2$ $J_y = \dfrac{1}{4} ma^2$ $J_z = \dfrac{1}{4} m(a^2 + b^2)$	$\rho_x = \dfrac{1}{2} b$ $\rho_y = \dfrac{1}{2} a$ $\rho_z = \dfrac{\sqrt{a^2 + b^2}}{2}$

（续）

形　体	转动惯量	回转半径
球 	$J_x = J_y = J_z = \dfrac{2}{5}mr^2$	$\rho_x = \rho_y = \rho_z = \dfrac{\sqrt{10}}{5}r$
圆柱 	$J_x = J_z = \dfrac{1}{12}m(3r^2 + l^2)$ $J_y = \dfrac{1}{2}mr^2$	$\rho_x = \rho_z = \dfrac{\sqrt{3(3r^2 + l^2)}}{6}$ $\rho_y = \dfrac{\sqrt{2}}{2}r$

三、平行移轴定理

机械设计手册给出的一般都是物体对于通过质心的轴（简称质心轴）的转动惯量，而有时需要物体对于与质心轴平行的另一轴的转动惯量。平行移轴定理阐明了同一物体对于上述两轴的不同转动惯量之间的关系。

设刚体的质心为 C，刚体对过质心的轴 z' 的转动惯量为 $J_{z'}$，对与 z' 轴平行的另外一轴 z 的转动惯量为 J_z，两轴间的距离为 d，如图 11-12 所示。分别以 C、O 两点为原点建立直角坐标系 $Cx'y'z'$ 和 $Oxyz$，由图可见

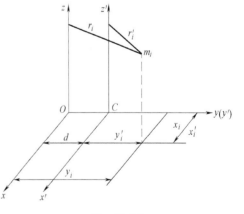

图　11-12

$$J_{z'} = \sum m_i r_i'^2 = \sum m_i (x_i'^2 + y_i'^2)$$
$$J_z = \sum m_i r_i^2 = \sum m_i (x_i^2 + y_i^2)$$

其中

$$x_i = x_i', \quad y_i = y_i' + d$$

代入得

$$J_z = \sum m_i [x_i'^2 + (y_i' + d)^2] = \sum m_i (x_i'^2 + y_i'^2 + 2dy_i' + d^2)$$

$$= \sum m_i (x_i'^2 + y_i'^2) + 2d \sum m_i y_i' + d^2 \sum m_i$$

因质心 C 是坐标系 $Cx'y'z'$ 的坐标原点，故 $\sum m_i y_i' = 0$，又 $\sum m_i = m$，所以上式简化为

$$J_z = J_{z'} + md^2 \tag{11-13}$$

式（11-13）表明，物体对于任一轴 z 的转动惯量，等于物体对平行于 z 轴的质心轴的转动惯量，加上物体质量与两轴间距离平方的乘积。这就是**转动惯量的平行移轴定理**。

由式（11-13）可知，在一组平行轴中，物体对于质心轴的转动惯量为最小。

例 11-3 钟摆简化力学模型如图 11-13 所示，已知均质杆质量 m_1、杆长 l，圆盘质量 m_2、半径 R，求钟摆对水平轴 O 的转动惯量。

解 摆对水平轴 O 的转动惯量等于杆 1 和圆盘 2 对轴 O 的转动惯量之和，即

$$J_O = J_{1O} + J_{2O}$$

由转动惯量平行移轴定理得

$$J_{1O} = J_{1C} + m_1 \left(\frac{l}{2}\right)^2 = \frac{1}{12} m_1 l^2 + \frac{1}{4} m_1 l^2 = \frac{1}{3} m_1 l^2$$

$$J_{2O} = J_{2C} + m_2 (l + R)^2 = \frac{1}{2} m_2 R^2 + m_2 (l + R)^2$$

$$= m_2 \left(\frac{3}{2} R^2 + 2Rl + l^2\right)$$

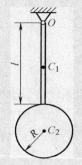

图 11-13 例 11-3 图

所以

$$J_O = \frac{1}{3} m_1 l^2 + m_2 \left(\frac{3}{2} R^2 + 2Rl + l^2\right)$$

例 11-4 如图 11-14 所示均质等厚度板，单位面积的质量为 ρ，大圆半径为 R，挖去的小圆半径为 r，两圆心的距离 $OO_1 = a$。试求板对通过 O 点并垂直于板平面的轴的转动惯量。

解 根据转动惯量的定义，板对 O 轴的转动惯量等于（没有挖去小圆时）整个大圆对轴 O 的转动惯量 $J_{大圆O}$ 与小圆对轴 O 的转动惯量 $J_{小圆O}$ 之差，即

$$J_O = J_{\text{大圆}O} - J_{\text{小圆}O}$$

式中，$J_{\text{大圆}O} = \dfrac{1}{2}mR^2 = \dfrac{1}{2}\rho\pi R^4$，由转动惯量平行

移轴定理得

$$
\begin{aligned}
J_{\text{小圆}O} &= J_{\text{小圆}O_1} + \pi r^2 \rho \cdot a^2 \\
&= \frac{1}{2}\pi r^2 \rho \cdot r^2 + \pi r^2 \rho \cdot a^2 \\
&= \frac{1}{2}\pi r^2 \rho (r^2 + 2a^2)
\end{aligned}
$$

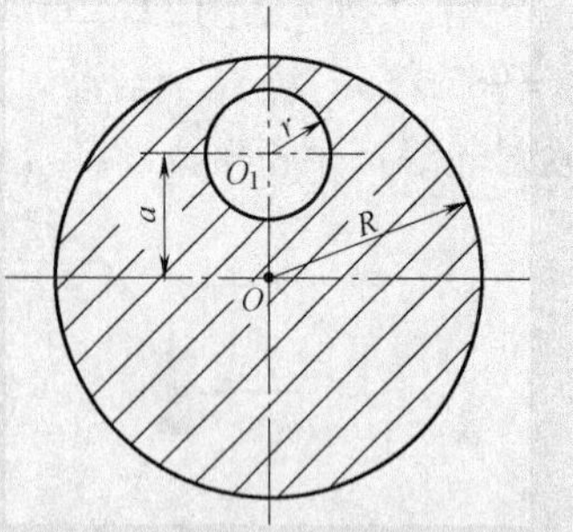

图 11-14　例 11-4 图

于是

$$J_O = \frac{1}{2}\pi R^4 \rho - \frac{1}{2}\pi r^2 \rho (r^2 + 2a^2) = \frac{\pi\rho}{2}\left[R^4 - r^2(r^2 + 2a^2)\right]$$

第四节　刚体的定轴转动和平面运动微分方程

一、刚体的定轴转动微分方程

将质点系动量矩定理应用于刚体绕定轴转动的情况，可得刚体绕定轴转动的微分方程。

设刚体绕 z 轴转动，受到外力 F_1，F_2，$\cdots$，F_n 的作用，根据动量矩定理式 (11-5)，可知

$$\frac{\mathrm{d}L_z}{\mathrm{d}t} = \sum_{i=1}^{n} m_z(F_i^{(\mathrm{e})}) = M_z^{(\mathrm{e})} \tag{1}$$

由式 (11-7) 可知，刚体对 z 轴的动量矩 $L_z = J_z\omega$，对时间 t 求导

$$\frac{\mathrm{d}L_z}{\mathrm{d}t} = \frac{\mathrm{d}(J_z\omega)}{\mathrm{d}t} = J_z\frac{\mathrm{d}\omega}{\mathrm{d}t} = J_z\alpha \tag{2}$$

式中，α 为刚体绕 z 轴转动的角加速度，由式 (1)、式 (2) 得到

$$J_z\frac{\mathrm{d}\omega}{\mathrm{d}t} = \sum M_z^{(\mathrm{e})}$$

或

$$J_z\alpha = M_z^{(\mathrm{e})} \tag{11-14}$$

这就是刚体绕定轴转动的运动微分方程。它表明，绕定轴转动的刚体对转轴的转动惯量与其角加速度的乘积，等于作用在刚体上的所有外力对转轴的力矩的代数和。

例 11-5   如图 11-15a 所示均质圆盘质量 $m = 100\text{kg}$，半径 $r = 0.5\text{m}$，转速 $n = 967\text{r/min}$，绕 O 轴转动。闸块与圆盘间的动摩擦因数 $f' = 0.6$。加制动闸使闸块对轮缘产生正压力 $F_R = 1\text{kN}$，求从开始制动到圆盘停止转动所需的时间。

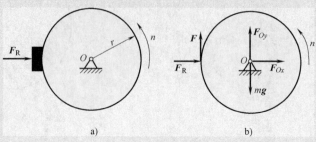

图 11-15   例 11-5 图

解   圆盘受到 5 个力：重力 mg，轴的约束力 F_{Ox}、F_{Oy}，正压力 F_R，滑动摩擦力 $F = f'F_R$，如图 11-15b 所示。只有摩擦力对 O 轴的力矩不为零，根据刚体绕定轴转动运动微分方程式 (11-14)，可得

$$J_O \alpha = -Fr$$

式中，$J_O = \dfrac{1}{2}mr^2$，故上式可写成 $\dfrac{1}{2}mr^2 \dfrac{\mathrm{d}\omega}{\mathrm{d}t} = -f'F_R r$，即

$$\frac{\mathrm{d}\omega}{\mathrm{d}t} = -\frac{2f'F_R}{mr} \tag{$*$}$$

开始制动时圆盘的角速度 $\omega_0 = \dfrac{2\pi n}{60} = \dfrac{2\pi \times 967}{60}\text{rad/s} = 101\text{rad/s}$，设从圆盘开始制动到停止转动所需的时间为 t，对式 ($*$) 积分可得

$$\int_{\omega_0}^{0} \mathrm{d}\omega = \int_0^t -\frac{2f'F_R}{mr}\mathrm{d}t$$

即

$$0 - \omega_0 = -\frac{2f'F_R}{mr}t$$

所以

$$t = \frac{mr\omega_0}{2f'F_R} = \frac{100 \times 0.5 \times 101}{2 \times 0.6 \times 1000}\text{s} = 4.21\text{s}$$

二、刚体的平面运动微分方程

由运动学可知，刚体的平面运动可以分解为随质心的平动和绕质心的转动。质心运动定理确定了外力与系统质心运动的关系；相对于质心的动量矩定理确定了外力与刚体绕质心转动的关系。

设刚体在 xOy 平面内运动，质心 C 的位置由其坐标 (x_C, y_C) 来确定，如图 11-16 所示，刚体上固连的直线 CD 与 x 轴的夹角 φ 确定刚体绕质心 C 的转动。由质心运动定理式（10-13）和相对于质心的动量矩定理式（11-14），得

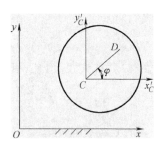

$$\begin{cases} Ma_C = \boldsymbol{F}_{\mathrm{R}}^{(\mathrm{e})} \\ \dfrac{\mathrm{d}}{\mathrm{d}t}(J_C\omega) = J_C\alpha = \displaystyle\sum_{i=1}^{n} M_C(\boldsymbol{F}_i^{(\mathrm{e})}) \end{cases}$$

$$(11\text{-}15)$$

图 11-16 刚体平面运动微分方程推导用图

式中，M 为刚体的质量；a_C 为质心的加速度；J_C 为刚体对 Cz' 轴的转动惯量；$\alpha = \dfrac{\mathrm{d}\omega}{\mathrm{d}t}$ 为刚体的角加速度。式（11-15）也可以写成

$$\begin{cases} M\dfrac{\mathrm{d}^2 \boldsymbol{r}_C}{\mathrm{d}t^2} = \boldsymbol{F}_{\mathrm{R}}^{(\mathrm{e})} \\ J_C\dfrac{\mathrm{d}^2\varphi}{\mathrm{d}t^2} = \displaystyle\sum_{i=1}^{n} M_C(\boldsymbol{F}_i^{(\mathrm{e})}) \end{cases}$$

$$(11\text{-}16)$$

式（11-15）、式（11-16）称为**刚体的平面运动微分方程**。

例 11-6 质量为 m、半径 R 的均质圆盘沿水平直线做纯滚动（图 11-17），盘与地面间的静摩擦因数为 f。作用于圆盘的力偶为 M，求轮心的加速度以及力偶矩 M 应满足的条件?

解 圆盘做平面运动，受到重力 mg、地面支撑力 $\boldsymbol{F}_{\mathrm{N}}$、静摩擦力 $\boldsymbol{F}$，以及力偶 M 作用。为保持圆盘沿水平直线做纯滚动，静摩擦力 F 必须满足

$$F \leqslant fF_{\mathrm{N}} \qquad (1)$$

由刚体的平面运动微分方程式（11-15）得到

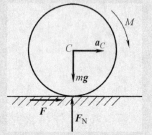

$$\begin{cases} m\dfrac{\mathrm{d}^2 x_C}{\mathrm{d}t^2} = F \\ m\dfrac{\mathrm{d}^2 y_C}{\mathrm{d}t^2} = F_{\mathrm{N}} - mg \\ J_C\dfrac{\mathrm{d}\omega}{\mathrm{d}t} = M - FR \end{cases} \qquad (2)$$

图 11-17 例 11-6 图

其中绕质心 C 的转动惯量 $J_C = \dfrac{1}{2}mR^2$。由运动学可知

$$\frac{\mathrm{d}^2 x_C}{\mathrm{d}t^2} = a_C = R\alpha, \quad \frac{\mathrm{d}^2 y_C}{\mathrm{d}t^2} = 0, \quad \frac{\mathrm{d}\omega}{\mathrm{d}t} = \alpha \tag{3}$$

将式（3）代入式（1）、式（2），得到

$$F = \frac{2M}{3R}, \quad F_N = mg, \quad M \leqslant \frac{3}{2} fmgR, \quad a_C = \frac{2M}{3mR}$$

所以，为保证圆盘沿水平直线做纯滚动，作用于圆盘的力偶矩应满足 $M \leqslant \frac{3}{2} fmgR$，在此条件下圆盘质心加速度 $a_C = \frac{2M}{3mR}$。

如果力偶矩 $M > \frac{3}{2} fmgR$，则圆盘连滚带滑，所受摩擦力 $F = mgf$，质心加速度 $a_C = fg$，圆盘角加速度 $\alpha = \frac{2(M - mgfR)}{mR^2}$。

*例 11-7 如图 11-18 所示，质量为 m、长为 l 均质杆 AB，A 端用绳吊起，B 端放在光滑的水平地板上，杆与铅垂线成 θ_0 角（$\theta_0 \leqslant 30°$）。现将 A 端的绳剪断，求剪断瞬时杆的角加速度和地板的约束力。

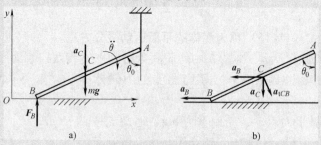

图 11-18 例 11-7 图

解 取 AB 杆为研究对象，剪断绳瞬时其受到重力 mg 和约束力 F_B 作用，受力方向如图 11-18a 所示。由刚体的平面运动微分方程式（11-15）得到

$$m \frac{\mathrm{d}^2 x_C}{\mathrm{d}t^2} = 0 \tag{1}$$

$$m \frac{\mathrm{d}^2 y_C}{\mathrm{d}t^2} = F_B - mg \tag{2}$$

$$J_C \ddot{\theta} = F_B \frac{l}{2} \sin\theta \tag{3}$$

式中，绕质心 C 的转动惯量 $J_C = \dfrac{1}{12}ml^2$。

由式（1）知 $\dfrac{\mathrm{d}^2 x_C}{\mathrm{d}t^2} = 0$，所以 $\dfrac{\mathrm{d}^2 y_C}{\mathrm{d}t^2} = a_C$，质心 C 只有垂直向下的加速度。式（2）、式（3）中含有未知量 a_C、$\ddot{\theta}$、F_B，未知量个数大于方程数，所以，必须从刚体平面运动的条件中找到补充方程。

取 B 为基点求质心 C 的加速度

$$\boldsymbol{a}_C = \boldsymbol{a}_B + \boldsymbol{a}_{\mathrm{t}CB} + \boldsymbol{a}_{\mathrm{n}CB} \tag{4}$$

式中，$\boldsymbol{a}_C$ 方向垂直向下；$\boldsymbol{a}_B$ 沿水平方向；$a_{\mathrm{t}CB} = \dfrac{l}{2}\ddot{\theta}$，方向如图 11-18b 所示；$a_{\mathrm{n}CB} = \left(\dfrac{l}{2}\right)\dot{\theta}^2 = 0$。

将式（4）向 x、y 轴投影，得到

$$0 = -a_B + \frac{l}{2}\ddot{\theta}\sin\left(\frac{\pi}{2} - \theta_0\right) \tag{5}$$

$$-a_C = -\frac{l}{2}\ddot{\theta}\cos\left(\frac{\pi}{2} - \theta_0\right) \tag{6}$$

联立求解式（2）、式（3）、式（5）、式（6），得到杆的角加速度及地板的约束力

$$\ddot{\theta} = \frac{6\sin\theta_0}{l(1 - 3\sin^2\theta_0)}g$$

$$F_B = \frac{mg}{1 - 3\sin^2\theta_0}$$

小　结

质点动量对任一固定点的矩对时间的导数等于作用于该质点的力对同一点的矩：

$$\frac{\mathrm{d}\boldsymbol{L}_0}{\mathrm{d}t} = \boldsymbol{M}_0$$

质点动量对任一固定轴的矩对时间的导数等于作用于该质点的力对同一轴的矩：$\dfrac{\mathrm{d}L_x}{\mathrm{d}t} = M_x$，$\dfrac{\mathrm{d}L_y}{\mathrm{d}t} = M_y$，$\dfrac{\mathrm{d}L_z}{\mathrm{d}t} = M_z$

质点系的动量矩定理　质点系对固定点 O 的动量矩对时间的导数等于作用于质点系上的外力对 O 点之矩的矢量和：$\dfrac{\mathrm{d}\boldsymbol{L}_O}{\mathrm{d}t} = \displaystyle\sum_{i=1}^{n} \boldsymbol{M}_O(\boldsymbol{F}_i^{(e)})$

质点系对某轴的动量矩对时间的导数等于作用于质点系上的外力对该轴之矩的代数和：

$$\frac{\mathrm{d}L_x}{\mathrm{d}t} = \sum_{i=1}^{n} M_x(F_i^{(e)}), \frac{\mathrm{d}L_y}{\mathrm{d}t} = \sum_{i=1}^{n} M_y(F_i^{(e)}), \frac{\mathrm{d}L_z}{\mathrm{d}t} = \sum_{i=1}^{n} M_z(F_i^{(e)})$$

质点系动量矩守恒定律：当对固定点的外力矩为零时，质点系对该点的动量矩守恒，L_O = 常矢量；当对 z 轴的外力矩为零时，质点系对该轴的动量矩守恒，L_z = 常量。

质点系相对质心的动量矩对时间的导数等于外力对质心的主矩：$\dfrac{\mathrm{d}L_C}{\mathrm{d}t} = \sum_{i=1}^{n} M_C(F_i^{(e)})$

刚体对 z 轴的转动惯量 $J_z = \sum m_i r_i^2$，定轴转动刚体对转轴的动量矩为 $L_z = J_z\omega$。

刚体绕定轴 z 转动的微分方程：$J_z\alpha = M_z^{(e)}$

刚体平面运动微分方程

$$\begin{cases} M\dfrac{\mathrm{d}^2 \boldsymbol{r}_C}{\mathrm{d}t^2} = \boldsymbol{F}_R^{(e)} \\ J_C\dfrac{\mathrm{d}^2 \varphi}{\mathrm{d}t^2} = \sum_{i=1}^{n} M_C(\boldsymbol{F}_i^{(e)}) \end{cases}$$

习　题

11-1　内力能否改变质点系的动量矩？又能否改变质点系中各质点的动量矩？

11-2　什么是回转半径？它是否就是物体质心到转轴的距离？

11-3　质点系的质量为 M，质心速度为 v_C，各质点质量为 m_i，速度为 v_i，使用下式计算质点系对 z 轴的动量矩是否正确？为什么？

$$\sum H_z(m_i v_i) = H_z(M v_C)$$

11-4　在什么条件下质点系的动量矩守恒？质点系动量矩守恒时，其中各质点的动量矩是否也守恒？

11-5　刚体对某固定点的动量矩等于零，该刚体是否一定静止？

11-6　平面运动刚体，当所受外力系的主矢为零时，刚体只能绕质心转动吗？当所受外力系对质心的主矩为零时，刚体只能做平移吗？

11-7　花样滑冰运动员单腿直立旋转时，可通过伸缩双臂和另一条腿来改变旋转的速度。其理论依据是什么？为什么？

11-8　为什么直升机（图 11-19）要有尾桨？如果没有尾桨，直升机飞行时将会怎样？

11-9　如图 11-20 所示圆环以角速度 ω 绕铅垂轴 z 自由转动，圆环的半径为 R，对转轴的转动惯量为 I。在圆环中的 A 点放一质量为 m 的小球。设由于微小的干扰，小球离开 A 点。忽略一切摩擦，求当小球达到 B 点和 C 点时，圆环的角速度。

11-10　在 $Oxyz$ 直角坐标系中，一质点动量矩为 $\boldsymbol{L}_O = 6t^2\boldsymbol{i} + (8t^2 + 5)\boldsymbol{j} - t\boldsymbol{k}$，其中 $\boldsymbol{i}$、$\boldsymbol{j}$、$\boldsymbol{k}$ 为沿 x、y、z 轴的单位矢量。求此质点上作用力对原点 O 的力矩。

11-11　质量为 m 的点在平面 xOy 内运动，其运动方程为

$$x = a\sin 2t$$
$$y = b\cos t$$

式中，a、b 为常量。求质点对原点 O 的动量矩。

图 11-19　习题 11-8 图

11-12　如图 11-21 所示，小球质量 m，连在细绳的一端，绳的另一端穿过光滑水平面上的小孔 O。小球在水平面上沿半径为 r 的圆周做匀速运动，速率为 v_0。现将细绳向下拉，问当圆的半径缩小为 $0.5r$ 时，小球的速度和细绳的拉力各为多少？

11-13　如图 11-22 所示，绞车鼓轮的半径 $r = 0.25\text{m}$，鼓轮对其转轴的转动惯量 $J = 14.24\text{kg}\cdot\text{m}^2$，重物质量为 50kg。若鼓轮受到主动转矩 $M = 150\text{N}\cdot\text{m}$ 的作用，求重物上升的加速度和钢丝绳的拉力。

11-14　重物 A 和 B 的质量分别为 $m_A = 10\text{kg}$，$m_B = 15\text{kg}$，通过质量不计的绳索缠绕在半径为 r_1 和 r_2 的塔轮上，$r_1 = 0.12\text{m}$，$r_2 = 0.18\text{m}$，塔轮的质量不计，如图 11-23 所示。系统在重力作用下运动，求塔轮的角加速度。

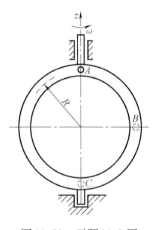

图 11-20　习题 11-9 图

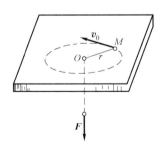

图 11-21　习题 11-12 图

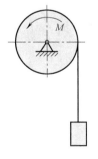

图 11-22　习题 11-13 图

11-15　如图 11-24 所示，质量为 100kg，半径 $R = 1\text{m}$ 的均质圆轮以转速 $n = 270\text{r/min}$ 绕

轴 O 转动，设有一常力 F 作用于闸杆端点，由于摩擦使圆轮停止转动。已知 $F = 300N$，闸杆与圆轮间的摩擦因数 $f = 0.25$，求使圆轮停止所需的时间。

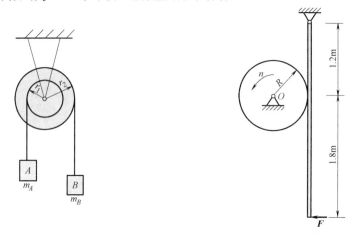

图 11-23　习题 11-14 图　　　　　　　　图 11-24　习题 11-15 图

11-16　如图 11-25 所示，两皮带轮用皮带传动，半径分别为 R_1 和 R_2，质量为 m_1 和 m_2，可视为均质圆盘。如在轮 I 上作用一转动力矩 M，在轮 II 上作用一阻力矩 M'，略去皮带的质量和轴承的摩擦，求轮 I 的角加速度。

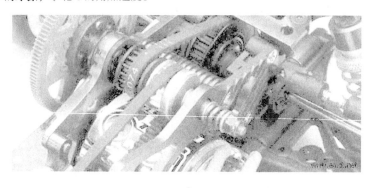

a)

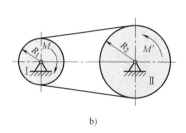

b)

图 11-25　习题 11-16 图

11-17　如图 11-26 所示，已知匀质杆的质量为 m，质心 C 对 z 轴的转动惯量为 J_C，求杆对 z_1、z_2 轴的转动惯量。

11-18　如图 11-27 所示，匀质直角折杆的质量为 9kg，$l = 0.5\text{m}$，求其对轴 O 的转动惯量。

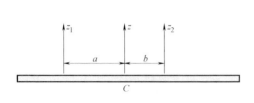

图 11-26　习题 11-17 图

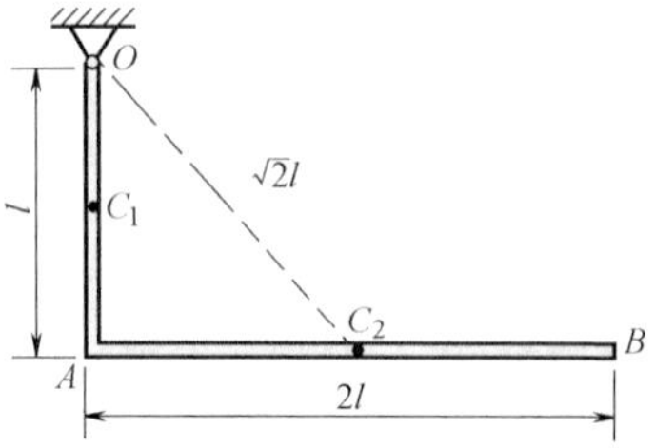

图 11-27　习题 11-18 图

11-19　图 11-28b 所示连杆的质量为 m，质心在点 C。已知 $AC = a$，$BC = b$，连杆对 B 轴的转动惯量为 J_B，求连杆对 A 轴的转动惯量。

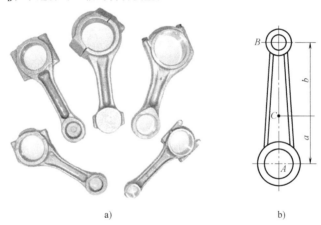

a)　　　　　　　　　　b)

图 11-28　习题 11-19 图

*11-20　如图 11-29 所示，重物 A 质量为 m_1，细绳跨过不计质量的固定滑轮 D，并绕在鼓轮 B 上。重物 A 下降带动轮 C 做纯滚动。已知鼓轮半径为 r，轮 C 半径为 R，两者固连在一起，总质量为 m_2，对其水平轴 O 的转动惯量为 J。求重物 A 的加速度。

*11-21　如图 11-30 所示，均质圆柱体 A 和 B 的质量均为 m、半径均为 r，绳一端缠绕在圆柱 A 上，另一端缠绕在圆柱 B 上。忽略不计摩擦，求：

（1）圆柱体 B 下落时质心的加速度；

（2）若在圆柱体 A 上作用一逆时针转向力偶 M，试问在什么条件下圆柱体 B 的质心加速度将向上。

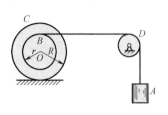

图 11-29 习题 11-20 图

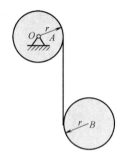

图 11-30 习题 11-21 图

第十二章
动 能 定 理

动量、动量矩、动能都是反映物体机械运动动力特性、特征的物理量，它们分别在不同的范畴作为物体机械运动的度量，动能是物体机械能的一种形式，也是做功的一种能力，本章以质点系的动能作为表征质点系运动特征的物理量，以动能定理建立机械运动中的能量转换与功之间的关系，从能量角度开辟了研究质点和质点系动力学问题的另一途径。

动量定理、动量矩定理用矢量方程描述，动能定理则用代数方程表示。这三个定理均可由牛顿第二定律导出，从不同的角度更直接地反映了机械运动的一些普遍规律。它们比牛顿第二定律的适用范围更广，更便于解决质点系动力学问题。

第一节　力　的　功

冲量描述力在一段时间内对物体作用的效应，可称为力对时间的累积效应；另一方面，力的功表示力在一段路程上对物体的累积效应。

一、常力在直线运动中的功

由物理学可知，质点在恒力 F 作用下沿直线运动的位移为 s，如图 12-1 所示，则力 F 在速度 v 方向的投影 $F\cos<F, v>$ 与 s 的乘积称为力 F 在这段路程上所做的功，用 W 表示，有

$$W = F\cos\alpha \cdot s \qquad (12\text{-}1a)$$

或

$$W = F \cdot s \qquad (12\text{-}1b)$$

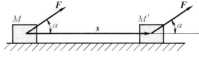

图 12-1　常力在直线运动中的功

式（12-1a）中 α 为力 F 与位移 s 之间的夹角。当 $\alpha < \dfrac{\pi}{2}$ 时，功为正；当 $\alpha = \dfrac{\pi}{2}$，即力与力作用点的位移始终垂直时，功为零；当 $\alpha > \dfrac{\pi}{2}$ 时，功为负。可见，功是

代数量，为纪念物理学家詹姆斯·焦耳（图 12-2），在国际单位制中将功的单位定义为焦耳（J）。1J 表示 1N 的力在 1m 路程上所做的功，即 $1J = 1N \cdot m$；也等于在地心引力影响下举起一个质量为 102g 的物体向上 1m；或是 1W 的机械工作 1s 释放的能量。

二、力在曲线运动中的功

设质点 M 在变力 $\boldsymbol{F}$ 作用下沿曲线运动，如图 12-3 所示，将质点走过的有限弧长 $\overset{\frown}{M_1M_2}$ 分成许多微小弧段。当弧段足够小时，弧段 ds 近似于直线，而在此微小弧段上力 $\boldsymbol{F}$ 可近似地认为常力，由式（12-1a）可得

$$\delta W = F\cos\alpha \cdot \mathrm{d}s = F_\mathrm{t}\mathrm{d}s \tag{12-2a}$$

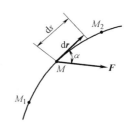

图 12-2　物理学家詹姆斯·焦耳　　　　图 12-3　力在曲线运动中的功

F_t 为力 $\boldsymbol{F}$ 在曲线的切线方向的分量大小，上式也可以写作

$$\delta W = \boldsymbol{F} \cdot \mathrm{d}\boldsymbol{r} \tag{12-2b}$$

δW 称为力 $\boldsymbol{F}$ 在 ds 上的元功。当质点从 M_1 运动到 M_2 时，力 $\boldsymbol{F}$ 做的功为

$$W_{12} = \sum \delta W = \int_{M_1}^{M_2} F\cos\alpha \mathrm{d}s = \int_{M_1}^{M_2} F_\mathrm{t}\mathrm{d}s \tag{12-3a}$$

或

$$\begin{aligned} W_{12} &= \int_{M_1}^{M_2} \boldsymbol{F} \cdot \mathrm{d}\boldsymbol{r} = \int_{M_1}^{M_2} F_x\mathrm{d}x \\ &\quad + F_y\mathrm{d}y + F_z\mathrm{d}z \end{aligned} \tag{12-3b}$$

式（12-3b）称为功的解析表达式，其中

$$\boldsymbol{F} = F_x\boldsymbol{i} + F_y\boldsymbol{j} + F_z\boldsymbol{k}, \quad \mathrm{d}\boldsymbol{r} = \mathrm{d}x\boldsymbol{i} + \mathrm{d}y\boldsymbol{j} + \mathrm{d}z\boldsymbol{k}$$

1. 重力的功

设质点 M 沿曲线轨迹由 M_1 运动到 M_2，如图 12-4 所示，作用在质点上的重

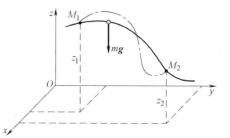

图 12-4　重力的功

力在直角坐标轴上的投影为

$$F_x = 0, \quad F_y = 0, \quad F_z = -mg$$

应用式（12-3b），重力做功为

$$W_{12} = \int_{z_1}^{z_2} - mg\mathrm{d}z$$

$$= mg(z_1 - z_2) \tag{12-4a}$$

可见重力做功仅与质点运动开始和末了位置的高度差（$z_1 - z_2$）有关，与运动轨迹无关。

对于质点系，设质点 i 的质量为 m_i，运动始末的高度差为（$z_{i1} - z_{i2}$），则重力对质点系做功之和为

$$\sum W_{12} = \sum m_i g(z_{i1} - z_{i2})$$

令 $M = \sum m_i$，由质心坐标公式，有

$$Mz_C = \sum m_i z_i$$

由此可得

$$\sum W_{12} = Mg(z_{C1} - z_{C2}) \tag{12-4b}$$

式中，（$z_{C1} - z_{C2}$）为运动始末位置其质心的高度差。质心下降，重力做正功；质心上移，重力做负功。质点系重力做功与质心的运动轨迹无关。

2. 弹性力的功

质点 A 受到弹性力的作用，其轨迹为图 12-5 所示的曲线 $\widehat{A_1 A_2}$。在弹簧的弹性极限内，弹性力的大小与其变形量 δ 成正比，即

$$F = k\delta$$

式中，k 表示使弹簧发生单位变形所需的力，称为**弹簧刚度系数**或**弹簧刚性系数**，在国际单位制中，k 的单位为 N/m。

以点 O 为原点，A 点的矢径为 $\boldsymbol{r}$，其长度为 r。令沿矢径方向的单位矢量为

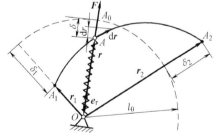

图 12-5　弹性力的功

$\boldsymbol{e}_r$，弹簧的自然长度为 l_0，则弹性力 $\boldsymbol{F} = -k(r - l_0)\boldsymbol{e}_r$。当弹簧伸长时，$r > l_0$，力 $\boldsymbol{F}$ 与 $\boldsymbol{e}_r$ 方向相反；当弹簧被压缩时，$r < l_0$，力 $\boldsymbol{F}$ 与 $\boldsymbol{e}_r$ 方向相同。由式（12-2b）得到弹性力的元功为

$$\delta W = \boldsymbol{F} \cdot \mathrm{d}\boldsymbol{r} = -k(r - l_0)\boldsymbol{e}_r \cdot \mathrm{d}\boldsymbol{r} = -k(r - l_0)\frac{\boldsymbol{r}}{r} \cdot \mathrm{d}\boldsymbol{r} \tag{1}$$

因为

$$\boldsymbol{r} \cdot \mathrm{d}\boldsymbol{r} = \mathrm{d}\left(\frac{\boldsymbol{r} \cdot \boldsymbol{r}}{2}\right) = \mathrm{d}\left(\frac{r^2}{2}\right) = r\mathrm{d}r \tag{2}$$

将式（2）代入式（1），得到 $\delta W = -k(r-l_0)\mathrm{d}r$，结合式（12-3a），求得 A 点从 A_1 到 A_2 过程中，弹性力所做功

$$W_{12} = \sum \delta W = \int_{A_1}^{A_2} -k(r-l_0)\mathrm{d}r = \frac{k}{2}\left[(r_1-l_0)^2 - (r_2-l_0)^2\right] \tag{12-5a}$$

或

$$W_{12} = \sum \delta W = \frac{k}{2}(\delta_1^2 - \delta_2^2) \tag{12-5b}$$

式中，δ_1、δ_2 分别为质点处于位置 A_1、A_2 时弹簧的变形量。

上述推导中轨迹 $\overset{\frown}{A_1 A_2}$ 可以是任意曲线，所以弹性力做的功只与弹簧在初始和末了位置的变形量有关，与力作用点 A 的轨迹无关。

3. 作用于转动刚体上的力的功

如图 12-6 所示，设力 $\boldsymbol{F}$ 与力作用点 A 处的轨迹之间的夹角为 θ，则力 $\boldsymbol{F}$ 在切线上的投影为

$$F_t = F\cos\theta$$

当刚体绕定轴 z 转动时，转角 φ 与弧长 s 的关系为 $\mathrm{d}s = O_1 A\mathrm{d}\varphi$，$O_1 A$ 为力作用点 A 到轴的垂直距离。力 $\boldsymbol{F}$ 的元功为

$$\delta W = \boldsymbol{F} \cdot \mathrm{d}\boldsymbol{r} = F_t\mathrm{d}s = F_t \cdot O_1 A\mathrm{d}\varphi$$

因为 $F_t \cdot O_1 A$ 等于力 $\boldsymbol{F}$ 对于转轴 z 的力矩 M_z，于是

$$\delta W = M_z\mathrm{d}\varphi$$

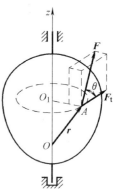

力 $\boldsymbol{F}$ 在刚体从角 φ_1 到 φ_2 转动过程中做的功为

$$W_{12} = \int_{\varphi_1}^{\varphi_2} M_z\mathrm{d}\varphi \tag{12-6}$$

图 12-6　作用于转动刚体上力所做功

如果 M_z 为常值，则有

$$W_{12} = M_z(\varphi_2 - \varphi_1) \tag{12-7}$$

如果在转动刚体上作用的是力偶，则力偶所做的功仍可用式（12-6）计算，其中 M_z 为力偶矩矢在 z 轴上的投影。

例 12-1　半径为 R 的圆盘在力偶 M 作用下，沿水平地面做纯滚动，如图 12-7 所示。不考虑滚动摩擦力偶，试求作用在圆盘上的力所做的功。

解　设圆盘的质量为 m，受到重力 mg、驱动力偶 M，水平地面对圆盘在铅垂方向的约束力 $\boldsymbol{F}_N$ 和在水平方向的摩擦力 $\boldsymbol{F}$，按照力的功的定义，得到

1）重力所做的功：圆盘的重心沿水平方向运动，故重力所做的功 $W_G = 0$；

2）驱动力偶 M 所做的功：

$$W_M = \int_0^{\frac{s}{R}} M \mathrm{d}\varphi = M\frac{s}{R}$$

3）法向力 F_N 所做的功：F_N 作用于圆盘速度瞬心，而瞬心的位移 $\mathrm{d}r = v\mathrm{d}t = 0$，所以 $W_{F_N} = 0$；

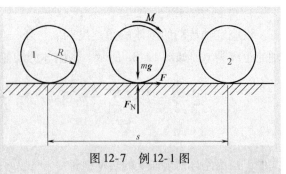

图 12-7 例 12-1 图

4）水平方向的摩擦力 F 所做的功：F 也作用于圆盘速度瞬心，同理，$W_F = 0$。

作用于圆盘上所有力做功总和为

$$W = W_M = M\frac{s}{R}$$

第二节 质点和质点系的动能

物体由于机械运动而具有的能量称为动能。下面介绍动能的计算。

1. 质点的动能

如果质点的质量为 m，速度为 v，则质点的动能为

$$T = \frac{1}{2}mv^2$$

动能是标量，且恒为正。在国际单位制中，动能的单位为牛·米（N·m），即焦耳（J），与功的单位相同。

2. 质点系的动能

设质点系有 n 个质点，其动能为各质点的动能之和，因此，质点系的动能为

$$T = \sum_{i=1}^{n} \frac{1}{2}m_i v_i^2 \tag{12-8}$$

3. 平动刚体的动能

平动刚体各质点的速度相同，设质心速度为 v_C，刚体的质量为 M，则其动能为

$$T = \sum_{i=1}^{n} \frac{1}{2}m_i v_i^2 = \frac{1}{2}\left(\sum_{i=1}^{n} m_i\right)v_C^2 = \frac{1}{2}Mv_C^2 \tag{12-9}$$

由此可知，平动刚体的动能等于刚体的质量集中于质心时质点的动能。

4. 定轴转动刚体的动能

设绕定轴转动的刚体的角速度为 ω，任一质点质量为 m_i，速度为 v_i，到转轴的距离为 r_i，如图 12-8a 所示。则刚体的动能为

$$T = \sum_{i=1}^{n} \frac{1}{2} m_i v_i^2 = \sum_{i=1}^{n} \frac{1}{2} m_i (r_i \omega)^2 = \frac{1}{2} \left(\sum_{i=1}^{n} m_i r_i^2 \right) \omega^2 = \frac{1}{2} J_z \omega^2$$

$$(12\text{-}10)$$

式中，J_z 为刚体对转轴 z 的转动惯量。

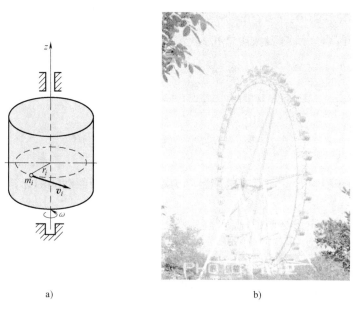

a)   b)

图   12-8

5. 做平面运动刚体的动能

做平面运动的刚体，其运动可分解为随质心的平动及绕质心的转动。设刚体的质量为 M，质心速度为 v_C，绕质心转动的角速度为 ω，刚体对通过质心的转轴的转动惯量为 J_C，则刚体的动能为

$$T = \frac{1}{2} M v_C^2 + \frac{1}{2} J_C \omega^2 \qquad (12\text{-}11)$$

即平面运动刚体的动能，等于随质心的平动动能与绕质心的转动动能之和。

第三节　动能定理概述

一、质点动能定理

质点质量为 m，速度为 $\boldsymbol{v}$，作用力为 $\boldsymbol{F}$，如图 12-9 所示，根据牛顿第二定律有

$$m \frac{\mathrm{d}\boldsymbol{v}}{\mathrm{d}t} = \boldsymbol{F}$$

将上式两端点乘力作用点的微小位移 $\mathrm{d}\boldsymbol{r}$，即

$$m \frac{\mathrm{d}\boldsymbol{v}}{\mathrm{d}t} \cdot \mathrm{d}\boldsymbol{r} = \boldsymbol{F} \cdot \mathrm{d}\boldsymbol{r}$$

上式右端为力 $\boldsymbol{F}$ 在 $\mathrm{d}\boldsymbol{r}$ 上的元功 δW，将左端改写为 $m\mathrm{d}\boldsymbol{v} \cdot \dfrac{\mathrm{d}\boldsymbol{r}}{\mathrm{d}t}$，即有

$$m\mathrm{d}\boldsymbol{v} \cdot \boldsymbol{v} = \delta W$$

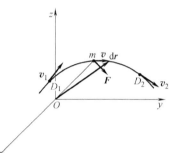

图 12-9　质点动能
定理推导用图

式中，$\boldsymbol{v} \cdot \mathrm{d}\boldsymbol{v} = \mathrm{d}\left(\dfrac{\boldsymbol{v} \cdot \boldsymbol{v}}{2}\right) = \mathrm{d}\left(\dfrac{v^2}{2}\right) = v\mathrm{d}v$，当质量 m 为常量时，上式可写成

$$\mathrm{d}\left(\frac{1}{2}mv^2\right) = \delta W \tag{12-12}$$

式（12-12）表明，质点动能的微分等于作用在质点上的力的元功。这就是质点动能定理的微分形式。

将式（12-12）沿 $\overset{\frown}{D_1D_2}$ 曲线积分，由 $\displaystyle\int_{D_1}^{D_2} \mathrm{d}\left(\frac{1}{2}mv^2\right) = \int_{D_1}^{D_2} \delta W$ 可得

$$\frac{1}{2}mv_2^2 - \frac{1}{2}mv_1^2 = W_{12} \tag{12-13}$$

式（12-13）表明，质点的动能在某一路程的改变量，等于作用于质点上的力在该路程上所做的功。这就是质点动能定理的积分形式。

二、质点系动能定理

设质点系有 n 个质点，第 i 个质点的质量为 m_i，速度为 v_i，根据质点动能定理的微分形式，有

$$d\left(\frac{1}{2}m_i v_i^2\right) = \delta W_i^{(e)} + \delta W_i^{(i)}$$

式中，$\delta W_i^{(e)}$、$\delta W_i^{(i)}$ 分别表示作用于该质点的系统外力、内力所做的元功。质点系内任一点均满足上式，写出 n 个这样的方程，左右两端相加可得

$$\sum_{i=1}^{n} d\left(\frac{1}{2}m_i v_i^2\right) = \sum_{i=1}^{n} \delta W_i^{(e)} + \sum_{i=1}^{n} \delta W_i^{(i)}$$

质点系的动能 $T = \sum_{i=1}^{n} \frac{1}{2}m_i v_i^2$，上式可写成

$$dT = \sum_{i=1}^{n} \delta W_i^{(e)} + \sum_{i=1}^{n} \delta W_i^{(i)} \tag{12-14a}$$

式（12-14a）表明，质点系动能的增量，等于作用在质点系上全部外力和内力所做的元功的总和。这就是质点系动能定理的微分形式。

对式（12-14a）积分，得到

$$T_2 - T_1 = \sum W_i^{(e)} + \sum W_i^{(i)} \tag{12-14b}$$

式中，T_1、T_2 分别是质点系在某一段运动过程起点和终点的动能；$\sum W_i^{(e)}$ 和 $\sum W_i^{(i)}$ 分别是在此运动过程中外力、内力所做的功。

式（12-14b）就是质点系的动能定理，它表明，质点系的动能在有限路程中的改变量等于作用在质点系上全部内力和外力在此路程中所做功的代数和。

在质点系的动量定理和动量矩定理中，内力的冲量及力矩和为零，所以不考虑内力的影响。而内力所做的功却不一定为零，以下讨论质点系内力做功。

1）如果质点系内各质点之间的距离可变，作用于两个质点之间的内力虽成对出现且等值、反向、共线，但内力做功的和并不等于零。内力做功的例子有炸弹爆炸、内燃机汽缸内气体压力做功、弹簧内力做功等。作用在弹性体上的全部内力做功的总和不一定为零。

2）如果质点系内各点之间的距离不变，则内力做功的代数和为零。例如刚体，任意两点的距离不变，故组成刚体的质点之间产生的内力不做功。因此，动能定理应用于刚体时可不考虑内力做的功。

若约束对被约束物体的力作用点不移动或作用点只沿垂直于约束力的方向运动，则约束力不做功或做功之和等于零，这种约束称为理想约束。例如，光滑面约束（图 12-10）、铰支座及固定支座等。如果把作用于质点系上的力分为主动力和约束力，则力做功为

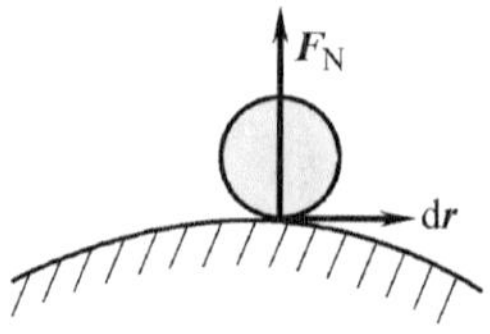

图 12-10 光滑面约束

$$\sum W = \sum W_A + \sum W_N$$

式中，$\sum W_A$ 为主动力所做的功；$\sum W_N$ 为约束力所做的功。

理想约束中的约束力不做功，即 $\sum \delta W_N = 0$ 或 $\sum W_N = 0$。如果质点系中所有

的约束都是理想约束，则动能定理可写成以下形式：

$$dT = \sum \delta W_A \tag{12-15a}$$

或

$$T_2 - T_1 = \sum W_A \tag{12-15b}$$

即具有理想约束的质点系其动能的改变量等于作用在质点系上所有的主动力做功之和。

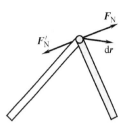

图 12-11 光滑铰链

光滑铰链（图 12-11）、刚性二力杆以及不可伸长的绳索等作为系统内力时，其中单个的约束力可能做功，但一对约束力做功之和等于零，也是理想约束。

一般情况下，滑动摩擦力与物体的相对位移反向，摩擦力做负功，不是理想约束，应用动能定理时要将摩擦力视为主动力计入。当轮子在固定面上做纯滚动时，接触点为瞬心，滑动摩擦力作用点没动，此时的滑动摩擦力不做功。因此，不计滚动摩擦阻力时，纯滚动的接触点也是理想约束。

动量定理、动量矩定理和动能定理称为动力学普遍定理，动力学普遍定理从不同侧面揭示了质点系整体运动特征的变化与其受力之间的关系，描述了质点系动力学的普遍规律。

例 12-2 如图 12-12 所示，汽车以速度 $v = 120\text{km/h}$ 向前行驶，汽车紧急制动，设制动后轮子只滑动不滚动，轮子与路面的摩擦因数 $f_1 = 0.7$，求汽车从制动到停止所经过的距离 d_1。下小雨时路面的摩擦因数 $f_2 = 0.4$，求汽车从制动到停止所经过的距离 d_2。

解 汽车制动后的作用力有重力 $m\boldsymbol{g}$、路面对前后轮的支承力 $\boldsymbol{F}_{NA}$ 和 $\boldsymbol{F}_{NB}$、车轮与路面的摩擦力为 $\boldsymbol{F}_A$ 和 $\boldsymbol{F}_B$，在制动过程中只有摩擦力做功。

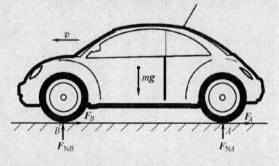

图 12-12 例 12-2 图

汽车制动前的动能 $\quad T_1 = \dfrac{1}{2}mv^2$

制动后的动能 $\quad T_2 = 0$

摩擦力做功 $\quad W_{12} = -(F_A + F_B)d = -fmgd$

根据动能定理得 $\quad T_2 - T_1 = W_{12}$ 即 $\quad 0 - \dfrac{1}{2}mv^2 = -fmgd$

将 $v = \dfrac{120 \times 10^3}{3600}\text{m/s} = 33.3\text{m/s}$ 代入上式，得到

汽车从制动到停止所经过的距离 $d_1 = \dfrac{v^2}{2f_1 g} = \dfrac{33.3^2}{2 \times 0.7 \times 9.8}\text{m} = 80.8\text{m}$

下小雨时从制动到停止所经过

的距离 $d_2 = \dfrac{v^2}{2f_2 g} = \dfrac{33.3^2}{2 \times 0.4 \times 9.8}\text{m}$

$= 141\text{m}$

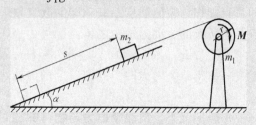

例12-3 如图12-13所示力矩 M 作用在均质鼓轮上，使鼓轮转动，通过绕在鼓轮上的绳子提升在斜面

图12-13 例12-3图

上的重物。已知鼓轮的质量为 m_1，半径为 r，斜面的倾角为 α，重物质量 m_2，与斜面间的摩擦因数为 f，初始时重物速度为零，求重物完成滑动距离 s 瞬时的速度。

解 考虑鼓轮、重物所组成的系统，初始时刻系统的动能 $T_1 = 0$。重物滑动距离 s 时鼓轮的转角 $\varphi = \dfrac{s}{r}$，设此时重物的速度为 v，则鼓轮的角速度为 $\omega = \dfrac{v}{r}$。系统的动能等于重物与鼓轮的动能之和，即

$$T_2 = \frac{1}{2}m_2 v^2 + \frac{1}{2}J\omega^2 = \frac{1}{2}m_2 v^2 + \frac{1}{2} \cdot \frac{1}{2}m_1 r^2 \omega^2 = \frac{1}{2}m_2 v^2 + \frac{1}{4}m_1 v^2$$

此过程中力矩 M、重物重力 $m_2 g$、摩擦力三者均做功，有

$$\sum W = M\varphi - m_2 g\sin\alpha \cdot s - fm_2 g\cos\alpha \cdot s$$

根据动能定理，得

$$T_2 - T_1 = \sum W$$

得

$$\frac{1}{2}m_2 v^2 + \frac{1}{4}m_1 v^2 = M\frac{s}{r} - m_2 gs\sin\alpha - fm_2 gs\cos\alpha$$

$$v = \sqrt{\frac{4\left(\dfrac{Ms}{r} - m_2 gs\sin\alpha - fm_2 gs\cos\alpha\right)}{2m_2 + m_1}} = 2\sqrt{\frac{Ms - m_2 gsr(\sin\alpha + f\cos\alpha)}{(2m_2 + m_1)r}}$$

第四节 功率方程和机械效率

一、功率

工程实际中不仅要计算功，还往往要知道单位时间内做了多少功。单位时间内某个力所做的功称为功率，以 P 表示，其数学表达式为

$$P = \frac{\delta W}{dt}$$

由于 $\delta W = \boldsymbol{F} \cdot d\boldsymbol{r}$，故功率可写成

$$P = \boldsymbol{F} \cdot \frac{d\boldsymbol{r}}{dt} = \boldsymbol{F} \cdot \boldsymbol{v} \tag{12-16}$$

式中，$\boldsymbol{v}$ 是力 $\boldsymbol{F}$ 作用点的速度。当速度 $\boldsymbol{v}$ 与力 $\boldsymbol{F}$ 共线同向时，功率 $P = Fv$。

机床在切削工件时，由于功率是一定的，因此，要获得大的切削力，就应该降低切削速度；车辆在爬坡时，需要大的牵引力，就应该降低行驶速度。

作用在转动刚体上的力的功率为

$$P = \frac{\delta W}{dt} = M_z \frac{d\varphi}{dt} = M_z \omega \tag{12-17}$$

式中，M_z 为力对转轴 z 的力矩，称为转矩；ω 为刚体的角速度。转矩的功率等于转矩与刚体角速度的乘积。

图 12-14　英国科学家瓦特

为纪念对科学做出巨大贡献的英国科学家瓦特（图 12-14），在国际单位制中，功率的单位定义为瓦特（W）或千瓦（kW）。1W 表示每秒做 1J 的功，即

$$1W = 1J/s = 1N \cdot m/s$$

当工程中给出转动物体的转速 n（r/min），力矩或力偶矩以 $N \cdot m$ 为单位，则

$$P = M_z \omega = M_z \frac{2\pi n}{60} \text{（W）} \quad \text{或} \quad P = M_z \frac{2\pi n}{60 \times 1000} \text{（kW）}$$

为了便于直接由千瓦表示的功率 P 计算出力矩或力偶矩是多少牛·米，将上式改写为

$$M_z(N \cdot m) = 9550 \frac{P(kW)}{n(r/min)} \tag{12-18}$$

例 12-4　如图 12-15a 所示，汽车自卸部分的车厢重 11kN，满载砂石的车厢重心 C 与铰链 O 的水平距离为 $a = 1.5m$，砂石的密度为 $2.3 \times 10^3 kg/m^3$，体积

为$3m^3$，试计算车厢自水平位置抬高到倾角$\theta_{max}=60°$时车体对车厢所做的功。若车厢翻转的角速度为$\omega=3(°)/s$，求装卸车的最大功率。

图12-15 例12-4图

解 满载砂石的车厢总重量为

$$mg=(11\times10^3+2.3\times10^3\times3\times9.8)N=78.6kN$$

车体所做的功为

$$W=mga\sin\theta_{max}=78.6\times10^3\times1.5\times0.866J=102kJ$$

作用在车厢上的油缸推顶力的力矩$M=mga\cos\theta$，车厢翻转的角速度为$\omega=3(°)/s=0.0523rad/s$。将汽车自卸部分的车厢视为绕$O$点定轴转动的刚体，由式（12-17）可知，油缸推顶力的功率为

$$P=M\omega=mga\cos\theta\cdot\omega$$

车厢箱体水平时，$\theta=0$，$\cos\theta=1$，对应于最大功率，得到

$$P_{max}=mga\omega=78.6\times10^3\times1.5\times0.0523W=6.17kW$$

二、功率方程

为了研究质点或质点系的动能变化与其作用力的功率之间的关系，将微分形式的质点系动能定理式（12-14a）除以时间的微分dt，得

$$\frac{dT}{dt}=\sum_{i=1}^{n}\frac{\delta W_i^{(e)}}{dt}+\sum_{i=1}^{n}\frac{\delta W_i^{(i)}}{dt}=\sum_{i=1}^{n}P_i^{(e)}+\sum_{i=1}^{n}P_i^{(i)} \qquad (12-19a)$$

式（12-19a）称为功率方程，它表明，质点系的动能对时间的导数等于作用于质点系的外力与内力的功率的代数和。

同理，将微分形式的质点系动能定理式（12-15a）除以dt，得

$$\frac{dT}{dt} = \sum_{i=1}^{n} \frac{\delta W_A}{dt} + \sum_{i=1}^{n} \frac{\delta W_N}{dt} = \sum_{i=1}^{n} P_{Ai} + \sum_{i=1}^{n} P_{Ni} \qquad (12\text{-}19\mathrm{b})$$

式（12-19b）表明，质点系的动能对时间的导数等于作用于质点系的主动力与约束力的功率的代数和。

功率方程可以用来研究机器的能量变化和转化问题。机器工作时需要输入一定的功率，用于克服阻力或输出功率，以及使机器加速运转等。

属于**输入功率**的驱动力、力矩有各种表现形式，例如，液压传动中液体的压力、驱动电动机的转矩以及内燃机汽缸中的燃气压力等。

生产中会遇到各种阻力，如车床切削时工件的切削阻力、冲床加工时工件的冲压阻力、起重机的载荷重力以及压缩机压缩气体时的气体压力等，这些力消耗能量，消耗输入功率，这部分功率称为**有用功率**。

在机械传动部件之间，如传动带和带轮、齿轮与齿轮、轴与轴承之间有摩擦，摩擦消耗能量，传动系统的相互碰撞也要损失一些能量，这些损失掉的功率称为**无用功率**或**损耗功率**。

将上述三种功率代入功率方程式（12-19）得

$$\frac{dT}{dt} = P_{输入} - P_{有用} - P_{无用} \qquad (12\text{-}20)$$

由式（12-20）可知

1）当 $P_{输入} > P_{有用} + P_{无用}$ 时，$\dfrac{dT}{dt} > 0$，即动能增加，机器加速转动，这是机器在启动阶段。

2）当 $P_{输入} = P_{有用} + P_{无用}$ 时，$\dfrac{dT}{dt} = 0$，机器匀速转动，这是机器在正常工作阶段。

3）当 $P_{输入} < P_{有用} + P_{无用}$ 时，$\dfrac{dT}{dt} < 0$，即动能减少，机器减速转动，这是机器在停车阶段。

三、机械效率

任何机器都要由外界提供能量，即由外部输入功率；机器工作时要输出功率，机器的输出功率分为**有用输出功率**（有效功率）和**无用输出功率**（无效功率）两部分。**有效功率** $P_{有效} = P_{有用} + \dfrac{dT}{dt}$。机器在传动过程中由于摩擦发热、碰撞、弹塑性变形等原因，要白白消耗一部分功率，这部分功率称为**无效功率**。

工程上把机器的有效功率 $P_{有效}$ 与输入功率 $P_{输入}$ 之比称为**机械效率**，用 η 表示，即

$$\eta = \frac{P_{有效}}{P_{输入}} \tag{12-21}$$

显然，$\eta < 1$。机械效率是评定机器质量优劣的重要指标。如果机械效率高，说明机器对输入功率的有效利用程度高，浪费少、节省能源，并往往是噪音低、发热少，有利于绿色制造。

例 12-5 如图 12-16 所示，龙门刨床的工作台和工件的总质量 $m = 2000\text{kg}$，切削速度 $v = 0.5\text{m/s}$，主切削力 $F_z = 9.92\text{kN}$，$F_y = 0.23F_z$。设工作台与水平导轨间的摩擦因数 $f = 0.1$，龙门刨床总机械效率 $\eta = 0.78$。求主切削力和摩擦力消耗的功率，以及刨床主电动机的功率。

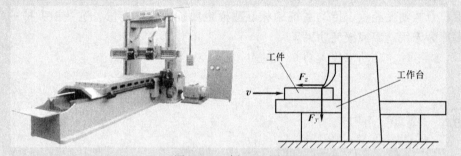

图 12-16 例 12-5 图

解 主切削力消耗的功率为有用输出功率（有效功率）：

$$P_{有效} = F_z v = 9.92 \times 10^3 \times 0.5\text{W} = 4.96\text{kW}$$

摩擦力消耗的功率为无用输出功率（无效功率）的一部分：

$$P_{摩擦} = (mg + F_y)fv = (2000 \times 9.8 + 0.23 \times 9.92 \times 10^3) \times 0.1 \times 0.5\text{W} = 1.09\text{kW}$$

设主电动机的功率为 P，则由（12-21）式得到

$$P = P_{输入} = \frac{P_{有效}}{\eta} = \frac{4.96}{0.78}\text{kW} = 6.36\text{kW}$$

第五节 势能 机械能守恒定律

一、势力场

如果质点在某空间任一位置都受到一个大小和方向完全由所在位置确定的

力作用，则这部分空间称为**力场**。例如，物体在地球表面的任何位置都要受到一个确定的重力的作用，我们称地球表面的空间为**重力场**。

如果质点在力场内运动，作用于质点的力所做的功只与力作用点的初始位置和终了位置有关，而与该点的轨迹无关，这种力场称为**势力场**，或保守力场。在势力场中，物体受到的力称为**有势力**或保守力。重力、弹性力、万有引力都是有势力，重力场、弹性力场、引力场都是势力场。

二、势能

在势力场中，质点从 M 点运动到任选的 M_0 点，有势力 $\boldsymbol{F}$ 所做的功称为质点在 M 点相对于 M_0 点的**势能**，以 V 表示，有

$$V = \int_M^{M_0} \boldsymbol{F} \cdot \mathrm{d}\boldsymbol{r} = \int_M^{M_0} (F_x \mathrm{d}x + F_y \mathrm{d}y + F_z \mathrm{d}z) \tag{12-22}$$

设质点在 M_0 点的势能等于零，M_0 点称为零势能点。由于势能是相对于零势能位置而言的，而零势能位置又可以任意选取，所以零势能位置不同，势力场中同一位置的势能将不同。下面计算几种常见的势能。

1. 重力场中的势能

重力场中，以铅垂轴为 z 轴，z_0 处为零势能点。质点于 z 坐标处的势能 V 等于重力 $m\boldsymbol{g}$ 由 z 到 z_0 处所做的功，即

$$V = \int_z^{z_0} - mg\mathrm{d}z = mg(z - z_0) \tag{12-23}$$

2. 弹性力场中的势能

设弹簧一端固定，另一端与物体连接，弹簧的刚度系数为 k。零势能点 M_0 处的弹簧变形量为 δ_0，则变形量为 δ 处的弹簧势能

$$V = \frac{k}{2}(\delta^2 - \delta_0^2) \tag{12-24a}$$

如果取弹簧的自然位置（原始长度）为零势能点，则有 $\delta_0 = 0$，势能

$$V = \frac{k}{2}\delta^2 \tag{12-24b}$$

三、有势力的功

设某个有势力的作用点在质点系的运动过程中，从 M_1 到 M_2，如图 12-17 所示，该力所做的功为 W_{12}，若取 M_0 为零势能点，则从 M_1 到 M_0 和从 M_2 到 M_0 有势力所做的功分别为 M_1 和 M_2 位置的势能 V_1 和 V_2。由于有势力的功只与该力作用点的起始、终了位置有关，而与路径无关。故由 M_1 经 M_2 到达 M_0 时，有势力的功为

$$W_{10} = W_{12} + W_{20}$$

式中，$W_{10} = V_1$，$W_{20} = V_2$，于是得

$$W_{12} = V_1 - V_2 \qquad (12\text{-}25)$$

即有势力所做的功等于质点系在运动过程的初始和终了位置的势能的差。

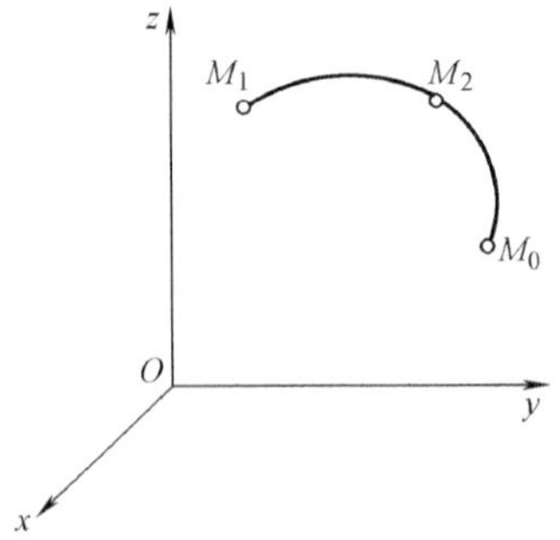

四、机械能守恒定律

质点系的动能与势能的代数和称为**机械能**。当作用在系统上做功的力均为有势力（保守力）时，系统称为保守系统。保守系统机械能保持不变，这就是**机械能守恒定律**，其数学表达式为

$$T_1 + V_1 = T_2 + V_2 \qquad (12\text{-}26)$$

如果质点系还受到非保守力的作用，则系统称为**非保守系统**，非保守系统的机械能不守恒。设保守力所做的功为 W_{12}，非保守力所做的功为 W'_{12}，由动能定理得到

$$T_2 - T_1 = W_{12} + W'_{12}$$

式中，$W_{12} = V_1 - V_2$，代入上式有 $T_2 - T_1 = V_1 - V_2 + W'_{12}$，即

$$(T_2 + V_2) - (T_1 + V_1) = W'_{12} \qquad (12\text{-}27)$$

当质点系受到摩擦阻力作用时，W'_{12} 是负功，质点系在运动过程中机械能减小，称为机械能耗散；当质点系受到非保守的主动力作用时，如果 W'_{12} 是正功，则质点系在运动过程中机械能增加，这时，外界对系统输入了能量。

从普遍的能量守恒定律来看，能量既不会消失，也不会创造，只能从一种形式转换成另一种形式。质点系在运动过程中，机械能的变化，说明了系统的机械能与其他形式的能量（如电能、太阳能、化学能、核能等）出现了相互转换，机械能守恒只是能量守恒定律的特殊情况。

图 12-17 有势力的功

例 12-6 如图 12-18 所示，物块 A 和半径为 R 的均质圆盘 B 的质量均为 M，圆盘 B 在水平面上做纯滚动；均质定滑轮 C 的半径为 r，质量为 m，弹簧刚度系数为 k。初始时系统处于静止，且弹簧为原始长度，忽略绳子的质量和轴 C 处的摩擦，求当物块 A 下降距离 s 时，其速度和加速度。

解 取两轮 B、C 及物块 A 组成的系统为研究对象。系统在运动过程中仅有有势力（物块 A 的重力和弹簧力）做功，故系统机械能守恒。

取初始位置为系统的零势能位置，此时，系统动能 $T_1 = 0$，势能 $V_1 = 0$。

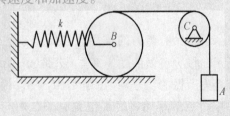

图 12-18 例 12-6 图

当物块 A 下降距离 s 时，设其速度为 v，轮 B 和 C 的角速度分别为 ω_B 和 ω_C，则系统的动能为

$$T_2 = T_A + T_B + T_C = \frac{1}{2}Mv^2 + \left(\frac{1}{2}J_B\omega_B^2 + \frac{1}{2}Mv_B^2\right) + \frac{1}{2}J_C\omega_C^2 \tag{1}$$

由于圆盘 B 做纯滚动，故 $v_B = \dfrac{v}{2}$，$\omega_B = \dfrac{v_B}{R} = \dfrac{v}{2R}$；轮 C 做定轴转动，$\omega_C = \dfrac{v}{r}$。均质轮 B、C 绕质心的转动惯量分别为 $J_B = \dfrac{1}{2}MR^2$、$J_C = \dfrac{1}{2}mr^2$。代入式（1）得到

$$T_2 = \left(\frac{11}{16}M + \frac{1}{4}m\right)v^2 \tag{2}$$

系统的势能为

$$V_2 = \frac{1}{2}ks_B^2 - Mgs$$

同理，由于圆盘 B 做纯滚动，故 $s_B = \dfrac{s}{2}$，于是得

$$V_2 = \frac{1}{8}ks^2 - Mgs \tag{3}$$

将式（2）、式（3）代入机械能守恒定律式（12-26），得

$$\left(\frac{11}{16}M + \frac{1}{4}m\right)v^2 + \frac{1}{8}ks^2 - Mgs = 0 \tag{4}$$

$$v = \sqrt{2s \cdot \frac{8Mg - ks}{11M + 4m}}$$

由于速度的平方不能为负，所以，$8Mg - ks \geqslant 0$，即 $s_{max} = \dfrac{8Mg}{k}$。

式（4）两边对时间求导，考虑到 $\dfrac{\mathrm{d}v}{\mathrm{d}t} = a$，$\dfrac{\mathrm{d}s}{\mathrm{d}t} = v$，于是得

$$\left(\frac{11}{16}M + \frac{1}{4}m\right)2va + \frac{1}{4}ksv - Mgv = 0$$

$$a = \frac{8Mg - 2ks}{11M + 4m}$$

小　　结

质点系的动能：$T = \displaystyle\sum_{i=1}^{n} \frac{1}{2}m_i v_i^2$

平动刚体的动能：$T = \dfrac{1}{2} M v_C^2$

定轴转动刚体的动能：$T = \dfrac{1}{2} J_z \omega^2$

平面运动刚体的动能：$T = \dfrac{1}{2} M v_C^2 + \dfrac{1}{2} J_C \omega^2$

质点动能定理的积分形式：质点的动能在某一路程的改变量，等于作用于质点上的力在该路程上所做的功：$\dfrac{1}{2} m v_2^2 - \dfrac{1}{2} m v_1^2 = W_{12}$

质点系的动能定理：质点系的动能在有限路程中的改变量等于作用在质点系上全部内力和外力在此路程中所做功的代数和。

作用在转动刚体上的力的功率：$P = M_z \omega$，即转矩的功率等于转矩与刚体角速度的乘积。

若约束对被约束物体的力作用点不移动或作用点只沿垂直于约束力的方向运动，则约束力不做功或做功之和等于零，这种约束称为理想约束。

机器的输出功率分为有用输出功率（有效功率）和无用输出功率（无效功率）两部分。

有效功率：$P_{有效} = P_{有用} + \dfrac{\mathrm{d} T}{\mathrm{d} t}$

机器在传动过程中由于摩擦发热、碰撞、弹塑性变形等原因，要白白消耗一部分功率，这部分功率称为无效功率。

工程上把机器的有效功率 $P_{有效}$ 与输入功率 $P_{输入}$ 之比称为机械效率：$\eta = \dfrac{P_{有效}}{P_{输入}}$

质点系的动能与势能的代数和称为机械能。

当作用在系统上做功的力均为有势力（保守力）时，系统称为保守系统。

机械能守恒定律：保守系统机械能保持不变。

习　　题

12-1　下列说法是否正确？

（1）质点系的动量为零，则动能一定为零。

（2）内力可以改变质点系中质点的动量，也可以改变质点系的动能。

（3）由于质点系的内力总是成对出现，且等值反向，因此，内力功的和恒等于零。

12-2　为什么驾驶员在汽车爬坡时选用低速挡？

12-3　当质点做匀速圆周运动时，其动能有无变化？

12-4　动能与速度的方向是否有关？如一质点以大小相同、方向不同的速度抛出，在抛出瞬时，其动能是否相同？

12-5　质点在力 $\boldsymbol{F} = 2\boldsymbol{i} + 3\boldsymbol{j} + \boldsymbol{k}$ 作用下，沿直线从 A 点运动到 B 点，矢径 $\boldsymbol{r}_A = \boldsymbol{i} - 7\boldsymbol{j} + 3\boldsymbol{k}$，$\boldsymbol{r}_B = -5\boldsymbol{i} + \boldsymbol{j} - 8\boldsymbol{k}$。力的单位为 N，长度单位为 m。求力 $\boldsymbol{F}$ 所做的功。

12-6　如图 12-19 所示，弹簧原长 $l_0 = 0.2\mathrm{m}$，刚度系数 $k = 2\mathrm{kN/m}$，一端固定在 O 点，此点在半径 $r = 0.2\mathrm{m}$ 的圆周上。已知 $AC \perp BC$，OA 为直径。当弹簧的另一端由 B 沿圆弧运动到

A 的过程中，弹性力所做的功是多少?

12-7 如图 12-20 所示均质圆盘，质量为 m，半径为 R，角速度为 ω，计算其动能。(图 12-20c 中圆盘做纯滚动)

12-8 直角弯杆由均质杆 *OA* 和 *AB* 组成，以角速度 ω 转动，如图 12-21 所示。两杆质量均为 m、长度均为 l。试求弯杆 *OAB* 的动能。

12-9 如图 12-22 所示，杆 *OA* 长 l，绕 *O* 轴在水平面内以角速度 ω_0 转动。质量为 m、半径为 R 的均质圆盘绕其轴 *A* 转动，相对于 *OA* 杆的角速度为 ω。不计 *OA* 杆质量，试求圆盘 *A* 的动能。

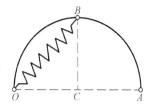

图 12-19 习题 12-6 图

  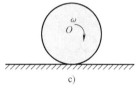

a)   b)   c)

图 12-20 习题 12-7 图

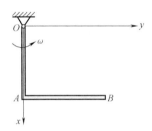   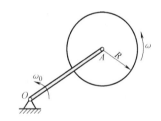

图 12-21 习题 12-8 图   图 12-22 习题 12-9 图

12-10 如图 12-23b 所示，坦克履带质量为 m，三个车轮的质量均为 m'，车轮半径为 R，转动惯量 $J_0 = 0.8m'R^2$，两个车轮间的距离为 πR。设坦克前进速度为 v，计算此质点系的动能。

   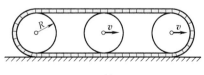

a)   b)

图 12-23 习题 12-10 图

12-11 如图 12-24 所示，线 *OA* 上系一小球，自静止位置 *A* 将小球释放，当运动到固定点 *O* 的铅垂下方时，线的中点被钉子 *C* 所阻止，只有下半段的线随球继续摆动。试求当小球到达最右位置 *B* 时，下半段的线与铅垂线所成的夹角 α。

12-12 如图 12-25 所示，物块自倾角为 α 斜面上 *A* 点无初速下滑，滑行 L_1 至水平面，在水平面滑行 L_2 至 *B* 点停止。设斜面、水平面与物块的动摩擦因数相同，已知 $\alpha = 25°$，$L_1 = 0.15\text{m}$，$L_2 = 0.18\text{m}$，试求动摩擦因数的大小。

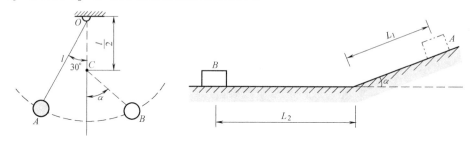

图 12-24 习题 12-11 图

图 12-25 习题 12-12 图

12-13 如图 12-26 所示，载重汽车的车厢可以翻转，满载时沙石和车厢总质量为 5000kg，质心 *C* 的位置如图所示。问至少需要输出多大的功率，才能使车厢在满载时绕轴 *A* 以等角速度 0.05rad/s 翻转。

12-14 一质量为 10kg 的物体从距离弹簧 $h = 0.075\text{m}$ 处无初速地落到弹簧上，如图 12-27 所示。已知弹簧刚度系数为 1.96kN/m，求弹簧的最大压缩。

图 12-26 习题 12-13 图

图 12-27 习题 12-14 图

12-15 物块 *C* 上有一半径为 *r* 的半圆槽，放在光滑水平面上，如图 12-28 所示。质量为 *m* 的光滑小球可在槽内运动，已知物块的质量为小球质量的 3 倍，初始时系统静止，小球在 *A* 点，求当小球运动到 *B* 点时物块 *C* 的速度。

12-16 如图 12-29 所示，匀质杆 *OA* 重 *W*，长 *l*，可以绕通过其一端 *O* 的水平轴无摩擦地转动。今欲使杆从铅垂位置转动到水平位置，问必须给予 *A* 端以多大的水平初速？

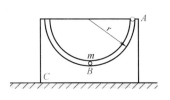

图 12-28　习题 12-15 图

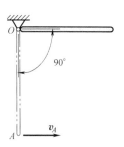

图 12-29　习题 12-16 图

12-17　物块的质量为 m，在半径为 r 的光滑半圆柱顶点 A 以初速度v_0 滑下，当物块到达如图 12-30 所示位置 B 时，求物块的速度和对圆柱的压力，并求当角 θ 为何值时物块离开圆柱面。

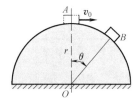

图 12-30　习题 12-17 图

第十三章
达朗贝尔原理

在 18 世纪，随着机器动力学的发展，出现了用静力学的分析方法解决动力学问题的达朗贝尔原理。达朗贝尔于 1743 年提出了一个关于非自由质点动力学的原理，被称为达朗贝尔原理。这个原理的特点是：用静力学中研究平衡问题的方法来研究动力学问题，因此，又被称为动静法。动静法在工程技术中得到了广泛的应用。

第一节　惯性力的概念

众所周知，有质量的物体的运动状态不会自行改变。惯性力是指当物体加速时，惯性会使物体有保持原有运动状态的倾向，若是以该物体为坐标原点，看起来就仿佛有一股方向相反的力作用在该物体上，因此，称之为惯性力。

惯性力实际上并不存在，实际存在的只有原本将该物体加速的力，因此，惯性力又称为假想力。例如，当公共汽车刹车时，车上的人因为惯性而向前倾，在车上的人看来仿佛有一股力量将他们向前推，即为惯性力。然而，只有作用在公交车的刹车以及轮胎上的摩擦力使车减速，实际上并不存在将乘客往前推的力，这只是惯性在不同坐标系统下的现象。

一、惯性力的大小与方向

惯性力的大小等于质量与加速度的乘积，方向与加速度反向。用记号 F_I 表示，即

$$F_I = -ma \tag{13-1}$$

二、惯性力的作用物体

惯性力作为有质量的物体对改变其运动状态的一种抵抗力，它到底作用在哪个物体上呢？

以图 13-1a 所示链球为例来讨论，绳的一端连接一质量为 m 的链球，另一

端用力拉住，假设链球做匀速率圆周运动（图 13-1b）。

a)

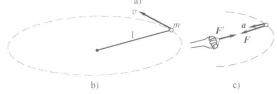

b)　　　　　　　　　　c)

图 13-1　链球运动

　　链球受到绳子拉力 F 的作用，迫使其改变运动状态，产生法向加速度 a；链球对绳的反作用力为 F'（图 13-1c）。根据牛顿第二定律，有 $F = ma$；根据牛顿第三定律，有 $F' = -F$。所以，$F' = -F = -ma$，对比式（13-1），可知 $F_I = F' = -ma$，因此，链球的惯性力不是作用在链球上，而是作用在迫使链球产生加速度的绳子上。

　　由此得出，链球惯性力的作用对象是施力物体（绳子），即惯性力作用在施力物体（绳子）上。

第二节　达朗贝尔原理概述

一、质点的达朗贝尔原理

　　在惯性参考系中，质量为 m 的非自由质点 M，在主动力 F 和约束力 F_N 作用下沿图 13-2 所示曲线 AB 运动，其加速度为 a，根据牛顿第二定律，有

$$F + F_N = ma$$

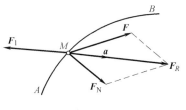

图　13-2

或写成
$$F + F_N - (ma) = 0 \tag{13-2}$$

由式（13-1）、式（13-2）有
$$F + F_N + F_I = 0 \tag{13-3}$$

其投影式为
$$\begin{cases} \Sigma F_x = F_x + F_{Nx} + F_{Ix} = 0 \\ \Sigma F_y = F_y + F_{Ny} + F_{Iy} = 0 \\ \Sigma F_z = F_z + F_{Nz} + F_{Iz} = 0 \end{cases} \tag{13-4}$$

式（13-3）、式（13-4）为大家熟悉的静力平衡方程形式。从式（13-1）~式（13-4），就将质点动力学问题从形式上转化为汇交力系的平衡问题。若假想地在运动质点 m 上施加惯性力 $F_I = -ma$，则可认为作用在质点 m 上的主动力 F、约束力 F_N 和惯性力 F_I 在形式上组成平衡力系。此即质点的达朗贝尔原理。

达朗贝尔原理是法国科学家达朗贝尔（图13-3）在其著作《动力学专论》中提出来的。式（13-4）为达朗贝尔原理的数学表达式。依据这一原理，非自由质点系的动力学方程可以用静力学平衡方程的形式写出来。这种处理动力学问题的方法，在工程中获得了广泛的应用。此法最大的特点是引入了惯性力的概念。

应用达朗贝尔原理求解非自由质点约束力的方法是：分析质点受力 F、F_N；分析质点运动，对质点施加惯性力 F_I；利用式（13-4）求解动约束力。这一方法称之为**质点的动静法**。

图13-3 法国科学家达朗贝尔

应当强调的是，质点 m 上的作用力只有主动力 F 和约束力 F_N，而惯性力 F_I 是为了用静力学方法求解动力学问题而假设的虚拟力。因此，式（13-4）并不表示存在一个平衡的实际力系（F，F_N，F_I），而仅说明 F、F_N 和 F_I 三者的矢量和等于零，所反映的仍然是实际受力与运动之间的动力学关系。

例13-1　在做水平直线运动的车厢中挂着一只单摆，当列车做匀变速运动时，摆将稳定在与铅垂线成 θ 角的位置（图13-4a）。试求列车的加速度 a 与偏角 θ 的关系。

解　设摆锤的质量为 m，其惯性力 F_I 方向与 a 相反，大小为
$$F_I = ma \tag{1}$$

以摆锤为研究对象。应用动静法：其上受有重力 mg 与绳的拉力 F，这些力与惯性力 F_I 构成一平衡力系，如图13-4b所示。则

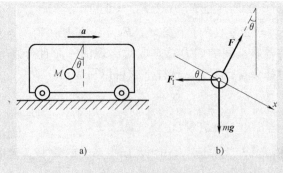

图 13-4　例 13-1 图

$$\sum_{i=1}^{n} F_{ix} = 0, \ -F_{\mathrm{I}}\cos\theta + mg\sin\theta = 0 \tag{2}$$

将式 (1) 代入式 (2)，解得

$$a = g\tan\theta$$

可见 θ 随着加速度 a 的大小变化而变化，只要测出偏角 θ 就能知道列车的加速度。这就是摆式加速度计的原理。

使用质点的动静法解题并不省力、省时，但用以定性解释一些力学现象却显示了它的优点。

二、质点系的达朗贝尔原理

将质点的达朗贝尔原理推广到质点系，讨论由 n 个质点组成的非自由质点系，如图 13-5 所示，任取质点系中第 i 个质点 M_i，其质量为 m_i，加速度为 $\boldsymbol{a}_i$，则该质点的惯性力为

$$\boldsymbol{F}_{\mathrm{I}i} = -m_i\boldsymbol{a}_i$$

根据达朗贝尔原理，有

$$\boldsymbol{F}_i + \boldsymbol{F}_{\mathrm{N}i} + \boldsymbol{F}_{\mathrm{I}i} = 0 \ (i = 1,2,\cdots,n)$$

$$\tag{13-5}$$

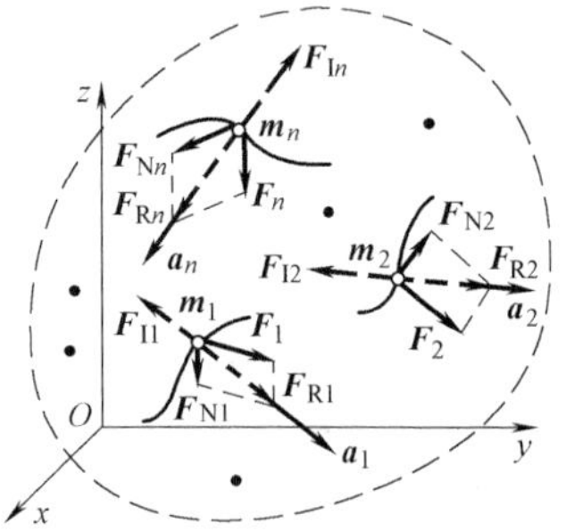

式 (13-5) 表明，在每一瞬时，作用于质点系内每个质点上的主动力 $\boldsymbol{F}_i$、约束力 $\boldsymbol{F}_{\mathrm{N}i}$ 和虚加在该质点上的惯性力 $\boldsymbol{F}_{\mathrm{I}i}$ 在形式上组成平衡力系。

图 13-5　非自由质点系

当一非自由质点系运动时，如果给系内每一质点加上该质点的惯性力和作用于每一质点上的主动力、约束力，则整个质点系的主动力系、约束力系和惯性力系在形式上组成平衡力系。由静力学的平衡条件可知，该力系的主矢 $\boldsymbol{F}_{\mathrm{R}}$ 和力系对任意一点 O 的主矩 $\boldsymbol{M}_O$ 应分别等于零，即

$$\begin{cases} \boldsymbol{F}_R = \Sigma \boldsymbol{F}_i + \Sigma \boldsymbol{F}_{Ni} + \Sigma \boldsymbol{F}_{Ii} = \boldsymbol{0} \\ \boldsymbol{M}_O = \Sigma \boldsymbol{M}_O(\boldsymbol{F}_i) + \Sigma \boldsymbol{M}_O(\boldsymbol{F}_{Ni}) + \Sigma \boldsymbol{M}_O(\boldsymbol{F}_{Ii}) = \boldsymbol{0} \end{cases}$$

由于质点系中各质点间的内力总是成对出现的，而且分别等值反向，所以上式在求和中内力都会自行消去。这样上式可以写为

$$\begin{cases} \Sigma \boldsymbol{F}_i^{(e)} + \Sigma \boldsymbol{F}_{Ii} = \boldsymbol{0} \\ \Sigma \boldsymbol{M}_O(\boldsymbol{F}_i^{(e)}) + \Sigma \boldsymbol{M}_O(\boldsymbol{F}_{Ii}) = \boldsymbol{0} \end{cases} \tag{13-6}$$

式中，$\Sigma \boldsymbol{F}_i^{(e)}$ 与 $\Sigma \boldsymbol{M}_O(\boldsymbol{F}_i^{(e)})$ 分别为作用在质点系上的外力（包括外主动力和外约束力）的主矢与主矩。

达朗贝尔原理的质点系形式： 作用于质点系上的外力系（外主动力系与外约束力系）与惯性力系在形式上组成平衡力系。用式（13-6）求解非自由质点系动反力或动应力的方法称为**质点系的动静法**。

例13-2 如图 13-6a 所示，长为 $2l$ 的无重杆 CD，两端各固结质量为 m 的小球，杆的中点与铅垂轴 AB 固结，夹角为 θ。轴 AB 以匀角速度 ω 转动，轴承 A、B 间的距离为 h。求轴承 A、B 的约束力。

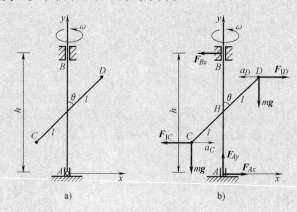

图 13-6 例 13-2 图

解 取系统整体为研究对象，如图 13-6b 所示。系统受外力有 C、D 两小球的重力 mg、轴承 A 的支座约束力 $\boldsymbol{F}_{Ax}$、$\boldsymbol{F}_{Ay}$ 和轴承 B 的支座约束力 $\boldsymbol{F}_{Bx}$。

系统绕 y 轴匀速转动，则 C、D 处加速度

$$a_C = a_D = l\omega^2 \sin\theta$$

在系统 C、D 处惯性力为

$$F_{IC} = F_{ID} = ml\omega^2 \sin\theta \tag{1}$$

应用动静法列方程

$$\sum_{i=1}^{n} F_{ix} = 0, \quad F_{Ax} - F_{Bx} + F_{1D} - F_{1C} = 0 \tag{2}$$

$$\sum_{i=1}^{n} F_{iy} = 0, \quad F_{Ay} - 2mg = 0, \quad F_{Ay} = 2mg$$

$$\sum_{i=1}^{n} M_A(F_i) = 0, \quad F_{Bx}h - F_{1D}(AH + l\cos\theta) + F_{1C}(AH - l\cos\theta) = 0 \tag{3}$$

由式 (1)、式 (2),得到 $\qquad F_{Ax} = F_{Bx}$ (4)

式 (1) 代入式 (3),得到 $\quad F_{Bx}h - 2ml\omega^2\sin\theta \cdot l\cos\theta = 0$ (5)

由式 (4)、式 (5),得到 $\quad F_{Ax} = F_{Bx} = ml^2\omega^2\sin2\theta/h$

例 13-3 在图 13-7a 所示系统中,飞轮的质量为 m(图 13-7b),平均半径为 R,以匀角速度 ω 绕其中心轴转动。假设轮缘较薄,质量均匀分布,轮辐的质量可以忽略不计。若不考虑重力的影响,求轮缘各横截面的张力。

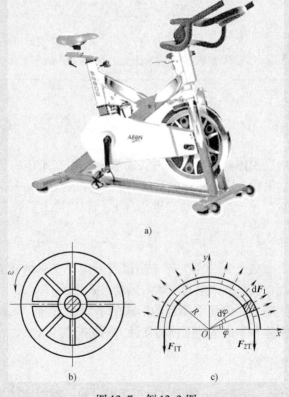

图 13-7 例 13-3 图

解 截取半个飞轮为研究对象（图13-7c），由对称条件可知，两截面处内力是相同的，即 $F_{1T} = F_{2T} = F_T$。考虑飞轮做匀角速度 ω 转动，因此半圆环的惯性力分布如图13-7c所示，对应于微小单元体积的惯性力 $\mathrm{d}F_I$ 为

$$\mathrm{d}F_I = \mathrm{d}m \cdot R\omega^2$$

将 $\mathrm{d}m = \dfrac{m}{2\pi R}R\mathrm{d}\varphi$ 代入上式，得

$$\mathrm{d}F_I = \frac{m}{2\pi R}R\mathrm{d}\varphi \cdot R\omega^2 = \frac{m}{2\pi}\omega^2 R\mathrm{d}\varphi \qquad (1)$$

由动静法，半圆环两端的拉力 F_{1T}、F_{2T} 与分布的惯性力系组成平衡力系。由平衡方程

$$\sum_{i=1}^{n} F_{iy} = 0, \quad -2F_T + \int_0^\pi \sin\varphi \mathrm{d}F_I = 0 \qquad (2)$$

式（1）代入式（2），解得 $\quad -2F_T + \displaystyle\int_0^\pi \sin\varphi \frac{m}{2\pi}\omega^2 R\mathrm{d}\varphi = 0$

$$F_T = \frac{m}{2\pi}\omega^2 R$$

由此可知，飞轮匀速转动时，轮缘各截面的张力相等，张力的大小与转动角速度的平方成正比，与其平均半径成正比。

第三节 刚体运动时惯性力系的简化

应用动静法解决刚体动力学问题时，需要将作用在刚体内各质点上的惯性力组成的力系加以简化，求出惯性力系的主矢 F_{IR} 和主矩 M_{IO}。

设刚体的质量为 m，质心 C 的加速度为 a_C，则惯性力系的主矢为

$$F_{IR} = \sum_{i=1}^{n} F_{Ii} = \sum_{i=1}^{n} (-m_i a_i) = -m a_C \qquad (13\text{-}7)$$

式（13-7）表明，惯性力系的主矢等于刚体的质量与质心加速度的乘积，方向与质心加速度方向相反。此结果与刚体的运动形式无关。

惯性力系的主矩，一般随刚体运动形式的不同而不同。下面分别对平动刚体、绕定轴转动刚体和平面运动刚体的惯性力系进行简化。

一、刚体作平动

如图13-8所示，质量为 m 的刚体做平动时，每一瞬时刚体内各质点的加速度相同，且等于质心的加速度 a_C。各质点的惯性力的方向相同，组成一个与重

力相似的平行力系，因此，该惯性力系简化为通过质心的合力，即

$$F_{\text{IR}} = \sum_{i=1}^{n} F_{\text{I}i} = \sum_{i=1}^{n} (-m_i a_i) = -m a_C \qquad (13\text{-}8)$$

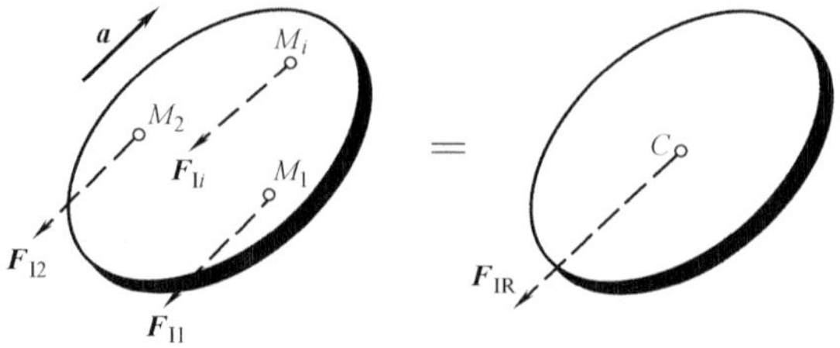

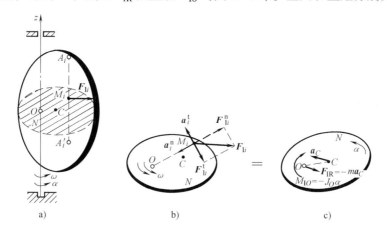

图 13-8　刚体做平动

由此可知，平动刚体的惯性力系可简化为一个通过质心的合力，其大小等于刚体的质量与加速度的乘积，方向与质心加速度方向相反。

二、刚体做定轴转动

如图 13-9a 所示，假设刚体具有质量对称平面 N，且绕垂直于该对称平面的转轴 z 做定轴转动。此时，可先将刚体上的空间惯性力系转化为在质量对称平面 N 内的平面惯性力系（图 13-9b），然后，再将其向转轴 z 与质量对称面 N 的交点 O 简化，得到一个主矢 F_{IR} 和主矩 $M_{\text{I}O}$（图 13-9c）。主矢和主矩分别为

图 13-9　刚体作定轴转动

$$\begin{cases} F_{\text{IR}} = -m a_C \\ M_{\text{I}O} = -J_O \alpha \end{cases} \qquad (13\text{-}9)$$

式中，a_C 为刚体的质心加速度；α 为刚体的角加速度；m 为刚体质量；J_O 为刚体对转轴 z 的转动惯量。由此可知，具有质量对称平面的刚体绕垂直于质量对称

平面的转轴做定轴转动时，刚体上惯性力系向转轴简化的结果为位于质量对称面内的一个主矢和一个主矩。主矢大小等于刚体质量与质心加速度的乘积，方向与质心加速度相反；主矩的大小等于刚体对转轴的转动惯量与角加速度的乘积，方向与角加速度相反。

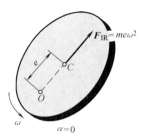

对几种特殊的情况讨论如下：

1. 转轴不通过质心，刚体做匀速转动

这时，$\alpha = 0$，因而 $M_{IO} = 0$；而且质心 C 的加速度只有法向分量 $a_C^n = e\omega^2$，其中 $e = OC$，是质心到转轴的距离，称为偏心距。于是，惯性力系简化为一个力，其大小等于 $me\omega^2$，方向由 O 指向 C，如图 13-10 所示。此力有时被称为**离心惯性力**。

图 13-10 转轴不过质心的匀速转动

2. 转轴通过质心，刚体做变速转动

这时，$a_C = 0$，从而 $F_{IR} = 0$。惯性力系合成为一个合力偶，其矩的大小 $M_{IO} = M_{IC} = -J_C\alpha$，方向与角加速度 α 的转向相反，如图 13-11 所示。

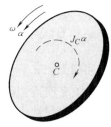

3. 转轴通过质心，刚体做匀速转动

这时，$a_C = 0$，$\alpha = 0$，因而 $F_{IR} = 0$，$M_{IO} = 0$。惯性力系自行平衡。

图 13-11 转轴过质心的变速转动

三、刚体做平面运动

假设刚体具有质量对称平面，且刚体运动的平面平行于该平面。此时，与刚体绕定轴转动类似，可先将刚体上的空间惯性力系转化为在质量对称平面内的平面惯性力系，然后，再将其向质心 C 简化，得到惯性力主矢 F_{IR} 和惯性力主矩 M_{IC}（图 13-12）：

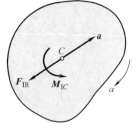

$$\begin{cases} F_{IR} = -ma_C \\ M_{IC} = -J_C\alpha \end{cases} \quad (13\text{-}10)$$

式中，a_C 为刚体的质心加速度；α 为刚体的角加速度；m 为刚体质量；J_C 为刚体对通过质心 C 的转轴 z 的转动惯量。

图 13-12

由此可知，具有质量对称平面的刚体，做平行于该对称平面的运动时，刚体的惯性力系可以简化为在对称平面内的一个主矢和一个主矩。主矢的大小等于刚体的质量与其质心加速度的乘积，方向与质心加速度方向相反；主矩的大小等于刚体对垂直于对称面的质心轴的转动惯量与刚体的角加速度的乘积，方向与角加速度方向相反。

应用动静法求解刚体系统的动力学问题时，关键是要根据刚体的不同运动形式，如平动、定轴转动、平面运动等，对其惯性力系加以简化，并进行运算。

例13-4　汽车连同货物的总质量为 $m = 8 \times 10^3 \text{kg}$，其质心离前、后轮轮心的水平距离分别为 $l_1 = 2.5 \text{m}$、$l_2 = 1.8 \text{m}$，离地面高度为 $h = 1.3 \text{m}$，如图13-13所示。汽车在速度为72km/h时紧急刹车，车轮停止转动，滑行28m后停止，求在制动过程中地面对前、后轮的法向约束力和摩擦力。又问轮胎与路面间的动摩擦因数是多大？

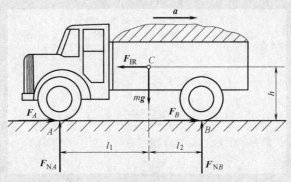

图13-13　例13-4图

解　刹车前，汽车的速度 $v_0 = 72 \text{km/h} = 20 \text{m/s}$。在制动过程中，汽车的加速度设为常量 a，则有

$$v^2 - v_0^2 = 2as$$

代入数值，得
$$a = -7.14 \text{m/s}^2$$

负号说明加速度 a 与速度方向相反。

取汽车连同货物为研究对象。汽车制动时受到的外力有：重力 mg，地面对前、后轮的法向约束力 F_{NA}、F_{NB} 和动摩擦力 F_A、F_B。刹车后汽车连同车轮都做平动，根据动静法，在其质心 C 点虚加惯性力 $F_{IR} = ma$，a 取7.14m/s²，方向如图13-13所示（与加速度相反），于是，列出平衡方程

$$\sum_{i=1}^{n} F_{ix} = 0, \quad F_A + F_B - ma = 0 \tag{1}$$

$$\sum_{i=1}^{n} F_{iy} = 0, \quad F_{NA} + F_{NB} - mg = 0 \tag{2}$$

$$\sum_{i=1}^{n} M_A(F_i) = 0, \quad F_{NB}(l_1 + l_2) - mgl_1 + mah = 0 \tag{3}$$

由式（3）得

$$F_{NB} = \frac{8000 \times 9.8 \times 2.5 - 8000 \times 7.14 \times 1.3}{2.5 + 1.8} \text{N} = 28.3 \text{kN}$$

代入式（2）得

$$F_{NA} = (8 \times 9.8 - 28.3)\text{kN} = 50.1\text{kN}$$

由式（1）得

$$F_A + F_B = 8000 \times 7.14\text{N} = 57.1\text{kN}$$

因刹车后车轮停止转动，在路上滑行，F_A、F_B 应为动摩擦力。设动摩擦因数为 f'，则

$$F_A = f'F_{NA}, \quad F_B = f'F_{NB}$$

故

$$f'(F_{NA} + F_{NB}) = 57.1\text{kN}$$

则有

$$f' = \frac{57.1}{28.3 + 50.1} = 0.728$$

以及

$$F_A = f'F_{NA} = 0.728 \times 50.1\text{kN} = 36.5\text{kN}$$

$$F_B = f'F_{NB} = 0.728 \times 28.3\text{kN} = 20.6\text{kN}$$

当汽车为六轮时，图中的法向约束力 F_{NA} 和摩擦力 F_A 为前面两轮的约束力之和，每一轮下的约束力应为上面求出数值的一半；图中的法向约束力 F_{NB} 和摩擦力 F_B 为后面的四轮约束力之和，每一轮下的约束力应为上面求出数值的四分之一。

例 13-5 如图 13-14a 所示，电动绞车安装在一端固定的梁上。可视为均质盘的绞盘与电动机固结在一起，绞盘半径为 r，质量为 m_0。今绞车以等加速度 a 提升重物。已知重物的质量为 m_1，均质梁的质量为 m_2，绞车（含绞盘）的质量为 m_3，试求固定端 A 处的约束力。

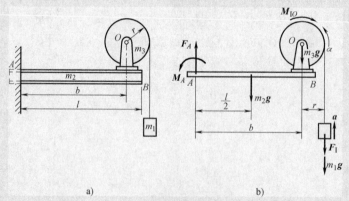

图 13-14 例 13-5 图

解 如图 13-14b 所示，以整体为研究对象，作用于系统上的力有：重物的重力 $m_1\boldsymbol{g}$，均质梁的重力 $m_2\boldsymbol{g}$，绞车的重力 $m_3\boldsymbol{g}$，支座 A 处的约束力 $\boldsymbol{F}_A$、约束力矩 $\boldsymbol{M}_A$。

被提升的重物 m_1 做平动，惯性力系可简化为通过质心的惯性力 $\boldsymbol{F}_I = -m_1\boldsymbol{a}$，方向与加速度 $\boldsymbol{a}$ 的方向相反。

均质绞盘转动惯量 $J_O = \dfrac{1}{2}m_0 r^2$。绞盘做定轴转动，因质心在转轴上，所以，惯性力系向轴心简化，得一惯性力矩 M_{IO}，方向与角加速度 α 相反，大小为

$$M_{IO} = J_O\alpha = \frac{1}{2}m_0 r^2 \frac{a}{r} = \frac{1}{2}m_0 ra$$

应用动静法，由

$$\sum_{i=1}^{n} F_{iy} = 0, \quad F_A - m_1 g - m_2 g - m_3 g - F_I = 0$$

得

$$F_A = m_1(g+a) + m_2 g + m_3 g$$

由 $\displaystyle\sum_{i=1}^{n} M_A(\boldsymbol{F}_i) = 0, \quad M_A - M_{IO} - m_2 g\frac{l}{2} - m_3 gb - (m_1 g + F_I)(b+r) = 0$

得

$$M_A = m_2 g\frac{l}{2} + m_3 gb + m_1 g(b+r) + \left[\frac{m_0 r}{2} + m_1(b+r)\right]a$$

例 13-6 如图 13-15 所示，电动机的定子及其外壳总质量为 $m_1 = 50\text{kg}$，质心位于 O 处，$h = 0.27\text{m}$，用地脚螺栓固定于水平基础上；转子质量为 $m_2 = 4\text{kg}$，质心位于 C 处，偏心距 $OC = e = 2\text{mm}$，运动开始时，质心 C 在最低位置。转子以 $n = 1450\text{r/min}$ 匀速转动，求基础和地脚螺栓对电动机的总约束力。

解 以电动机为研究对象。除受重力 $m_1\boldsymbol{g}$ 和 $m_2\boldsymbol{g}$ 外，基础及地脚螺栓对电动机作用的约束力向 A 点简化为一力偶 $\boldsymbol{M}$ 与一力 $\boldsymbol{F}_A$（图中所示 $\boldsymbol{F}_{Ax}$ 与 $\boldsymbol{F}_{Ay}$ 为其分力）。

转子绕定轴 O 匀速转动，角速度 $\omega = 2\pi n = 151.8\text{rad/s}$。惯性力系简化为一个通过 O 点的力，大小为

$$F_I = m_2 e\omega^2 = 184.3\text{N} \qquad (1)$$

其方向与质心 C 的加速度 $\boldsymbol{a}_C$ 相反，如图 13-15 所示。

根据动静法，可列出平衡方程

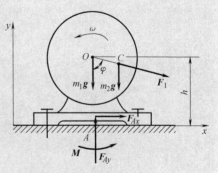

图 13-15 例 13-6 图

$$\sum_{i=1}^{n} F_{ix} = 0, \quad F_{Ax} + F_{I}\sin\varphi = 0$$

$$\sum_{i=1}^{n} F_{iy} = 0, \quad F_{Ay} - (m_1 + m_2)g - F_{I}\cos\varphi = 0$$

$$\sum_{i=1}^{n} M_A(\boldsymbol{F}_i) = 0, \quad M - m_2 g e \sin\varphi - F_{I} h \sin\varphi = 0$$

因 $\varphi = \omega t = 151.8t$，代入上列各式，解得

$$F_{Ax} = -m_2 e \omega^2 \sin\omega t = -184.3\sin 151.8t \ (\text{N}) \tag{2}$$

$$F_{Ay} = (m_1 + m_2)g + m_2 e \omega^2 \cos\omega t = 529 + 184.3\cos 151.8t \ (\text{N}) \tag{3}$$

$$M = m_2 e (g + \omega^2 h)\sin\omega t = 49.9\sin 151.8t \ (\text{N} \cdot \text{m}) \tag{4}$$

在工程实际中，通常将转动机械的转动部件称为转子。如图 13-16 所示，如果忽略其本身的变形，则转子是定轴转动的刚体。由于材质的不均匀以及制造和安装误差，转子的质心未必落在转轴上，其质量对称面不一定与转轴垂直。当转子高速转动时，这种偏心和偏角误差将产生相应的惯性力，使轴承受到巨大的附加压力，以致损坏机器零件或引起剧烈振动。由动静法可知，轴承的约束力不但与主动力系有关，而且还与刚体的惯性力系有关。于是，我们称轴承约束力中只与主动力系有关的部分为静约束力；轴承约束力中只与惯性力系有关的部分为附加动约束力。在例 13-6 的式（3）中，y 方向静约束力 $(m_1 + m_2)g = 529\text{N}$，转子偏心产生的附加动约束力 $m_2 e \omega^2 \cos\omega t = 184.3\cos 151.8t\ (\text{N})$；式（2）中，$x$ 方向静约束力为 0，偏心产生的附加动约束力 $-m_2 e \omega^2 \sin\omega t = -184.3\sin 151.8t(\text{N})$；式（4）中，静约束力矩为 0，附加动约束力矩为 $m_2 e (g + \omega^2 h)\sin\omega t = 49.9\sin 151.8t(\text{N} \cdot \text{m})$。

a)   b)

图 13-16 转子

a）加工中的转子   b）待加工的转子

图 13-16 转子（续）

c）汽轮机转子

在高速转动机械中，轴承的附加动约束力比静约束力大得多，又是周期性变化的，容易引发振动，影响机械的正常运行，甚至酿成事故。

例 13-7 机器的转子质量 $m = 20\text{kg}$，转轴与转子的质量对称面垂直，但转子质心 C 不在轴线上，偏心距 $e = 0.16\text{mm}$，如图 13-17 所示。若转子以匀转速 $n = 16000\text{r/min}$ 转动，求轴承 A、B 的动约束力。

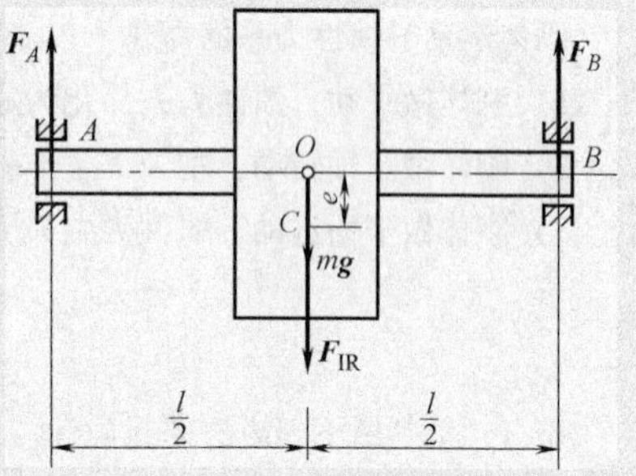

图 13-17 例 13-7 图

解 转子质心 C 在空间的位置是变动的，惯性力系的主矢 F_{IR} 的方向也是不断变化的，其大小为

$$F_{\text{IR}} = ma_C = me\omega^2$$

$$= 20 \times 0.16 \times 10^{-3} \times \left(\frac{16000\pi}{30}\right)^2 \text{N} = 8.97\text{kN}$$

以转子为研究对象，应用动静法：它受到的外力有重力 mg 与轴承约束力 F_A、F_B，这些力与惯性力 F_{IR} 构成一平衡力系，当 C 转到图示位置时，F_{IR} 与重力在同一方向，轴承处约束力最大。在此位置，可得

$$F_A = F_B = \frac{mg + F_{\text{IR}}}{2} = \frac{(20 \times 9.8 + 8.97 \times 10^3)}{2}\text{N} = 4.58\text{kN}$$

其中附加动约束力为 $\dfrac{F_{\text{IR}}}{2} = 4.49\text{kN}$。

由此可见，在高速转动下，0.16mm 的偏心距所引起的附加动约束力，可达静约束力 $\left(\dfrac{mg}{2}=98\mathrm{N}\right)$ 的 45.8 倍。转速越高，附加约束力越大。尤为严重的是，F_{IR} 的方向随转子旋转而周期性变化，使轴承约束力 F_A、F_B 也发生周期性变化，因而引起机器的振动。此外，由于附加约束力使轴承约束力增加，也使轴承磨损加快。

小　结

惯性力的大小等于质量与加速度的乘积，方向与加速度反向：$F_I = -ma$

质点的达朗贝尔原理：作用在质点 m 上的主动力 F、约束力 F_N 和惯性力 F_I 在形式上组成平衡力系：$F + F_N + F_I = 0$

应用达朗贝尔原理求解非自由质点动约束力的方法称为质点的动静法。

达朗贝尔原理的质点系形式：作用于质点系上的外力系（外主动力系与外约束力系）与惯性力系在形式上组成平衡力系：

$$\begin{cases} \sum F_i^{(e)} + \sum F_{Ii} = 0 \\ \sum M_O(F_i^{(e)}) + \sum M_O(F_{Ii}) = 0 \end{cases}$$

刚体运动时惯性力系的简化

1）刚体做平动，惯性力系简化为通过质心的合力，即 $F_{IR} = -ma_C$。

2）刚体做定轴转动，主矢 $F_{IR} = -ma_C$，对 O 点的主矩 $M_{IO} = -J_O\alpha$。

3）刚体做平面运动，惯性力主矢 $F_{IR} = -ma_C$，对质心 C 点的主矩 $M_{IC} = -J_C\alpha$。

习　题

13-1 试判断下列说法的正确性。

（a）只要运动的质点就有惯性力。

（b）做匀速圆周运动的质点的惯性力一定为零。

（c）质点系上的惯性力系向任一点简化所得的主矢都相同。

（d）质点系上的惯性力系向任一点简化所得的主矩都相同。

13-2 质点在重力作用下运动，不计空气阻力。试确定下列情况下质点惯性力的大小和方向：

（1）从静止开始下落。

（2）以初速度 v_0 铅直下落。

（3）以初速度 v_0 铅直上抛。

（4）以初速度 v_0 斜抛。

13-3 一列火车在启动时，哪一节车厢的挂钩受力最大？为什么？

13-4 图 13-18 所示长为 l、质量为 m 的均质杆 OA 绕轴 O 做定轴转动，已知其角速度为 ω，角加速度为 α，均为顺时针方向，试判断惯性力简化的两种结果（图 13-18a、b）的正确性。

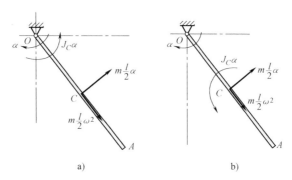

a)   b)

图 13-18 习题 13-4 图

13-5 如何避免定轴转动刚体轴承的附加动约束力？

13-6 如图 13-19 所示，物块 A 放在倾角为 θ 的斜面上，物块与斜面间的摩擦角为 φ_m，如果斜面向左加速运动，问不致使物块 A 沿斜面滑动的加速度 a 的取值范围是多少？

13-7 已知圆盘质量均为 m，对质心的回转半径均为 ρ_C，转动惯量 $J_C = m\rho_C^2$。试对图 13-20 所示四种情况简化惯性力：

(a) 匀质圆盘的质心 C 在转轴上，圆盘做等角速转动。

(b) 匀质圆盘的质心 C 在转轴上，但圆盘做非等角速转动。

图 13-19 习题 13-6 图

(c) 偏心圆盘做等角速转动，$OC = e$。

(d) 偏心圆盘做非等角速转动，$OC = e$。

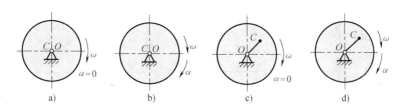

a)   b)   c)   d)

图 13-20 习题 13-7 图

13-8 如图 13-21 所示，输送带与地面倾角 $\alpha = 30°$，以加速度 $a = 1\mathrm{m/s^2}$ 运动，为保证煤炭不在带上滑动，求所需的摩擦因数。

*13-9 如图 13-22 所示，高速机车转弯时，为了防止翻倒，需把外轨提高。设行车的速度为 280km/h，路面的倾斜角度为 $\alpha = 8°$，两铁轨间距为 $d = 1435\mathrm{mm}$，列车质心 C 距轨道

的高度为 $h = 1.8m$。问：要使两轨道上的压力相等，弯道的曲率半径 ρ 应是多少？

13-10 如图 13-23 所示，机车主动轮上的均质连杆 AB 质量 m，两端 A、B 各用铰链连接在两个主动轮上，曲柄长 $O_1A = O_2B = r$，主动轮的半径是 R。当机车以匀速 v 沿水平直线轨道前进时，连杆 AB 的惯性力所引起的钢轨法向附加动约束力在某一位置出现最大值。求此时连杆 AB 所在位置及钢轨法向附加动约束力。

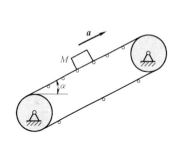

图 13-21 习题 13-8 图

图 13-22 习题 13-9 图

13-11 如图 13-24 所示，在行驶的载重汽车上放置一个高 $h = 2m$、宽 $b = 1.5m$ 的柜子，柜子的重心位于中点 C。若柜子与车之间的摩擦力足以阻止其滑动，试求不致使柜子倾倒的汽车最大刹车加速度。

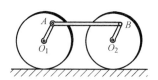

图 13-23 习题 13-10 图

*13-12 如图 13-25 所示，调速器由两个质量均为 m 的均质圆盘构成，圆盘偏心地铰接于距转动轴为 a 的 A、B 两点。调速器以等角速度 ω 绕铅直轴转动，圆盘中心到悬挂点的距离为 l。调速器的外壳质量为 M，并放在圆盘上。如不计摩擦，试求角速度 ω 与圆盘离铅垂线的偏角 φ 之间的关系。

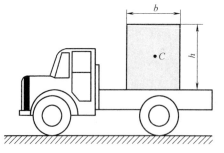
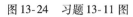

图 13-24 习题 13-11 图

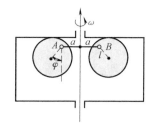

图 13-25 习题 13-12 图

13-13 如图 13-26 所示，涡轮转子质量 $m = 120kg$，重心 C 偏离中心的距离 $e = 0.8mm$。转子绕垂直于其对称面的铅直轴 z 转动，转速 $n = 7200r/min$，轴承 A 和 B 间的距离 $h = 1.6m$，转子装在 AB 的中点处。求在图示位置时两轴承的约束力。

13-14 如图 13-27 所示，将质量为 80g 的质点放在飞轮内缘 C 处，飞轮可完全均衡转动，轴承无动约束力。若误将该质点放在 D 处，问当飞轮转速为 2400r/min 时，轴承 A、B 两处的动约束力是多少？

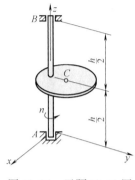

图 13-26　习题 13-13 图

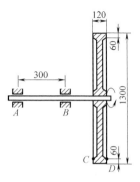

图 13-27　习题 13-14 图

*第十四章
虚位移原理

在牛顿定律基础上建立起来的力学体系中，所讨论的许多力学概念，如速度、加速度、角速度、角加速度、力和力矩等都是以矢量形式出现的物理量，因此，可将牛顿力学称为**矢量力学**。对于不受约束的自由体，用矢量力学方法研究最为便利；但对于非自由质点系，在用矢量力学方法建立动力学方程中，不可避免地会出现约束力，不能有效减少方程中未知变量的数目，使求解过程复杂化。

在本书第一篇静力学中，利用力系的平衡条件研究了刚体在力作用下的平衡问题。但对有许多约束的刚体系而言，求解某些未知力需要取几次研究对象，建立足够多的平衡方程，才能求出未知力，这样做非常繁杂，同时平衡方程的确立只是对刚体而言是充分必要的条件；而对任意的非自由质点系而言，它只是必要条件而不是充分条件。

牛顿力学是根据天体运动的大量观测资料归纳产生的力学理论。与生产活动中的物体相比较，天体的运动更接近于理想化的自由质点。在 18 世纪，随着机器生产的迅速发展，要求对刚体和受约束机械系统的运动进行分析。但由于未知的约束力使运动微分方程的未知变量急剧增加，因此，用矢量力学方法讨论受约束物体的运动显得十分不便。在此历史背景下，出现了**分析力学**。分析力学的特点是引进标量形式的广义坐标、能量和功，用广义坐标描述非自由质点系的运动，用能量和功的分析代替矢量分析，然后，利用微积分学和变分学的方法，得出求解力学问题统一的原理和公式，用分析力学方法研究受约束机械系统可以避免系统内理想约束力的出现，是解决力学问题的一种普遍方法。分析力学是与矢量力学并驾齐驱的另一种力学体系。

虚位移原理是分析静力学的最一般原理，它给出了任意质点系平衡的充分必要条件，减少了不必要的平衡方程，以系统主动力做功出发研究质点系的平衡问题。对于只有理想约束的物体系，因未知约束力不做功，应用虚位移原理求解往往比列静力平衡方程求解更方便。

第一节 约束 自由度 广义坐标

在讨论虚位移原理之前，先介绍几个有关的概念。

一、约束及约束方程

实际上，在工程中的质点系一般是非自由质点系。质点系中各质点在运动过程中，其位置或位移必须服从某些预先规定的限制条件。限制质点或质点系运动的各种条件称为约束。将这些限制条件以数学方程式来表示则称为约束方程。

工程实际中主要研究非自由质点系的力学问题，从处理自由质点系到非自由质点系，核心就是如何处理约束问题。

下面根据不同的约束形式，对约束进行分类。

1. 几何约束与运动约束

限制质点或质点系在空间的几何位置的条件称为**几何约束**。例如，图 14-1 所示为刚性杆长为 l 的单摆，在 xOy 平面内摆动。这时摆杆对摆锤 A 运动限制的条件为：摆锤 A 必须在以 l 为半径的圆周上运动。其约束方程为

$$x^2 + y^2 = l^2$$

单摆在摆动过程中，摆锤 A 的坐标必须满足这一方程。

又如，曲柄连杆机构在图 14-2 所示平面内运动。机构可以简化为由曲柄销 A 和滑块 B 组成的质点系。曲柄 OA 限制曲柄销 A 只能以 r 为半径绕 O 点做圆周运动；连杆 AB 限制 A、B 两点之间的距离保持为定长 l；滑道限制滑块 B 只能沿 x 轴做直线运动。该系统的约束方程为

$$x_A^2 + y_A^2 = r^2$$
$$y_B = 0$$
$$(x_B - x_A)^2 + y_A^2 = l^2$$

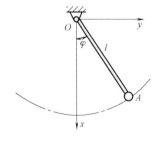

图 14-1 单摆

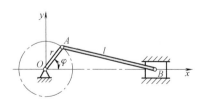

图 14-2 曲柄连杆机构

上述实例中所介绍的约束都属于几何约束。几何约束的约束方程建立了质点间几何位置的相互联系。

当质点系运动时受到某些运动条件的限制称为**运动约束**。例如，图 14-3 所示为一半径为 r 的车轮，在其铅垂平面内沿直线轨道做纯滚动时，因轮心 A 至轨道面的距离始终保持为 r，所以其几何约束方程为 $y_A = r$。另外，车轮还受到只滚动不滑动的限制，即每一瞬时车轮与轨道接触点 D 的速度等于零，这就是运动约束。约束方程为

$$\dot{x}_A - \omega r = 0$$

2. 定常约束与非定常约束

约束方程中不显含时间 t 的约束称为**定常约束**（或稳定约束）；约束方程中显含时间 t 的约束称为**非定常约束**（或不稳定约束）。例如，将单摆的绳穿在小环上，如图 14-4 所示，设初始摆长为 l_0，以不变的速度 v 拉动摆绳，单摆的约束方程为

$$x^2 + y^2 = (l_0 - vt)^2$$

约束方程中有时间变量 t，属于非定常约束。

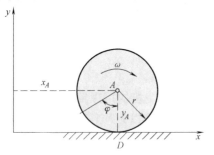

图 14-3　车轮滚动

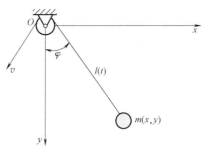

图 14-4　摆长变化的单摆

3. 单面约束与双面约束

约束方程以不等式表示的约束称为**单面约束**（或非固执约束）。这种约束只能限制物体某些方向的运动，而不能限制相反方向的运动。例如，人跑跳时脚受到地面的单面约束。

约束方程以等式表示的约束称为**双面约束**（或固执约束）。这种约束如能限制物体向某一方向的运动，则必定也能限制与其方向相反的运动。

图 14-4 中，如果柔索长度不变，即速度 $v = 0$，柔索只能限制摆锤向圆周外运动，而不能阻挡摆锤向圆内运动，其约束方程应写为

$$x^2 + y^2 \leqslant l^2$$

这时摆锤受到的约束，就是单面约束。

图 14-1 所示的单摆，借助于刚杆或不可伸长的柔索可实现摆锤 A 沿圆周运

动。而刚杆则限制摆锤 A 只能做圆周运动，其约束方程为

$$x^2 + y^2 = l^2$$

这种约束就是双面约束。

4. 完整约束与非完整约束

约束方程是可以积分的约束称为完整约束。例如，图 14-3 所示的车轮，其约束方程 $\dot{x}_A - \omega r = 0$ 可以积分为有限形式

$$x_A = r\varphi + x_0$$

所以，车轮受到的约束是完整约束。

包含质点速度且不可积分的约束，则称为非完整约束。

本章涉及的约束只限于定常、双面的完整约束。

二、自由度

如果质点系中的所有质点都可以在空间做自由运动而不受任何限制，则这样的质点系称**自由质点系**。

确定一个自由质点在空间的位置需要三个独立的坐标，因此，自由质点在空间有三个**自由度**。一个由 n 个质点组成的质点系在空间的位置，在直角坐标系中需用 $3n$ 个坐标来描述。

设 n 个质点组成的质点系在三维空间运动，受有 s 个完整约束，则质点系的 $3n$ 个坐标非完全独立，只有 $r = 3n - s$ 个坐标是独立的，也就是说，需要有 $3n - s$ 个独立参变量才能确定质点系在空间的位置，即质点系具有 $N = 3n - s$ 个自由度。

对于平面运动的质点，其独立坐标为 (x, y)，自由度为 $N = 2$；做平面运动的刚体，其独立坐标为 (x, y, φ)，自由度为 $N = 3$。

三、广义坐标

我们把在完整约束条件下，用来确定质点系在空间的位置所需独立参变量的个数称为质点系的自由度。而这种确定质点系位置的独立参变量称为广义坐标。如图 14-2 所示的曲柄连杆机构，它的位置在直角坐标系中需要 4 个坐标：x_A、y_A、x_B、y_B 来确定，同时，还要满足前面给出的 3 个约束方程。因此，该机构的自由度为 1，即只需一个独立参变量（如曲柄的转角 φ）就可以完全确定该机构的位置。φ 与 x_A、y_A、x_B、y_B 之间存在关系

$$x_A = r\cos\varphi, \ y_A = r\sin\varphi, \ x_B = r\cos\varphi + \sqrt{l^2 - r^2\sin^2\varphi}, \ y_B = 0$$

若已知转角 φ，则曲柄连杆机构的位置也就确定了。因此，φ 可选做该系统的广义坐标。

如图 14-5 所示做平面运动的双摆，将 A、B 视为两个质点，其约束方程为

$$x_A^2 + y_A^2 = l_1^2$$

$$(x_B - x_A)^2 + (y_B - y_A)^2 = l_2^2$$

上述两个约束是完整的,所以在确定双摆位置的 4 个坐标 x_A、y_A、x_B、y_B 中只有两个是独立的。因此,双摆的自由度数为

$$k = 2n - 2 = 2$$

由于双摆中两摆球 A 和 B 的坐标与彼此独立的两摆角 φ_1、φ_2 之间存在下列关系:

$$x_A = l_1\sin\varphi_1, \ y_A = l_1\cos\varphi_1$$

$$x_B = l_1\sin\varphi_1 + l_2\sin\varphi_2, \ y_B = l_1\cos\varphi_1 + l_2\cos\varphi_2$$

若已知摆角 φ_1、φ_2,则双摆的位置也就确定了。因此,φ_1、φ_2 可选做该系统的广义坐标。

图 14-5 做平面运动的双摆

广义坐标可以是笛卡儿坐标、转角或者弧坐标,也可以是任何其他能确定质点系位置的量。广义坐标确定后,质点系各质点的直角坐标都可以表示为广义坐标的函数。在一般情况下,对一个由 n 个质点组成的质点系,如果其自由度为 r,以 q_1,q_2,$\cdots$,q_r 表示该质点系的广义坐标,则对于定常的完整约束,各质点的坐标可以表示为广义坐标的函数

$$\begin{cases} x_i = x_i(q_1,q_2,\cdots,q_r) \\ y_i = y_i(q_1,q_2,\cdots,q_r) \\ z_i = z_i(q_1,q_2,\cdots,q_r) \end{cases} \quad (i = 1,2,\cdots,n) \qquad (14-1)$$

第二节　虚位移和理想约束

一、虚位移和虚功

在满足约束给予的限制条件下,质点或质点系可能发生的任何微小的位移,称为质点或质点系的**虚位移**。虚位移可以是线位移,也可以是角位移。例如,如图 14-6 所示的杠杆 AB,如令杠杆绕 O 轴做一微小转动 $\delta\varphi$,则 AB 杆上任一点的位移就是虚位移。δr_A、δr_B 即为虚位移。

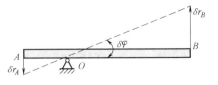

图 14-6 杠杆的虚位移

虚位移是个纯几何概念,它完全由约束的性质及其限制的条件所决定。它与实际位移有着原则性差别。虚位移只与约束条件有关,与时间、作用力和运动的初始条件无关。实际位移是质点或质点系在一定时间内发生的真实位移,除了与约束条件有关以外,还与作用在它

们上的主动力和运动的初始条件有关。实际位移是在一定的时间内发生的位移，具有确定的方向，其值可以是微小的，也可以是有限值。

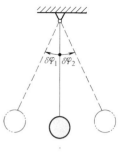

虚位移既不涉及系统的实际运动，也不涉及力的作用，与初始条件无关。在不破坏系统约束的条件下，虚位移必须是微小的，且它的方向具有任意性。例如图 14-7 所示单摆，虚位移可为 $\delta\varphi_1$、$\delta\varphi_2$，而实位移仅为其一。

图 14-7　单摆的虚位移

为了区别起见，虚位移用变分符号"δ"表示，如 δr、δx、δy、δz 等；实际位移用微分符号"d"表示，如 $\mathrm{d}r$、$\mathrm{d}x$、$\mathrm{d}y$、$\mathrm{d}z$ 等。

质点或质点系所受的力在虚位移上所做的功称为虚功，记为 δW。由于虚位移只是假想的，而不是真实发生的，因而虚功也是假想的，并且与虚位移是同阶无穷小量。

二、理想约束

如果约束力在质点系的任何虚位移中所做的虚功之和恒等于零，则此类约束称为**理想约束**。如以 $\boldsymbol{F}_{\mathrm{N}i}$ 表示作用在第 i 个质点上的约束力，$\delta\boldsymbol{r}_i$ 表示该质点的虚位移，则具有理想约束的质点系必须满足下述条件：

$$\sum_{i=1}^{n} \boldsymbol{F}_{\mathrm{N}i} \cdot \delta\boldsymbol{r}_i = 0 \tag{14-2}$$

工程中常见的理想约束有：光滑固定支承面、光滑铰链、链杆、不可伸长的柔索、做纯滚动刚体所在的支承面等，见表 14-1。

表 14-1　工程中常见的理想约束

序号	名　称	图　形	约束条件
1	光滑固定支承面	$\boldsymbol{F}_{\mathrm{N}}$　δr	$\boldsymbol{F}_{\mathrm{N}} \cdot \delta r = 0$
2	光滑铰链	δr　A　　δr　$\boldsymbol{F}_A^l$　A　$\boldsymbol{F}_A$　　δr　A	$\boldsymbol{F}_A \cdot \delta r + (-\boldsymbol{F}_A) \cdot \delta r = 0$

（续）

序号	名 称	图 形	约束条件
3	链杆		$\boldsymbol{F}_A \cdot \delta\boldsymbol{r}_A + \boldsymbol{F}_B \cdot \delta\boldsymbol{r}_B = 0$
	不可伸长的柔索		
4	做纯滚动刚体所在的支承面		$\boldsymbol{F}_N \cdot \delta\boldsymbol{r}_0 + \boldsymbol{F} \cdot \delta\boldsymbol{r}_0 = 0$

第三节 虚位移原理概述

具有理想约束的质点系，在给定位置上保持平衡的条件是：作用于质点系的所有主动力在任何虚位移中所做虚功之和等于零。这个结论称为**虚位移原理**，又称为**虚功原理**。解析式表示为

$$\delta W = \sum_{i=1}^{n} \boldsymbol{F}_i \cdot \delta\boldsymbol{r}_i = 0 \tag{14-3}$$

式中，$\boldsymbol{F}_i$ 为作用于第 i 个质点的主动力；$\delta\boldsymbol{r}_i$ 为该质点的虚位移。

式（14-3）又称为**虚功方程**。

现在证明虚位移原理。先证明必要性，再证明充分性。

（1）必要性　命题：如质点系处于平衡，则式（14-3）成立。

当质点系平衡时，系中各质点都平衡，作用于第 i 个质点上的主动力合力 $\boldsymbol{F}_i$，与约束力的合力 $\boldsymbol{F}_{\mathrm{N}i}$ 之和为零，即 $\boldsymbol{F}_i + \boldsymbol{F}_{\mathrm{N}i} = 0$（$i = 1, 2, \cdots, n$）。设质点具有任意虚位移 $\delta\boldsymbol{r}_i$，则 $\boldsymbol{F}_i$ 与 $\boldsymbol{F}_{\mathrm{N}i}$ 在虚位移上元功之和必等于零，有

$$(\boldsymbol{F}_i + \boldsymbol{F}_{\mathrm{N}i}) \cdot \delta\boldsymbol{r}_i = 0 \quad (i = 1, 2, \cdots, n)$$

将上面的 n 个等式相加，得

$$\sum_{i=1}^{n} (\boldsymbol{F}_i + \boldsymbol{F}_{\mathrm{N}i}) \cdot \delta\boldsymbol{r}_i = \sum_{i=1}^{n} \boldsymbol{F}_i \cdot \delta\boldsymbol{r}_i + \sum_{i=1}^{n} \boldsymbol{F}_{\mathrm{N}i} \cdot \delta\boldsymbol{r}_i = 0$$

由理想约束的条件 $\sum_{i=1}^{n} \boldsymbol{F}_{\mathrm{N}i} \cdot \delta\boldsymbol{r}_i = 0$，得

$$\delta W = \sum_{i=1}^{n} \boldsymbol{F}_i \cdot \delta\boldsymbol{r}_i = 0$$

（2）充分性　命题：如式（14-3）成立，则质点系开始时处于静止。

采用反证法。设式（14-3）成立，而质点系不平衡；则在质点系中至少有一个质点将离开平衡位置从静止开始做加速运动，这时该质点在主动力、约束力的合力 $\boldsymbol{F}_{\mathrm{R}i} = \boldsymbol{F}_i + \boldsymbol{F}_{\mathrm{N}i}$ 作用下必有实位移 $\mathrm{d}\boldsymbol{r}_i$，且实位移方向与合力方向一致，于是 $\boldsymbol{F}_{\mathrm{R}i}$ 将做正功。在定常约束的情况下，实位移 $\mathrm{d}\boldsymbol{r}_i$ 必为虚位移 $\delta\boldsymbol{r}_i$ 之一。于是有

$$\boldsymbol{F}_{\mathrm{R}i} \cdot \delta\boldsymbol{r}_i = (\boldsymbol{F}_i + \boldsymbol{F}_{\mathrm{N}i}) \cdot \delta\boldsymbol{r}_i > 0$$

对于每一个进入运动的质点，都可以写出这样类似的不等式，而对于平衡的质点仍可得到等式。将所有质点的表达式相加，必有

$$\sum_{i=1}^{n} (\boldsymbol{F}_i \cdot \delta\boldsymbol{r}_i + \boldsymbol{F}_{\mathrm{N}i} \cdot \delta\boldsymbol{r}_i) > 0$$

由理想约束条件 $\sum_{i=1}^{n} \boldsymbol{F}_{\mathrm{N}i} \cdot \delta\boldsymbol{r}_i = 0$，上式成为 $\sum_{i=1}^{n} \boldsymbol{F}_i \cdot \delta\boldsymbol{r}_i > 0$。此结果与证明中所假设的条件矛盾。所以，质点系不可能进入运动，而必定成平衡。

需要强调的是：分析静力学中的平衡概念，是指质点系内各个质点相对惯性系原来处于静止，在主动力系作用下仍然保持静止状态。

应当指出，虚位移原理虽然是在质点系具有理想约束的条件下建立的，但也可以用于有摩擦的情况，这时，只要把摩擦当作主动力，在虚功方程中计入摩擦力所做的虚功即可。

用虚位移原理可以解决静力学中的各种平衡问题，又可求平衡时主动力之间的关系，或求约束力。求约束力时，只需将该约束解除，代之以相应的约束力，并视为主动力即可。

例14-1 图14-8所示曲柄滑块机构中，$\angle AOB = \varphi$，$\angle OBA = \psi$。在滑块B上作用有驱动力$\boldsymbol{F}_B$，在曲柄销A上作用着垂直于OA的水平阻力$\boldsymbol{F}_A$，求曲柄滑块机构的平衡条件。

解 以系统为研究对象，其所受的主动力有$\boldsymbol{F}_B$和$\boldsymbol{F}_A$。若使此机构发生一虚位移，设A点的虚位移为δr_A，方向与曲柄OA垂直；B点的虚位移为δr_B，方向沿直线BO方向。由于所有约束为理想约束，于是由虚位移原理可写出虚功方程

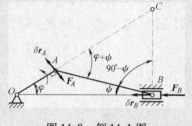

图14-8 例14-1图

$$- F_A \delta r_A + F_B \delta r_B = 0$$

由此得到

$$\frac{F_A}{F_B} = \frac{\delta r_B}{\delta r_A} \tag{1}$$

为了求出δr_A与δr_B的关系，先求出连杆AB的速度瞬心C，这个点应在虚位移δr_A和δr_B两方向的垂线的交点上，显然这两个虚位移的大小与AC和BC成正比，即

$$\frac{\delta r_B}{\delta r_A} = \frac{CB}{CA} \tag{2}$$

由图14-8可知$\angle CAB = \varphi + \psi$，$\angle ABC = 90° - \psi$。所以

$$\frac{CB}{CA} = \frac{\sin(\varphi + \psi)}{\sin(90° - \psi)} = \frac{\sin(\varphi + \psi)}{\cos\psi} \tag{3}$$

将式（2）、式（3）代入式（1），得到曲柄滑块机构在已知力$\boldsymbol{F}_B$和$\boldsymbol{F}_A$作用下的平衡条件

$$\frac{F_A}{F_B} = \frac{\sin(\varphi + \psi)}{\cos\psi}$$

由上面的例题可见，如果质点系为刚体或刚体系统，可以根据运动学中求刚体内点的速度的方法（如速度投影法、速度瞬心法），来建立各质点的虚位移之间的关系。这种求虚位移的方法称为**几何法**。

例14-2 图14-9a所示平面机构，刚杆$OA = AB = 1$m，A为铰链支座，B端铰接一小轮，O、B两点位于同一水平线上。在杆的C和D两点间连接一根刚度系数$k = 4$kN/m的水平弹簧，弹簧的原长$l_0 = 0.55$m，而$OC = BD = 0.4$m。A处作用一与水平线成$\alpha = 30°$夹角的力$\boldsymbol{F}_A$，其大小为80N，B处作用一水平力$\boldsymbol{F}_B$，系统在图示位置平衡，此时弹簧被拉伸，且$\varphi = 60°$。如果不计各构件的重量和

摩擦，试求系统平衡时力 F_B 的大小。

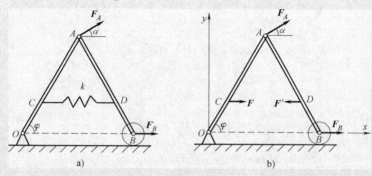

图 14-9　例 14-2 图

解　取整个系统为研究对象。解除弹簧约束，以弹性力 $\boldsymbol{F}$ 和 $\boldsymbol{F}'$ 取代，有 $F=F'$。作用在系统上有主动力 $\boldsymbol{F}_A$、$\boldsymbol{F}_B$，以及弹性力 $\boldsymbol{F}$ 和 $\boldsymbol{F}'$。建立图 14-9b 所示的直角坐标系 xOy。当系统产生虚位移时，由虚位移原理得到虚功方程

$$F\delta x_C + F'\delta x_D + F_A\cos\alpha\delta x_A + F_A\sin\alpha\delta y_A + F_B\delta x_B = 0 \tag{1}$$

讨论 δx_C、δx_D、δx_A、δy_A、δx_B 之间的关系：

$$x_A = OA\cos\varphi,\ y_A = OA\sin\varphi,\ x_B = 2OA\cos\varphi,$$

$$x_C = OC\cos\varphi,\ x_D = (OA + AD)\cos\varphi$$

对以上 5 个关系式分别求变分，得

$$\delta x_A = -OA\sin\varphi\delta\varphi,\ \delta y_A = OA\cos\varphi\delta\varphi,\ \delta x_B = -2OA\sin\varphi\delta\varphi,$$

$$\delta x_C = -OC\sin\varphi\delta\varphi,\ \delta x_D = -(OA + AD)\sin\varphi\delta\varphi \tag{2}$$

将式（2）代入式（1），得

$$F_B = 0.6F - 23.1\ (\text{N}) \tag{3}$$

弹性力 $F = k(CD - l_0) = 4 \times (0.6 - 0.55)\text{kN} = 200\text{N}$，代入式（3）得

$$F_B = 0.6F - 23.1\text{N} = 96.9\text{N}$$

例 14-3　图 14-10a 所示机构中，细杆及弹簧原长均为 $l_0 = 0.8\text{m}$，弹簧刚度系数 $k = 2\text{kN/m}$，不计杆重，平衡时角度 $\theta = 30°$，求力 F 大小。

解　以系统为研究对象。做功的力有主动力 $\boldsymbol{F}$ 和弹簧的弹性力 $\boldsymbol{F}_k$、$\boldsymbol{F}_k'$，有

$$F_k = F_k' = k(2l_0\cos\theta - l_0) = kl_0(2\cos\theta - 1) \tag{1}$$

系统具有 1 个自由度，取广义坐标 θ，应用解析法求虚位移。建立坐标系 xCy，主动力作用点的坐标为

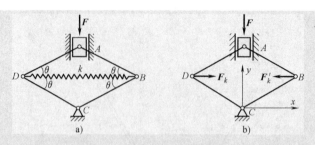

图 14-10 例 14-3 图

$$y_A = 2l_0\sin\theta, \ x_B = l_0\cos\theta, \ x_D = -l_0\cos\theta$$

各作用点的虚位移为上式取变分, 得

$$\delta y_A = 2l_0\cos\theta\delta\theta, \ \delta x_B = -l_0\sin\theta\delta\theta, \ \delta x_D = l_0\sin\theta\delta\theta \tag{2}$$

系统虚功方程为

$$-F\delta y_A + F_k\delta x_D - F_k'\delta x_B = 0 \tag{3}$$

将式 (1)、式 (2) 代入式 (3), 整理得

$$\left[-F + kl_0(2\sin\theta - \tan\theta)\right]\delta\theta = 0$$

由于广义虚位移 $\delta\theta$ 是任意独立的, 则有

$$-F + kl_0(2\sin\theta - \tan\theta) = 0$$

即得平衡时

$$F = kl_0(2\sin\theta - \tan\theta) = 2 \times 10^3 \times 0.8 \times (2 \times 0.5 - 0.577)\text{N} = 677\text{N}$$

例 14-4 图 14-11 所示机构中, 曲柄 OA 上作用有主动力偶 M, 滑块 D 上作用水平阻力 $F = 4.8\text{kN}$, 机构处于平衡。设曲柄长 $OA = 0.2\text{m}$, $\theta = 30°$, 不计摩擦, 试求 M 的大小。

解 取系统为研究对象, 受主动力 F 和力偶 M 作用。系统具有一个自由度, 即具有一个独立的虚位移。取杆 OA 虚转角 $\delta\varphi$ 为独立虚位移。杆 OA 和杆 BC 做定轴转动, 杆 AB 与杆 BD 做平面运动。有

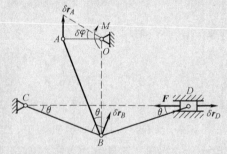

图 14-11 例 14-4 图

$$\delta r_A = OA \cdot \delta\varphi \tag{1}$$

为了保证 AB 杆为刚体不变形, δr_A、δr_B 在 AB 杆上的投影必须相等, 即

$$\delta r_A\cos\theta = \delta r_B\cos 2\theta \tag{2}$$

同理，δr_B、δr_D 在 BD 杆上的投影必须相等，即

$$\delta r_B \cos(90° - 2\theta) = \delta r_D \cos\theta \tag{3}$$

由式（1）~式（3）可得力 F 作用点的虚位移

$$\delta r_D = \delta r_B \frac{\cos(90° - 2\theta)}{\cos\theta}$$

$$= \delta r_A \frac{\cos\theta}{\cos 2\theta} \frac{\cos(90° - 2\theta)}{\cos\theta}$$

$$= OA \cdot \delta\varphi \cdot \frac{\cos\theta}{\cos 2\theta} \frac{\cos(90° - 2\theta)}{\cos\theta}$$

$$= OA \cdot \delta\varphi \cdot \tan 2\theta$$

由虚功方程得 $M\delta\varphi - F\delta r_D = 0$，即

$$M\delta\varphi - F \cdot OA \cdot \delta\varphi \tan 2\theta = 0$$

由于 $\delta\varphi$ 的独立性，则得

$$M = F \cdot OA \cdot \tan 2\theta = 4.8 \times 10^3 \times 0.2 \times \tan 60° \text{N} \cdot \text{m} = 1.663 \text{kN} \cdot \text{m}$$

由上述四个例题可见，若用静力学方法求解，必须将系统拆开，出现各种约束力，求解较麻烦。而虚位移原理以整体为研究对象，不出现约束力，这正是虚位移原理解题的优点。

小　结

- 约束分为：①几何约束与运动约束；②定常约束与非定常约束；③单面约束与双面约束；④完整约束与非完整约束。

- 在满足约束给予的限制条件下，质点或质点系可能发生的任何微小的位移，称为质点或质点系的**虚位移**。虚位移是纯几何概念，它完全由约束的性质及其限制的条件所决定。

- 如果约束力在质点系的任何虚位移中所做的虚功之和恒等于零，则此类约束称为**理想约束**。理想约束的条件可用数学式表示为

$$\sum_{i=1}^{n} \boldsymbol{F}_{Ni} \cdot \delta \boldsymbol{r}_i = 0$$

- 具有理想约束的质点系，在给定位置上保持平衡的条件是：作用于质点系的所有主动力在任何虚位移中所做虚功之和等于零。即

$$\sum_{i=1}^{n} \boldsymbol{F}_i \cdot \delta \boldsymbol{r}_i = 0$$

上式称为**虚功方程**。

- **虚位移原理**是解决静力学问题的普遍原理。应用虚位移原理可以方便地求解质点系的

平衡问题。应用虚位移原理解题时，关键在于如何确定各点的虚位移之间的关系。建立虚位移之间的关系有以下方法：

1）几何法：利用系统的几何关系或各点速度间的关系，来确定各虚位移之间的关系。如定轴转动刚体上各点虚位移与其到转轴的距离成正比；平面运动刚体则可用速度投影定理或者速度瞬心法求两点虚位移之间的关系。

2）解析法：把主动力作用点的直角坐标表示为独立参变量的函数，然后进行变分运算，找出虚位移（坐标变分）之间的关系。

<h2 align="center">习 题</h2>

14-1 举例说明什么是虚位移。它与实际位移有何不同？

14-2 何为虚功？虚功与力在实际位移中的元功有何区别？

14-3 虚位移原理只适用于具有理想约束的系统吗？

14-4 只要约束允许，可以任意假设虚位移的大小和方向，对吗？

14-5 试确定图 14-12 所示各系统的自由度。

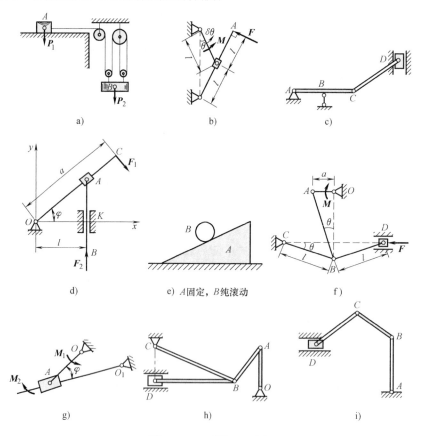

图 14-12 习题 14-5 图

14-6 图 14-13 所示曲柄连杆机构处于平衡状态，已知 $\varphi = 45°$，$\theta = 30°$，$F_1 = 8\text{kN}$。试求水平力 F_2 的大小。

14-7 机构如图 14-14 所示，已知杆 OD 长为 1m，与水平夹角 $\varphi = 30°$，尺寸 $b = 0.5\text{m}$。$F_1 = 8\text{kN}$，铅直地作用在 B 点；另一力 F_2 在 D 点垂直于 OD。试求平衡时 F_2 的大小。

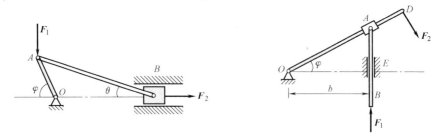

图 14-13 习题 14-6 图   图 14-14 习题 14-7 图

14-8 多跨静定梁由 AC 和 CD 组成，梁的重力不计，载荷分布如图 14-15 所示。已知 $F_1 = 8\text{kN}$，$F_2 = 6\text{kN}$，$F_3 = 5\text{kN}$，$M = 4\text{kN} \cdot \text{m}$，求固定端 A 的约束力。提示：将 A 端视为约束力矩与固定铰链的组合。

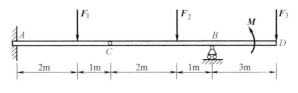

图 14-15 习题 14-8 图

14-9 如图 14-16 所示，半径为 $R = 0.5\text{m}$ 的均质轮可在水平支承面纯滚动，轮缘铰接一个无重杆 DE，E 点铰接的滑块可沿水平光滑槽滑动。已知作用滑块上的力 $P = 80\text{N}$，在 $\varphi = 30°$ 位置时系统保持静止，求作用在轮上的力偶矩 M 和轮所受的摩擦力。

14-10 如图 14-17 所示，$AB = BC$，不计结构自重和摩擦。要使图示作用在 C 处的力 F_C 是作用在 B 处的 F_B 力的 8 倍，求角度 α。

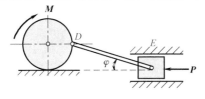

图 14-16 习题 14-9 图

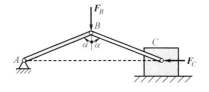

图 14-17 习题 14-10 图

第十五章

振 动 基 础

　　振动也称机械振动，是指物体在其平衡位置附近做往复运动。实际中常见的振动有钟摆的运动、汽缸中活塞的运动、船在波涛汹涌的海洋里左右摇摆、汽车通过大桥时引起的桥梁振动，以及发电机、汽轮机由于转子不平衡引起的振动等。在许多情况下，振动是有害的：汽车振动会使乘客感到不舒适；振动的噪声使人厌倦甚至影响身体健康；振动消耗能量，影响机械加工的精度和表面质量，加剧构件的疲劳和磨损，甚至引起构件或结构的破坏等。但振动也有其有利的一面，例如几百年前人们就利用摆振动的等时性制作钟表，各种乐器适宜的振动便产生音乐，工程中利用振动原理设计制造了大量振动机械，如振动筛、振动清砂机、振动造型机、振动打桩机、振动运输机等。

　　机械振动是动力学的一个应用专题，它在工程上有着广泛的应用。本章将讨论机械振动的基本规律和特征。

第一节　单自由度系统的自由振动

　　机器或者结构物的振动是一个非常复杂的问题，本节讨论最简单的单自由度振动，通过分析，了解一般体系振动的基本特征。

一、弹簧振子的无阻尼自由振动

　　质量块受初始扰动（初位移或者初速度）而离开平衡位置，仅在回复力作用下产生的振动称为自由振动。讨论图 15-1 所示的弹簧振子，设质量块的质量为 m，弹簧刚度系数为 k，根据牛顿定律有 $m \dfrac{\mathrm{d}^2 x}{\mathrm{d} t^2} = -kx$，令 $\omega_n^2 = \dfrac{k}{m}$，得到二阶常系数线性微分方程的标准形式

$$\frac{\mathrm{d}^2 x}{\mathrm{d} t^2} + \omega_n^2 x = 0 \tag{15-1}$$

式（15-1）为无阻尼自由振动微分方程的标准形式。

式（15-1）的特征方程为 $\rho^2 + \omega_n^2 = 0$，特征根 $\rho = \pm i\omega_n$，微分方程的通解为

$$x = C_1 e^{i\omega_n t} + C_2 e^{-i\omega_n t} \qquad (15\text{-}2)$$

式中，C_1、C_2 为积分常数，由于

$$e^{i\omega_n t} = \cos\omega_n t + i\sin\omega_n t$$

$$e^{-i\omega_n t} = \cos\omega_n t - i\sin\omega_n t$$

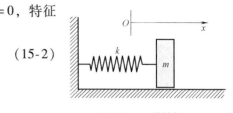

图 15-1 弹簧振子

所以，微分方程的通解也可以写为

$$x = D_1\sin\omega_n t + D_2\cos\omega_n t$$

式中，$D_1 = (C_1 - C_2)i$；$D_2 = C_1 + C_2$。

为了使上式表达得更加清楚，定义常数 A 和 φ 来代替 D_1 和 D_2，即

$$D_1 = A\cos\varphi, \quad D_2 = A\sin\varphi$$

则式（15-2）可写为

$$x = A\sin(\omega_n t + \varphi) \qquad (15\text{-}3)$$

式中，A 和 φ 为积分常数。

由式（15-3）可以看到：质点在线性回复力作用下的自由振动为简谐运动，振动的中心在平衡位置，由初始条件决定的积分常数 A 和 φ 分别为简谐运动的振幅和初相位。

下面讨论 A、φ 与初位移 x_0、初速度 $\dot{x}_0$ 的关系，由式（15-3）以及初始条件 $t = 0$，$x = x_0$，$\dot{x} = \dot{x}_0$，得到

$$x_0 = A\sin\varphi, \quad \dot{x}_0 = A\omega_n\cos\varphi$$

所以

$$A = \sqrt{x_0^2 + \left(\frac{\dot{x}_0}{\omega_n}\right)^2}, \quad \varphi = \arctan\frac{\omega_n x_0}{\dot{x}_0} \qquad (15\text{-}4)$$

弹簧振子的无阻尼自由振动为简谐运动，固有角频率 $\omega_n = \sqrt{\dfrac{k}{m}}$。振子每振动一次所需的时间称为**周期**，为

$$T = \frac{2\pi}{\omega_n} = 2\pi\sqrt{\frac{m}{k}} \qquad (15\text{-}5)$$

周期单位为秒（s）。振子在每秒内振动的次数称为固有频率，以 f 表示。它与周期 T 互为倒数，即

$$f = \frac{1}{T} = \frac{1}{2\pi}\sqrt{\frac{k}{m}} \qquad (15\text{-}6)$$

单位为赫兹（Hz）。由式（15-5）、式（15-6）得到固有角频率

$$\omega_n = \frac{2\pi}{T} = 2\pi f \qquad (15\text{-}7)$$

固有角频率 ω_n 表示振子在 2π 秒内振动的次数，单位为弧度/秒（rad/s）。

由式（15-7）可见，固有角频率 ω_n 只与系统的基本参数——振子的质量 m 和弹簧刚度系数 k 有关，而与运动的初始条件无关。

例 15-1 一个质量为100kg的物块从弹簧上面 $h = 0.01$m 处落到弹簧上，如图 15-2 所示。已知弹簧刚度系数 $k = 25.6$kN/m，设物块落到弹簧上后即与弹簧连接在一起，试写出振动微分方程并计算周期。

解 物块-弹簧系统振动固有角频率

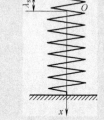

$$\omega_n = \sqrt{\frac{k}{m}} = \sqrt{\frac{25.6 \times 10^3}{100}}\,\text{rad/s} = 16\,\text{rad/s}$$

系统做简谐振动周期为

$$T = \frac{2\pi}{\omega_n} = 0.393\,\text{s}$$

当物块在弹簧上静止时，静压缩 $\lambda_s = \dfrac{mg}{k} = \dfrac{100 \times 9.8}{25.6 \times 10^3}\text{m} =$

图 15-2 例 15-1 图

0.0383m。将物块-弹簧系统平衡位置选为原点 O，x 轴垂直向下，当物块与弹簧接触瞬间，振动开始，振动初始条件为

$$t = 0,\ x_0 = -0.0383\text{m},\ \dot{x}_0 = \sqrt{2gh} = \sqrt{2 \times 9.8 \times 0.01}\,\text{m/s} = 0.443\,\text{m/s}$$

振动方程中振幅

$$A = \sqrt{x_0^2 + \left(\frac{\dot{x}_0}{\omega_n}\right)^2} = \sqrt{(-0.0383)^2 + \left(\frac{0.443}{16}\right)^2}\,\text{m} = 0.0472\,\text{m}$$

初相位

$$\varphi = \arctan\frac{\omega_n x_0}{\dot{x}_0} = \arctan\frac{16 \times (-0.0383)}{0.443}\,\text{rad} = -0.944\,\text{rad}$$

故物块-弹簧系统振动方程为

$$x = 0.0472\sin(16t - 0.944)$$

例 15-2 图 15-3 中所示单摆由一不计质量的细绳和固结在绳一端的球组成。绳长 OA 为 l，球的质量为 m。试求：

(1) 单摆的运动微分方程；

(2) 当摆动角 $-5° \leqslant \theta \leqslant 5°$ 时，求摆的运动；

(3) 在已知运动情况下求小球受到的约束力。

解 1）将球视为质点，其运动轨迹为圆弧，建立弧坐标系，如图所示，有如下关系式：

$$s = l\theta,\ \dot{s} = l\dot{\theta},\ \ddot{s} = l\ddot{\theta} \qquad (1)$$

根据式（9-5）有

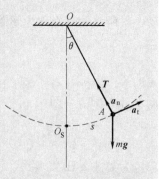

图 15-3 例 15-2 图

$$\begin{cases} m\ddot{s} = -mg\sin\theta \\ m\dfrac{\dot{s}^2}{l} = T - mg\cos\theta \end{cases} \quad (2)$$

将式（1）代入式（2），整理得到

$$\begin{cases} \ddot{\theta} + \dfrac{g}{l}\sin\theta = 0 \\ T = mg\cos\theta + ml\dot{\theta}^2 \end{cases} \quad (3)$$

式（3）中第一式描述了小球的运动，即单摆的运动微分方程，第二式给出了绳索对小球的约束力表达式。

2）当摆动角 $-5° \leqslant \theta \leqslant 5°$ 时，系统的运动为微幅摆动，此时 $\sin\theta \approx \theta$，公式（3）中第一式可以简化为

$$\ddot{\theta} + \dfrac{g}{l}\theta = 0$$

令单摆系统固有角频率 $\omega_n = \sqrt{\dfrac{g}{l}}$，上式可化为二阶线性齐次微分方程的标准形式

$$\ddot{\theta} + \omega_n^2\theta = 0$$

上式与弹簧振子无阻尼自由振动微分方程类似，其通解为

$$\theta = A\sin(\omega_n t + \varphi) \quad (4)$$

$$A = \sqrt{\theta_0^2 + \dfrac{\dot{\theta}_0^2}{\omega_n^2}}, \quad \varphi = \arctan\dfrac{\omega_n\theta_0}{\dot{\theta}_0}$$

式中，θ_0、$\dot{\theta}_0$ 分别为 $t=0$ 时刻单摆的角位移、角速度。

3）求约束力：将式（4）对时间 t 求导，得到 $\dot{\theta} = A\omega_n\cos(\omega_n t + \varphi)$，代入式（3）的第二式，得到绳索对小球的约束力

$$T = mg\cos[A\sin(\omega_n t + \varphi)] + mlA^2\omega_n^2\cos^2(\omega_n t + \varphi)$$

例 15-3 滑轮转动惯量 J_1，物块质量分别为 M、m，弹簧的刚度系数为 k，如图 15-4 所示。略去弹簧与绳子的质量，求重物垂直振动的周期。

解 以滑轮偏离其平衡位置的转角 φ 为确定系统位置的坐标。设滑轮半径为 r，当系统在任意位置 φ 时，弹簧的变形量为

$$\delta = \delta_{st} + r\varphi$$

式中，δ_{st} 为系统在平衡位置时弹簧的静变形。

系统对点 O 的转动惯量 $J_O = J_1 + mr^2 + Mr^2$，根据动

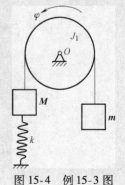

图 15-4 例 15-3 图

量矩定理, 有

$$J_O\ddot{\varphi} = -k(\delta_{st} + r\varphi)r + Mgr - mgr \qquad (1)$$

考虑到系统在平衡位置时弹性力对 O 点之矩与物块重力对 O 点之矩相互抵消, 即

$$-k\delta_{st}r + Mgr - mgr = 0 \qquad (2)$$

将式 (2) 代入式 (1), 得到 $J_O\ddot{\varphi} = -kr^2\varphi$, 即

$$(J_1 + mr^2 + Mr^2)\ddot{\varphi} + kr^2\varphi = 0$$

系统的固有角频率为

$$\omega_n = \sqrt{\frac{kr^2}{J_1 + mr^2 + Mr^2}} = \sqrt{\frac{k}{\dfrac{J_1}{r^2} + m + M}}$$

重物垂直振动的周期 (系统的振动周期) 为

$$T = \frac{2\pi}{\omega_n} = 2\pi\sqrt{\frac{\dfrac{J_1}{r^2} + m + M}{k}}$$

二、弹簧振子的有阻尼自由振动

振动中的阻力称为**阻尼**, 本书仅考虑黏性阻尼。黏性阻尼力大小与运动速度成正比, 阻力的方向与速度矢量的方向相反, 即

$$\boldsymbol{F}_c = -c\boldsymbol{v} \qquad (15\text{-}8)$$

式中, 比例常数 c 称为黏性阻尼系数, 简称**阻尼系数**。

图 15-5 所示为弹簧振子有阻尼自由振动的力学模型, x 轴坐标原点 O 处于弹簧平衡位置。由直角坐标形式的质点运动微分方程得到

$$m\frac{d^2x}{dt^2} = -kx - c\frac{dx}{dt}$$

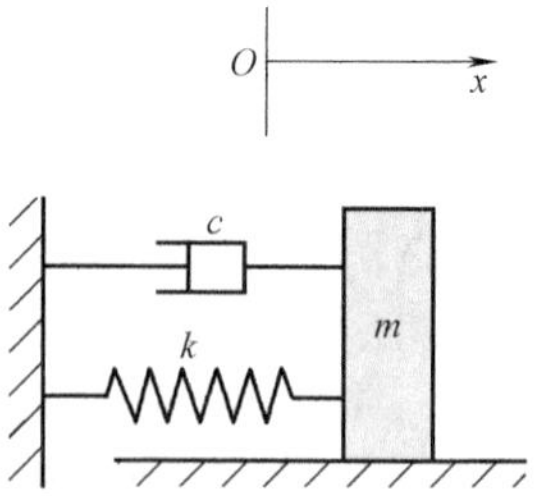

令 $\dfrac{c}{m} = 2n$, $\dfrac{k}{m} = \omega_n^2$, 整理上式得到

$$\frac{d^2x}{dt^2} + 2n\frac{dx}{dt} + \omega_n^2 x = 0 \qquad (15\text{-}9)$$

式 (15-9) 称为有阻尼自由振动微分方程的标准形式, 其特征方程为

$$\rho^2 + 2n\rho + \omega_n^2 = 0 \qquad (15\text{-}10)$$

图 15-5 有阻尼自由
振动力学模型

特征根 $\rho = -n \pm \sqrt{n^2 - \omega_n^2}$。对于不同的 n, 将出现两个特征根为不相等的实数、相等的实数和共轭复数三种情况, 下面分别讨论。

1. $n < \omega_n$，称为弱阻尼状态（欠阻尼状态）

此时，方程的特征根为一对共轭复根 $\rho_{1,2} = -n \pm \sqrt{\omega_n^2 - n^2}\, \mathrm{i}$，式（15-9）的解为

$$x = A\mathrm{e}^{-nt}\sin(\sqrt{\omega_n^2 - n^2}\, t + \varphi) \tag{15-11}$$

式中，A、φ 为积分常数，由初始条件决定。

图 15-6 所示为振子的位移与时间的关系。此时振子的振幅按照指数规律衰减，图中振幅的包络线的表达式为 e^{-nt}，相邻的两个振幅之比称为减幅系数 η，有

$$\eta = \frac{A_m}{A_{m+1}} = \mathrm{e}^{nT_\mathrm{d}} \tag{15-12}$$

阻尼振动的周期

$$T_\mathrm{d} = \frac{2\pi}{\sqrt{\omega_n^2 - n^2}} \tag{15-13}$$

例如，当 $n = 0.1\omega_n$ 时，可算得 $\eta = \mathrm{e}^{nT_\mathrm{d}}$

$= \mathrm{e}^{\frac{2\pi n}{\sqrt{\omega_n^2 - n^2}}} = \mathrm{e}^{0.631} = 1.88$，$A_{m+1} = \dfrac{A_m}{\eta} =$

$0.532A_m$，即每经过一个周期 T_d，振子振幅减少 46.8%，而振动 10 次后的振幅只有原来的 0.181%。

减幅系数的自然对数称为对数减幅系数，可表示为

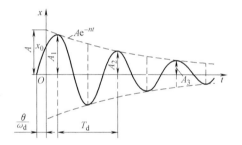

图 15-6 弱阻尼状态

$$\delta = \ln\eta = nT_\mathrm{d} \tag{15-14}$$

2. $n = \omega_n$，称为临界阻尼状态

此时特征方程具有两个相等的负根 $\rho_1 = \rho_2 = -n$，式（15-9）的解为

$$x = \mathrm{e}^{-nt}(C_1 + C_2 t) \tag{15-15}$$

振子位移与时间的关系如图 15-7 所示。可以看到，当时间 t 增大时，位移 x 逐渐趋近于零。在此情况下，有足够大的阻尼力，阻止振子发生振动，使振子较快地回到平衡位置。

3. $n > \omega_n$，称为过阻尼状态

此时特征方程具有两个不相等的负根 $\rho_{1,2} = -n \pm \sqrt{n^2 - \omega_n^2}$，式（15-9）的解为

$$x = C_1\mathrm{e}^{(-n + \sqrt{n^2 - \omega_n^2})t} + C_2\mathrm{e}^{(-n - \sqrt{n^2 - \omega_n^2})t} \tag{15-16}$$

振子位移与时间的关系曲线如图 15-8 所示。此时振子不能振动，系统缓慢回到平衡状态。

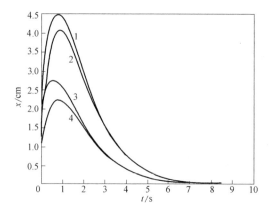

曲线	C_1/cm	C_2/(cm/s)	阻尼系数n	固有角频率ω_n
1	2	10		
2	1	10	1.0	1.0
3	2	5		
4	1	5		

图 15-7　临界阻尼状态

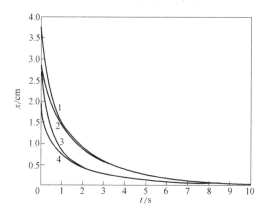

曲线	C_1/cm	C_2/cm	阻尼系数n	固有角频率ω_n
1	2	2		
2	2	1	1.414	1.0
3	1	2		
4	1	1		

图 15-8　过阻尼状态

例 15-4 设汽车质量 $m = 2000\text{kg}$，压在四个车轮的弹簧上使每个弹簧压缩 $\delta_{\text{st}} = 98\text{mm}$。为了减小振动，每个弹簧都安装了减振器，结果使车辆的上下振动迅速减小，于三次振动后振幅减小到 0.05 倍，试求：

（1）汽车上下振动的固有频率 ω_n；

（2）振动的减幅系数 η 和对数减幅系数 δ；

（3）阻尼系数 n、衰减振动的周期 T_d；

（4）临界阻力系数 c_c。

解 1）本题只考虑汽车上下振动，将四个弹簧等效为一个当量弹簧，总的刚度系数为

$$k = \frac{mg}{\delta_{\text{st}}} = \frac{2000 \times 9.8}{0.098}\text{N/m} = 2.0 \times 10^5 \text{N/m}$$

系统的固有角频率为

$$\omega_n = \sqrt{\frac{k}{m}} = \sqrt{\frac{2.0 \times 10^5}{2000}}\text{rad/s} = 10.0\text{rad/s} \tag{1}$$

2）已知 $\dfrac{A_{m+3}}{A_m} = 0.05$，由式（15-12）$\eta = \dfrac{A_m}{A_{m+1}} = e^{nT_d}$ 得到振动的减幅系数

$$\eta = \sqrt[3]{\frac{A_m}{A_{m+3}}} = \sqrt[3]{\frac{1}{0.05}} = 2.71$$

由式（15-14）得到对数减幅系数

$$\delta = \ln\eta = 0.999 = nT_d \tag{2}$$

3）由式（15-13）得到阻尼振动的周期

$$T_d = \frac{2\pi}{\sqrt{\omega_n^2 - n^2}} = \frac{2\pi}{\sqrt{10^2 - n^2}} \tag{3}$$

联立式（2）、式（3），以 n、T_d 为未知量求解，得到阻尼系数 $n = 1.57$，阻尼振动周期 $T_d = 0.636\text{s}$。

4）临界阻尼系数 $n_c = \omega_n = 10.0\text{rad/s}$，由阻尼系数的定义 $\left(\dfrac{c}{m} = 2n\right)$，求得临界阻力系数 $c_c = 2n_c m = 2 \times 10.0 \times 2000\text{N}\cdot\text{s/m} = 4.0 \times 10^4 \text{N}\cdot\text{s/m}$。

第二节 单自由度系统的受迫振动

在阻尼的影响下，自由振动会迅速衰减，很快消失，但是如果有一个外界

的干扰力存在，不断给振动系统输入能量，振动仍会持续下去。在外界干扰力的作用下发生的振动，称为受迫振动（或强迫振动）。图 15-9 所示为弹簧振子受迫振动的力学模型，系统在激振力 F 作用下发生振动。

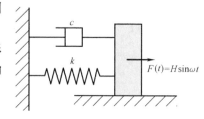

激振力一般是时间的函数，最简单的形式是简谐激振力 $F(t) = H\sin\omega t$。由质点运动微分方程得到

$$m\frac{\mathrm{d}^2 x}{\mathrm{d}t^2} = -kx - c\frac{\mathrm{d}x}{\mathrm{d}t} + H\sin\omega t$$

图 15-9 弹簧振子受迫
振动的力学模型

令 $\dfrac{H}{m} = h$，整理上式得到如下二阶常系数非

齐次线性微分方程：

$$\frac{\mathrm{d}^2 x}{\mathrm{d}t^2} + 2n\frac{\mathrm{d}x}{\mathrm{d}t} + \omega_n^2 x = h\sin\omega t \tag{15-17}$$

式（15-17）称为有阻尼受迫振动微分方程的标准形式。若 $n = 0$，即第二项（阻尼项）为零，即为无阻尼受迫振动。式（15-17）的通解为

$$x = Ae^{-nt}\sin\left(\sqrt{\omega_n^2 - n^2}\, t + \varphi\right) + B\sin(\omega t - \alpha) \tag{15-18}$$

式中，A、φ 为积分常数，由初始条件决定；B 和 α 由设定形式为

$$x = B\sin(\omega t - \alpha) \tag{15-19}$$

的特解求出。

将式（15-19）代入式（15-17）有

$$\begin{cases} B = \dfrac{h}{\sqrt{(\omega_n^2 - \omega^2)^2 + 4n^2\omega^2}} \\[4mm] \alpha = \arctan\dfrac{2n\omega}{\omega_n^2 - \omega^2} \end{cases} \tag{15-20}$$

由式（15-18）、式（15-20）可见，振子的运动是由两个简谐运动合成的复合运动：第一部分是衰减振动，称为**过渡过程**；第二部分是由外来的激振力作用而产生的，是受迫振动，称为**稳态过程**。这两部分振动的振幅和频率，具有不同的性质：衰减振动的振幅 Ae^{-nt} 与时间和初始条件有关，而受迫振动的振幅 B 与初始条件无关，与激振频率 ω 和系统固有角频率 ω_n 有关；衰减振动的频率与系统的固有角频率 ω_n 有关，与激振力的频率无关，而受迫振动的频率与激振力的频率相同。

受迫振动的振幅达到极大值的现象称为共振。将式（15-20）的第一式对激振频率 ω 求导数，并令 $\dfrac{\mathrm{d}B}{\mathrm{d}\omega} = 0$，得到振幅 B 取极大值时对应的共振频率 ω：

$$\omega = \sqrt{\omega_n^2 - 2n^2} \tag{15-21}$$

共振现象是受迫振动特有的现象，也是分析振动问题时首先需要考虑的问题。如设计不当，机器设备、建筑物都可能发生共振，而造成机器设备不能正常工作或建筑物破坏的严重事故。另一个方面，如果恰当地利用共振原理，制造一些类似振动送料机的机械设备，会使能耗降低从而效率提高。

例15-5 机器零件在黏滞油液中振动，施加一个幅值 $H = 100\text{N}$、周期 $T = 0.1\text{s}$ 的干扰力可使零件发生共振。设此时共振振幅 $B = 6\text{mm}$，零件的质量 $m = 5\text{kg}$，求阻尼系数 n。

解 由干扰力的周期 T 可求得干扰力的频率

$$\omega = \frac{2\pi}{T} = 20\pi \ \text{rad/s}$$

且有

$$h = \frac{H}{m} = \frac{100}{5}\text{N/kg} = 20\text{N/kg}$$

由式（15-20）第一式、式（15-21）得

$$\begin{cases} 0.006 = \dfrac{20}{\sqrt{[\omega_n^2 - (20\pi)^2]^2 + 4n^2 \times (20\pi)^2}} \\ 20\pi = \sqrt{\omega_n^2 - 2n^2} \end{cases}$$

解得 $n = 24.7\text{s}^{-1}$。

例15-6 在图15-10所示的振动系统中，已知弹簧刚度系数 $k = 3200\text{N/m}$，振子质量 $m = 20.0\text{kg}$，阻力系数 $c = 10.0\text{N} \cdot \text{s/m}$，简谐激振力振幅 $H = 40.0\text{N}$，激振频率 $\omega = 12.0\text{rad/s}$。试求振子的稳态受迫振动。

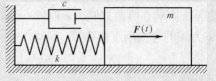

图15-10 例15-6图

解 系统固有角频率

$$\omega_n = \sqrt{\frac{k}{m}} = \sqrt{\frac{3200}{20.0}}\text{rad/s} = 12.6\text{rad/s}$$

由阻尼系数的定义，得到

$$n = \frac{c}{2m} = \frac{10.0}{2 \times 20.0} = 0.25$$

设振子的受迫振动稳态解为 $x = B\sin(\omega t - \alpha)$，由式（15-20）可知

$$B = \frac{h}{\sqrt{(\omega_n^2 - \omega^2)^2 + 4n^2\omega^2}} = \frac{\dfrac{H}{m}}{\sqrt{(\omega_n^2 - \omega^2)^2 + 4n^2\omega^2}}$$

$$= \frac{\dfrac{40.0}{20.0}}{\sqrt{(12.6^2 - 12.0^2)^2 + 4 \times 0.25^2 \times 12.0^2}}\text{m} = 0.126\text{m}$$

$$\alpha = \arctan \frac{2n\omega}{\omega_n^2 - \omega^2} = \arctan \frac{2 \times 0.25 \times 12.0}{12.6^2 - 12.0^2} \text{rad} = 0.386 \text{rad}$$

所以，振子的稳态受迫振动的运动方程为

$$x = 0.126 \sin(12t - 0.386)$$

第三节 转子的临界转速

前面讲到，受迫振动的振幅达到极大值的现象称为**共振**。共振现象是受迫振动特有的现象，也是分析振动问题时首先需要考虑的问题。使系统发生共振的转速，在工程上称为临界转速。在实际问题中，一般要避免机器在临界转速及其附近运行。图 15-11a 所示一电动机安装在由弹簧所支承的平台上，电动机固定在平台上，支撑可以视为弹簧。电动机轴由于偏心，如果电动机转速为 900r/min 时发生共振，则临界转速 $n_c = 900$r/min。当电动机转速 n 在临界转速 n_c 的 75%～125% 之间时，振幅比较大，我们称之进入共振区。再以图 15-11b 所示转子为例说明，设转子质量为 m，重心 C 到几何中心 A 的距离 $AC = e$，两轴承连线与圆盘转子的对称平面垂直且相交于 O 点。平衡时，转轴轴线与两轴承连线重合，且过转子中心 A，当轴以角速度 ω 转动时，转子偏心造成的离心力使轴弯曲。离心惯性力 $F_I = m(OA + e)\omega^2$，与轴的弹性回复力 $k \cdot OA$ 组成平衡力系（k 为轴的弯曲刚度系数），即得

$$m(OA + e)\omega^2 = k \cdot OA$$

整理得到

$$OA = \frac{e}{(k/m\omega^2) - 1} = \frac{e}{(\omega_n/\omega)^2 - 1}$$

式中，ω_n 为转轴横向弯曲振动的固有频率。

由此可知，当转子以临界转速的角速度 $\omega(=\omega_n)$ 转动时，OA 将无限增大。

电动机与各种机器的旋转机件在运转时，经常会由于转子偏心而使机器发生振动。而当转速经过临界转速附近时，会出现强烈的振动，轴的变形显著增大，甚至引起转轴或轴

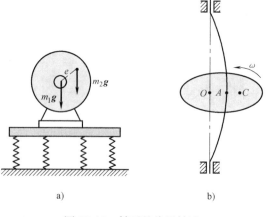

a)

b)

图 15-11 转子的临界转速

承的损坏。而当转速超过这些特定值后，振动又会减弱下来。为了使机器安全运转，必须使转子迅速通过这个转速，而不允许在临界转速附近工作。因此，在设计旋转机械时，必须注意避免在临界转速附近工作。

对于单自由度振动系统，系统的固有频率只有一个。但是对于多自由系统，固有频率相应地有 n 阶，因此，其临界转速也就有 n 个，从低到高排列这些临界转速分别称为：一阶临界转速、二阶临界转速……

第四节　减振和隔振

机器设备在运转时，由于受到外界干扰力的作用而发生振动，这不仅影响机器本身的正常工作，也干扰周围的仪器设备。为了防止或限制振动带来的危害和影响，现代工程中已采用了各种措施，归纳起来有以下几条原则。

一、消除或减弱振动源

持久的干扰是产生受迫振动的根源。直接消除干扰力，如采用动平衡，可消除不平衡质量；对往复式机器如压气机等也需要注意惯性力的平衡，但一般很难完全消除。消除振源是消除受迫振动现象的"治本"措施。

减弱振动源，可采用远离振动源，如精密仪器或设备尽可能远离地铁、轻轨、公路等，远离具有压力加工机械及振动设备的车间。

二、避开共振区

完全消除振源在工程中难度或代价过大，即对系统的干扰很难完全避免。因此，要将振动响应控制在一定的范围内，方法之一就是设法使工作频率（干扰频率）远离固有频率，即改变机器的工作转速，使机器不在共振区工作。如果工作频率不能改变，则调整系统的固有频率，通过修改系统相关参数，使固有频率避开干扰频率。

三、适当增加阻尼，安装减振装置

阻尼吸收系统振动的能量，使自由振动的振幅迅速衰减，对于强迫振动的振幅也有抑制作用。例如，用叠板弹簧之间的摩擦消耗振动系统的能量，减小汽车的颠簸等。

由式（15-17）可知，受迫振动微分方程的标准形式为 $\ddot{x} + 2n\dot{x} + \omega_n^2 x = h\sin\omega x$，其解

$$x = Ae^{-nt}\sin(\sqrt{\omega_n^2 - n^2}\, t + \varphi) + B\sin(\omega t - \alpha)$$

振幅 $B = \dfrac{h}{\sqrt{(\omega_n^2 - \omega^2)^2 + 4n^2\omega^2}}$，参见式（15-18）~ 式（15-20），阻尼 n 对振幅 B 的影响主要在共振点附近最为明显，这时阻尼越大，振幅越小；而离共振点越远，阻尼的影响越不明显。

在共振区内，阻尼对受迫振动的振幅有明显的抑制作用。工程中增加阻尼的方法主要包括：采用黏性阻尼材料，加大系统的结构阻尼；增加相对运动的接触面之间的摩擦因数；将运动部件浸在黏性介质中，形成介质阻尼；使闭合导体在磁场中运动，通过感应产生的涡流形成电磁阻尼。

四、提高机器本身的抗震能力

衡量机器结构抗震能力的常用主要指标是动刚度。动刚度在数值上等于机器结构产生单位振幅所需的动态力。动刚度越大，则机器结构在动态力作用下的振动量越小。

五、采取隔振措施

采用措施是用弹性元件和阻尼元件将振源或要保护的仪器设备隔离开来，这就是隔振。隔振的基本方法是，把需要隔离的设备连同它的基础安装在适当的弹性支座或隔振材料（橡胶块、软木垫）上。按照振动干扰来源的不同，可分为主动隔振和被动隔振两类问题。

1. 主动隔振

将振动限制在振源附近的一个小范围内，从而减少其对周围环境的影响，称为主动隔振。如果研究对象本身就是振动干扰源，这时，就要求将它与地基隔离开来，以减小它通过地基传递到周围物体上去的振动。例如，减少电动机、压气机、通风机、泵等传到地基上去的干扰力。

2. 被动隔振

采取有效措施使精密仪器设备避免受到由于运输或其他外来的干扰所引起的振动就是被动隔振，即切断或控制环境的振动对特定局部的影响。被动隔振的实质是通过弹性物体来减小由地基传到振体上的运动，即把外来的振动加以隔离。

被动隔振为防止外界振源对某些仪器设备的影响，常需要将这些仪器设备支承在刚度系数很小的弹性元件上。

小 结

本章对单自由度线性振动系统进行讨论。

自由振动运动微分方程的标准形式是 $\ddot{x} + \omega_n^2 x = 0$，固有角频率 $\omega_n = \sqrt{\dfrac{k}{m}}$，自由振动运动规律：

$$x = A\sin(\omega_n t + \varphi)$$

设初位移为 x_0、初速度为 $\dot{x}_0$，则振幅 $A = \sqrt{x_0^2 + \left(\dfrac{\dot{x}_0}{\omega_n}\right)^2}$，初相位 $\varphi = \arctan\dfrac{\omega_n x_0}{\dot{x}_0}$。

有阻尼时自由振动的微分方程标准形式是

$$\ddot{x} + 2n\dot{x} + \omega_n^2 x = 0$$

其运动规律是：

（1）$n < \omega_n$，为**弱阻尼状态**（欠阻尼状态）

$$x = A\mathrm{e}^{-nt}\sin\left(\sqrt{\omega_n^2 - n^2}\, t + \varphi\right)$$

减幅系数 $\eta = \dfrac{A_m}{A_{m+1}} = \mathrm{e}^{nT_\mathrm{d}}$，对数减幅系数 $\delta = \ln\eta = nT_\mathrm{d}$；衰减振动的频率 $\omega_\mathrm{d} = \sqrt{\omega_n^2 - n^2}$，衰减振动的周期 $T_\mathrm{d} = \dfrac{2\pi}{\sqrt{\omega_n^2 - n^2}}$。

（2）$n = \omega_n$，称为**临界阻尼状态**

$$x = \mathrm{e}^{-nt}(C_1 + C_2 t)$$

（3）$n > \omega_n$，称为**过阻尼状态**

$$x = \mathrm{e}^{-nt}\left(C_1 \mathrm{e}^{\sqrt{n^2 - \omega_n^2}\, t} + C_2 \mathrm{e}^{-\sqrt{n^2 - \omega_n^2}\, t}\right)$$

有阻尼受迫振动微分方程的标准形式是

$$\ddot{x} + 2n\dot{x} + \omega_n^2 x = h\sin\omega t$$

若 $n = 0$，即为无阻尼受迫振动。方程的通解为

$$x = A\mathrm{e}^{-nt}\sin\left(\sqrt{\omega_n^2 - n^2}\, t + \varphi\right) + B\sin(\omega t - \alpha)$$

式中，$B = \dfrac{h}{\sqrt{(\omega_n^2 - \omega^2)^2 + 4n^2\omega^2}}$；$\alpha = \arctan\dfrac{2n\omega}{\omega_n^2 - \omega^2}$。

振子的运动可分解为衰减振动（过渡过程）和受迫振动（稳态过程）。共振频率 $\omega = \sqrt{\omega_n^2 - 2n^2}$。

使系统发生共振的转速，在工程上称为**临界转速**。当电动机转速 n 在临界转速 n_c 的 75% ~ 125% 之间时，振幅比较大，称进入**共振区**。

对于单自由度振动系统，系统的固有频率只有一个。对于多自由系统，固有频率相应地有多个。

减振措施：消除或减弱振动源；避开共振区；适当增加阻尼，安装减振装置；提高机器本身的抗震能力。

主动隔振：将振动限制在振源附近的一个小范围内，从而减少其对周围环境的影响。

被动隔振：使设备避免受到外来的干扰而引起的振动。

习 题

15-1 如何决定物体的平衡位置？一质点做直线自由振动，增大振幅是否会增大周期？

15-2 当系统在按正弦规律变化的干扰力作用下，做单自由度受迫振动时，如何确定振幅和频率？

15-3 自由振动的固有频率由哪些因素决定？要提高或降低固有频率有什么方法？

15-4 什么叫共振？什么叫临界转速？怎样避免共振？

15-5 有阻尼受迫振动中，什么是稳态过程？与刚开始的一段运动有什么不同？

15-6 减振可以采用什么方法？

15-7 设物体的质量为 m，弹簧的原长为 l_0，刚度系数为 k，光滑斜面的倾角为 φ，如图 15-12 所示，试求此物体的平衡位置，并求弹簧质量系统自由振动的周期。

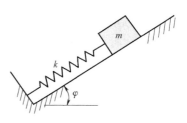

图 15-12 习题 15-7 图

15-8 设有刚度系数分别为 k_1 和 k_2 的两条弹簧，求这两条弹簧串联（图 15-13a）和并联（图 15-13b）时振系的固有频率。

15-9 如图 15-14 所示，单摆的摆长 $l = 0.272\text{m}$，摆锤质量 $m = 0.5\text{kg}$，按 $\varphi = 0.05\sin\sqrt{\dfrac{g}{l}}t$（$t$ 以 s 计，φ 以 rad 计，g 为重力加速度）的规律摆动，求摆锤经过最高位置和最低位置的瞬时绳中的张力。

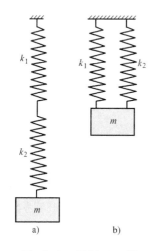

图 15-13 习题 15-8 图

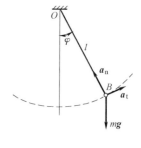

图 15-14 习题 15-9 图

15-10 如图 15-15 所示，物块 A 的质量 $m = 10\text{kg}$，物块 B 固联在地面上。已知物块 A 在

铅垂方向做自由振动，其振幅 $A=0.01\text{m}$，系统固有角频率 $\omega_n=8\pi\ \text{rad/s}$。

（1）试求弹簧对物块 B 的最大和最小压力；

（2）如果物块 B 的质量 $m=20.0\text{kg}$，试求物块 B 对地面的最大和最小压力。

15-11 图 15-16 所示升降机箱笼的质量 $m=2100\text{kg}$，以速度 $v=1.8\text{m/s}$ 匀速下降。由于吊索上端突然卡住，箱笼停止匀速下降。但由于钢索具有弹性，箱笼发生上下振动。设钢索的弹簧刚度系数 $k=76.5\text{kN/m}$，忽略钢索质量，求箱笼的振动微分方程以及吊索中的最大张力。

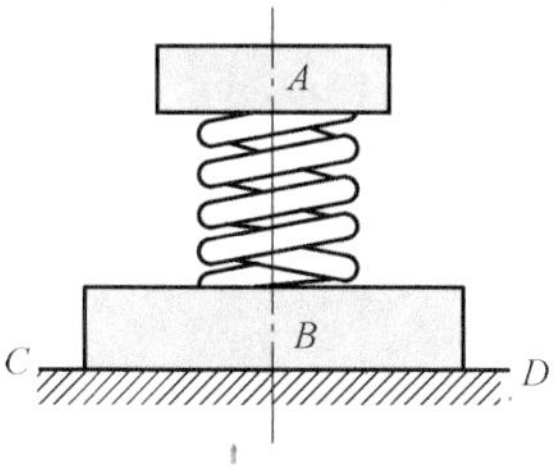

图 15-15 习题 15-10 图

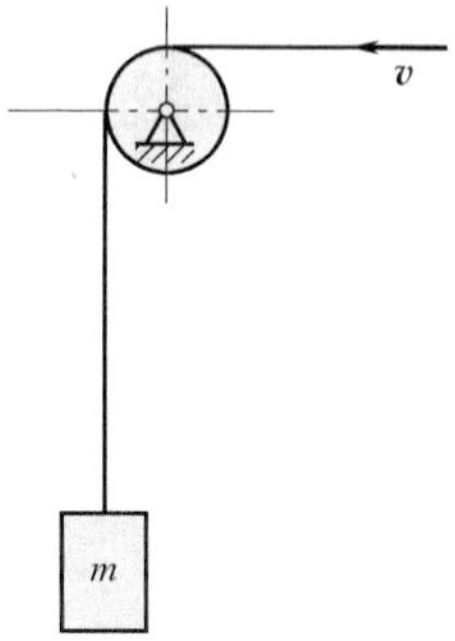

图 15-16 习题 15-11 图

15-12 在图 15-17 所示振系中，梁 AB 长为 b，弹簧的刚度系数为 k，在 B 点安装质量为 m 的电动机，$AC=a$。试求电动机微振动的固有频率。

15-13 在图 15-18 所示振动系统中，已知质量为 M 的均质圆盘半径为 r，弹簧的刚度系数为 k，重物 B 的质量为 m。试求系统的微振动的微分方程及固有角频率。

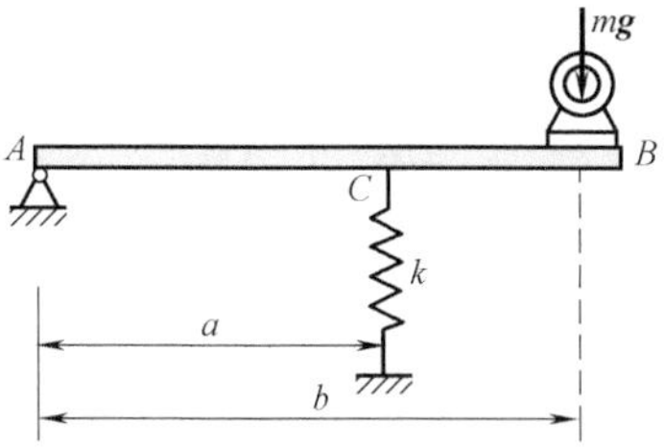

图 15-17 习题 15-12 图

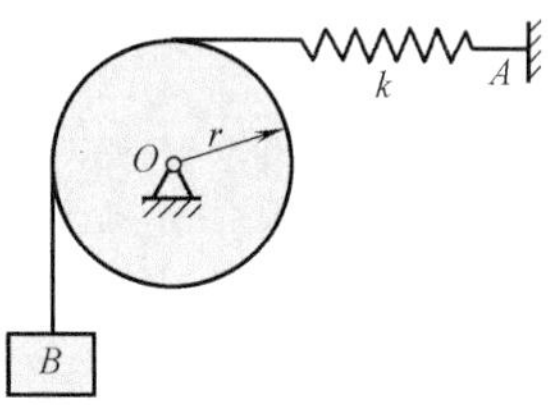

图 15-18 习题 15-13 图

15-14 如图 15-19 所示系统，已知振子质量 $m=22.7\text{kg}$，弹簧刚度系数 $k=8.75\times10^3\text{N/m}$，阻尼系数 $c=350\text{N}\cdot\text{s/m}$，系统初始状态为 $x_0=0$、$\dot{x}_0=0.127\text{m/s}$，试求该系统衰减振动的周期 T_d、对数减幅系数 δ 和振体离开平衡位置的最大距离 x_{max}。

15-15 在图 15-20 所示系统中，已知激振力振幅 $H=44.5\text{N}$，振体质量 $m=18.2\text{kg}$，振体的稳态受迫振动的运动方程为 $x=0.0197\sin(15t-1.44)$，其中 t 以 s 计，x 以 m 计。试求系统弹簧刚度系数 k、阻尼系数 c 以及系统固有角频率 ω_n。

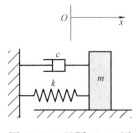

图 15-19 习题 15-14 图

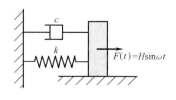

图 15-20 习题 15-15 图

15-16 如图 15-21 所示，电动机质量 $m = 50\text{kg}$，四根支持弹簧总刚度系数为 $k = 80\text{kN/m}$。由于电动机转子的质量分配不均，相当于在转子上有质量 $m' = 0.1\text{kg}$ 的偏心块，其偏心距 $e = 6\text{mm}$。试求：（1）发生共振时的转速；（2）当转速为 1450r/min 时，强迫振动的振幅。

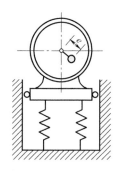

图 15-21 习题 15-16 图

附　　录

附录 A　单位制及数值精度

在国际单位制中，基本物理量长度、时间和质量的单位分别为米（m）、秒（s）和千克（kg）。国际单位制的词头见附表 A-1。利用词头可以避免写太大或太小的数。例如，一般可以写 674.9km，而不写 674 900m；写 2.15mm，而不写 0.002 15m。

附表 A-1　国际单位制的词头

因数	词头名称	词头符号	因数	词头名称	词头符号
10^{12}	太［拉］	T	10^{-2}	厘	c
10^{9}	吉［咖］	G	10^{-3}	毫	m
10^{6}	兆	M	10^{-6}	微	μ
10^{3}	千	k	10^{-9}	纳［诺］	n
10^{2}	百	h	10^{-12}	皮［可］	p
10^{1}	十	da	10^{-15}	飞［母托］	f
10^{-1}	分	d	10^{-18}	阿［托］	a

力的单位牛顿（N）是导出单位，$1N = (1kg)(1m/s^2) = 1kg \cdot m/s^2$。其他用于度量力矩、力的功等导出国际单位见附表 A-2。需要强调的一个重要规则：当导出单位是一个基本单位除另一个基本单位时，词头可以用在分子中，不能用在分母中。例如，弹簧在 800N 的载荷下伸长 20mm，则弹簧刚度系数 k 可以表示为

$$k = \frac{800N}{20mm} = \frac{800N}{0.020m} = 40000N/m \quad 或者 \quad k = 40kN/m$$

但绝对不能写成 $k = 40N/mm$。

附表 A-2 力学中使用的主要国际单位

量	单 位 名 称	单 位 符 号	用其他国际单位 表示的关系式
密度	千克每立方米	kg/m³	—
能量	焦耳	J	N·m
功	焦耳	J	N·m
频率	赫兹	Hz	s^{-1}
冲量	牛顿秒	N·s	kg·m/s
力矩	牛顿米	N·m	—
功率	瓦特	W	J/s
压力	帕斯卡	Pa	N/m²
应力	帕斯卡	Pa	N/m²
流体体积	升	L	10^{-3} m³

解题的数值精度取决于两条：已知数据的精度和计算精度。解的精度不会超过这两条中精度较低的。例如，已知等截面直杆受到 1000N 的轴向拉力，拉力误差为 ±2.5N，数据的相对测量精度为 $\dfrac{2.5\text{N}}{1000\text{N}} = 0.25\%$。

如果将轴向力除以杆横截面积计算得到横截面上正应力 $\sigma = 23.54\text{kPa}$，就是一个无法保证精度的数据。因为该问题中计算误差至少是 0.25%。无论计算多么准确，答案的误差大小约为 $0.25\% \, \sigma \approx 0.06\text{kPa}$，正确的答案应该是 $\sigma = (23.54 \pm 0.06)\text{kPa}$。

工程实际问题中数据精度一般不超过 0.2%，因此工程问题的答案精度也不超过 0.2%。实践中的规则是用 4 个数字记录以"1"开始的数据，其他情况都用 3 个数字。除非特殊说明，本书总假定给定的数据有这样的精度。例如，65N 的力认为是 65.0N，16N 的力认为是 16.00N。大家普遍使用的计算器提高了计算速度和精度，但是不能因为容易得到就记录那些比正确的精度更多的数字。一定要记住：精度超过 0.2% 在实际工程问题中是很少见的，也是毫无意义的。

附录 B 习题简答

本附录为书中部分习题的简单求解过程，不是完整的解答过程，供同学们了解主要的步骤。完整的解题步骤、过程可参考本书各章节的例题。

第一章

1-1　合力不一定比分力大。

1-2　不能说平衡状态一定静止，因为静止和匀速直线运动都是平衡状态。若一个力系对物体作用后，并不改变物体原有的运动状态，则该力系称为平衡力系。

1-3　一个是两个力作用在同一个物体上，另一个是两个力作用在两个物体上。

1-4　在两个力作用下处于平衡的杆件称为二力杆。二力杆不一定是直杆。

1-5　错。

1-6　作用在刚体上的力的三要素：①力的大小；②力的方向；③力的作用线。

三力平衡汇交定理：当刚体受三个力作用（其中两个力的作用线相交于一点）而处于平衡时，则此三力必在同一平面内，并且它们的作用线汇交于一点。

1-7　不一定。

1-8　在同一个平面。

1-9　力使物体形状发生改变的效应称为力的内效应。力使物体运动状态发生改变的效应称为力的外效应。两个不同的力系，如果它们对同一个物体的作用效应完全相同，则这两个力系是等效的，它们互称等效力系。在研究某些问题时，不计物体形状、大小，只考虑质量并将物体视为一个点，称为质点。刚体：由无穷多个点组成的不变形的几何形体，它在力的作用下保持其形状和大小不变。

1-10　取比例尺如题 1-10 图 a 所示，作力的平行四边形，量得合力 F 的大小为 13.9kN，以及与 F_1 的夹角 $\beta = 8° \sim 9°$。取比例尺如题 1-10 图 b 所示，作力的三角形，量得合力 F 的大小为 13.9kN，以及与 F_1 的夹角 $\beta = 8° \sim 9°$。

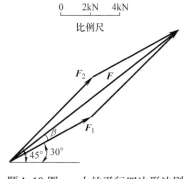

题 1-10 图 a　力的平行四边形法则

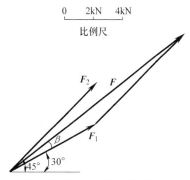

题 1-10 图 b　力的三角形法则

1-11 将力 F_1、F_2 的作用线延长汇交于 O 点，由三力平衡汇交定理可知，力 F_3 的作用线方向必沿 CO，如题 1-11 图所示。

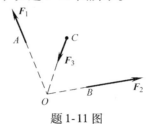

题 1-11 图

1-12 受力图如题 1-12 图所示。

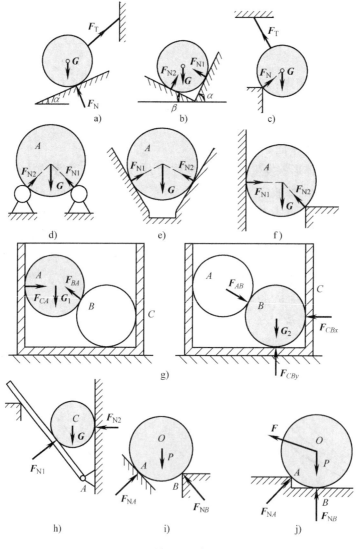

题 1-12 图

1-13　受力图如题 1-13 图所示。

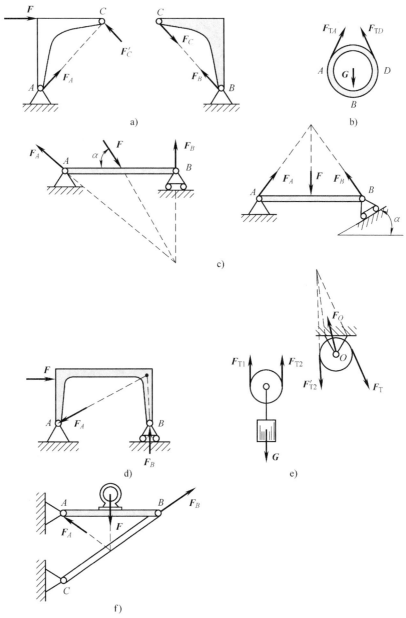

题 1-13 图

1-14　每个物体及整体受力图如题 1-14 图所示。

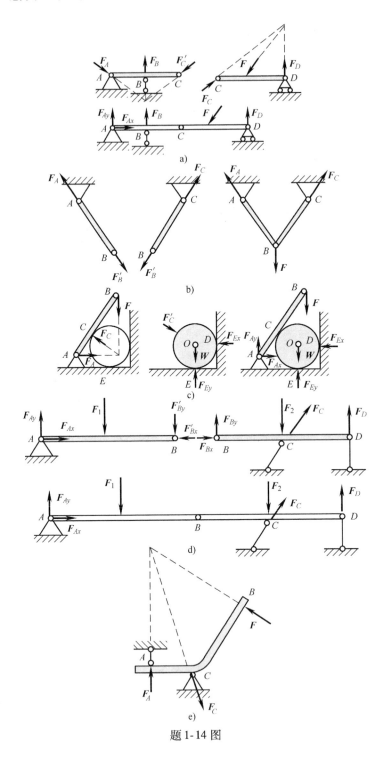

题 1-14 图

1-15　a）F_A方向错误，应该沿 BA 方向。正确的受力分析如题 1-15 图 a 所示；

b）F_{NB}方向错误，应该垂直于 AB 杆；F_{NC}方向错误，也应该垂直于 AB 杆。正确的受力分析如题 1-15 图 b 所示；

c）F_{NA}方向错误，应该垂直于支撑斜面；F_{NB}方向错误，应该从 B 点指向力 F、F_{NA}作用线的交点。正确的受力分析如题 1-15 图 c 所示；

d）F_{NA}方向错误，应该从 A 点指向重力 G、绳拉力 F_{TB} 作用线的交点。F_{TB} 方向错误，只能拉。正确的受力分析如题 1-15 图 d 所示。

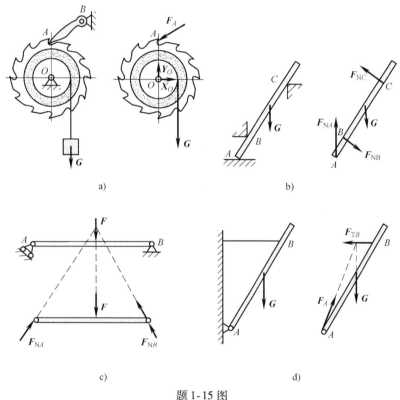

题 1-15 图

1-16　物体 AB 的受力图如题 1-16 图所示。

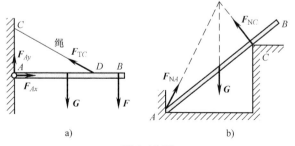

题 1-16 图

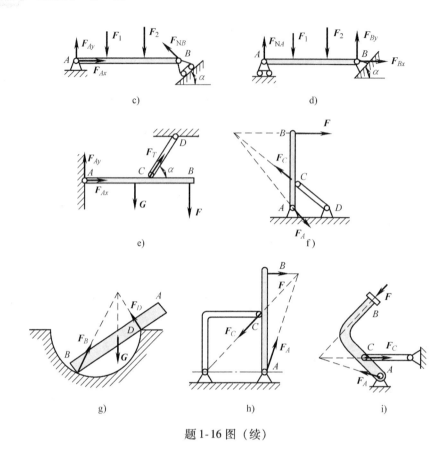

题1-16图（续）

第二章

2-1 OA、OC 代表力 F 的分力大小值，OB、OD 代表力 F 的投影。

2-2 绳拉力等于 $\dfrac{F}{2\sin\alpha}$，A、B 两点相距越远，α 越小，绳拉力越大。

2-3 G 和 F_O 组成的力偶与力偶矩 M 平衡，如题 2-3 图所示。

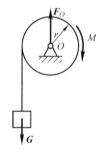

题 2-3 图

*2-4　可能是一个力，即作用线通过 A、B 点的力。该力系不可能是一个力偶。可能平衡，前提是合力矢为零。

2-6　不能。

2-7　解：1）画圆柱受力图，如题 2-7 图所示，其中重物重力 G 竖直向下，斜面约束力 F_{NA}、F_{NB} 分别垂直于各自表面。

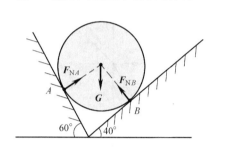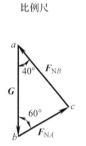

题 2-7 图

2）选比例尺。

3）竖直方向作 ab 代表重力 G，在 a 点作与 ab 夹角为 $40°$ 的射线 ac，在 b 点作与 ab 夹角为 $60°$ 的射线 bc，得到交点 c。则 bc、ca 分别代表 F_{NA} 和 F_{NB}。量得 bc、ca 的长度，得到 $F_{NA} = 6.5\mathrm{kN}$、$F_{NB} = 8.8\mathrm{kN}$。

2-8　解：画受力图如题 2-8 图所示，以 O 为原点建立 xOy 坐标系，由平衡条件得到如下方程：

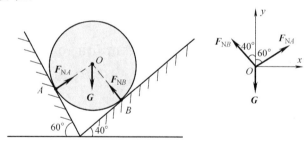

题 2-8 图

$$\sum_{i=1}^{n} F_{ix} = 0, \qquad F_{NA}\sin60° - F_{NB}\sin40° = 0 \qquad (a)$$

$$\sum_{i=1}^{n} F_{iy} = 0, \qquad F_{NA}\cos60° + F_{NB}\cos40° - G = 0 \qquad (b)$$

由式（a）得
$$F_{NB} = F_{NA}\sin60°/\sin40° \qquad (c)$$

将式（c）代入式（b）得 $F_{NA} = \dfrac{G}{\cos60° + \sin60°/\tan40°} = 6.53\text{kN}$，代回式

（c）得 $F_{NB} = 8.79\text{kN}$。

2-9　解：画 A 处光滑铰链销钉受力图如题 2-9 图所示，其中：重物重力 G 竖直向下；AD 绳索拉力 F_{T} 沿 AD 方向，大小等于 G；AB 杆拉力 F_{BA} 沿 AB 方向；AC 杆受压，推力 F_{CA} 沿 CA 方向。

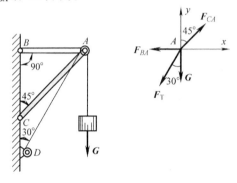

题 2-9 图

以 A 为原点建立 xAy 坐标系，由平衡条件得到如下方程：

$$\sum_{i=1}^{n} F_{ix} = 0, \qquad F_{CA}\sin45° - F_{BA} - F_{T}\sin30° = 0 \qquad (\text{a})$$

$$\sum_{i=1}^{n} F_{iy} = 0, \qquad F_{CA}\cos45° - F_{T}\cos30° - G = 0 \qquad (\text{b})$$

由式（b）得 $F_{CA} = \dfrac{G(\cos30° + 1)}{\cos45°} = 26.4\text{kN}$，代入式（a）得

$$F_{BA} = F_{CA}\sin45° - F_{T}\sin30° = (26.4 \times 0.707 - 10 \times 0.5)\text{kN} = 13.66\text{kN}$$

所以杆 AB 受到的力 $F_{BA} = 13.66\text{kN}$，为拉力；杆 AC 受到的力 $F_{CA} = 26.4\text{kN}$，为压力。

2-10　解：如题 2-10 图所示，画 A 处光滑铰链销钉受力图，其中 AC、AB 为二力杆，A 点受到 F_1、F_{CA}、F_{BA} 三个力作用，F_{CA}、F_{BA} 分别沿 CA 和 BA。

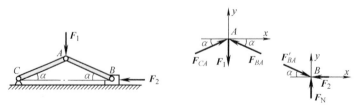

题 2-10 图

再画物块 B 受力图，F_2 水平向左，支撑面约束力 F_N 竖直向上，BA 杆对物块作用力 $F'_{BA} = -F_{BA}$。

以 A 为原点建立 xAy 坐标系，由平衡条件得到如下方程：

$$\sum_{i=1}^{n} F_{ix} = 0, \qquad F_{CA}\cos\alpha - F_{BA}\cos\alpha = 0 \qquad (\text{a})$$

$$\sum_{i=1}^{n} F_{iy} = 0, \qquad F_{CA}\sin\alpha + F_{BA}\sin\alpha - F_1 = 0 \qquad (\text{b})$$

由式（a）得到 $F_{CA} = F_{BA}$，代入式（b）得

$$F_{BA} = \frac{F_1}{2\sin\alpha} \qquad (\text{c})$$

以 B 为原点建立 xBy 坐标系，由 x 方向力平衡条件得到

$$-F_2 + F'_{BA}\cos\alpha = 0 \qquad (\text{d})$$

由式（d）、式（c）得到 $F_2 = F'_{BA}\cos\alpha = \dfrac{F_1}{2\tan\alpha}$，所以增力倍数 $\beta = F_2/F_1 = \dfrac{1}{2\tan\alpha}$。

2-11 解：AB 为二力杆，OA、O_1B 受力如题 2-11 图所示。对 O、O_1 列力矩平衡方程：

$$F \cdot OA\sin30° = M_1, \quad F = 5\text{kN}$$
$$F' \times O_1B = M_2, \quad M_2 = F \times O_1B = 3\text{kN} \cdot \text{m}$$

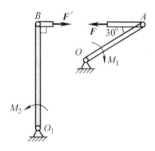

题 2-11 图

2-12 解：画锤头受力图，如题 2-12 图所示。锤头受打击力 $F = 150\text{kN}$，工件的反作用力 F'，两侧导轨对锤头的压力 F_{N1}、F_{N2}。由平衡条件得到 $F_{N1} = F_{N2}$、$F' = F$。

（F_{N1}，F_{N2}）构成一力偶，力偶矩 $M_1 = F_{N1}h$；（F'，F）构成一力偶，力偶矩 $M_2 = Fe$。由平面力偶系平衡条件 $F_{N1} = F_{N2} = Fe/h$，得到锤头加给两侧导轨的压力大小为 $F'_{N1} = F'_{N2} = Fe/h = 10\text{kN}$，方向分别与 F_{N1}、F_{N2} 相反。

2-13 解：取轮子和 AC 为分离体，画轮子和 AC 杆受力图，如题 2-13 图所示，分离体受到：

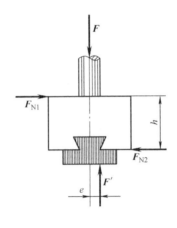

题 2-12 图

机场跑道作用于轮子的约束力 F_{ND}，铅直向上；

A 处受到光滑铰链销钉的作用力 F_{Ax}、F_{Ay}；

BC 杆为二力杆，故分离体 C 点受到 BC 杆作用力 F_{BC} 沿 CB 方向，假设为拉力。

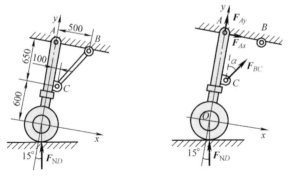

题 2-13 图

由 $\tan\alpha = \dfrac{500-100}{650}$，解得 $\alpha = 31.6°$。由平面一般力系平衡条件得到

$$\sum_{i=1}^{n} F_{ix} = 0, \qquad F_{Ax} + F_{BC}\sin\alpha - F_{ND}\sin15° = 0$$

$$\sum_{i=1}^{n} F_{iy} = 0, \qquad F_{Ay} + F_{BC}\cos\alpha + F_{ND}\cos15° = 0$$

$$\sum_{i=1}^{n} M_O(F_i) = 0, \qquad -F_{Ax} \times (600+650) + F_{BC}\cos\alpha \times 100 - F_{BC}\sin\alpha \times 600 = 0$$

联立上述三式，解得铰链 A 的约束力 $F_{Ax} = -5.57\text{kN}$，$F_{Ay} = -64.4\text{kN}$，BC 杆对 C 点作用力 $F_{BC} = 30.4\text{kN}$。所以铰链 B 的约束力 $F_B = F_{BC} = 30.4\text{kN}$，方向与 F_{BC} 相同。

2-14　解：画拖车受力图，如题 2-14 图所示，拖车受 6 个力的作用：牵引力 F，重力 G，地面法向支撑力 F_{NA}、F_{NB}，摩擦力 F_A、F_B。

由平面一般力系平衡条件得到： $-F_A - F_B + F = 0$，$F_{NA} + F_{NB} - G = 0$，以及

$$\sum_{i=1}^{n} M_A(F_i) = 0, \quad F_{NB} \times (4+4) - G \times 4 - F \times 1.5 = 0$$

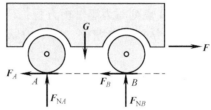

题 2-14 图

联立上述三式，解得 $F_{NB} = 134.4\text{kN}$，$F_{NA} = 115.6\text{kN}$。所以当车辆匀速直线行驶时，车轮 A、B 对地面的正压力分别为 115.6kN、134.4kN。

2-15　解：以整个起重机为研究对象进行受力分析，对满载和空载情况分别考虑。

1）如题 2-15 图所示，满载时作用在起重机上的力有五个，即最大起重量

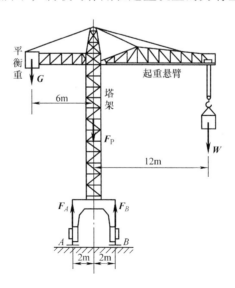

题 2-15 图

W、起重机机身自重 F_P、平衡重 **G** 和轨道支承力 F_A、F_B。这些力构成平面平行力系，不翻倒的临界状态为 $F_A = 0$。

对 B 点列写力矩平衡方程：$G \times 8 + F_P \times 2 - W \times 10 = 0$，解得 $G = 75\text{kN}$。

2）再考虑空载时的情况。这时 $W = 0$，不翻倒的临界状态为 $F_B = 0$。对 A 点列写力矩平衡方程：$G \times 4 - F_P \times 2 = 0$，解得 $G = 350\text{kN}$。

3）$G = 220\text{kN}$，$W = 200\text{kN}$。对 A 点列写力矩平衡方程：$G \times 4 - F_P \times 2 + F_B \times 4 - W \times 14 = 0$，解得 $F_B = 830\text{kN}$。列写竖直方向平衡方程：$-G - F_P + F_A + F_B - W = 0$，解得 $F_A = 290\text{kN}$。

4）$G = 220\text{kN}$，$W = 0$。对 A 点列写力矩平衡方程：$G \times 4 - F_P \times 2 + F_B \times 4 = 0$，解得 $F_B = 130\text{kN}$。列写竖直方向平衡方程：$-G - F_P + F_A + F_B = 0$，解得 $F_A = 790\text{kN}$。

2-16　解：a）按照约束的性质画静定多跨梁 BC 段受力图如题 2-16 图 a 所示，对于 BC 梁由平衡条件得到如下方程：

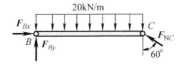

题 2-16 图 a

$$\sum_{i=1}^{n} M_B(\boldsymbol{F}_i) = 0, \quad F_{NC}\cos 60° \times 6\text{m} - \frac{1}{2} \times 20 \times 6^2\text{kN} \cdot \text{m} = 0, F_{NC} = 120\text{kN}$$

$$\sum_{i=1}^{n} F_{ix} = 0, \quad F_{Bx} - F_{NC}\sin 60° = 0, \quad F_{Bx} = F_{NC}\sin 60° = 103.9\text{kN}$$

$$\sum_{i=1}^{n} F_{iy} = 0, \quad F_{By} - 20 \times 6\text{kN} + F_{NC}\cos 60° = 0, \quad F_{By} = 60\text{kN}$$

故支座 C 约束力 $F_{NC} = 120\text{kN}$，方向垂直于支承面；中间铰处 B 的压力 $F_{Bx} = 103.9\text{kN}$，$F_{By} = 60\text{kN}$。

b）按照约束的性质画静定多跨梁 ABC 段、CD 段受力图如题 2-16 图 b 所示，对于 CD 梁由平衡条件得到如下方程：

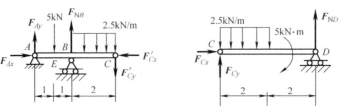

题 2-16 图 b

$$\sum_{i=1}^{n} M_C(\boldsymbol{F}_i) = 0, \quad F_{ND} \times 4\mathrm{m} - 5\mathrm{kN} \cdot \mathrm{m} - \frac{1}{2} \times 2.5 \times 2^2 \mathrm{kN} \cdot \mathrm{m} = 0, \quad F_{ND} = 2.5\mathrm{kN}$$

$$\sum_{i=1}^{n} F_{ix} = 0, \quad F_{Cx} = 0$$

$$\sum_{i=1}^{n} F_{iy} = 0, \quad F_{Cy} - 2.5 \times 2\mathrm{kN} + F_{ND} = 0, \quad F_{Cy} = 2.5\mathrm{kN}$$

由作用和反作用定律得 $F'_{Cx} = F_{Cx} = 0$，$F'_{Cy} = F_{Cy} = 2.5\mathrm{kN}$。对于 ABC 梁列平衡方程：

$$\sum_{i=1}^{n} F_{ix} = 0, \quad F_{Ax} = F'_{Cx} = 0$$

$$\sum_{i=1}^{n} M_A(\boldsymbol{F}_i) = 0, \quad -5 \times 1\mathrm{kN} \cdot \mathrm{m} + F_{NB} \times AB - (2.5\mathrm{kN/m} \times BC) \times \left(AB + \frac{BC}{2}\right)$$
$$- F'_{Cy} \times AC = 0 \quad F_{NB} = 15\mathrm{kN}$$

$$\sum_{i=1}^{n} F_{iy} = 0, \quad F_{Ay} - 5\mathrm{kN} + F_{NB} - 2.5 \times 2\mathrm{kN} - F'_{Cy} = 0, \quad F_{Ay} = -2.5\mathrm{kN}$$

所以支座 A、B、D 的约束力和中间铰 C 处的压力分别为

$F_{Ax} = 0$, $F_{Ay} = -2.5\mathrm{kN}$；$F_{NB} = 15\mathrm{kN}$；$F_{ND} = 2.5\mathrm{kN}$；$F_{Cx} = 0$, $F_{Cy} = 2.5\mathrm{kN}$

2-17　a) $F_B = F_C = 0$　b) $F_B = F_C = qd$　c) $F_B = 0.75qd$, $F_C = 0.25qd$
　　　d) $F_B = F_C = 0.5M/d$　e) $F_B = F_C = 0$

2-18　解：画静定刚架整体受力图如题 2-18 图所示，对 A 点列写力矩平衡方程：$F_{By} \times 10\mathrm{m} - 50\mathrm{kN} \times 5\mathrm{m} - (20\mathrm{kN/m} \times 5\mathrm{m}) \times 7.5\mathrm{m} = 0$，得到 $F_{By} = 100\mathrm{kN}$。

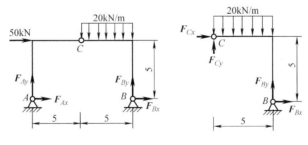

题 2-18 图

刚架右半部分 BC，由平衡条件 $\sum_{i=1}^{n} M_C(\boldsymbol{F}_i) = 0$ 得到 $F_{Bx} \times 5\mathrm{m} + F_{By} \times 5\mathrm{m} - \frac{1}{2} \times 20 \times 5^2 \mathrm{kN} \cdot \mathrm{m} = 0$，解得 $F_{Bx} = -50\mathrm{kN}$。由 x、y 方向力平衡，得到 $F_{Cx} = -F_{Bx} = 50\mathrm{kN}$，$F_{Cy} = 0$。

再考虑整体框架 ABC，由 x、y 方向力平衡，得到 A 支座约束力为 $F_{Ax}=0$，$F_{Ay}=0$。

2-19 解：如题 2-19 图所示，AB 杆为二力杆，画滑块 B、曲柄 OA 受力图，$\boldsymbol{F}_{AB}$、$\boldsymbol{F}_{BA}$ 作用线沿 AB 连线，对于曲柄而言，受到力偶 M 作用，只有轴承 O 的约束力 $\boldsymbol{F}_O$ 和 $\boldsymbol{F}_{BA}$ 构成力偶，才能平衡 M 的作用，故 $\boldsymbol{F}_O$ 平行于 AB 连线且与 $\boldsymbol{F}_{BA}$ 反向。

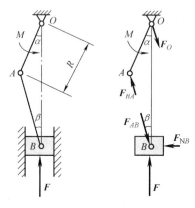

题 2-19 图

对滑块 B：$\displaystyle\sum_{i=1}^{n} F_{iy} = 0$，得到 $F_{AB} = F/\cos\beta$；$\displaystyle\sum_{i=1}^{n} F_{ix} = 0$，得到 $F_{NB} = F\tan\beta = 17.6\mathrm{kN}$。

因为 $F_{BA} = F_{AB}$，故由 $F_O = F_{BA}$ 得到 $F_O = F_{AB} = F/\cos\beta = 315\mathrm{kN}$。

将 $\boldsymbol{F}_O$ 分解为 $F_{Ox} = F_O\sin\beta = 17.6\mathrm{kN}$，$F_{Oy} = -F_O\cos\beta = -314\mathrm{kN}$。

由曲柄 OA 力矩平衡条件得到方程 $M - F_O \times OA\sin(\alpha + \beta) = 0$，解得 $M = F_O \times OA\sin(\alpha + \beta) = 315 \times 0.23 \times \sin23.2°\mathrm{kN \cdot m} = 28.5\mathrm{kN \cdot m}$。

2-20 解：画整个折梯受力图如题 2-20 图所示，折梯受到平面平行力系的作用，由对称性可知，$F_{NA} = F_{NB} = G/2$。

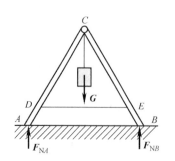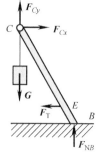

题 2-20 图

取折梯右半部分 BC 及重物为分离体，受力图如图所示，AC 作用于销钉 C 的力为 $\boldsymbol{F}_{Cx}$、$\boldsymbol{F}_{Cy}$，绳子拉力 $\boldsymbol{F}_{\mathrm{T}}$ 水平向左。由平衡条件得到如下方程：

$$\sum_{i=1}^{n} M_C(\boldsymbol{F}_i) = 0, \qquad F_{NB} \times \frac{AB}{2} - F_{\mathrm{T}} \times CE\cos 30° = 0, \quad F_{\mathrm{T}} = 0.333\mathrm{kN}$$

$$\sum_{i=1}^{n} F_{ix} = 0, \qquad F_{Cx} = F_{\mathrm{T}} = 0.333\mathrm{kN}$$

$$\sum_{i=1}^{n} F_{iy} = 0, \qquad F_{Cy} - G + F_{NB} = 0, \quad F_{Cy} = 0.433\mathrm{kN}$$

2-21　解：起重机受到平面平行力系作用，受力图如题 2-21 图 b 所示。

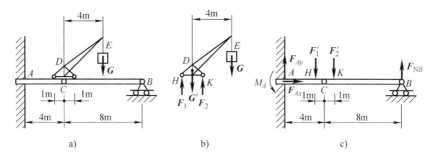

题 2-21 图

$$\sum_{i=1}^{n} M_H(\boldsymbol{F}_i) = 0, \qquad F_2 \times HK - G' \times 1 - G \times (1+4) = 0, \quad F_2 = 50\mathrm{kN}$$

$$\sum_{i=1}^{n} F_{iy} = 0, \qquad F_1 - G' + F_2 - G = 0, \quad F_1 = 10\mathrm{kN}$$

画 ACB 梁受力图，如题 2-21 图 c 所示，由作用和反作用定律可知 $F_1' = F_1 = 10\mathrm{kN}$，$F_2' = F_2 = 50\mathrm{kN}$。取 CB 梁为研究对象，由 $\sum\limits_{i=1}^{n} M_C(\boldsymbol{F}_i) = 0$，得 $-F_2' \times 1 + F_{NB} \times 8 = 0$，$F_{NB} = 6.25\mathrm{kN}$。

取 ACB 梁为研究对象，由 x、y 方向力平衡，得 $F_{Ax} = 0$，$F_{Ay} - F_1' - F_2' + F_{NB} = 0$，$F_{Ay} = 53.8\mathrm{kN}$。

取 AC 梁为研究对象，由 $\sum\limits_{i=1}^{n} M_C(\boldsymbol{F}_i) = 0$，得 $M_A - F_{Ay} \times 4 + F_1' \times 1 = 0$，$M_A = 205\mathrm{kN \cdot m}$。

2-22　解：a）如题 2-22 图所示，由 A 点力平衡，得到 $F_1 = F_3 = F/\sqrt{2}$。由 D 点力平衡，得到 $F_2 = -\sqrt{2}F_3' = -F$。

b）由 D 点力平衡，得到 $F_3' = 0$。由 A 点力平衡，得到 $F_1 = F_3 = 0$，$F_2 = F$。

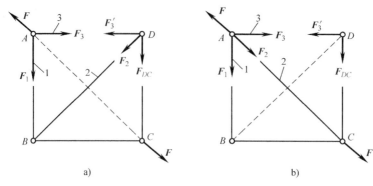

题 2-22 图

2-23 解：a）如题 2-23 图 a 所示，整个桁架对 A 点取力矩平衡，得到 $F_B = F$。由 B 点 x 方向力平衡，得到 $F_5 = 0$；由 B 点 y 方向力平衡，得到 $F_3 = -F_B = -F$。由 $F'_5 = 0$ 和 C 点力平衡，得到 $F_1 = 0$，$F_2 = -F$。由 D 点力平衡，得到 $F_4 = \sqrt{2} F$。

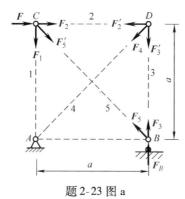

题 2-23 图 a

b）$\alpha = \arctan \dfrac{a/2}{a} = 25.6°$，作 A、B、C、D、E 各节点受各杆拉力图如题 2-23 图 b 所示，对各杆均假设为拉力，从只含两个未知力的节点开始，逐次列出 D、C、E 各节点的平衡方程，求出各杆内力。

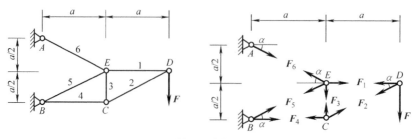

题 2-23 图 b

节点 D: $\sum_{i=1}^{n} F_{iy} = 0$, $F_2 = -F/\sin\alpha = -2.24F$(压)

$$\sum_{i=1}^{n} F_{ix} = 0, \ -F_1 - F_2\cos\alpha = 0, F_1 = 2F$$

节点 C: $\sum_{i=1}^{n} F_{ix} = 0$, $-F_4 + F_2\cos\alpha = 0$, $F_4 = F_2\cos\alpha = -2F$(压)

$$\sum_{i=1}^{n} F_{iy} = 0, \ F_2\sin\alpha + F_3 = 0, \ F_3 = -F_2\sin\alpha = F$$

节点 E: $\sum_{i=1}^{n} F_{ix} = 0$, $F_1 - F_5\cos\alpha - F_6\cos\alpha = 0$ （a）

$$\sum_{i=1}^{n} F_{iy} = 0, \ F_6\sin\alpha - F_5\sin\alpha - F_3 = 0 \quad （b）$$

联立式（a）、式（b），解得 $F_5 = 0$, $F_6 = 2.24F$。

2-24　解: a）先求支座约束力，以整体桁架为研究对象，如题 2-24 图 a 所示，由 $\sum_{i=1}^{n} M_A(\boldsymbol{F}_i) = 0$ 得到 $-30\text{kN} \times 3\text{m} - 20\text{kN} \times (3\text{m} + 4\text{m}) - 20\text{kN} \times 3\text{m} + F_B \times (3\text{m} + 4\text{m} + 3\text{m}) = 0$，解得 $F_B = 29\text{kN}$。由 $\sum_{i=1}^{n} F_{iy} = 0$ 得到 $F_{Ay} = 21\text{kN}$。由 x 方向合力为 0，得到 $F_{Ax} = -20\text{kN}$。

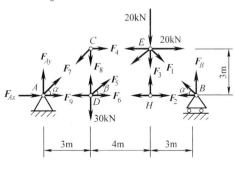

题 2-24 图 a

$\alpha = \arctan\dfrac{3}{3} = 45°$, $\beta = \arctan\dfrac{3}{4} = 36.9°$。作各节点受力图，从只含两个未知力的节点开始，逐次列出各节点的平衡方程，求出各杆内力。

节点 A: $\sum_{i=1}^{n} F_{iy} = 0$, $F_{Ay} + F_7\sin\alpha = 0$, $F_7 = -F_{Ay}/\sin\alpha = -29.7\text{kN}$(压)

$$\sum_{i=1}^{n} F_{ix} = 0, \ F_{Ax} + F_7\cos\alpha + F_9 = 0, \ F_9 = 41\text{kN}$$

节点 C：$\sum_{i=1}^{n} F_{ix} = 0$，$F_4 - F_7\cos\alpha = 0$，$F_4 = F_7\cos\alpha = -21\text{kN}（压）$

$$\sum_{i=1}^{n} F_{iy} = 0，-F_7\sin\alpha - F_8 = 0，F_8 = -F_7\sin\alpha = 21\text{kN}$$

节点 D：$\sum_{i=1}^{n} F_{iy} = 0$，$F_8 + F_5\sin\beta - 30\text{kN} = 0$，$F_5 = 15\text{kN}$

$$\sum_{i=1}^{n} F_{ix} = 0，F_5\cos\beta + F_6 - F_9 = 0，F_6 = 29\text{kN}$$

节点 H：$\sum_{i=1}^{n} F_{iy} = 0$，$F_3 = 0$；$\sum_{i=1}^{n} F_{ix} = 0$，$F_2 = F_6 = 29\text{kN}$

节点 B：$\sum_{i=1}^{n} F_{ix} = 0$，$-F_2 - F_1\cos\alpha = 0$，$F_1 = -F_2/\cos\alpha = -41\text{kN}$

$\sum_{i=1}^{n} F_{iy} = 0$ 以及节点 E 的平衡方程可用来校核计算结果的正确性。

b）作 C、F、G、D、E 节点受各杆拉力图如题 2-24 图 b 所示，从只含两个未知力的节点开始求解。

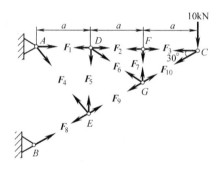

题 2-24 图 b

C 节点求得 $F_{10} = -20\text{kN}$，$F_3 = 17.32\text{kN}$；

F 节点求得 $F_7 = 0$，$F_2 = 17.32\text{kN}$；

G 节点求得 $F_6 = 0$，$F_9 = -20\text{kN}$；

D 节点求得 $F_5 = 0$，$F_1 = 17.32\text{kN}$；

E 节点求得 $F_4 = 0$，$F_8 = -20\text{kN}$。

2-25 解：作 A、B、C 节点受各杆拉力图如题 2-25 图所示，从只含两个未知力的节点开始求解。

A 节点求得 $F_1 = 2G$，$F_2 = -1.732G$；B 节点求得 $F_3 = G$，$F_6 = -1.732G$；C 节点求得 $F_5 = -G$，$F_4 = 3G$。

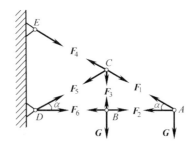

题 2-25 图

2-26　解：先求支座约束力。设各杆长度为 a，以整体桁架为研究对象，由

$$\sum_{i=1}^{n} M_A(\boldsymbol{F}_i) = 0 \text{ 得到}$$

$$-2F \times 1.5a - F \times 2.5a + F_B \times 4a = 0, \ F_B = 1.375F$$

由 $\sum_{i=1}^{n} F_{iy} = 0$ 得到

$$F_A - 2F - F + F_B = 0, \ F_A = 1.625F$$

用假想截面将桁架截开，取左半部分，受力图如题 2-26 图 b 所示，由平衡条件得到

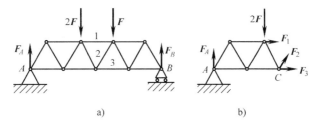

a)　　　　　　　　　　　b)

题 2-26 图

$$\sum_{i=1}^{n} M_C(\boldsymbol{F}_i) = 0, \ -F_A \times 2a + 2F \times 0.5a - F_1 \times a\sin 60° = 0, \ F_1 = -2.6F$$

$$\sum_{i=1}^{n} F_{iy} = 0, \ F_A - 2F + F_2\sin 60° = 0, \ F_2 = -(F_A - 2F)/\sin 60° = 0.433F$$

$$\sum_{i=1}^{n} F_{ix} = 0, \ F_3 + F_2\cos 60° + F_1 = 0, \ F_3 = -F_2\cos 60° - F_1 = 2.38F$$

2-27　解：如题 2-27 图所示。G 节点平衡方程求得 $F_{GE} = 0$，$F_{GH} = -F$；H 节点求得 $F_{EH} = 1.414F$，$F_{HK} = -F$；E 节点求得 $F_1 = -F$，$F_{EC} = F$；K 节点 x 方向力平衡得 $F_2 = 1.414F$；C 节点 y 方向力平衡得 $F_3 = 2F$。

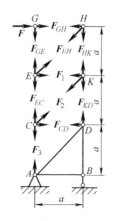

题2-27图

2-28 解：如题2-28图所示，H节点平衡方程求得$F_1 = F_{HB} = 0$。

以整体桁架为研究对象，x方向力平衡得$F_{Ax} = 0$；对B点取力矩平衡：
$-F_{Ay} \times 3a + F \times a = 0$，得$F_{Ay} = F/3$。

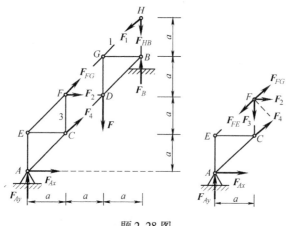

题2-28图

用截面法将2杆、4杆、FG杆截开，取左边部分：

$$\sum M_F(\boldsymbol{F}_i) = 0, \quad -F_{Ay} \times a + F_4 \times \frac{\sqrt{2}}{2}a = 0, \quad 得 F_4 = \frac{\sqrt{2}F}{3} = 0.471F$$

$$\sum F_{ix} = 0, \quad F_4\cos 45° + F_2 + F_{FG}\cos 45° = 0$$

$$\sum F_{iy} = 0, \quad F_{Ay} + F_4\sin 45° + F_{FG}\sin 45° = 0$$

解得$F_2 = \dfrac{F}{3}$，$F_{FG} = \dfrac{-2\sqrt{2}}{3}F = -0.943F$。

画节点F受力图，由EF的垂线方向合力为0，得$F_3 = -F_2 = -0.333F$。

第三章

3-1 动摩擦因数小于等于最大静摩擦因数。

3-2 在不超过最大静摩擦力的情况下，静摩擦力的值可以随主动力变化而变化，与可能产生运动的方向上的力平衡。

3-3 法向约束力和切向约束力的合力称为全约束力，全约束力与法线间夹角的最大值φ_f称为摩擦角。若作用在物块上的全部主动力的合力的作用线在摩擦角φ_f（或摩擦锥）之内，则无论这个力有多大，物块必保持静止，这种现象称为自锁现象。

3-4 增大滑动摩擦力：a）使接触面更粗糙，d）法向压力加大。减小滑动摩擦力：b）加润滑油。

3-5 正压力$F_N = mg + F_P \cos 25° = mg(1 + \cos 25°)$，驱动力$F = F_P \sin 25°$，最大静摩擦力$F_{max} = mg(1 + \cos 25°)\tan 20°$。驱动力小于最大静摩擦力，所以物块不动。

3-6 自行车、摩托车、汽车减小滚动摩阻力偶矩的方法是轮胎充足气，使路面坚硬。火车减小滚动摩阻力偶矩的方法是采用钢制车轮与铁轨接触方式。

3-7 平带能产生的最大摩擦力$Ff_s = 300N$。当V带传递最大拉力时，如题3-7图所示，斜面的摩擦力垂直于纸面方向$\beta = 0$，斜面的正压力最大（其他情况下，有摩擦力分量沿着斜面向上），单个斜面最大正压力为$\dfrac{F}{2} \Big/ \sin\dfrac{\alpha}{2} = 2.19\text{kN}$，两个斜面产生的最大摩擦力为$2 \times 2.19\text{kN} \times f_s = 876N$。

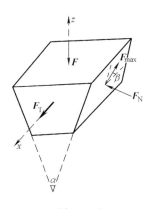

题3-7图

3-8 最大静摩擦力为$F_N f_s = 400N$，物体所受的摩擦力等于$mg = 294N$。

3-9 下滑力和滑动摩擦力组成力偶，力偶矩为$mg\sin\alpha \times \dfrac{150\text{mm}}{2}$，滚动摩阻

力矩为 $mg\cos\alpha\delta$，滚动摩阻系数 $\delta = 1.35\text{mm}$。

3-10 画棒料受力图如题 3-10 图所示，由平面一般力系平衡条件得到：

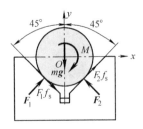

题 3-10 图

$$\sum_{i=1}^n F_{ix} = 0, \quad F_1\cos 45° + F_1 f_s\cos 45° - F_2\cos 45° + F_2 f_s\cos 45° = 0$$

$$\sum_{i=1}^n F_{iy} = 0, \quad F_1\sin 45° - F_1 f_s\sin 45° + F_2\sin 45° + F_2 f_s\sin 45° - mg = 0$$

$$\sum_{i=1}^n M_O(F_i) = 0, \quad F_1 f_s \cdot \frac{D}{2} + F_2 f_s \cdot \frac{D}{2} - M = 0$$

联立上述三式，解得静摩擦因数 $f_s = 0.228$。

3-11 如题 3-11 图所示，画物块 A 的受力图。抽出铁板 B 时，铁板对重物 A 的摩擦力 $F_{BA} = f_2 F_{NB}$，由 x、y 方向力平衡条件得到 $F_{BA} - F_T\cos 30° = 0$，$F_T\sin 30° - 5\text{kN} + F_{NB} = 0$。联立以上三式求得 $F_{NB} = 3.46F_T$，$F_T = 1.26\text{kN}$，$F_{NB} = 4.36\text{kN}$，$F_{BA} = 1.09\text{kN}$。

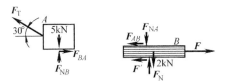

题 3-11 图

如题 3-11 图所示，画物块 B 的受力图，由作用和反作用定律可知 $F_{AB} = F_{BA}$，$F_{NB} = F_{NA}$。抽出铁板 B 时，地面对铁板的摩擦力 $F' = f_1 F_N = 0.2 F_N$，联立 x、y 方向力平衡条件得到 $F - F_{AB} - F' = 0$，$F_N - F_{NA} - 2\text{kN} = 0$，求得 $F_N = 6.36\text{kN}$。抽出铁板 B 所需的最小值力 F 为 2.36kN。

3-12 取制动轮和重物为分离体画受力图如题 3-12 图所示，由 $\sum_{i=1}^n M_O(F_i) = 0$ 得到 $-F_1 R + Gr = 0$，即 $F_1 = Gr/R = 0.6\text{kN}$。临界状态时摩擦力 $F_1 = f_s F_N$，即

$$F_N = F_1/f_s = \frac{Gr}{f_s R} = 1.5\text{kN}。$$

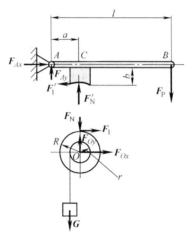

题 3-12 图

讨论手柄，由作用和反作用定律可知：$F'_1 = F_1$，$F'_N = F_N$。由 $\sum_{i=1}^{n} M_A(F_i) = 0$ 得到 $-F_P l - F'_1 b + F'_N a = 0$，将 F'_1、F'_N 以及 l、a、b 的数值代入上式，得到 $F_P = 280\text{N}$。

3-13　木头法向约束力 F_N 和切向摩擦力 F 的合力为全约束力，如题 3-13 图所示，全约束力为水平，斧头就可以自锁，即全约束力与法线间夹角的最大值（摩擦角）$\varphi_f = 8°$，静摩擦因数 $f_s = \tan 8° = 0.141$。

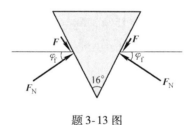

题 3-13 图

3-14　画偏心轮受力图如题 3-14 图所示，偏心轮受到杠杆作用力 F'、台面正压力 F_N 和摩擦力 F。

当台面正压力 F_N 和摩擦力 F 的合力与 F' 共线时，夹紧工件后不会自动松开，即 $\dfrac{F}{F_N} = \dfrac{e}{r}$，摩擦力 F 应当满足 $F \leqslant f_s F_N$，联立求得 $e \leqslant f_s r$。

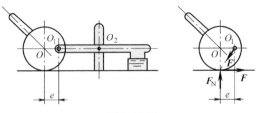

题 3-14 图

第四章

4-1 1）5个；2）3个。

4-2 相同。

4-3 均质物体的重心和形心重合，密度变化的非均质物体的重心和形心不重合。

4-4 发生变化。

4-5 不一定。例如，将题4-5图中物体沿着过重心 C 的平面切开，两边不等重。

题 4-5 图

4-6 $F_1 = i + k$，$F_2 = i$，$F_3 = i + 1.2j + k$，单位为 kN。合力 $F_R = 3i + 1.2j + 2k$，大小为 $\sqrt{3^2 + 1.2^2 + 2^2} = 3.8$，与 x 轴夹角 $\alpha = \arccos\dfrac{3}{3.8} = 37.9°$，与 y 轴夹角 $\beta = \arccos\dfrac{1.2}{3.8} = 71.6°$，与 z 轴夹角 $\gamma = \arccos\dfrac{2}{3.8} = 58.2°$。

4-7 $F_1 = -F_1\cos 15°j - F_1\sin 15°k$，$F_2 = -F_2\cos 45°i - F_2\sin 45°\cos 30°j - F_2\sin 45°\sin 30°k$，$F_3 = F_3\cos 45°i - F_3\sin 45°\cos 30°j - F_3\sin 45°\sin 30°k$。

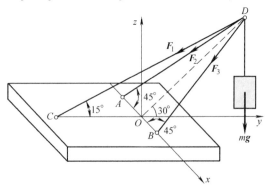

题 4-7 图

节点 D ： $\sum\limits_{i=1}^{n} F_{ix} = 0$ ， $-F_2\cos 45° + F_3\cos 45° = 0$ ，得　　 $F_2 = F_3$

$\sum\limits_{i=1}^{n} F_{iy} = 0$ ， $-F_1\cos 15° - (F_2 + F_3)\sin 45°\cos 30° = 0$ ，得 $F_1 = -1.268 F_3$

$\sum\limits_{i=1}^{n} F_{iz} = 0$ ， $-F_1\sin 15° - (F_2 + F_3)\sin 45°\sin 30° - mg = 0$ ，得

$$F_2 = F_3 = -20.7\text{kN}(压力)，F_1 = 26.2\text{kN}(拉力)$$

如题 4-7 图所示。

4-8　 $M_1 = -3 \times 12i$ ， $M_2 = 4 \times 12k$ ， $M_3 = 5 \times 10k$ 。合力偶 $M = -36i + 98k$ ，

大小为 $\sqrt{(-36)^2 + 0^2 + 98^2}\text{kN}\cdot\text{m} = 104.4\text{kN}\cdot\text{m}$ ，与 x 轴夹角 $\alpha = \arccos\dfrac{-36}{104.4} =$

$110°$ ，与 y 轴夹角 $\beta = \arccos\dfrac{0}{104.4} = 90°$ ，与 z 轴夹角 $\gamma = \arccos\dfrac{98}{104.4} = 20.2°$ 。

4-9　 $M_1 = 2k$ ， $M_2 = -k$ ， $M_3 = -1.5i$ 。合力偶 $M = -1.5i + k$ ，大小为

$\sqrt{(-1.5)^2 + 0^2 + 1^2}\text{kN}\cdot\text{m} = 1.803\text{kN}\cdot\text{m}$ ，与 x 轴夹角 $\alpha = \arccos\dfrac{-1.5}{1.803} =$

$146.3°$ ，与 y 轴夹角 $\beta = \arccos\dfrac{0}{1.803} = 90°$ ，与 z 轴夹角 $\gamma = \arccos\dfrac{1}{1.803} = 56.3°$ 。

4-10　 $M_1 = 100i$ ， $M_2 = 100i + 100k$ ， $M_3 = 100k$ ， $M_4 = 200j$ 。合力偶 $M =$

$200i + 200j + 200k$ ，大小为 $\sqrt{200^2 + 200^2 + 200^2}\text{N}\cdot\text{m} = 346\text{N}\cdot\text{m}$ ，与 x 、 y 、 z 轴

夹角 $\alpha = \beta = \gamma = \arccos\dfrac{200}{346} = 54.7°$ 。

4-11　 $M_1 = 15 \times 5j$ ，即 $75\text{kN}\cdot\text{m}$ 。 $M_2 = -20\cos 45° \times 10i$ ，即 $141.4\text{kN}\cdot\text{m}$ ，

沿 x 反向。

4-12　悬臂架受平面任意力系作用，画受力图如题 4-12 图所示，由 $\sum\limits_{i=1}^{n} F_{iy} = 0$ ，

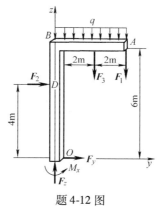

题 4-12 图

得 $F_y = -6\text{kN}$；由 $\sum\limits_{i=1}^{n} F_{iz} = 0$，得 $F_z = 50\text{kN}$；由 $\sum\limits_{i=1}^{n} M_O(\boldsymbol{F}_i) = 0$，$M_x - F_2 \times 4\text{m} -$

$F_3 \times 2\text{m} - F_1 \times 4\text{m} - q \times 4\text{m} \times 2\text{m} = 0$，得 $M_x = 144\text{kN} \cdot \text{m}$。

4-13 如题 4-13 图所示，半圆 EAB，面积 $A_1 = 0.5\pi a^2$，重心 $C_1\left(-\dfrac{4a}{3\pi},\ 0\right)$；

长方形 $EBCD$，面积 $A_2 = 6a^2$，重心 $C_2(1.5a, 0)$；圆孔面积 $A_3 = -0.25\pi a^2$，重

心 $C_3(0, 0)$；均质板面积 $A = (6 + 0.25\pi)a^2$，重心坐标：$x_C = \dfrac{\sum\limits_{i=1}^{3} A_i x_i}{A} = 1.23a$，

$y_C = \dfrac{\sum\limits_{i=1}^{3} A_i y_i}{A} = 0$。

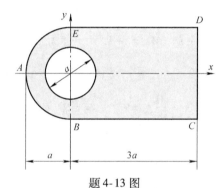

题 4-13 图

4-14 如题 4-14 图所示，AB 线长度 $L_1 = 32\text{cm}$，重心 $C_1(13.86, 12)$；半圆

BD 长度 $L_2 = \pi \times 20\text{cm}$，重心 $C_2\left(-\dfrac{40}{\pi},\ 0\right)$；金属线重心坐标：$x_C = \dfrac{\sum\limits_{i=1}^{2} L_i x_i}{L_1 + L_2} =$

-3.76cm，$y_C = \dfrac{\sum\limits_{i=1}^{2} L_i y_i}{L_1 + L_2} = 4.05\text{cm}$。

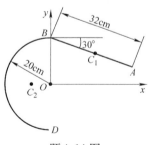

题 4-14 图

4-15 解：如题 4-15 图所示，机床受到平面平行力系的作用，包括：地面支撑力 F_N，重力 G，秤在 A 点垂直向上的作用力 F。令 $\angle CBA = \alpha$，在坐标系 xBy 中，机床重心 $C(BC \times \cos\alpha, BC \times \sin\alpha)$。

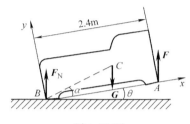

题 4-15 图

由 $\sum\limits_{i=1}^{n} M_B(F_i) = 0$ 得到 $\quad F_1 \times 2.4 \times \cos\theta_1 - G \times BC \times \cos(\alpha + \theta_1) = 0$

$$F_2 \times 2.4 \times \cos\theta_2 - G \times BC \times \cos(\alpha + \theta_2) = 0$$

即 $21 \times 2.4\text{m} = 30 \times (x_C - y_C \times 0)$，$18 \times 2.4\text{m} \times \cos 20° = 30 \times (x_C \cos 20° - y_C \sin 20°)$。求解得到 $x_C = 1.68\text{m}$，$y_C = 0.66\text{m}$。

4-16 解：对 7 根相同材料的匀质等截面杆进行编号，如题 4-16 图所示。在 xOy 坐标系下各杆重心坐标如下表所示（单位为 m）。

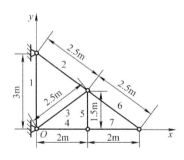

题 4-16 图

杆号	1	2	3	4	5	6	7
x_{iC}	0	1	1	1	2	3	3
y_{iC}	1.5	2.25	0.75	0	0.75	0.75	0
长度 l_i	3	2.5	2.5	2	1.5	2.5	2

7 根杆总长度 $\sum\limits_{i=1}^{7} l_i = (3 + 2.5 + 2.5 + 2 + 1.5 + 2.5 + 2)\text{m} = 16\text{m}$。桁架重心位置坐标：

$$x_C = \frac{\sum\limits_{i=1}^{7} x_{iC} l_i}{\sum\limits_{i=1}^{7} l_i} = \frac{0 \times 3 + 1 \times 2.5 + 1 \times 2.5 + 1 \times 2 + 2 \times 1.5 + 3 \times 2.5 + 3 \times 2}{16} \text{m} = 1.47\text{m}$$

$$y_C = \frac{\sum\limits_{i=1}^{7} y_{iC} l_i}{\sum\limits_{i=1}^{7} l_i} = \frac{1.5 \times 3 + 2.25 \times 2.5 + 0.75 \times 2.5 + 0 \times 2 + 0.75 \times 1.5 + 0.75 \times 2.5 + 0 \times 2}{16} \text{m} = 0.94\text{m}$$

第五章

5-1 在匀速率运动中，点的切向加速度等于零。在直线运动中，点的法向加速度等于零。在匀速直线运动中，两者都等于零。

5-2 $a_t = 0$，全加速度 $a = \sqrt{a_t^2 + a_n^2}$，全加速度 a 与法向加速度大小相等、方向相同。

5-3 （1）质点做匀速圆周运动时的加速度指向圆心，质点做变速圆周运动时的加速度不指向圆心。

（2）匀速圆周运动的加速度大小不变，方向始终变化；

（3）切向加速度为 0，法向加速度大小不变、方向始终指向固定点的运动才是圆周运动；

（4）正确。

5-4 （1）可能；（2）可能，例如匀速圆周运动；（3）不可能；（4）可能；（5）可能。

5-5 （1）不对；（2）不对；（3）有，例如匀速圆周运动；（4）不一定，例如匀加速圆周运动；（5）不一定，有切向加速度的圆周运动，加速度的方向不指向圆心；（6）对；（7）对；（8）不对。

5-6 火箭的运动方程 $y = l \cdot \tan kt$，$v_y = kl \cdot \sec^2 kt$，$a_y = 2k^2 l \cdot \tan kt \cdot \sec^2 kt$。$\theta = \frac{\pi}{6}$，$v_y = \frac{4}{3} kl$，$a_y = \frac{8\sqrt{3}}{9} k^2 l$；$\theta = \frac{\pi}{3}$，$v_y = 4kl$，$a_y = 8\sqrt{3} k^2 l$。

5-7 直角坐标系：$x_M = R(1 + \cos 2\omega t)$，$y_M = R\sin 2\omega t$；$v_x = \dot{x}_M = -2R\omega \sin 2\omega t$，$v_y = \dot{y}_M = 2R\omega \cos 2\omega t$；$a_x = \ddot{x}_M = -4R\omega^2 \cos 2\omega t$，$a_y = \ddot{y}_M = -4R\omega^2 \sin 2\omega t$。

自然坐标系：$s = 2R\omega t$，$v = 2R\omega$，$a_t = 0$，$a_n = 4R\omega^2$。

5-8 $v_M = \dot{s} = 0.4t$，$a_M = \ddot{s} = 0.4$。$t = 1.5\text{s}$，鼓轮 A 点，$a_A^t = 0.4\text{m/s}^2$，$a_A^n = $

$\dfrac{v_M^2}{R} = 1.44\text{m/s}^2$，$a_A = 1.495\text{m/s}^2$，$\theta = 15.5°$。重物 M，$v_M = 0.6\text{m/s}$，$a_M = 0.4\text{m/s}^2$，竖直向下。

5-9　不计顶杆滚子半径，$y_A = OA = DC + CE = e\sin\omega t + \sqrt{R^2 - (e\cos\omega t)^2}$，速度 $v = \dot{y}_A = e\omega\left[\cos\omega t + \dfrac{e\sin 2\omega t}{2\sqrt{R^2 - (e\cos\omega t)^2}}\right]$。

5-10　$x_A = x_B + l\sin\varphi = s + l\sin\omega t = 1.5 + 2\sin\omega t$，$y_A = -l\cos\varphi = -\cos\omega t$。消去参数 t，得到 A 点的运动轨迹方程：$\dfrac{(x_A - 1.5)^2}{4} + y_A^2 = 1$。

5-11　O_1 点横坐标 $x = 2R\cos\varphi = 0.8\cos 2t$，$\dot{x} = -1.6\sin 2t$，$\ddot{x} = -3.2\cos 2t$。当 $\varphi = 2t = 30°$ 时，$v = \dot{x} = -0.8\text{m/s}$，$a = \ddot{x} = -2.77\text{m/s}^2$。

5-12　消去参数 t，得到点的运动轨迹方程：$y = 50 - 0.05x^2$。曲率半径 $\rho = \left|\dfrac{\left[1 + \left(\dfrac{\mathrm{d}y}{\mathrm{d}x}\right)^2\right]^{1.5}}{\dfrac{\mathrm{d}^2 y}{\mathrm{d}x^2}}\right| = \dfrac{(1 + 0.01x^2)^{1.5}}{0.1} = \dfrac{(1 + t^2)^{1.5}}{0.1}$，速率 $v = \sqrt{\dot{x}^2 + \dot{y}^2} = 10\sqrt{1 + t^2}$，切向加速度 $a_\text{t} = \dfrac{\mathrm{d}v}{\mathrm{d}t} = \dfrac{10t}{\sqrt{1 + t^2}}$，法向加速度 $a_\text{n} = \dfrac{v^2}{\rho} = \dfrac{10}{\sqrt{1 + t^2}}$。

$t = 0$，$a_\text{t} = 0$，$a_\text{n} = 10\text{m/s}^2$，$\rho = 10\text{m}$；

$t = 3s$，$a_\text{t} = 9.49\text{m/s}^2$，$a_\text{n} = 3.16\text{m/s}^2$，$\rho = 316\text{m}$。

5-13　轨迹的直角坐标方程：$(x-1)^2 + (y-2)^2 = 9$。曲率半径 $\rho = \left|\dfrac{\left[1 + \left(\dfrac{\mathrm{d}y}{\mathrm{d}x}\right)^2\right]^{1.5}}{\dfrac{\mathrm{d}^2 y}{\mathrm{d}x^2}}\right| = \dfrac{(1 + \tan^2 t)^{1.5}}{\dfrac{1}{3}\cos^{-3} t} = 3\text{m}$，速率 $v = \sqrt{\dot{x}^2 + \dot{y}^2} = 3\text{m/s}$，切向加速度 $a_\text{t} = \dfrac{\mathrm{d}v}{\mathrm{d}t} = 0$，法向加速度 $a_\text{n} = \dfrac{v^2}{\rho} = 3\text{m/s}^2$。

5-14　$x_n = (2n-1)a\cos\theta$，$y_n = a\sin\theta$，$n = 1, 2, 3, 4$。A_n 点的轨迹方程为 $\dfrac{x_n^2}{[(2n-1)a]^2} + \dfrac{y_n^2}{a^2} = 1$。

5-15　$x = x_B = x_A + AB \cdot \cos\dfrac{180° - \varphi}{2} = OA \cdot \cos\varphi + l\sin\dfrac{\varphi}{2} = r\cos\omega t + 2r\sin\dfrac{\omega t}{2}$

$y_B = -NB \cdot \sin\dfrac{180° - \varphi}{2} = -(AB - AN)\sin\dfrac{180° - \varphi}{2} =$

$-\left(2r - 2r\cos\dfrac{180° - \varphi}{2}\right)\cos\dfrac{\varphi}{2}$

$$= -2r\cos\frac{\varphi}{2} + 2r\sin\frac{\varphi}{2}\cos\frac{\varphi}{2} = -2r\cos\frac{\omega t}{2} + r\sin\omega t$$

$$v_x = \dot{x} = -r\omega\sin\omega t + r\omega\cos\frac{\omega t}{2}, \quad v_y = \dot{y} = r\omega\sin\frac{\omega t}{2} + r\omega\cos\omega t$$

$$a_x = \ddot{x} = -r\omega^2\cos\omega t - \frac{1}{2}r\omega^2\sin\frac{\omega t}{2}, \quad a_y = \ddot{y} = \frac{1}{2}r\omega^2\cos\frac{\omega t}{2} - r\omega^2\sin\omega t$$

第六章

6-1　当刚体做平动时，各点的轨迹可以是直线或平面曲线，也可以是三维空间曲线；当刚体绕定轴转动时，除了位于轴线上的点，其他各点的轨迹一定是圆。

6-2

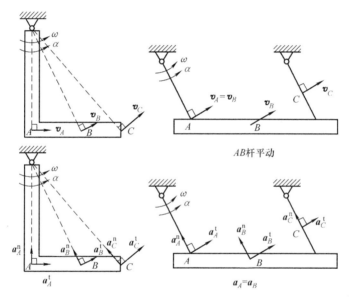

*AB*杆平动

$a_A = a_B$

6-3　（1）条件充分。已知 A 点的速度可以求出法向加速度 $a_n = \dfrac{v^2}{R}$；已知该点全加速度的方向及刚求出的 a_n，可以求出 a。

（2）条件不充分。不能求出切向加速度。

（3）条件充分。已知 A 点的法向加速度 a_n 可以求出速度的大小；已知该点全加速度的方向和法向加速度 a_n，可以求出 a。

（4）条件充分。已知 A 点的法向加速度 a_n 可以求出速度的大小；已知 A 点的切向加速度及法向加速度，可以求出全加速度 a。

（5）条件充分。已知 A 点的切向加速度及该点的全加速度方向，可以求出全加速度 a 和法向加速度 a_n，再由 a_n 求出速度大小。

6-4　（1）不正确，正确的应该是：各点的切向加速度等于零，法向加速度不等于零。

（2）正确。

（3）不正确，正确的应该是：平动刚体上各点速度的大小相等，方向相同。

（4）不正确，例如平动刚体，各点均做圆周运动，但不是定轴转动。

（5）不正确。

（6）不正确，正确的应该是：在刚体运动过程中，若其上任一条直线始终平行于它的初始位置，这种刚体的运动叫平动。

（7）正确。

（8）不正确，正确的应该是：当刚体绕定轴转动时，角加速度为正，表示角速度代数值增加；当角速度也为正时，是加速转动；角速度为负时，表示减速转动。

6-5　在定轴转动刚体上，离转轴等距离的圆柱面上点的加速度大小相等。以转轴为起点并且垂直于转轴的同一条直线上的各个点，加速度方向相同。

6-6　在定轴转动刚体上，平行于轴线的线段运动轨迹为圆柱面。

6-7　（1）平动；（2）既不是平动，也不是绕定轴的转动；（3）既不是平动，也不是绕定轴的转动；（4）平动；（5）绕定轴转动；（6）平动。

6-8　AB 杆与 x 轴夹角 $\theta = -\dfrac{\pi - \varphi}{2} = \dfrac{\omega t - \pi}{2}$，$AB$ 杆角速度 $\dot{\theta} = \dfrac{\omega}{2}$，角加速度 $\ddot{\theta} = 0$。

6-9　揉桶 a 点的速度 $v_a = \omega l = \dfrac{2\pi n}{60} l = 0.942 \mathrm{m/s}$，加速度 $a_a = \omega^2 l = 3.94 \mathrm{m/s^2}$。揉桶做平动，中心点 O 的速度、加速度与 a 点的相同。

6-10　$\tan\varphi = \dfrac{AD}{OD} = \dfrac{1.2t}{0.5} = 2.4t$，摇杆 OC 的转动方程 $\varphi(t) = \arctan(2.4t)$。$\dot{\varphi}(t) = 2.4\cos^2\varphi$，$\ddot{\varphi}(t) = -2.4\,\dot{\varphi}\sin 2\varphi$。

当 $\varphi = 45°$ 时，摇杆 OC 的角速度 $\omega = \dot{\varphi}(t) = 2.4\cos^2 45° \mathrm{rad/s} = 1.2 \mathrm{rad/s}$，角加速度 $\alpha = \ddot{\varphi}(t) = -2.4\,\dot{\varphi}\sin 2\varphi = -2.4 \times 1.2 \times \sin 90° \mathrm{rad/s} = -2.88 \mathrm{rad/s^2}$。

6-11　图中 y 轴向下，ω、α 顺时针，所以 $\omega = \dfrac{-\dot{y}}{R} = \dfrac{0.2t}{0.4} = 0.5t$，$\alpha = \dot{\omega} = 0.5 \mathrm{rad/s^2}$。鼓轮轮缘上一点 D 的全加速度大小 $a = \sqrt{a_\mathrm{t}^2 + a_\mathrm{n}^2} = \sqrt{(\alpha R)^2 + (\omega^2 R)^2} = 0.2\sqrt{1 + 0.25\,t^4} \mathrm{rad/s^2}$。

6-12　由正弦定理得 $\dfrac{CB}{\sin\theta} = \dfrac{OC}{\sin(180° - \theta - \varphi)}$，即 $r\sin(\theta + \varphi) = h\sin\theta$。$\tan\theta = \dfrac{r\sin\varphi}{h - r\cos\varphi} = \dfrac{r\sin\omega_0 t}{h - r\cos\omega_0 t}$，$\theta = \arctan\left(\dfrac{r\sin\omega_0 t}{h - r\cos\omega_0 t}\right)$。

6-13　$v_A = \omega_1 r_1 = \dfrac{2\pi n_1}{60} \times 0.3\,\text{m/s} = 3.14\,\text{m/s}$，$\omega_2 = \dfrac{v_B}{r_2} = \dfrac{v_M}{r_3}$，$v_B = v_A$，所以 v_M

$= \dfrac{v_B}{r_2} \times r_3 = 1.68\,\text{m/s}$。

轮 Ⅰ、Ⅱ、Ⅲ 均为匀速转动，轮上各点切向加速度为 0。带 *AB*、*CD* 段上点的加速度为 0；带 *AD* 段上点的加速度 $a_{AD} = v_A^2/r_1 = 32.9\,\text{m/s}^2$，*BC* 段上点 $a_{BC} = v_B^2/r_2 = 13.1\,\text{m/s}^2$。

*6-14　$\tan 45° = \dfrac{a_{\text{t}}}{a_{\text{n}}} = \dfrac{\alpha}{\omega^2}$，$\alpha = \dfrac{\mathrm{d}\omega}{\mathrm{d}t}$，所以 $\dfrac{\mathrm{d}\omega}{\mathrm{d}t} = \omega^2$，$\dfrac{1}{\omega} = -t + C$，代入初始条件 $t_0 = 1\,\text{s}$，$\omega_0 = -1\,\text{rad/s}$，得到 $C = 0$。飞轮角速度 $\omega(t) = -\dfrac{1}{t}$。

再对 $\dot\varphi(t) = -\dfrac{1}{t}$ 积分一次，得 $\varphi(t) = -\ln t + D$，代入初始条件 $t_0 = 1\,\text{s}$，$\varphi_0 = 60° = \dfrac{\pi}{3}$，得到 $D = \dfrac{\pi}{3}$。飞轮转动方程 $\varphi(t) = \dfrac{\pi}{3} - \ln t$。

6-15　$\varphi_5 R = 15\,\text{mm}$，$\varphi_5 = \dfrac{3}{8}\,\text{rad}$。

$\dfrac{\omega_1}{\omega_2} = \dfrac{R_2}{R_1} = \dfrac{Z_2}{Z_1} = \dfrac{\varphi_1}{\varphi_2}$，同理 $\dfrac{Z_4}{Z_3} = \dfrac{\varphi_3}{\varphi_4}$。$\varphi_2 = \varphi_3$，$\varphi_4 = \varphi_5 = \dfrac{3}{8}\,\text{rad}$。

$\varphi = \varphi_1 = \dfrac{Z_2}{Z_1}\varphi_2 = \dfrac{Z_2 Z_4}{Z_1 Z_3}\varphi_4 = \dfrac{24 \times 32}{6 \times 8} \times \dfrac{3}{8}\,\text{rad} = 6\,\text{rad}$。

第七章

7-1　在图 7-18a、b、c 中，速度平行四边形都错，正确的如题 7-1 图所示。

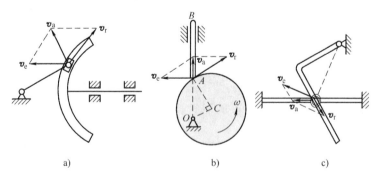

题 7-1 图

7-2　（1）正确。（2）正确。

7-3 $\begin{cases} x' - 2 = -\cos t \\ y' = \sin t \end{cases}$，等式两边平方并求和，得 M 点的相对轨迹为

$(x' - 2)^2 + y^2 = 1$。

$x = x'\cos\varphi - y'\sin\varphi = (2 - \cos t)\cos t - \sin t \cdot \sin t = 2\cos t - 1$

$y = x'\sin\varphi + y'\cos\varphi = (2 - \cos t)\sin t + \sin t \cdot \cos t = 2\sin t$

M 点的绝对轨迹为 $(x + 1)^2 + y^2 = 2^2$。

7-4 $v_a = \sqrt{u^2 + v^2} = 5\text{m/s}$，$\theta = \arctan\dfrac{u}{v} = 53.1°$。

7-5 如题 7-5 图所示：

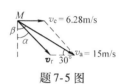

题 7-5 图

$v_e = \dfrac{2\pi n}{60} R = 6.28\text{m/s}$，$\beta = 60°$。由正弦定理

$\dfrac{v_r}{\sin 30°} = \dfrac{v_e}{\sin(\beta - \alpha)} = \dfrac{v_a}{\sin[180° - (\beta - \alpha) - 30°]}$　得

$2v_r = \dfrac{6.28}{\sin(60° - \alpha)} = \dfrac{15}{\cos\alpha}$，解出 $v_r = 10.06\text{m/s}$，$\alpha = 41.8°$。

7-6 如题 7-6 图 a 所示，$v_r = \sqrt{v_e^2 + v_a^2 - 2v_e v_a \cos 75°} = 3.98\text{m/s}$。

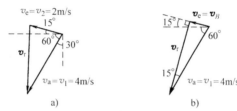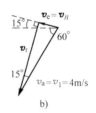

题 7-6 图

当 $\boldsymbol{v}_r$ 垂直于传送带速度 $\boldsymbol{v}_B$ 时候，$v_B = v_e = v_a \sin 15° = 1.035\text{m/s}$，如题 7-6 图 b 所示。

7-7 $\tan\varphi = \dfrac{a}{x}$，两边求导得 $(1 + \tan^2\varphi)\dot\varphi = -\dfrac{a}{x^2}\dot x$，整理得

$$\dot\varphi = -\dfrac{a}{x^2(1 + \tan^2\varphi)}\dot x = \dfrac{av}{x^2\left[1 + \left(\dfrac{a}{x}\right)^2\right]} = \dfrac{av}{x^2 + a^2}$$

$$v_A = \dot\varphi\, OA = \dfrac{0.09v}{x^2 + 0.15^2}$$

7-8 重球垂直于纸面的速度大小为 $\omega(e + l\sin\beta)$，在纸面的速度大小为 $\omega_1 l$。

重球的绝对速度 $v = \sqrt{[\omega(e + l\sin\beta)]^2 + (\omega_1 l)^2} = 3.06\text{m/s}$。

7-9 如题 7-9 图所示，BC 杆平动，其上任何一点的速度大小 $v_B = v_e = \omega_{BD} BD$。

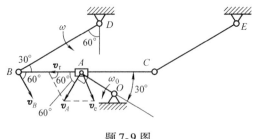

题 7-9 图

$v_A = \omega_0 OA = \dfrac{2\pi n}{60} \times 0.2 = 8\pi$ m/s。速度平行四边形 $\boldsymbol{v}_A = \boldsymbol{v}_e + \boldsymbol{v}_r$，由等边三角

形可知 $v_A = v_e = v_r$，所以 $\omega_{BD} = \dfrac{v_B}{BD} = \dfrac{v_A}{BD} = 62.8 \mathrm{rad/s}$。

7-10 砂轮与工件接触点的绝对速度 $v_1 = \omega_1 \dfrac{d}{2} = \dfrac{2\pi n_1}{60} \times 0.030 = 15\pi$ m/s；

工件与砂轮接触点的绝对速度 $v_2 = \omega_2 \dfrac{D}{2} = \dfrac{2\pi n_2}{60} \times 0.090 = 2.25\pi$ m/s。砂轮与工

件接触点的相对速度 $v_r = v_1 + v_2 = 17.25\pi$ m/s $= 54.2 \mathrm{m/s}$。

7-11 如题 7-11 图所示，由正弦定理得

$$\frac{OA}{\sin 60°} = \frac{OB}{\sin(180° - 60° - \varphi)}, OB = \frac{OA\sin(180° - 60° - \varphi)}{\sin 60°} = \frac{2\sqrt{3}r}{3}\sin(120° - \varphi)$$

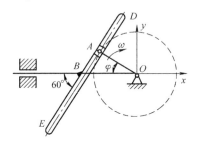

题 7-11 图

$$v_B = \frac{\mathrm{d}(-OB)}{\mathrm{d}t} = 2\frac{\sqrt{3}r}{3}\cos(120° - \varphi)\omega$$

当 $\varphi = 0°$ 时，$v_B = -\dfrac{\sqrt{3}r}{3}\omega$，向左；$\varphi = 30°$ 时，$v_B = 0$；$\varphi = 60°$ 时，$v_B = \dfrac{\sqrt{3}r}{3}\omega$，

向右。

7-12 如题 7-12 图所示，曲柄 OA 的 A 点，在 y 方向的速度、加速度，即滑杆 C 的速度、加速度。

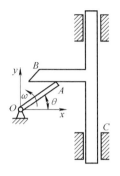

题 7-12 图

$$v_C = \frac{\mathrm{d}y_A}{\mathrm{d}t} = \frac{\mathrm{d}(OA\sin\theta)}{\mathrm{d}t} = OA\cos\theta\omega, \quad \theta = 30°时, \quad v_C = 0.4\cos 30° \times 0.5\mathrm{m/s} = 0.1732\mathrm{m/s}。$$

$$a_C = \frac{\mathrm{d}v_C}{\mathrm{d}t} = \frac{\mathrm{d}(OA\cos\theta\omega)}{\mathrm{d}t} = -OA\sin\theta\omega^2, \quad \theta = 30°时, \quad a_C = -0.4\sin 30° \times 0.5^2\mathrm{m/s^2}$$

$$= -0.05\mathrm{m/s^2}。$$

7-13 相对速度 $v_r = \dfrac{v_e}{\cos\varphi} = \dfrac{v_0}{\cos 30°} = \dfrac{2}{\sqrt{3}}v_0$，如题 7-13 图 a 所示。

牵连加速度 $a_e = 0$，法向相对加速度

$a_r^n = \dfrac{v_r^2}{R} = \dfrac{4v_0^2}{3R}$。如题 7-13 图 b 所示，$\boldsymbol{a}_a =$

$\boldsymbol{a}_e + \boldsymbol{a}_r^n + \boldsymbol{a}_r^t$。向水平方向投影有 $0 = -a_r^n$

$\sin\varphi + a_r^t\cos\varphi$，得 $a_r^t = a_r^n\tan\varphi = \dfrac{4v_0^2}{3\sqrt{3}R}$。在

竖直方向投影有 $a_a = a_r^n\cos\varphi + a_r^t\sin\varphi$

$= \dfrac{8\sqrt{3}v_0^2}{9R}$。

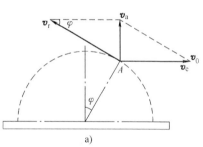

a)

*7-14 如题 7-14 图所示，T 型推杆

BD 的 y 坐标 $y = -e\cos\theta - R$，速度 $v_0 = \dot{y} =$

$e\sin\theta\omega$，所以 $\omega = \dfrac{v_0}{e\sin\theta}$（逆时针）；加速度

$-a_0 = \ddot{y} = e\cos\theta\,\omega^2 + e\sin\theta\alpha$，角加速度 $\alpha =$

$-\dfrac{a_0 + e\cos\theta\,\omega^2}{e\sin\theta} = -\left[\dfrac{a_0}{e\sin\theta} + \dfrac{v_0^2\cos\theta}{e^2\sin^3\theta}\right]$，负

号表示顺时针方向。

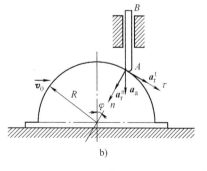

b)

题 7-13 图

*7-15 如题 7-15 图 a 所示，*OBC* 杆 *M* 点的速度为牵连速度，$v_e = \omega \cdot OM = \omega \cdot \dfrac{OB}{\cos\varphi} = 0.1\mathrm{m/s}$。小环 *M* 的速度为绝对速度，$v_M = v_a = v_e \tan\varphi = 0.173\mathrm{m/s}$，相对速度 $v_r = \dfrac{v_e}{\cos\varphi} = 0.2\mathrm{m/s}$。

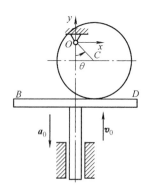

如题 7-15 图 b 所示，*OBC* 杆 *M* 点的加速度为牵连加速度，$a_e = \omega^2 \cdot OM = \omega^2 \cdot \dfrac{OB}{\cos\varphi} = 0.05\mathrm{m/s^2}$；科里奥利加速度 $a_C = 2\omega v_r = 0.2\mathrm{m/s^2}$。

小环 *M* 的绝对加速度 $\boldsymbol{a}_a = \boldsymbol{a}_e + \boldsymbol{a}_r + \boldsymbol{a}_C$，在竖直方向投影有

题 7-14 图

$$0 = a_r \sin\left(\frac{\pi}{2} - \varphi\right) - a_C \sin\varphi, \quad a_r = a_C \tan\varphi = 0.2\mathrm{m/s^2} \times \tan 60° = 0.346\mathrm{m/s^2}$$

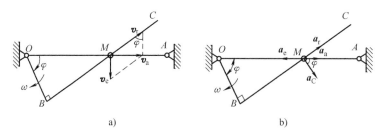

a)   b)

题 7-15 图

向水平方向投影有

$$a_a = -a_e + a_r \cos\left(\frac{\pi}{2} - \varphi\right) + a_C \cos\varphi = (-0.05 + 0.346\sin\varphi + 0.2\cos\varphi)\mathrm{m/s^2} = 0.35\mathrm{m/s^2}$$

*7-16 *A* 点速度分析：$v_A = \omega_1 \cdot OA = 0.4\mathrm{m/s}$，$v_{Ae} = v_A \sin 30° = 0.2\mathrm{m/s}$，$v_{Ar} = v_A \cos 30° = 0.346\mathrm{m/s}$。

B 点速度分析，如题 7-16 图 a 所示，$\omega_2 = \dfrac{v_{Ae}}{O_2 A} = 0.5\mathrm{rad/s}$，$O_2 B = \dfrac{0.650}{\cos 30°}\mathrm{m} = 0.75\mathrm{m}$，$v_B = \omega_2 \cdot O_2 B = 0.5 \times 0.75\mathrm{m/s} = 0.375\mathrm{m/s}$。滑枕 *CD* 的速度 $v_C = v_B \cos 30° = 0.325\mathrm{m/s}$。

A 点加速度分析：$a_A = \omega_1^2 \cdot O_1 A = 0.8\mathrm{m/s^2}$；如题 7-16 图 b 所示，科里奥利加速度 $a_C = 2\omega_2 v_{Ar} = 0.346\mathrm{m/s^2}$。

A 点的绝对加速度 $\boldsymbol{a}_A = \boldsymbol{a}_e^n + \boldsymbol{a}_e^t + \boldsymbol{a}_r + \boldsymbol{a}_C$，向垂直于 $O_2 B$ 方向投影有 $a_A \cos 30° = a_e^t + a_C$，$a_e^t = a_A \cos 30° - a_C = 0.346\mathrm{m/s^2}$。

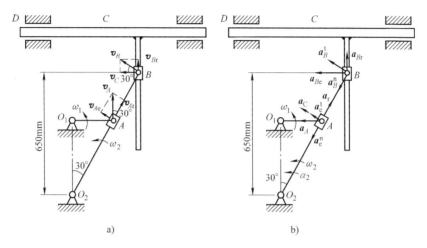

题 7-16 图

O_2B 杆的角加速度 $\alpha_2 = \dfrac{a_e^t}{O_2A} = 0.866\text{rad/s}^2$。$a_B^t = \alpha_2 \cdot O_2B = 0.866 \times 0.75\text{m/s}^2$

$= 0.65\text{m/s}^2$；$a_B^n = \omega_2^2 \cdot O_2B = 0.5^2 \times 0.75\text{m/s}^2 = 0.1875\text{m/s}^2$。$B$ 点的绝对加速度

$\boldsymbol{a}_B = \boldsymbol{a}_B^n + \boldsymbol{a}_B^t = \boldsymbol{a}_{Be} + \boldsymbol{a}_{Br}$，向水平方向投影有 $a_B^n\cos60° + a_B^t\cos30° = a_{Be}$，即滑枕

CD 的加速度 $a_{Be} = a_B^n\cos60° + a_B^t\cos30° = (0.1875 \times \cos60° + 0.65 \times \cos30°)\text{m/s}^2$

$= 0.657\text{m/s}^2$。

*7-17　$\omega = 2t$，$\alpha = 2\text{rad/s}^2$，$OM = 0.04t^2$，$v_r = \dfrac{\text{d}(OM)}{\text{d}t} = 0.08t$，$a_r = \dfrac{\text{d}v_r}{\text{d}t}$

$= 0.08\text{m/s}^2$。

如题 7-17 图所示，$T = 1\text{s}$ 时，a_e^n
$= \omega^2 \cdot OM\sin60° = 2^2 \times 0.04\sin60°\text{m/s}^2$
$= 0.1386\text{m/s}^2$；$a_e^t = \alpha \cdot OM\sin60° = 2$
$\times 0.04\sin60°\text{m/s}^2 = 0.0693/\text{s}^2$，方向垂
直于纸面向外。

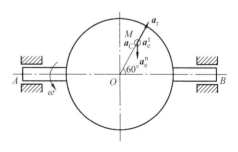

科里奥利加速度 $a_C = 2\omega v_r\sin60° =$
$2 \times 2t \times 0.08t\sin60° = 0.277\text{m/s}^2$，方向
垂直于纸面向外。

题 7-17 图

M 点的绝对加速度 $\boldsymbol{a}_M = \boldsymbol{a}_e^n + \boldsymbol{a}_e^t + \boldsymbol{a}_r + \boldsymbol{a}_C$，大小为

$$\sqrt{(a_C + a_e^t)^2 + (a_r\cos60°)^2 + (a_r\sin60° - a_e^n)^2} = 0.356\text{m/s}^2$$

*7-18　$\triangle O_1O_2A$ 为等腰三角形，$O_1A = 0.2\text{m}$，$O_2A = 2a\cos30° = 0.346\text{m}$。

速度分析：a) 如题 7-18 图（1）a 所示，$v_A = O_1A \cdot \omega_1 = 0.6\text{m/s}$；$v_e =$

$v_A \cos 30° = 0.52 \mathrm{m/s}$；$v_r = v_A \sin 30° = 0.3 \mathrm{m/s}$。$\omega_2 = \dfrac{v_e}{O_2 A} = 1.5 \mathrm{rad/s}$。

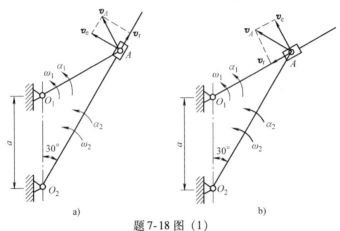

题 7-18 图（1）

a）速度分析图　b）速度分析图

b）如题 7-18 图（1）b 所示，$v_e = O_1 A \cdot \omega_1 = 0.6 \mathrm{m/s}$；$v_A = \dfrac{v_e}{\cos 30°} =$

$0.693 \mathrm{m/s}$；$v_r = v_e \tan 30° = 0.346 \mathrm{m/s}$。$\omega_2 = \dfrac{v_A}{O_2 A} = 2 \mathrm{rad/s}$。

加速度分析：a）$a_A^t = \alpha_1 \cdot O_1 A = 0$；$a_A^n = \omega_1^2 \cdot O_1 A = 3^2 \times 0.2 \mathrm{m/s^2} = 1.8 \mathrm{m/s^2}$；$a_e^t = \alpha_2 \cdot O_2 A$。科里奥利加速度 $a_C = 2\omega_2 v_r = 2 \times 1.5 \times 0.3 \mathrm{m/s^2} = 0.9 \mathrm{m/s^2}$，方向如题 7-18 图（2）a 所示。

A 点的绝对加速度 $a_A^n + a_A^t = a_e^n + a_e^t + a_r + a_C$，向 $O_2 A$ 的垂直方向投影有 $a_A^n \cos 60°$ $= a_e^t + a_C$，$a_e^t = a_A^n \cos 60° - a_C = (1.8\cos 60° - 0.9) \mathrm{m/s^2} = 0$，$\alpha_2 = a_e^t / O_2 A = 0$。

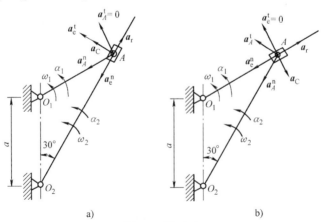

题 7-18 图（2）

a）加速度分析图　b）加速度分析图

b) $a_A^t = \alpha_2 \cdot O_2A$；$a_A^n = \omega_2^2 \cdot O_2A = 2^2 \times 0.346\text{m/s}^2 = 1.384\text{m/s}^2$；$a_e^t = 0$；$a_e^n = \omega_1^2 \cdot O_1A = 1.8\text{m/s}^2$。科里奥利加速度 $a_C = 2\omega_1 v_r = 2 \times 3 \times 0.346\text{m/s}^2 = 2.08\text{m/s}^2$，方向如题 7-18 图（2）b 所示。

A 点的绝对加速度 $\boldsymbol{a}_A^n + \boldsymbol{a}_A^t = \boldsymbol{a}_e^n + \boldsymbol{a}_e^t + \boldsymbol{a}_r + \boldsymbol{a}_C$，向 O_1A 的垂直方向投影有 $a_A^t\cos30° - a_A^n\cos60° = a_e^t - a_C$，$a_A^t = (a_e^t - a_C + a_A^n\cos60°)/\cos30° = -1.6\text{m/s}^2$，$\alpha_2 = a_A^t/O_2A = -4.63\text{m/s}^2$，负号表示与图中假设的方向相反。

第八章

8-1　刚体的平动不一定是平面运动，刚体的定轴转动是平面运动的特例。

8-2　刚体的平面运动可分解为随基点的运动 + 绕基点的转动。它们与基点的选择有关。

8-3　刚体绕定轴转动转轴不变；在刚体平面运动中，刚体绕瞬心的转动，瞬心、转轴不断变化。

8-4　平面图形上点的速度有基点法、瞬心法、速度投影法三种求法。基点法是最基本的方法。

8-5　正确的表述：在 t 时刻瞬心的速度为零，但是在 $t + \Delta t$ 时刻速度往往不为零，所以速度瞬心的加速度一般不为零。

8-6　a）可能；b）不可能；c）可能；d）不可能；e）不可能；f）可能；g）不可能；h）不可能；i）不可能。

8-7　$x_C = r\cos\omega t = 0.15\cos t(\text{m})$，$y_C = 0.15\sin t(\text{m})$，$\varphi = \pi - \omega t = \pi - t(\text{rad})$。$y_A = 2r\sin\omega t$，$v_A = \dot{y}_A = 2r\omega\cos\omega t$，$\omega t = 45°$时，$v_A = 2 \times 0.15 \times 1 \times \cos45°\text{m/s} = 0.212\text{m/s}$。

8-8　A 点、B 点速度如题 8-8 图所示，AB 杆的速度瞬心 C_{AB} 在 O 点，CB 杆的速度瞬心为 C。$v_A = \omega \cdot OA = 0.3\text{m/s}$，$\omega_{AB} = \dfrac{v_A}{OA} = 2\text{rad/s}$，逆时针。$\omega_{BC} = \dfrac{v_B}{CB} = \dfrac{\omega_{AB} \cdot OB}{CB} = 3.46\text{rad/s}$，逆时针。

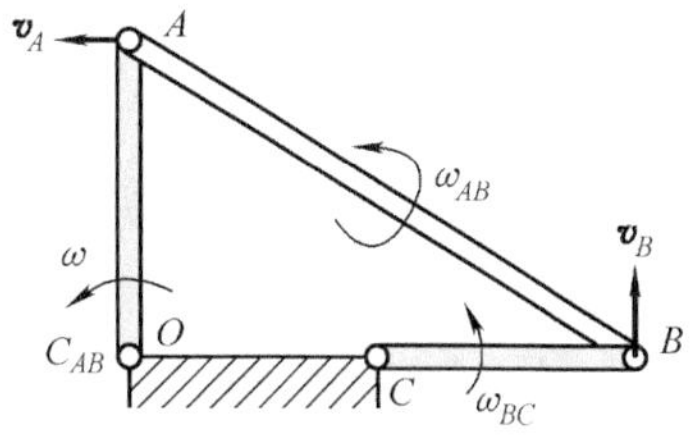

题 8-8 图

8-9　如题 8-9 图所示，$v_B = \omega \cdot AB = 1.25\text{m/s}$，$BC$ 杆由速度投影定理 $v_B\cos45° = v_C$，$v_C = 0.884\text{m/s}$。$\omega_{CD} = \dfrac{v_C}{CD} = \dfrac{v_C}{CB\tan45° + AB/\sin45°} = 1.25\text{rad/s}$，逆时针。

8-10　如题 8-10 图所示，AB 杆由速度投影定理 $v_B\cos60° = v_A$，$v_B = \dfrac{v_A}{\cos60°}$

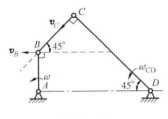

题 8-9 图

$$=\frac{\omega \cdot OA}{\cos 60°}=2.5\mathrm{m/s}。$$ 筛子 BDC 做平动，$v_{BC}=v_B=2.5\mathrm{m/s}。$

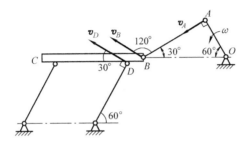

题 8-10 图

8-11 （1）$\omega=\dfrac{v_1-v_2}{2r}=\dfrac{3.6-2.4}{2\times0.24}\mathrm{rad/s}=2.5\mathrm{rad/s}$（顺时针）；$v_O=v_2+\omega r$

$=3\mathrm{m/s}$（向右）。

（2）$\omega=\dfrac{v_1-(-v_2)}{2r}=\dfrac{3.6+2.4}{2\times0.24}\mathrm{rad/s}=12.5\mathrm{rad/s}$（顺时针）；$v_O=-v_2+\omega r$

$=0.6\mathrm{m/s}$（向右）。

8-12 如题 8-12 图所示，$v_A=\omega_0\cdot OA$，$\sin30°=\dfrac{OA}{AB}$，连杆 AC 的速度瞬心

为 C_{AC}，$C_{AC}A=2AB$。$\omega_{AC}=\dfrac{v_A}{C_{AC}A}=\dfrac{\omega_0 OA}{2AB}=0.25\omega_0$。

摇块 BD 的角速度等于连杆 AC 的角速度，$\omega_{BD}=0.25\omega_0$。D 点的速度 $v_D=$

$\omega_{BD}\cdot BD=0.25\omega_0 l$。

*8-13 （1）如题 8-13 图 a 所示，滚子纯滚动，$v_A=0$，$a_A^t=a_C^t-a_{Ar}^t=0$，

$a_{Ar}^t=\alpha r$。角加速度 $\alpha=a_C^t/r$ $a_C^n=\dfrac{v_C^2}{R-r}$，以 C 为基点，$a_{Ar}^n=\omega^2 r=\dfrac{v_C^2}{r}$；$a_A=a_C^n+$

$a_{Ar}^n=v_C^2\left(\dfrac{1}{R-r}+\dfrac{1}{r}\right)=\dfrac{Rv_C^2}{(R-r)\,r}$。

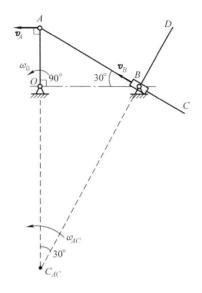

题 8-12 图

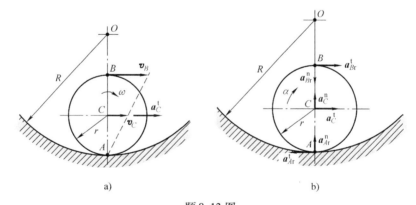

a)　　　　　　　　　　　b)

题 8-13 图

a）速度分析图　b）加速度分析图

（2）$v_B = 2v_C$。如题 8-13 图 b 所示，以 C 为基点，$a_B^{\mathrm{t}} = a_C^{\mathrm{t}} + a_{Br}^{\mathrm{t}} = a_C^{\mathrm{t}} + \alpha r = 2a_C^{\mathrm{t}}$，$a_C^{\mathrm{n}} = \dfrac{v_C^2}{R-r}$，$a_{Br}^{\mathrm{n}} = \omega^2 r = \dfrac{v_C^2}{r}$，$a_B^{\mathrm{n}} = a_C^{\mathrm{n}} + a_{Br}^{\mathrm{n}} = v_C^2\left(\dfrac{1}{R-r} - \dfrac{1}{r}\right) = \dfrac{(2r-R)v_C^2}{(R-r)r}$。

8-14　如题 8-14 图所示，$v_A = \omega \cdot OA = 4\mathrm{m/s}$，$AB$ 杆的速度瞬心为 C_{AB}，

$AC_{AB} = \dfrac{AB}{\sin 30^\circ} = 4\mathrm{m}$，$BC_{AB} = \dfrac{AB}{\tan 30^\circ} = 3.47\mathrm{m}$，$EC_{AB} = BC_{AB} - r = 2.87\mathrm{m}$。$\omega_{AB} =$

$\dfrac{v_A}{AC_{AB}} = \dfrac{v_B}{BC_{AB}} = \dfrac{v_{\mathrm{IIE}}}{EC_{AB}}$，得 $v_B = 3.47\mathrm{m/s}$，$v_{\mathrm{IIE}} = 2.87\mathrm{m/s}$。$\omega_{BD} = \dfrac{v_B}{BD} = 2.89\mathrm{rad/s}$

（逆时针），$\omega_1 = \dfrac{v_{IE}}{r} = \dfrac{v_{IIE}}{r} = 4.78 \text{rad/s}$（逆时针）。

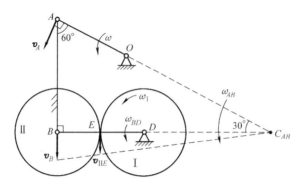

题 8-14 图

8-15 如题 8-15 图 a 所示，由速度投影定理得 $v_B \cos 30° = v_A$，$v_B = \dfrac{v_A}{\cos 30°} =$

$\dfrac{\dfrac{2\pi n}{60} r}{\cos 30°} = \dfrac{2\pi r}{\sqrt{3}}$。

以 A 为基点，$\omega_{AB} = \dfrac{v_B \sin 30°}{AB} = \dfrac{\pi}{3} \text{rad/s}$。滚轮 $\omega_{BC} = \dfrac{v_B}{R} = \dfrac{2\pi}{\sqrt{3}} \text{rad/s} =$

3.63rad/s。

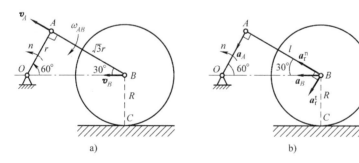

题 8-15 图

a）速度分析 b）加速度分析

如题 8-15 图 b 所示，以 A 为基点，$a_B = a_A + a_r^n + a_r^t$，向 AB 连线投影得

$a_B \cos 30° = a_r^n$，$a_B = \alpha_{BC} r$，$a_r^n = \omega_{AB}^2 l = \dfrac{\sqrt{3} \pi^2 r}{9}$，$\alpha_{BC} = \dfrac{a_r^n}{r \cos 30°} = 2.19 \text{rad/s}^2$。

8-16 如题 8-16 图 a 所示，轮 1 做纯滚动，$v_A = 2v$；AB 杆做平动，$v_A = v_B$。

轮 2 的角速度 $\omega_2 = \dfrac{v_B}{r} = \dfrac{2v}{r}$，顺时针。

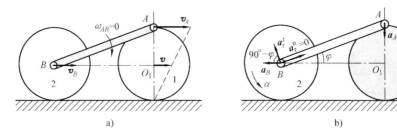

题 8-16 图

a）速度分析　b）加速度分析

$a_A = \dfrac{v^2}{r}$，$a_{\mathrm{r}}^{\mathrm{n}} = \omega_{AB}^2 l = 0$，$a_B = \alpha r$。如题 8-16 图 b 所示，以 A 为基点，$a_B = a_A$

$+ a_{\mathrm{r}}^{\mathrm{n}} + a_{\mathrm{r}}^{\mathrm{t}}$，向 AB 连线投影得 $a_B \sin(90° - \varphi) = a_A \cos(90° - \varphi)$，$\alpha = \dfrac{a_B}{r} = \dfrac{\alpha_A \tan\varphi}{r}$

$= \dfrac{\dfrac{v^2}{r}\tan\varphi}{r} = \dfrac{v^2 r}{\sqrt{l^2 - r^2}}$（逆时针）。

8-17　如题 8-17 图所示，AB 杆速度瞬心为 C_{AB}，$\omega_{AB} = \dfrac{v_A}{AC_{AB}} = \dfrac{\omega_0 \cdot OA}{AC_{AB}} =$

2rad/s。

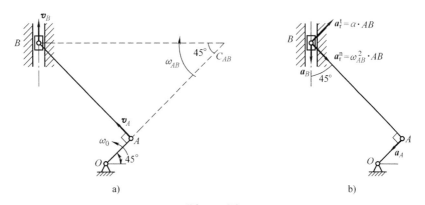

题 8-17 图

a）速度分析　b）加速度分析

$a_A = \omega_0^2 \cdot OA = 20\mathrm{m/s}^2$，$a_{\mathrm{r}}^{\mathrm{n}} = \omega_{AB}^2 \cdot AB = 4\mathrm{m/s}^2$，$a_{\mathrm{r}}^{\mathrm{t}} = \alpha \cdot AB$。如题 8-17 图 b

所示，以 A 为基点，$a_B = a_A + a_{\mathrm{r}}^{\mathrm{n}} + a_{\mathrm{r}}^{\mathrm{t}}$，向 AB 连线投影得 $a_B \cos 45° = a_{\mathrm{r}}^{\mathrm{n}}$，$a_B = 4$

$\sqrt{2}\mathrm{m/s}^2 = 5.66\mathrm{m/s}^2$；向 AB 连线的垂直方向投影得 $a_B \sin 45° = a_A - a_{\mathrm{r}}^{\mathrm{t}}$，$a_{\mathrm{r}}^{\mathrm{t}} =$

$16\mathrm{m/s^2}$，$\alpha = \dfrac{a_r^t}{AB} = 16\mathrm{rad/s^2}$（顺时针）。

8-18　如题 8-18 图所示，OA 杆上 B 点速度 $v_{Be} = \omega_0 \cdot OB = 0.6\mathrm{m/s}$，套筒 B 的绝对速度 $v_{BD} = \dfrac{v_{Be}}{\cos 30°} = 0.4 \times \sqrt{3}\mathrm{m/s}$。

$v_A = \omega_0 \cdot OA = 1.2\mathrm{m/s}$，套筒 D 的绝对速度为 v_D，由速度投影定理 $v_A = v_D \cos 30°$，得 $v_D = 0.8\sqrt{3}\mathrm{m/s}$。

套筒 D 相对于杆 BC 的速度为 $v_D - v_{BD}$ $= 0.4 \times \sqrt{3}\mathrm{m/s} = 0.693\mathrm{m/s}$。

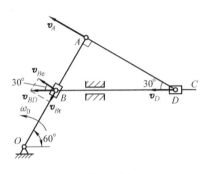

题 8-18 图

8-19　$v_O = \omega \cdot O_1O = 1\mathrm{m/s}$，系杆 O_1O 匀速转动，行星轮 I 也匀速转动，$\omega_1 = \dfrac{v_O}{r} = 2.5\mathrm{rad/s}$。

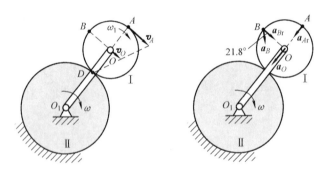

题 8-19 图

$a_O = \omega^2 \cdot O_1O = 1\mathrm{m/s^2}$，以 O 为基点，$\boldsymbol{a}_A = \boldsymbol{a}_O + \boldsymbol{a}_{Ar}$，$\boldsymbol{a}_B = \boldsymbol{a}_O + \boldsymbol{a}_{Br}$，$a_{Ar} = a_{Br} = \omega_1^2 \cdot r = 2.5\mathrm{m/s^2}$。所以 $a_A = a_O + a_{Ar} = 3.5\mathrm{m/s^2}$（指向 O 点），$a_B = \sqrt{a_O^2 + a_{Br}^2} = 2.69\mathrm{m/s^2}$（指向如题 8-19 图所示）。

第九章

9-1　（1）、（2）、（3）全都不正确。

9-2　汽车在通过 C 点时，对路面的压力最大；通过 B 点时，对路面的压力最小。

9-3　$\boldsymbol{a} = \boldsymbol{F}/m, v(t) = v(t_0) + \int_{t_0}^{t} \dfrac{\boldsymbol{F}}{m}\mathrm{d}t$。两个质点质量 m 相同，受相同的力 $\boldsymbol{F}$ 作用：

（1）在每一个瞬时两质点的加速度 $\boldsymbol{a}$ 相同；

（2）如果是初始速度 $\boldsymbol{v}(t_0)$ 不同，速度 $\boldsymbol{v}(t)$ 就不相同。

9-4　不正确。正确说法是：加速度越大，所受的力也就越大。

9-5　（1）向后；（2）向前；（3）向右。

9-6　$v_{10} = \dfrac{120 \times 1000}{3600} \text{m/s} = \dfrac{100}{3} \text{m/s}$，$s_1 = 83.3 \text{m}$，$v_{20} = \dfrac{180 \times 1000}{3600} \text{m/s} = 50 \text{m/s}$，

$v_{1t} = v_{2t} = 0$。

$2as = v_t^2 - v_0^2$，$a_2 = a_1 = \dfrac{v_{1t}^2 - v_{10}^2}{2s_1} = -6.67 \text{m/s}^2$，$s_2 = \dfrac{v_{2t}^2 - v_{20}^2}{2a_2} = 187 \text{m}$。

9-7　$s_1 = \dfrac{0 + v_1}{2} \times 1\text{s}$，$s_2 = v_1 \times 2.5\text{s}$，$s_3 = \dfrac{v_1 + 0}{2} \times 1\text{s}$，$s_1 + s_2 + s_3 = 3.5\text{m}$，求

出 $v_1 = 1\text{m/s}$。

$a_1 = \dfrac{v_1 - 0}{1} = 1\text{m/s}^2$，$a_2 = 0$，$a_3 = \dfrac{0 - v_1}{1} = -1\text{m/s}^2$。

$F_1 = mg + ma_1 = 21.6\text{kN}$，$F_2 = mg = 19.6\text{kN}$，$F_3 = mg + ma_3 = 17.6\text{kN}$。

9-8　$a = \dfrac{61.8 - 58.8}{\dfrac{58.8}{9.8}} \text{m/s}^2 = 0.5\text{m/s}^2$。

9-9　$a = \dfrac{mg\sin\alpha - \mu mg\cos\alpha}{m} = g(\sin\alpha - \mu\cos\alpha)$，$L = v_0 t + \dfrac{1}{2}at^2 = \dfrac{1}{2}at^2$，所以

$t = \sqrt{\dfrac{2L}{a}} = 1.2\text{s}$。

9-10　$a = \dfrac{mg\sin\alpha - \mu mg\cos\alpha - F_T}{m} = \dfrac{0 - v}{t}$，$F_T = mg\sin\alpha - \mu mg\cos\alpha - m\dfrac{0 - v}{t}$

$= 40.2\text{N}$。

9-11　$a_n = \omega^2 \sqrt{l^2 - a^2}$，$\sin\beta = \dfrac{\sqrt{l^2 - a^2}}{l}$，$\cos\beta = \dfrac{a}{l}$。

如题 9-11 图所示，有

$\begin{cases} F_A\sin\beta - F_B\sin\beta = ma_n \\ F_A\cos\beta + F_B\cos\beta = mg \end{cases}$，解得 $F_A = \dfrac{ml}{2a}(g + \omega^2 a)$，$F_B$

$= \dfrac{ml}{2a}(g - \omega^2 a)$。

9-12　如题 9-12 图所示，$F_N + mg\cos\alpha = ma_n$，$a_n = $

$\left(\dfrac{2\pi n}{60}\right)^2 \dfrac{D}{2}$。当钢球将离开时，$F_N = 0$，$mg\cos\alpha = ma_n$，

$\alpha = \arccos\dfrac{a_n}{g} = 59°48'$。

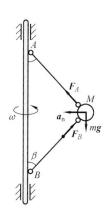

题 9-11 图

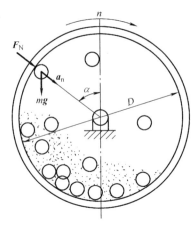

题 9-12 图

9-13　以 O 点为坐标原点，活塞和滑槽的质心横坐标 $x = r\cos\varphi + b$，b 为常数；$\dot{x} = -r\sin\varphi\,\dot{\varphi}$，$\ddot{x} = -r\cos\varphi\,\dot{\varphi}^2 - r\sin\varphi\,\ddot{\varphi}$。$\dot{\varphi} = \dfrac{2\pi n}{60} = 6\pi$ rad/s，$\ddot{\varphi} = 0$。

滑块作用在滑槽上的水平力 $F = m\ddot{x} = m(-r\cos\varphi\,\dot{\varphi}^2) = 48 \times (-0.25 \times \cos\varphi \times 36\pi^2)$ N。

当 $\varphi = 0$ 时，$F = -4.26$kN；当 $\varphi = 45°$ 时，$F = -3.01$kN；当 $\varphi = 90°$ 时，$F = 0$。

9-14　$\varphi = 0.05\sin 6t$，$\dot{\varphi} = 0.3\cos 6t$，$a_n = \dot{\varphi}^2 l = 0.0245\cos^2 6t$。张力 $F = mg\cos\varphi + ma_n = 4.9\cos\varphi + 0.01225\cos^2 6t$。

最高位置：$\varphi = 0.05$rad，$\sin 6t = 1$，$\cos 6t = 0$，张力 $F = 4.89$N；

最低位置：$\varphi = 0$，$\sin 6t = 0$，$\cos 6t = 1$，张力 $F = 4.91$N。

第十章

10-1　（1）正确；（2）不正确，质量不能为 0；（3）正确，当速度为 0 时两质点动量相等；（4）不正确。

10-2　（1）不正确；（2）不正确；（3）不正确，动量即有大小又有方向；（4）不正确，对称转动轴刚体动量为 0；（5）不正确，应该是驱动轮受到地面向前的摩擦力；（6）不正确；（7）不正确；（8）正确。

10-3　质心运动定理 $Ma_C = F_R^{(e)}$，即质点系的总质量与质心加速度的乘积等于作用在质点系上所有外力的矢量和，不包括质点系的内力。质点的运动微分方程 $ma = F$，质点的质量与加速度的乘积等于作用在质点上所有力的矢量和。它们各描述质点系质心、质点的运动。

10-4　a) $K = r\omega\left(\dfrac{m_1}{2} + m_2 + m_3\right)$ （←）；b) $K = (m_1 + 2m_2)\, v$ （←）；c) $K =$

$r\omega\ (m_1 - m_2)\ (\uparrow)$；d) $K_x = m_2 v$ （←），$K_y = m_1 v$ （↓），$K = \sqrt{m_1^2 + m_2^2}\, v$。

10-5　$\dot{\boldsymbol{r}} = (12t^2 - 2t)\boldsymbol{i} + 10t\boldsymbol{j} + (4t^3 - 2)\boldsymbol{k}$，$\ddot{\boldsymbol{r}} = (24t - 2)\boldsymbol{i} + 10\boldsymbol{j} + 12t^2\boldsymbol{k}$。$t = 1\mathrm{s}$
时，$m\dot{\boldsymbol{r}} = 2.5\boldsymbol{i} + 2.5\boldsymbol{j} + 0.5\boldsymbol{k}$，$\boldsymbol{F} = m\ddot{\boldsymbol{r}} = 5.5\boldsymbol{i} + 2.5\boldsymbol{j} + 3\boldsymbol{k}$。

10-6　$-mgf = m\,\dfrac{0 - v}{t}$，$t = \dfrac{v}{gf} = \dfrac{144 \times 10^3}{3600} \times \dfrac{1}{9.8 \times 0.5}\mathrm{s} = 8.16\mathrm{s}$。

10-7　$m\Delta v = (mg\sin 30° - mg\cos 30° f)t$，$t = \dfrac{\Delta v}{g\sin 30° - g\cos 30° f} =$

$\dfrac{9.8}{9.8 \times 0.5 - 9.8 \times 0.866 \times 0.1}\mathrm{s} = 2.42\mathrm{s}$。

10-8　$I_x = mv\cos\alpha - m v_0 = -7.8\mathrm{N \cdot s}$，$I_y = mv\sin\alpha = 5\mathrm{N \cdot s}$；$F_x = \dfrac{I_x}{0.05\mathrm{s}} =$

$-156\mathrm{N}$，$F_y = \dfrac{I_y}{0.05\mathrm{s}} = 100\mathrm{N}$，$F = \sqrt{F_x^2 + F_y^2} = 185\mathrm{N}$。

10-9　$F = \dfrac{m\Delta v}{t} = \dfrac{6000 \times [0.2 - (-0.1)]}{2}\mathrm{N} = 900\mathrm{N}$。

10-10　$4000 \times \dfrac{1800 \times 10^3}{3600} = 8 \times \left(\dfrac{v \times 10^3}{3600} + 600\right) + 3992 \times \dfrac{v \times 10^3}{3600}$，$v =$
$1796\mathrm{km/h}$。

第十一章

11-1　内力不能改变质点系的动量矩，可以改变质点系中各质点的动量矩。

11-2　回转半径（或惯性半径）的意义是，设想刚体的质量集中在与 z 轴
相距为 ρ_z 的点上，则此集中质量对 z 轴的转动惯量与原刚体的转动惯量相同。
回转半径不是物体质心到转轴的距离。

11-3　不正确，例如题 11-3 图所示情形，z 轴通过 C
垂直于纸面向外：$\sum H_z(m_i v_i) = 2mvr$，$H_z(M v_C) = 0$。

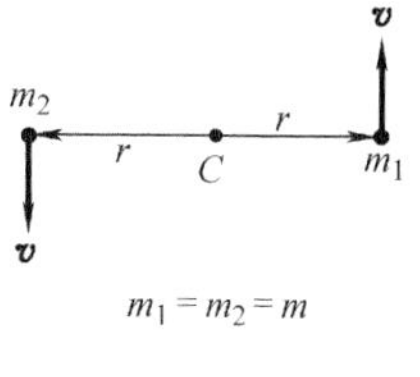

11-4　当对固定点的外力矩为零时，质点系对该点的
动量矩守恒。如果质点系动量矩守恒，但是质点受不为零
的系统内力矩作用，则质点的动量矩不守恒。

题 11-3 图

11-5　刚体对某固定点的动量矩等于零，该刚体不一
定静止。例如平动刚体。

11-6　对于平面运动刚体，当所受外力系的主矢为零时，刚体不仅可以绕
质心转动，还可以随质心做匀速直线运动。当所受外力系对质心的主矩为零时，
刚体不仅可以做平移，还可以随质心做匀速圆周运动。

11-7　花样滑冰运动员单腿直立旋转，在不考虑外力矩的时候，$L_z = J_z \omega$，动量矩守恒。旋转伸缩双臂和另一条腿即改变J_z，旋转角速度ω随之改变。

11-8　如果没有尾桨，当直升机飞行时，机体将与旋翼反向旋转。

11-9　$I\omega_A = (I + mR^2)\omega_B = I\omega_C$，$\omega_A = \omega$，$\omega_B = \dfrac{I}{I + mR^2}\omega$，$\omega_C = \omega$。

11-10　力矩$\boldsymbol{M}_O = \dfrac{\mathrm{d}\boldsymbol{L}_O}{\mathrm{d}t} = 12t\boldsymbol{i} + 16t\boldsymbol{j} - \boldsymbol{k}$。

11-11　$v_x = \dot{x} = 2a\cos 2t$，$v_y = \dot{y} = -b\sin t$；$L_O = m v_y x - m v_x y = m(-b\sin t)$ $a\sin 2t - m(2a\cos 2t)b\cos t = -2mab\cos^3 t$

11-12　由动量矩守恒得$m v_0 r = mv\,(0.5r)$，$v = 2v_0$。绳子拉力$F = m\dfrac{v^2}{0.5r} = 8$ $\dfrac{m v_0^2}{r}$。

11-13　如题 11-13 图所示，有$\begin{cases} M - F'r = J\alpha \\ F - mg = ma, \\ a = \alpha r \end{cases}$化简得$\begin{cases} 150 - 0.25F = 14.24 \times \dfrac{a}{0.25}, \\ F = 50a + 490 \end{cases}$

解得$a = 0.4\mathrm{m/s}^2$，$F = 509\mathrm{N}$。

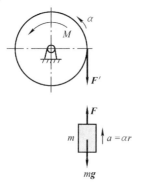

题 11-13 图

11-14

如题 11-14 图所示，有$\begin{cases} F'_2 r_2 - F'_1 r_1 = J\alpha \\ F_1 - m_A g = m_A \alpha r_1, \quad F'_2 = F_2, \quad F'_1 = F_1, \quad J = 0。解 \\ m_B g - F_2 = m_B \alpha r_2 \end{cases}$

得$\alpha = 23.3\mathrm{rad/s}^2$。

11-15　闸杆对圆轮的压力$F_1 = \dfrac{F \times (1.8 + 1.2)}{1.2} = 750\mathrm{N}$，摩擦阻力对$O$点力

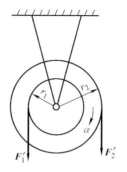

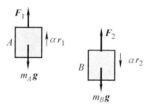

题 11-14 图

矩 $M = -RF_1f = -187.5\text{N} \cdot \text{m}$，角加速度 $\alpha = \dfrac{0 - \dfrac{2\pi n}{60}}{t} = -\dfrac{9\pi}{t}\text{rad/s}^2$，转动惯量

$J = \dfrac{mR^2}{2} = 50\text{kg} \cdot \text{m}^2$。代入 $J\alpha = M$，得到 $t = 7.54\text{s}$。

11-16　$R_1\alpha_1 = R_2\alpha_2$

如题 11-16 图所示，由动量矩定理得 $\begin{cases} M - (F_1R_1 - F_2R_1) = \dfrac{1}{2}m_1R_1^2\alpha_1 \\ (F'_1R_2 - F'_2R_2) - M' = \dfrac{1}{2}m_2R_2^2\alpha_2 \end{cases}$，

整理得 $\begin{cases} M - (F_1 - F_2)R_1 = \dfrac{1}{2}m_1R_1^2\alpha_1 \\ (F'_1 - F'_2)R_2 - M' = \dfrac{1}{2}m_2R_2R_1\alpha_1 \end{cases}$，$F_1 - F_2 = F'_1 - F'_2$，消去 $F_1 - F_2$

得 $M - \dfrac{M' + \dfrac{1}{2}m_2R_2R_1\alpha_1}{R_2}R_1 = \dfrac{1}{2}m_1R_1^2\alpha_1$，$\alpha_1 = \dfrac{2(MR_2 - M'R_1)}{(m_1 + m_2)R_2R_1^2}$。

11-17　$J_{z1} = J_C + ma^2$，$J_{z2} = J_C + mb^2$。

11-18　$m_1 = 3\text{kg}$，$m_2 = 6\text{kg}$；$J_O = \left[J_{C1} + m_1\left(\dfrac{l}{2}\right)^2\right] + \left[J_{C2} + m_2(\sqrt{2}l)^2\right] =$

$3.75\text{kg} \cdot \text{m}^2$。

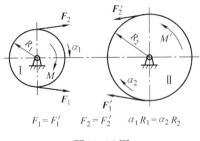

$$F_1 = F_1' \quad F_2 = F_2' \quad \alpha_1 R_1 = \alpha_2 R_2$$

题 11-16 图

11-19 $\begin{cases} J_A = J_C + ma^2 \\ J_B = J_C + mb^2 \end{cases}$, 得 $J_A = J_B - mb^2 + ma^2 = J_B + m(a^2 - b^2)$。

*11-20 如题 11-20 图所示, 有动力学方程组: $\begin{cases} m_1 g - F_A = m_1 a_A \\ F_B - F_f = m_2 a_O \\ F_B r + F_f R = J\alpha \end{cases}$, H 点水

平加速度为 0, $a_O = \alpha R$, $a_A = a_B^t = a_O + \alpha r = \alpha(R + r)$。$F_A = F_A' = F_B' = F_B$。以

F_A、a_A、F_f 为未知量, 整理方程组得 $\begin{cases} m_1 g - F_A = m_1 a_A \\ F_A - F_f = m_2 a_A \dfrac{R}{R+r} \\ F_A r + F_f R = J \dfrac{a_A}{R+r} \end{cases}$, 解出

$$a_A = \frac{m_1 g (R+r)^2}{m_1 (R+r)^2 + J + m_2 R^2}。$$

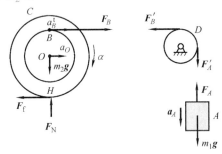

题 11-20 图

*11-21 (1) 如题 11-21 图 a 所示, 有 $\begin{cases} Fr = \dfrac{1}{2} m r^2 \alpha_A \\ mg - F' = ma_B \\ F'r = \dfrac{1}{2} m r^2 \alpha_B \end{cases}$, $a_B = \alpha_A r + \alpha_B r$,

$F = F'$，整理得 $\begin{cases} F = \dfrac{1}{2}mr\alpha_A \\ mg - F = m(\alpha_A r + \alpha_B r)，解得 \alpha_A = \alpha_B = \dfrac{2g}{5r}，a_B = 0.8g_\circ \\ F = \dfrac{1}{2}mr\,\alpha_B \end{cases}$

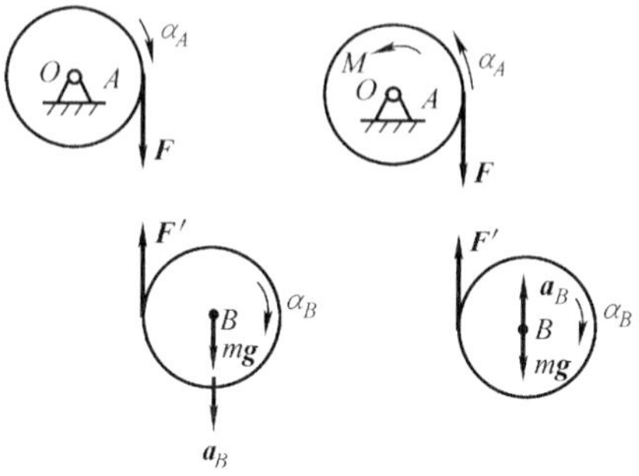

题 11-21 图

a）a_B 向下时的受力图　b）M 作用下的受力圈

（2）如题 11-21 图 b 所示，有 $\begin{cases} M - Fr = \dfrac{1}{2}mr^2\,\alpha_A \\ F' - mg = ma_B > 0，a_B = \alpha_A r - \alpha_B r > 0，F = \\ F'r = \dfrac{1}{2}mr^2\,\alpha_B \end{cases}$

F'，整理得 $\begin{cases} M - \dfrac{1}{2}mr^2\,\alpha_B = \dfrac{1}{2}mr^2\alpha_A \\ \dfrac{1}{2}mr\alpha_B - mg > 0 \end{cases}$，进而 $\begin{cases} M = \dfrac{1}{2}mr^2(\alpha_A + \alpha_B) \\ \alpha_B > \dfrac{2g}{r} \end{cases}$，由于 $\alpha_A > \alpha_B$，

解得 $M > 2mgr_\circ$

第十二章

12-1　（1）不正确，例如两个相同质量的质点，一个向左、一个向右，速率相同，则质点系动量为 0、动能不为 0；（2）正确；（3）不正确，例如以行驶的汽车作为质点系，推动气缸的力为内力，内力功的和不等于 0。

12-2　功率等于牵引力乘以速度，在功率确定的情况下，汽车爬坡牵引力增大，需要选用低速挡。

12-3　无变化。

12-4　动能与速度的方向无关。一质点以大小相同、方向不同的速度抛出，在抛出瞬时，其动能相同。

12-5 $W = \boldsymbol{F} \cdot (\boldsymbol{r}_B - \boldsymbol{r}_A) = (2\boldsymbol{i} + 3\boldsymbol{j} + \boldsymbol{k}) \cdot (-6\boldsymbol{i} + 8\boldsymbol{j} - 11\boldsymbol{k})\mathrm{J} = 1\mathrm{J}_\circ$

12-6 $W = \dfrac{1}{2}k(OB - l_0)^2 - \dfrac{1}{2}k(OA - l_0)^2 = -33.2\mathrm{J}_\circ$

12-7   a) $T = \dfrac{1}{2}J_O\omega^2 = \dfrac{1}{4}mR^2\omega^2$；b) $T = \dfrac{1}{2}J_O\omega^2 = \dfrac{1}{2}(J_C + mR^2)\omega^2 = \dfrac{3}{4}$

$mR^2\omega^2$；c) $T = \dfrac{1}{2}(J_C + mR^2)\omega^2 = \dfrac{3}{4}mR^2\omega^2_\circ$

12-8   如题 12-8 图所示，$J_O = J_{OA} + J_{AB} = \left[J_{C1} + m\left(\dfrac{l}{2}\right)^2\right] +$

$[J_{C2} + m(OC_2)^2] = \dfrac{5}{3}ml^2$，$T = \dfrac{1}{2}J_O\omega^2 = \dfrac{5}{6}ml^2\omega^2_\circ$

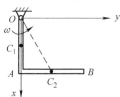

题 12-8 图

12-9 $T = \dfrac{1}{2}mv_A^2 + \dfrac{1}{2}J_A\omega^2 = \dfrac{1}{2}m(\omega_0 l)^2 + \dfrac{1}{4}mR^2\omega^2_\circ$

12-10   一个车轮的动能 $T_{\text{轮}} = \dfrac{1}{2}m'v^2 + \dfrac{1}{2}J_C\omega^2 = \dfrac{1}{2}m'v^2 + \dfrac{1}{2} \times 0.8\,m'R^2 \times$

$\left(\dfrac{v}{R}\right)^2 = 0.9\,m'v^2$；如题 12-10 图所示，将履带分为 AB、BE、ED、DA 四个部分，

$L_{AB} = L_{DE} = 2L_{BE} = 2L_{DA} = 2\pi R$，总长度为 $6\pi R$，分别记 AB、BE、ED、DA 段为

1、2、3、4，则 $m_1 = m_3 = 2m_2 = 2m_4 = \dfrac{2\pi R}{6\pi R}m = \dfrac{m}{3}$。$T_1 = \dfrac{1}{2} \times \dfrac{m}{3} \times (2v)^2 = \dfrac{2}{3}$

mv^2，$T_3 = 0$，将 2、4 段看作一个圆圈，$m_2 + m_4 = \dfrac{m}{3}$，$T_{24} = \dfrac{1}{2} \times \dfrac{m}{3}v^2 + \dfrac{1}{2} \times$

$\left(\dfrac{m}{3}R^2\right) \times \omega^2 = \dfrac{1}{3}mv^2_\circ$

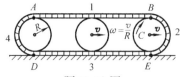

题 12-10 图

质点系的动能 $T = 3T_{\text{轮}} + T_1 + T_{24} + T_3 = 2.7m'v^2 + mv^2 = (2.7m' + m)v^2_\circ$

12-11   以固定点 O 为势能零点：$-mgl\cos30° = -mg\left(\dfrac{l}{2} + \dfrac{l}{2}\cos\alpha\right)$，解得

$\alpha = \arccos(\sqrt{3} - 1) = 42°57'_\circ$

12-12　$mg \cdot L_1 \sin\alpha = \mu mg \cos\alpha \cdot L_1 + \mu mg \cdot L_2$，解得 $\mu = 0.2$。

12-13　$P = M_{max}\omega = 5000 \times 9.8 \times 1.2 \times 0.05\,W = 2.94\,kW$。

12-14　设最大压缩为 x，有：$mg(h + x) = \dfrac{1}{2}kx^2$，解得 $x = 0.15\,m$，或 $-0.05\,m$，取最大值 $0.15\,m$。

12-15　如题 12-15 图所示，水平方向动量守恒：$3mv_C - m(v_r - v_C) = 0$，得到 $v_r = 4v_C$。

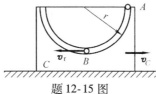

题 12-15 图

由机械能守恒定律：$mgr = \dfrac{1}{2} \times 3mv_C^2 + \dfrac{1}{2}m(v_r - v_C)^2$，得到 $v_C = \sqrt{\dfrac{gr}{6}}$。

12-16　设 O 点势能为零，杆垂直位置机械能：$T + V = \dfrac{1}{2} \cdot \dfrac{1}{3}ml^2 \cdot \left(\dfrac{v_A}{l}\right)^2 - mg \cdot \dfrac{l}{2}$，杆水平位置机械能为零。由机械能守恒定律得 $\dfrac{1}{2} \cdot \dfrac{1}{3}ml^2 \cdot \left(\dfrac{v_A}{l}\right)^2 - mg \cdot \dfrac{l}{2} = 0$，整理得到 $v_A = \sqrt{3gl}$。

12-17　如题 12-17 图所示，由机械能守恒定律得 $\dfrac{1}{2}mv_0^2 = \dfrac{1}{2}mv_B^2 - mg(r - r\cos\theta)$，整理得到 $v_B = \sqrt{v_0^2 + 2gr(1 - \cos\theta)}$；$mg\cos\theta - F_N = m\dfrac{v_B^2}{r}$，$F_N = mg\cos\theta - \dfrac{m}{r}[v_0^2 + 2gr(1 - \cos\theta)]$；物体将离开圆柱面时，$F_N = mg\cos\theta - \dfrac{m}{r}[v_0^2 + 2gr(1 - \cos\theta)] = 0$，即 $\theta = \arccos\left(\dfrac{2}{3} + \dfrac{v_0^2}{3gr}\right)$。

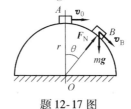

题 12-17 图

第十三章

13-1　(a) 错；(b) 错；(c) 对；(d) 错。

13-2　四种情况下质点惯性力的大小均为 mg，方向均为铅直向上。

13-3 一列火车在启动时，第一节车厢的挂钩受力最大，因为惯性力与质量成正比。

13-4 a）错；b）正确。

13-5 减少转子材质的不均匀，降低制造和安装误差，严格控制偏心距，将转子的质心尽可能落在转轴上，并使其质量对称面与转轴垂直。

13-6 临界状态摩擦力 $F = F_N \tan\varphi_m$，惯性力 $\boldsymbol{F}_I = -m\boldsymbol{a}$，负号表示 $\boldsymbol{F}_I$ 与 $\boldsymbol{a}$ 方向相反。

（a）$\begin{cases} ma + F\cos\theta - F_N\sin\theta = 0 \\ F\sin\theta + F_N\cos\theta - mg = 0 \end{cases}$，求得临界状态 $a = g\tan(\theta - \varphi_m)$，如题 13-6 图 a 所示。

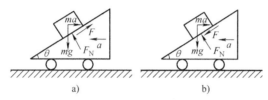

题 13-6 图
a）摩擦力向上　b）摩擦力向下

（b）$\begin{cases} ma - F\cos\theta - F_N\sin\theta = 0 \\ -F\sin\theta + F_N\cos\theta - mg = 0 \end{cases}$，求得临界状态 $a = g\tan(\theta + \varphi_m)$，如题 13-6 图 b 所示。

所以不致使物块 A 沿斜面滑动的加速度 a 的取值范围为：$g\tan(\theta - \varphi_m) \leqslant a \leqslant g\tan(\theta + \varphi_m)$。

13-7 （a）$F_{IR} = 0$，$M_{IC} = 0$。

（b）$F_{IR} = 0$，$M_{IC} = -m\rho_C^2\alpha$，负号表示 M_{IC} 与 α 方向相反。

（c）$F_{IR} = -me\omega^2$，负号表示 F_{IR} 沿半径向外，$M_{IC} = 0$。

（d）$F_{IR}^n = -me\omega^2$，$F_{IR}^t = -me\alpha$；对 C 点简化的惯性力矩：$M_{IC} = -m\rho_C^2\alpha$；对 O 点简化的惯性力矩：$M_{IO} = -m\rho_C^2\alpha + F_{IR}^t e = -m(\rho_C^2 + e^2)\alpha$，负号表示 M_{IO} 与 α 方向相反。

13-8 如题 13-8 图所示，临界状态下沿斜面方向：$F_N\mu - ma - mg\sin\alpha = 0$，垂直于斜面方向：$F_N - mg\cos\alpha = 0$，联立求得 $\mu = \dfrac{a + g\sin\alpha}{g\cos\alpha} = 0.695$。为保证煤炭不在带上滑动，所需的摩擦因数至少为 0.695。

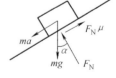

题 13-8 图

13-9 车厢倾斜，质心 C 的圆周运动半径 $r = \rho - h\sin\alpha$；如题 13-9 图所示，由于车厢在斜面上有通过 C 点的对称轴，所以只要沿

斜面方向的力平衡 $\left(mg\sin\alpha - m\dfrac{v^2}{r}\cos\alpha = 0\right)$，垂直

于斜面的力 $mg\cos\alpha + m\dfrac{v^2}{r}\sin\alpha$ 由 $\boldsymbol{F}_A$、$\boldsymbol{F}_B$（$\boldsymbol{F}_A = \boldsymbol{F}_B$）

共同承担。

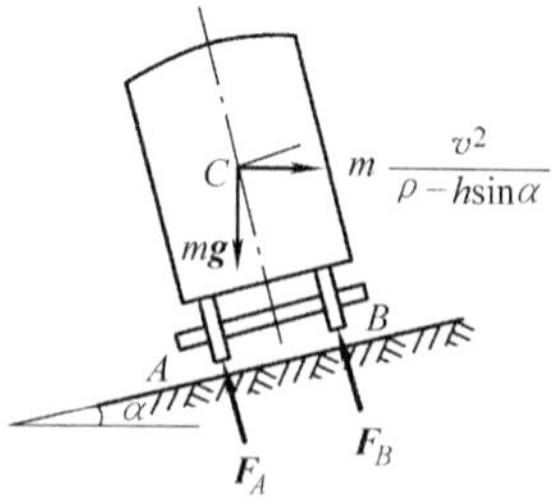

由平衡方程 $mg\sin\alpha - m\dfrac{v^2}{\rho - h\sin\alpha}\cos\alpha = 0$ 解得

$\rho = \dfrac{v^2}{g\tan\alpha} + h\sin\alpha = 4392\text{m}$。

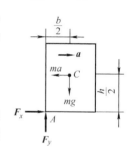

题 13-9 图

13-10　如题 13-10 图所示，连杆 AB 在最低

点时，连杆惯性力所引起的钢轨对每个车轮的法

向附加动约束力出现最大值 F_{Nmax}。连杆 AB 做平

动，$a_C = a_A = a_B = \omega^2 r = \left(\dfrac{v}{R}\right)^2 r$，惯性力大小 F_I 为

ma_C，方向向下。$F_{\text{Nmax}} = \dfrac{ma_C}{2} = \dfrac{mr}{2}\dfrac{v^2}{R^2}$。

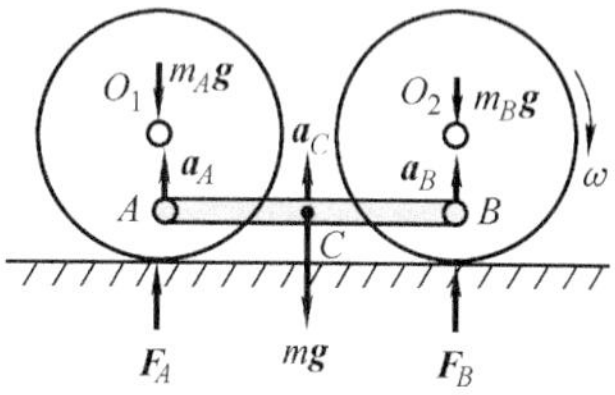

题 13-10 图

13-11　如题 13-11 图所示，在最大刹车加速度 a

情况下，惯性力大小 F_I 为 ma，方向向左。对 A 点列力

矩平衡方程：$ma \cdot \dfrac{h}{2} - mg \cdot \dfrac{b}{2} = 0$，解得 $a = 7.35\text{m/s}^2$。

*13-12　如题 13-12 图所示，右边圆盘所受惯性

力大小 $F_I = m\omega^2(a + l\sin\varphi)$，方向向右；右盘对 B 点的

合力矩 $m\omega^2(a + l\sin\varphi) \cdot l\cos\varphi - \left(\dfrac{1}{2}Mg + mg\right) \cdot l\sin\varphi = 0$，解得 $\omega^2 = \dfrac{\left(\dfrac{1}{2}Mg + mg\right) \times l\sin\varphi}{m(a + l\sin\varphi) \times l\cos\varphi} = \dfrac{(M + 2m)g\tan\varphi}{2m(a + l\sin\varphi)}$。

题 13-11 图

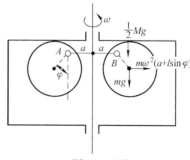

题 13-12 图

13-13　如题 13-13 图所示，惯性力大小 $F_I = m\omega^2 e$，方向沿 y 正向；$F_{Ax} =$

$F_{Bx}=0$，转子受到 Ayz 平面一般力系作用，平衡方程：

$$\begin{cases} F_{Az} - mg = 0 \\ F_{Ay} + F_{By} + m\omega^2 e = 0 \\ -F_{By}h - m\omega^2 e \cdot \dfrac{h}{2} - mge = 0 \end{cases}$$

解得 $F_{Az} = mg = 1.176\text{kN}$，$F_{Ay} = F_{By} = -27.3\text{kN}$。

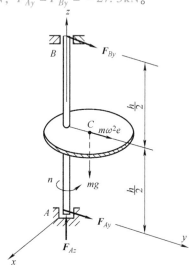

题 13-13 图

13-14 在没有把 80g 的质点放在 C、D 处的时候，飞轮的不平衡可以等效为 E 处的质量为 $m = 80\text{g}$ 的质点，放在 C 处的时候飞轮惯性力如题 13-14 图 a 所示，$R = \left(\dfrac{1300}{2} - 60\right)\text{mm} = 0.59\text{m}$，$\omega = \dfrac{2\pi \times 2400}{60}\text{rad/s} = 80\pi\ \text{rad/s}$；误将 C 处的质点放在 D 处，如题 13-14 图 b 所示，A、B 处所受动约束力 $F_A = F_B$，则 $m\omega^2 R \cdot CD = F_A \cdot AB$，$F_A = \dfrac{m\omega^2 R \cdot CD}{AB} = 1.19\text{kN}$。

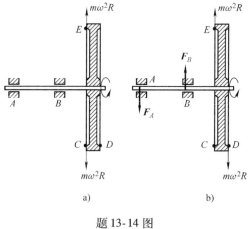

题 13-14 图

第十四章

14-1 高铁车辆前进，实位移为向前的位移，其值可以是微小的，也可以是有限值。虚位移必须是微小的，且它的方向可以向前，也可以向后。

14-2　质点或质点系所受的力在虚位移上所做的功称为虚功。

由于虚位移只是假想的，而不是真实发生的，因而虚功也是假想的，并且与虚位移是同阶无穷小量。而实位移中的元功是指真实发生的微小位移中力做的功。

14-3　虚位移原理虽然是在质点系具有理想约束的条件下建立的，但也可以用于有摩擦的情况，这时只要把摩擦当作主动力，在虚功方程中计入摩擦力所做的虚功即可。

14-4　对。

14-5　a) 1；b) 1；c) 0；d) 1；e) 1；f) 1；g) 1；h) 1；i) 2。

14-6　如题 14-6 图所示，$\delta r_A \perp OA$，

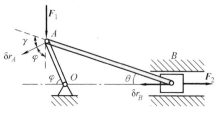

δr_B 水平，$\gamma = \pi - \varphi - \left(\dfrac{\pi}{2} - \varphi \right) - (\varphi - \theta)$

$= \dfrac{\pi}{2} - \varphi + \theta = 75°$。刚性杆 AB 不变形，

得 $\delta r_A \cos\gamma = \delta r_B \cos\theta$，即 $\delta r_B = \dfrac{\cos 75°}{\cos 30°}$

题 14-6 图

δr_A；虚位移原理：$F_1 \, \delta r_A \cos\varphi + F_2 \, \delta r_B \cos 180° = 0$，所以 $F_2 = -\dfrac{F_1 \, \delta r_A \cos\varphi}{\delta r_B \cos 180°} =$

$-\dfrac{F_1 \, \delta r_A \cos\varphi}{\dfrac{\cos 75°}{\cos 30°} \delta r_A \times \cos 180°} = 23.7\mathrm{kN}$。

14-7　如题 14-7 图所示，设杆

OD 为 1 杆，$\dfrac{\delta r_{A1}}{OA} = \dfrac{\delta r_D}{OD}$，$\delta r_D = \sqrt{3}\, \delta r_{A1}$；

设杆 AB 为 2 杆，$\dfrac{\delta r_{A1}}{\delta r_{A2}} = \cos\varphi$，$\delta r_{A2} =$

$\dfrac{2}{\sqrt{3}} \delta r_{A1}$。虚位移原理：$F_2 \, \delta r_D \cos 180°$

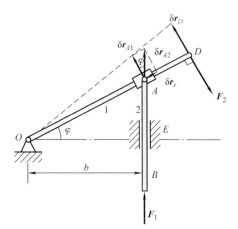

$+ F_1 \, \delta r_{A2} \cos 0° = 0$，即 $F_2 \cdot \sqrt{3}\, \delta r_{A1}$

$\cos 180° + 8 \times \dfrac{2}{\sqrt{3}} \delta r_{A1} \cos 0° = 0$，故 F_2

$= 5.33\mathrm{kN}$。

题 14-7 图

14-8　如题 14-8 图所示，$CC' =$

$\delta\theta_A \times AC = \delta\theta_B \times BC$，$\delta\theta_A = \delta\theta_B$，$\delta r_1 = 2\delta\theta_A$，$\delta r_2 = \delta\theta_B = \delta\theta_A$，$\delta r_3 = 3\delta\theta_B =$

$3\delta\theta_A$，虚位移原理：$M_A \, \delta\theta_A \cos 180° + F_1 \, \delta r_1 + F_2 \, \delta r_2 + M \, \delta\theta_B + F_3 \, \delta r_3 \cos 180° = 0$，

即 $-M_A \, \delta\theta_A + F_1 \times 2\delta\theta_A + F_2 \, \delta\theta_A + M \, \delta\theta_A - F_3 \times 3 \, \delta\theta_A = 0$，$-M_A + F_1 \times 2 + F_2 + M$

$-F_3 \times 3 = 0$，$M_A = F_1 \times 2 + F_2 + M - F_3 \times 3 = 11\text{kN} \cdot \text{m}$。

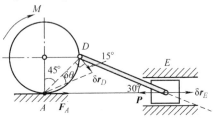

题 14-8 图

AC 杆对 C 点列写力矩平衡方程：$M_A - F_A \times 3 + F_1 \times 1 = 0$，得 $F_A = 6.33\text{kN}$。

14-9 如题 14-9 图所示，$\delta r_D = \sqrt{2}$ $R\delta\theta$，DE 杆不变形：$\delta r_D \cos 15° = \delta r_E$ $\cos 30°$，$\delta r_E = \dfrac{\delta r_D \cos 15°}{\cos 30°} = \dfrac{\sqrt{2}R\delta\theta\cos 15°}{\cos 30°} = 0.789\delta\theta$；虚位移原理：$M\delta\theta + P$ $\delta r_E \cos 180° = 0$，即 $M\delta\theta + P\dfrac{\sqrt{2}R\delta\theta\cos 15°}{\cos 30°}$

$\cos 180° = 0$，解得 $M = 63.1\text{N}$。由水平方向合力为 0，得 $F_A = P = 80\text{N}$。

题 14-9 图

14-10 如题 14-10 图所示，BC 不变形：$\delta r_B \cos\left(\dfrac{\pi}{2} - 2\beta\right) = \delta r_C \cos\beta$，即 δr_C

$= 2\sin\beta\,\delta r_B = 2\cos\alpha\,\delta r_B$，$F_C = 8F_B$；虚位移原理：$F_B\,\delta r_B\cos\left(\alpha + \dfrac{\pi}{2}\right) + F_C\,\delta r_C\cos$

$0° = 0$，即 $F_B\,\delta r_B(-\sin\alpha) + 8F_B \times 2\cos\alpha\,\delta r_B\cos 0° = 0$，解得 $\tan\alpha = 16$，α

$= 86.4°$。

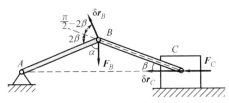

题 14-10 图

第十五章

15-1 平衡位置：当系统静止时，物块所在的位置。一质点做直线自由振动，增大振幅不会增大周期。

15-2 振子的运动是由两个简谐运动合成的复合运动：

1）第一部分是衰减振动，称为**过渡过程**。衰减振动的振幅 Ae^{-nt} 与时间和初始条件有关，频率为系统的固有频率 ω_n，与激振力的频率无关。

2）第二部分是由外来的激振力作用而产生的，是受迫振动，称为**稳态过**

程。受迫振动的振幅 $B = \dfrac{h}{\sqrt{(\omega_n^2 - \omega^2)^2 + 4n^2\omega^2}}$，与初始条件无关，与激振频率 ω 及系统固有频率 ω_n 有关；受迫振动的频率与激振力的频率相同。

15-3　自由振动的固有圆频率 ω_n 只与振子的质量 m 及弹簧刚度系数 k 有关，而与运动的初始条件无关。

固有频率 $f = \dfrac{1}{2\pi}\sqrt{\dfrac{k}{m}}$，增大刚度系数 k、减小质量 m，可以提高固有频率；减小刚度系数 k、增大质量 m，可降低固有频率。

15-4　受迫振动的振幅达到极大值的现象称为**共振**。使系统发生共振的转速，在工程上称为**临界转速**。

当电动机转速在临界转速的 75% ~ 125% 之间时，振幅比较大，称为进入共振区。在实际问题中，一般要避免机器在共振区运行。

15-5　在有阻尼受迫振动刚开始的一段运动中，$x = A\mathrm{e}^{-nt}\sin(\sqrt{\omega_n^2 - n^2}\,t + \varphi) + B\sin(\omega t - \alpha)$，等于衰减振动 + 受迫振动，当时间 t 较大时，e^{-nt} 趋近于 0，系统进入稳态过程（只有受迫振动），$x = B\sin(\omega t - \alpha) = \dfrac{h}{\sqrt{(\omega_n^2 - \omega^2)^2 + 4n^2\omega^2}}$ $\sin(\omega t - \alpha)$。衰减振动的振幅 $A\mathrm{e}^{-nt}$ 与时间和初始条件有关，而受迫振动的振幅 B 与初始条件无关，与激振频率 ω 及系统固有频率 ω_n 有关；衰减振动的频率为系统的固有频率 ω_n，与激振力的频率无关，而受迫振动的频率与激振力的频率相同。

15-6　减振可以采用：①消除或减弱振动源；②避开共振区；③适当增加阻尼，安装减振装置；④提高机器本身的抗震能力；⑤采取主动隔振（例如减少电动机、压气机、通风机、泵等传到地基上去的干扰力）和被动隔振（通过弹性物体来减小由地基传到振体上的运动）。

15-7　如题 15-7 图所示，取平衡点为原点 O，沿斜面向上为 x 轴，由于下滑力 $mg\sin\varphi$，平衡位置弹簧压缩量 $\lambda_s = mg\sin\varphi/k$。运动方程 $m\ddot{x} = -mg\sin\varphi - k(x - \lambda_s)$，即 $\ddot{x} + \dfrac{k}{m}x = 0$，固有圆频率 $\omega_n = \sqrt{\dfrac{k}{m}}$，

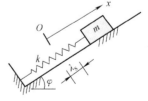

题 15-7 图

弹簧质量系统自由振动的周期 $T = 2\pi\sqrt{\dfrac{m}{k}}$。

15-8　设系统的刚度系数为 k，变形量为 x，作用在物块 m 上的弹性力为 F。

a）串联：每根弹簧受力相等，$F_1 = F_2 = F$，系统总伸长量 $x = \dfrac{F_1}{k_1} + \dfrac{F_2}{k_2} = \dfrac{F}{k}$，

所以 $\dfrac{1}{k} = \dfrac{1}{k_1} + \dfrac{1}{k_2}$, $k = \dfrac{k_1 k_2}{k_1 + k_2}$, 固有频率 $\omega_n = \sqrt{\dfrac{k_1 k_2}{m\,(k_1 + k_2)}}$;

b) 并联: 每根弹簧伸长量相同, $x_1 = x_2 = x$, 加在物块 m 上的弹性力 $F = k_1 x_1 + k_2 x_2 = kx$, 所以 $k = k_1 + k_2$, 固有频率 $\omega_n = \sqrt{\dfrac{k_1 + k_2}{m}}$。

15-9 $\dot{\varphi} = 0.05 \sqrt{\dfrac{g}{l}} \cos \sqrt{\dfrac{g}{l}}\, t$, 绳拉力 $F_T = mg\cos\varphi + m\dot{\varphi}^2 l = 4.9\cos\varphi + 0.01225\left(\cos\sqrt{\dfrac{g}{l}}\, t\right)^2$。

摆锤经过最高位置时 $\varphi = 0.05$, $\dot{\varphi} = 0$, $\sqrt{\dfrac{g}{l}}\, t = \dfrac{\pi}{2}$, $F_T = 4.89\,\text{N}$; 摆锤经过最低位置时 $\varphi = 0$, $\dot{\varphi}$ 最大, $\sqrt{\dfrac{g}{l}}\, t = 0$, $F_T = 4.9\cos\varphi + 0.01225\left(\cos\sqrt{\dfrac{g}{l}}\, t\right)^2 = 4.91\,\text{N}$。

15-10 (1) $k = m\omega_n^2 = 640\pi^2\,\text{N/m}$, 如题 15-10 图所示, 取平衡位置为坐标原点 O, 弹簧对物块 B 的最大压力 $F_{max} = -k(-A) + mg = (640\pi^2 \times 0.01 + 10 \times 9.8)\,\text{N} = 161\,\text{N}$, 最小压力 $F_{min} = -kA + mg = (-640\pi^2 \times 0.01 + 10 \times 9.8)\,\text{N} = 35\,\text{N}$。

(2) 物块 B 对地面的最大压力: $F_{max} + 20 \times 9.8\,\text{N} = 357\,\text{N}$; 最小压力 $F_{min} + 20 \times 9.8\,\text{N} = 231\,\text{N}$。

15-11 如题 15-11 图所示, 箱笼振动微分方程 $m\ddot{x} + kx = 0$, 即 $\ddot{x} + 36x = 0$; $x_0 = 0, \dot{x}_0 = v_0 = v = 1.8\,\text{m/s}$, $\omega_n = 6$, $x = \sqrt{x_0^2 + \left(\dfrac{\dot{x}_0}{\omega_n}\right)^2}\sin\left(\omega_n t + \arctan\dfrac{\omega_n x_0}{\dot{x}_0}\right) = 0.3\sin 6t$。所以吊索中的最大张力 $F_{max} = k \times 0.3 + mg = 43.5\,\text{kN}$。

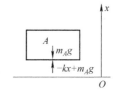

题 15-10 图

15-12 如题 15-12 图所示, 振系对 A 点的转动惯量 $J = mb^2$, 静平衡时转角 φ_0 顺时针为负, $-k\varphi_0 a \cdot a - mgb = 0$。弹簧对 A 点的力矩为 $k(\varphi_0 + \varphi)a \cdot a$, 列动力学方程: $J\ddot{\varphi} = -k(\varphi_0 + \varphi)a \cdot a - mgb$, 即 $J\ddot{\varphi} + ka^2\varphi = 0$, 固有频率 $\omega_n = \sqrt{\dfrac{ka^2}{J}} = \sqrt{\dfrac{k}{m}}\dfrac{a}{b}$。

15-13 如题 15-13 图所示, 静平衡弹簧伸长量为 x_0, 圆盘、重物 B 动力学方程组:

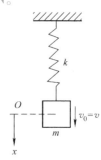

题 15-11 图

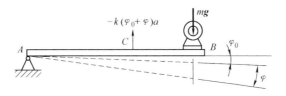

题 15-12 图

$$\begin{cases} \dfrac{1}{2}Mr^2\ddot{\varphi} = -k(x+x_0)r + F_{\mathrm{T}}r & (1) \\[3mm] m\ddot{x} = -F'_{\mathrm{T}} + mg & (2) \end{cases}$$

将 $F'_{\mathrm{T}} = F_{\mathrm{T}}$，$x = \varphi r$，$mg = kx_0$ 代入式（1）、式（2）得

$$\begin{cases} \dfrac{1}{2}Mr^2\ddot{\varphi} = -k\left(\varphi r + \dfrac{mg}{k}\right)r + F_{\mathrm{T}}r & (3) \\[3mm] m\ddot{\varphi}r = -F_{\mathrm{T}} + mg & (4) \end{cases}$$

式（3）两边同除以 r，与式（4）相加得 $\dfrac{1}{2}Mr\ddot{\varphi} + m\ddot{\varphi}r = -k\varphi r$，整理得到

$\left(\dfrac{1}{2}M + m\right)\ddot{\varphi} + k\varphi = 0$。固有圆频率 $\omega_n = \sqrt{\dfrac{k}{\dfrac{1}{2}M + m}} = \sqrt{\dfrac{2k}{M + 2m}}$。

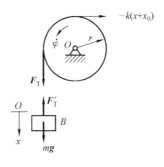

题 15-13 图

15-14 质点运动微分方程：$m\ddot{x} + c\dot{x} + kx = 0$，令 $n = \dfrac{c}{2m} = 7.709\mathrm{s}^{-1}$，$\omega_n^2 = \dfrac{k}{m} = 385.5\,(\mathrm{rad/s})^2$，$\omega_n = 19.63\mathrm{rad/s}$。$n < \omega_n$，为弱阻尼状态（欠阻尼状态）。

阻尼振动的周期 $T_{\mathrm{d}} = \dfrac{2\pi}{\sqrt{\omega_n^2 - n^2}} = 0.343\mathrm{s}$，对数减幅系数 $\delta = nT_{\mathrm{d}} = 2.65$。

当 $t = 0$ 时，$x_0 = 0$，代入 $x = A\mathrm{e}^{-nt}\sin(\sqrt{\omega_n^2 - n^2}\,t + \varphi)$，得到 $\varphi = 0$；$\omega_{\mathrm{d}} = \sqrt{\omega_n^2 - n^2} = 18.05\mathrm{rad/s}$，将 $\dot{x}_0 = 0.127\mathrm{m/s}$ 代入 $\dot{x} = -nA\mathrm{e}^{-nt}\sin\omega_{\mathrm{d}}t + A\mathrm{e}^{-nt}\cos\omega_{\mathrm{d}}t\cdot$

ω_d，得到 $0.127 = Ae^{-nt}\omega_d$，即 $0.127 = Ae^{-7.709t} \times 18.05$，求出 $A = 7.036 \times 10^{-3}\mathrm{m}$。

当 $\dot{x} = -nAe^{-nt}\sin\omega_d t + Ae^{-nt}\cos\omega_d t \cdot \omega_d$ 第一次为 0 时，振体离开平衡位置

最远，即 $-n\sin\omega_d t_1 + \cos\omega_d t_1 \cdot \omega_d = 0$，求得 $\tan\omega_d t_1 = \dfrac{\omega_d}{n}$，$t_1 = \dfrac{\arctan\left(\dfrac{\omega_d}{n}\right)}{\omega_d} =$

$0.0647\mathrm{s}$。$x_{max} = Ae^{-nt}\sin\omega_d t_1 = 7.036 \times 10^{-3} \times e^{-7.709 \times 0.0647}\sin(18.05 \times 0.0647)\mathrm{m} =$

$3.93\mathrm{mm}$。

15-15 质点运动微分方程 $m\ddot{x} + c\dot{x} + kx = H\sin\omega t$，$m = 18.2\mathrm{kg}$，$H = 44.5\mathrm{N}$，$h$

$= \dfrac{H}{m} = 2.445\mathrm{N/kg}$，$\omega = 15\mathrm{rad/s}$，振体的稳态受迫振动的运动方程为 $x = B\sin(\omega t - \alpha)$

$= 0.0197\sin(15t - 1.44)$。将以上数值代入 $\begin{cases} B = \dfrac{h}{\sqrt{(\omega_n^2 - \omega^2)^2 + 4n^2\omega^2}} \\ \alpha = \arctan\dfrac{2n\omega}{\omega_n^2 - \omega^2} \end{cases}$ 得：

$\begin{cases} 0.0197 = \dfrac{2.445}{\sqrt{(\omega_n^2 - 15^2)^2 + 4n^2 \times 15^2}} \\ 1.44 = \arctan\dfrac{2n \times 15}{\omega_n^2 - 15^2} \end{cases}$，求出 $\begin{cases} \omega_n = 15.5 \\ n = 4.11 \end{cases}$，$k = m\omega_n^2 = 4.38\mathrm{kN/m}$，

$c = 2nm = 149\mathrm{N} \cdot \mathrm{s/m}$。

15-16 （1）质点运动微分方程：$m\ddot{x} + c\dot{x} + kx = H\sin\omega t$，$m = 50\mathrm{kg}$，$c = 0$，

$k = 80 \times 10^3\mathrm{N/m}$，$\omega_n = \sqrt{\dfrac{k}{m}} = 40\mathrm{rad/s}$，共振转速 $n_n = \dfrac{60\omega_n}{2\pi} = 382\mathrm{r/min}$。

（2）$n = 1450\mathrm{r/min}$，$\omega = \dfrac{2\pi n}{60} = 151.8\mathrm{rad/s}$，$H = m'\omega^2 e = 13.82\mathrm{N}$，$h = \dfrac{H}{m} =$

$0.276\mathrm{N/kg}$。强迫振动方程为 $x = B\sin(\omega t - \alpha)$，$2n = \dfrac{c}{m} = 0$，$\alpha = \arctan\dfrac{2n\omega}{\omega_n^2 - \omega^2} = 0$，

振幅 $B = \dfrac{h}{\sqrt{(\omega_n^2 - \omega^2)^2 + 4n^2\omega^2}} = \left|\dfrac{h}{\omega_n^2 - \omega^2}\right| = \left|\dfrac{0.276}{40^2 - 151.8^2}\right|m = 0.0129\mathrm{mm}$。

参 考 文 献

［1］顾晓勤，谭朝阳. 工程力学［M］.3 版. 北京：机械工业出版社，2018.

［2］哈尔滨工业大学理论力学教研室. 简明理论力学［M］.3 版. 北京：高等教育出版社，2019.

［3］刘延柱，朱本华，杨海兴. 理论力学［M］.3 版. 北京：高等教育出版社，2009.

［4］李卓球. 理论力学［M］. 武汉：武汉理工大学出版社，2009.

［5］费学博. 理论力学［M］.5 版. 北京：高等教育出版社，2019.

［6］贾启芬，刘习军. 理论力学［M］.4 版. 北京：机械工业出版社，2017.

［7］刘建林. Lecture Notes on Theoretical Mechanics［M］. 北京：冶金工业出版社，2019.

［8］孙毅. 简明理论力学［M］.3 版. 北京：高等教育出版社，2019.

［9］王永廉，唐国兴. 理论力学［M］.3 版. 北京：机械工业出版社，2019.